Wolfgang Feist (Hrsg.)
Das Niedrigenergiehaus

Wolfgang Feist (Hrsg.)

Das Niedrigenergiehaus

Neuer Standard für energiebewußtes Bauen

5., durchgesehene Auflage

mit Beiträgen von
Wolfgang Feist, Robert Borsch-Laaks, Johannes Werner, Tobias Loga, Witta Ebel

C.F. Müller Verlag Heidelberg

Die Deutsche Bibliothek – CIP-Einheitsaufnahme

Das **Niedrigenergiehaus:** Neuer Standard für energiebewußtes Bauen / Wolfgang Feist (Hrsg.). Mit Beitr. von Wolfgang Feist ... –
5., überarbeitete Aufl. – Heidelberg: Müller, 1998

ISBN 3-7880-7638-0

5., durchgesehene Auflage 1998

Titelentwurf: Johannes Nawrath, Hamburg
Gesamtherstellung: Greiser-Druck, Rastatt
Gedruckt auf chlorfrei gebleichtem Papier

Printed in Germany
ISBN 3-7880-7638-0

Inhalt

Vorwort ... IX

1. **Vom gewöhnlichen Haus zum Niedrigenergiehaus** ... 1
1.1 Was ist ein Niedrigenergiehaus? ... 1
1.2 Entwicklung der Baustandards ... 2
1.3 Merkmale von Niedrigenergiehäusern ... 4

2. **Kompakt planen - kostensparend bauen** ... 6
2.1 Zwei Fliegen mit der Kompaktheitsklatsche ... 6
2.2 Gute Nachbarschaft im A/V-Verhältnis ... 6
2.3 Ecken und Kanten bei der Grundrißplanung ... 8
2.4 Dachlandschaften ... 10

3. **Sehr guter Wärmeschutz** ... 13
3.1 Die Wirkungsweise des Wärmeschutzes ... 13
3.2 Wieviel Wärme geht durch die Wand? ... 14
3.3 Wie wirkungsvoll ist Wärmeschutz? ... 16
3.4 Verhalten wärmegedämmter Bauteile im Sommer ... 20
3.5 Wärmeschutz und Feuchteschutz ... 21
3.6 Wärmeschutz, Wohnkomfort, Wohngesundheit ... 28
3.7 Primärenergieeinsatz bei Dämmaßnahmen ... 30
3.8 Regelkonstruktionen für gut gedämmte Bauteile ... 34
3.9 Niedrigenergie-Konstruktionen im Holzrahmenbau ... 41

4. **Begrenzung von Wärmebrücken** ... 43
4.1 Wirkungen und Risiken von Wärmebrücken ... 43
4.2 Wärmebrückenverluste – wieviel macht das aus? ... 45
4.3 Prinzipien zur Vermeidung und Reduzierung von Wärmebrücken ... 48
4.4 Wärmebrücken im Holzbau ... 51

5. **Luftdichtheit der Gebäudehülle** ... 55
5.1 Sechs gute Argumente ... 55
5.2 Normung und Prüfung der Luftdurchlässigkeit ... 59
5.3 Zielwerte und Meßergebnisse ... 60
5.4 Konzepte und Strategien zur Luftdichtung ... 62
5.5 Standardlösungen in der Fläche ... 63
5.6 Linienförmige Bauteilanschlüsse ... 68
5.7 Durchdringungen und Durchstoßungen ... 69
5.8 Anschlüsse von Bauelementen ... 70
5.9 Der Stolperstein beim Niedrigenergie-Holzbau ... 71

6. **Passive Solarenergienutzung und innere Wärmequellen** ... 76
6.1 Solares Wärmeangebot: Das Prinzip ... 76
6.2 Wärmeverluste beim Fenster ... 76
6.3 Der Gesamtenergiedurchlaßgrad (g) ... 81
6.4 Einfallswinkel, Rahmenanteil, Verschattung und Verschmutzung ... 82
6.5 Innere Wärmequellen ... 85

6.6 Die Ausnutzbarkeit des solaren und inneren Wärmeangebots 88
6.7 Der Einfluß von Fenstergröße und Fensterqualität 89
6.8 Der Einfluß der Orientierung 90
6.9 „Passiv solar" und Sommerklima – Südrichtung bevorzugt 91

7. **Lüftung** 94
7.1 Raumluftqualität und Luftwechsel 94
7.2 Wie wird gelüftet? 96
7.3 Planungsprinzipien für effiziente Wohnungslüftungsanlagen 102
7.4 Energieeffizienz mechanischer Lüftungsanlagen 112
7.5 Auslegungsbeispiel einer Abluftanlage 116

8. **Heizung** 122
8.1 Die Wärmeabgabe im Raum 123
8.2 Die Wärmeverteilung im Haus 125
8.3 Je einfacher, desto besser: die Regelung 127
8.4 Warmes Wasser von der Heizungsanlage 128
8.5 Rationelle Wärmeerzeugung 132
8.6 Der geeignete Energieträger 138
8.7 Zukünftige Entwicklungen 141

9. **Was sonst noch Einfluß hat ...** 143
9.1 Farbe und Emissionsvermögen der Außenoberflächen 143
9.2 Wärmeschutz durch Begrünung? 143
9.3 Farbe und Emissionsvermögen der Innenoberflächen 144
9.4 Einfluß der Speichermasse 145
9.5 Zonierung 146
9.6 Windschutz 147
9.7 Topografische Lage – Mikroklima und Makroklima 147

10. **Elektrische Energie im Niedrigenergiehaus** 149
10.1 Die Bedeutung des Stromverbrauchs im Haushalt 149
10.2 Effiziente Nutzung von elektrischer Energie 151
10.3 Modellprojekt: Stromeinsparung im Passivhaus 154

11. **Energiebilanzen** 157
11.1 Stationäre Bilanzen mit dem „Leitfaden Energiebewußte Gebäudeplanung" 157
11.2 Der Niedrigenergiehaus-Paß: Primärenergie- und CO_2-Kennwerte 157
11.3 Mängel der Wärmeschutzverordnung 159
11.4 Der LEG '96 und die WVO '95 im Vergleich 159
11.5 Gebäudeoptimierung mit LEG und Wärmeschutzverordnung – Beispiel . 162

12. **Einfluß der Nutzer** 166
12.1 Einflußgrößen in der Hand des Nutzers 166
12.2 Große nutzungsbedingte Schwankungen des Energieverbrauchs 167
12.3 Nutzerfreundliche Techniken 170
12.4 Grenzen der Energieeinsparung durch Nutzerverhalten 171

13. **Wirtschaftlichkeit** . . . 172
13.1 Kalkulationsmethoden und ihre Anwendung . . . 172
13.2 Mehrkosten des Niedrigenergiestandards . . . 177
13.3 Die etwas andere Zusammenfassung:
Chancen zur Versöhnung von Ökonomie und Ökologie . . . 180

Nachwort . . . 185

Anhang
A: Energiekennwerte von Niedrigenergiehäusern . . . 187
A1: Tabellen zum Energiebilanzverfahren nach LEG . . . 187
A2: Beispielrechnung Niedrigenergie-Reihenhaus / Handrechenblatt . . . 194
A3: Formblätter . . . 196

B: Literaturverzeichnis . . . 203

C: Bildquellenverzeichnis . . . 215

D: Die Autoren / Das Seminar zum Buch . . . 216

Vorwort zur 5. Auflage

Binnen Jahresfrist ist erneut eine Neuauflage dieses bewährten Standardwerkes erforderlich. Dies gibt Autoren und Verlag die Möglichkeit, erforderliche Korrekturen vorzunehmen.

Im Januar 1998

Die Autoren
Der Verlag

Vorwort zur 4. Auflage

Zeiten im Umbruch brauchen neue Konzepte – die bewußte Steigerung der Energie- und Materialeffizienz ist ein solides Konzept. Das Niedrigenergiehaus ist eine praktische Umsetzung dieser Idee.

Amory Lovins hat bereits 1977 in einer großartigen Vision auf die zugleich umweltfreundlichen und wirtschaftlichen Möglichkeiten einer erheblich gesteigerten Energieeffizienz hingewiesen [Lovins 1977]. In seinem neuesten Buch „Faktor Vier" zieht er gemeinsam mit Ernst Ulrich von Weizsäcker Bilanz [Lovins 1995]: Eine realistische Verbesserung der Effizienz um einen Faktor Vier könnte gleichzeitig eine Wohlstandsverdopplung und eine Entlastung der Umwelt um 50 % der bisherigen Emissionen bewirken.

Das Niedrigenergiehaus ist ein entscheidender, durchentwickelter, wirtschaftlicher und allgemein einsetzbarer Ansatz, die notwendige Effizienzverbesserung im Sektor Raumwärme zu erreichen.

Das Niedrigenergiehaus wurde nicht in Deutschland erfunden: Die ersten entscheidenden Anstöße kamen von Korsgaard (Kopenhagen), Shick (Illinois), Shurcliff (Massachusetts), Elmroth (Stockholm) und Adamson (Lund) [Ruby 1981] [Korsgaard 1977] [Shurcliff 1981] [Carlsson 1980] [Adamson 1979]. In Deutschland war es vor allem die Gruppe um Hörster und Steinmüller (Aachen), die mit dem „Philips-Experimentierhaus" den internationalen Anschluß hielt [Hörster 1980].

Leider war es in den Jahren 1981 bis 1986 relativ still um dieses zukunftsweisende Konzept. Die offizielle Bauforschung und die Bauwirtschaft haben in Deutschland das Niedrigenergiehaus lange nicht aufgegriffen und wechselnde Modethemen bestimmten die Diskussion (Solarhäuser, Glashäuser, Wärmepumpen, Baubiologie). Gute Wärmedämmung wurde als „Superisolation" und „Energievegetariertum" verketzert. 1985 schrieb der Herausgeber dieses Buches: „Verschläft die Bundesrepublik Deutschland die Entwicklung in Richtung erheblich im Energieverbrauch reduzierter Wohngebäude? Während es viele Beispiele in den USA und in Schweden gibt, wird hierzulande eine Weiterentwicklung der Wärmeschutzverordnung nicht für notwendig gehalten" [Feist 1985]. Zum Glück gab es eine ganze Reihe von engagierten privaten Bauherren und einige unermüdliche Architekten und Ingenieure, die jenseits der offiziellen Forschung das Niedrigenergiehaus auch in Deutschland voranbrachten.

Im Jahr 1986 wurde der Kontakt nach Schweden intensiviert: Eine Gruppe deutscher Wissenschaftler und Architekten unternahm eine Exkursion nach Schweden und Dänemark und stellte erstaunt fest, daß in beiden Ländern nicht einzelne Demonstrationsbauprojekte existierten, sondern bereits der überwiegende Teil der Neubauten im Niedrigenergiestandard errichtet wurde [Feist 1986]. Die ersten in Deutschland erfolgreich gebauten und meßtechnisch überprüften NEH-Projekte, insbesondere das Niedrigenergiehaus Schrecksbach, motivierten das Land Hessen, 1988 das erste bundesweite Förderprogramm für Niedrigenergiehäuser aufzulegen. Ab 1989 folgte das Bundesland Schleswig-Holstein.

Die Novellierung der Wärmeschutzverordnung*) im Jahr 1995 kann als ein wichtiger Schritt zur Verbesserung der Energieeffizienz angesehen werden, auch wenn diese Fassung das Niedrigenergiehaus noch nicht einführt. Letzteres wird durch die vom Bundesrat geforderte und von der Bundesregierung angekündigte Neufassung der „Energiesparverordnung" am Ende des Jahrhunderts angestrebt.

Bedingt durch Länderprogramme, Städteinitiativen, engagierte Unternehmen und viele Einzelpersonen ist die Menge der Niedrigenergiegebäude in den letzten Jahren auf eine unübersehbare Vielzahl angewachsen. Es bewahrheitet sich die schon 1987 gegebene Einschätzung: „Aus jedem Gebäudeentwurf kann ein Niedrigenergiehaus werden, wenn die hier behandelten Regeln berücksichtigt werden, ebenso wie bei jeder Gebäudesanierung der Niedrigenergiehausstandard angestrebt werden kann" [Feist 1987].

Inzwischen liegen umfangreiche Praxiserfahrungen mit diesem neuen Baustandard vor, der es erlaubt, den Energieverbrauch gegenüber dem Durchschnitt im Gebäudebestand um etwa einen Faktor vier auf Werte zwischen 30 und 70 kWh/(m^{2}a) zu senken. Der Bau von Niedrigenergiehäusern ist heute nicht mehr die Aufgabe von Pionieren. Jeder verantwortlich geplante Neubau sollte den Niedrigenergie-Standard einhalten.

Dazu kommt es nun auf die Verbreitung des vorhandenen Wissens und der erreichten Erfahrungen an. Die vierte Auflage dieses Buches wurde aus diesem Grund völlig neu gefaßt. „Das Niedrigenergiehaus" soll jedem Architekten und planenden Ingenieur die wesentlichen Informationen über diesen Baustandard vermitteln, es umfaßt daher alle bedeutenden Grundlagen des energiesparenden Bauens: Vom erheblich verbesserten Wärmeschutz über Regeln zur Vermeidung von Wärmebrücken und Einhaltung der Luftdichtheit bis zu Planungshilfen für eine kostengünstige, energieeffiziente und hygienisch einwandfreie Wohnungslüftung. Alle Kapitel wurden von Fachautoren mit langjähriger Praxiserfahrung auf dem einschlägigen Gebiet verfaßt.

Wenn heute in zunehmendem Ausmaß Niedrigenergiehäuser errichtet werden, wird dies die Umweltbilanz bei der Raumheizung entscheidend verbessern. Das Niedrigenergiehaus zeigt, wie bessere Behaglichkeit, höherer Wert der Bausubstanz, wirtschaftliches Bauen und Umweltschutz gemeinsam erreichbar sind.

Die Autorengruppe dankt Bennedikt Siepe und Werner Eicke-Hennig für die Hilfe bei der Erstellung von Konstruktionszeichnungen, Johannes Brucker, Karl-Heinz Fingerling, Manfred Such, Eberhard Hinz und Jens Knissel für wertvolle Gespräche; dem Hessischen Umweltministerium, namentlich MinRat Dieter Bringmann, für die Unterstützung der Arbeit am Institut Wohnen und Umwelt und die Überlassung von Grafiken; dem Geschäftsführer des Instituts, Dr. Uwe Wullkopf, für die Ermunterung zu dieser Arbeit und Rolf Born für die Fertigung vieler Illustrationen.

Im Januar 1997

Wolfgang Feist

Robert Borsch-Laaks

Johannes Werner

Tobias Loga

Witta Ebel

---

*) Da es keine offizielle Abkürzung für die Wärmeschutzverordnung gibt, wird von einzelnen Autoren unterschiedlich abgekürzt: WVO, WSVO, WSchV

1. Vom gewöhnlichen Wohnhaus zum Niedrigenergiehaus

1.1 Was ist ein Niedrigenergiehaus?

Wegen der anhaltenden Versuche, den Begriff „Niedrigenergiehaus“ (NEH) in Deutschland abweichend vom internationalen Gebrauch zu verwässern, muß die Definition klargestellt werden. Der Begriff „low energy house“ ist international eingeführt: Vorreiter waren Kanada und die skandinavischen Länder (insbes. Schweden). Dort ist der Begriff seit 1979 für Gebäude im Gebrauch, die einen gegenüber der damals gültigen Baunorm mehr als halbierten Heizwärmebedarf haben [Adamson 1979] (bedeutet: für Südschweden ≤ 70 kWh/(m^{2}a)). Die internationale Literatur führt zu der folgenden klimaunabhängigen Definition:

Niedrigenergiehäuser haben einen spezifischen Jahresheizwärmebedarf*) (bezogen auf die beheizte Nutzfläche und die Heizgradtagszahl) kleiner oder gleich 0,02 kWh/(m^{2}Kd) (Bezugspunkt: Einfamilienhaus)

Legt man diese Definition zugrunde und verwendet mittlere deutsche Heizgradtagszahlen (3500 Kd/a), so ergibt sich:

Einfamilien-Niedrigenergiehaus
Energiekennwert Heizwärme*)
≤ 70 kWh/(m^{2}a)
Mehrfamilien-Niedrigenergiehaus
Energiekennwert Heizwärme*)
≤ 55 kWh/(m^{2}a)
(bezogen auf die beheizte Wohnfläche)

*) Zu den Begriffen Jahresheizwärmebedarf und Energiekennwert vgl. Kap. 11

Diese Definition war schon in den ersten Auflagen dieses Buches und in der Energiesparinformation Nr. 3 des Hessischen Umweltministeriums verwendet worden. Sie entspricht dem in den Länderförderprogrammen (Hessen, Schleswig-Holstein) verwendeten Standard. Der Jahresheizwärmebedarf von Niedrigenergiehäusern liegt daher um ca. 50 % unter dem Niveau der Wärmeschutzverordnung (WVO) von 1982 und immer noch um 25 bis 30 % unter dem der novellierten Wärmeschutzverordnung von 1995.

Beim Niedrigenergiehaus handelt es sich um einen **Standard** (funktionale Anforderung), nicht um eine Bauweise. Die geforderten niedrigen Energiekennwerte sind auf unterschiedlichen Wegen zu erreichen, es erfolgt **keine Festlegung** etwa von k-Werten, Fensterflächenanteilen, A/V-Verhältnissen oder gar Baukonstruktionen und haustechnischen Einrichtungen. Jedoch müssen in einem Niedrigenergiehaus ein komfortables Innenklima und hygienische Raumluftverhältnisse eingehalten werden. Allein aus diesem Grund empfiehlt es sich, wie im übrigen für jeden Neubau, eine kontrollierte Wohnungslüftung einzusetzen (nicht unbedingt mit Wärmerückgewinnung).

Warum eine Definition auf der Basis von Energiekennwerten?

Zielsetzung beim energiesparenden Bauen ist die Verringerung des Energieeinsatzes und der damit verbundenen Umweltbelastung ohne Einschränkungen des Komforts. Es ist daher angemessen, die Qualität des energiesparenden Bauens direkt mit dem Grad der Zielerfüllung, d .h. mit dem Heizenergieverbrauch zu messen. Der Verbrauch muß dabei auf den Nutzen bezogen werden: Bei vorliegendem Außenklima und feststehenden Anforderungen an das Innenklima ist die Wohnfläche (bzw. Nutzfläche) das angemessene Maß für den Nutzen. Eine Vergleichbarkeit von Gebäuden wird damit durch die Verwendung der Größe „Heizwärmeverbrauch durch Nutzfläche“ ermöglicht.

Um Zufälligkeiten der jeweils aktuellen Nutzung und des konkreten Wetters auszuschalten, ist es aber sinnvoll, nicht einen aktuellen Jahresheizenergieverbrauch, sondern **den Heizenergieverbrauch unter Standardbedingungen (Nutzung und Klima)** heranzuziehen. Dieser Wert – bezogen auf die Nutzfläche – charakterisiert das technische System Gebäude und Heizung und wird Heizenergiekennwert genannt. Will man allein die bauliche Qualität des Hauses beurteilen, so ist es angemessen, den **Jahres(nutz)wärmeverbrauch unter Standardbedingungen** heranzuziehen. Standardbedingungen sind an einem einzelnen Haus nur schwer zu präparieren. In großen Gesamtheiten baugleicher Häuser werden die Durchschnittsbedingungen in einem repräsentativen Wetterjahr jedoch nahe an den Standardbedingungen liegen (vgl. auch Kapitel 12).

Wegen der Zufälligkeiten von Nutzung und Wetter ist es sinnvoll, die Heizwärmekennwerte rechnerisch auf der Basis eines validierten Energiebilanzverfahrens zu ermitteln. In Kap. 11 wird ein solches Verfahren erläutert. Mit diesem Verfahren läßt sich der **Jahresheizwärmebedarf** auch für erst geplante Gebäude ermitteln. Entscheidend bei der

Verwendung von rechnerischen Verfahren ist, daß der Rechenalgorithmus gut validiert ist, d. h., daß die ermittelten Bedarfswerte in guter Korrelation zu den Jahreswärmeverbräuchen unter Standardbedingungen stehen. Für eine Ermittlung mit dynamischen Simulationsverfahren (Programme DYNBIL oder JULOTTA, vgl. auch Feist 1994a) kann man dies voraussetzen. Gut validiert sind aber auch einfache Bilanzverfahren wie die in der Schweiz normierte [SIA 380/1], der „Leitfaden Energiebewußte Gebäudeplanung" des Hessischen Umweltministeriums [LEG 1992] und das Verfahren nach der europäischen Norm [DIN EN 832].

Wenig sinnvoll ist es, den Niedrigenergiehausstandard durch konkrete Vorgaben z. B. an die Wärmedurchgangskoeffizienten („k-Werte" vgl. 3.2) von Bauteilen definieren zu wollen: Weder reichen allein niedrige k-Werte für das Erreichen des NEH-Standards aus (vgl. Abschnitt 1.3), noch ist eine extrem gute Dämmung der einzige Weg, einen niedrigen Energieverbrauch zu erreichen. Durch den Bezug der Definition auf den eigentlichen Zielwert, nämlich den Energiekennwert, wird aber eine präzisere Charakterisierung erreicht. Ein wichtiger Vorzug dieser Definition ist darüber hinaus: Sie läßt dem Planer (Architekt und Ingenieur) weitmöglichste Freiheit bei der konkreten Realisierung eines Niedrigenergiehauses. Weil keine Festlegung auf genau bestimmte Konstruktionsdetails erfolgt, kann eine geeignete Kombination energiesparender Komponenten auf das konkrete Projekt abgestimmt werden. Dies ermöglicht auch eine fallbezogene ökonomische Optimierung.

Warum Bezug auf die Wohnfläche?

Entscheidend ist, daß ein **einheitlicher Bezug** auf die Energiedienstleistung (Maß für den Nutzen) des Hauses gewählt wird. Letztendlich muß sich eine einheitliche Bezugsgröße (sei es Bruttovolumen, Nettovolumen, Bruttogeschoßfläche oder Nutzfläche) durchsetzen, u. U. muß dann der hier favorisierte Wohn(Nutz)flächenbezug auch wieder aufgegeben werden.

Was spricht für die Wohnfläche als Bezugsgröße?

- Die Nutzfläche (Wohnfläche) ist eine bereits allgemein eingeführte und für den überwiegenden Teil aller betroffenen Gebäude (nämlich der Wohngebäude) bekannte und vielfach verwendete Größe.
- Die Nutzfläche wird bei jedem Bauvorhaben ohnehin und sehr frühzeitig ermittelt.
- Die Wohnfläche ist bei allen Mietwohnungen gesetzlich als Bezugsgröße für die Heizkostenabrechnung eingeführt. Daher ist der Bezug auf die Wohnfläche den Nutzern schon aus dieser Abrechnung bekannt und Verbrauchskennwerte in kWh/(m^{2}a) werden mit der Wohnfläche gebildet. Diese Verbrauchskennwerte können mit den Energiebedarfskennwerten verglichen werden und erlauben so eine Einschätzung des Nutzerverhaltens und eine kritische Prüfung der Berechnungsverfahren sowie der Gebäudequalität. Ein solcher Vergleich ist erwünscht – durch die Festlegung unterschiedlicher Bezugsgrößen wird er jedoch vereitelt.
- Die Wohnfläche ist eine Netto-Nutzfläche und von daher ein gutes Maß für die eigentliche Nutzbarkeit eines Gebäudes. Große Bruttogeschoßflächen können in ungünstigen Entwürfen viel verschenkte Flächen (z. B. Erschließung), große Bruttovolumina viel verschenkten Raum (überhohe Räume) enthalten. Eine gute Raumausnutzung ist aber eine weitere Möglichkeit, die Energieeffizienz zu erhöhen – hierfür sollte ein Anreiz bestehen, der durch den Bezug auf die Nutzfläche gegeben wird.

Allgemein sollten „Energiekennwerte" immer auf ein möglichst präzises Maß für den eigentlichen Nutzen des Energieeinsatzes bezogen werden; dieses Maß heißt „Energiedienstleistung" und wird im Personenverkehr beispielsweise in Personenkilometern gemessen. Bei der Beheizung von Gebäuden ist die Nutzfläche ein gutes Maß für die Dienstleistung, wenn es sich um vergleichbare Nutzung und um klimatisch gleichwertige Randbedingungen handelt. Bei Wohngebäuden stehen die Komfortanforderungen relativ einheitlich fest und die Klimaunterschiede innerhalb Mitteleuropas sind nicht sehr groß. Soll der Einfluß von Innen- und Außenklima mit berücksichtigt werden, so ist es sinnvoll, den Kennwert auch noch auf die über die Heizzeit integrierte Temperaturdifferenz zu beziehen. Letzteres sind die sogenannten Heizgradtage. Das flächen- und nutzungsspezifische Effizienzmaß für die Heizung in einem Gebäude bekommt so die Einheit kWh/(m^{2}Kd), die ganz am Anfang für die internationale Definition verwendet worden war.

1.2 Entwicklung der Baustandards

In den fünfziger und sechziger Jahren war Energie so billig, daß sich kaum jemand beim Neubau Gedanken über den Heizwärmeverbrauch machte. Daß die damals gebauten Häuser dennoch einen gewissen **Mindestwärmeschutz** aufweisen, war den bestehenden Anforderungen der DIN 4108 zu verdanken: Im Interesse der Vermeidung von Bauschäden und von hygienischen Innenraumverhältnissen schrieb diese Norm maximal zulässige Wärmedurchgangskoeffizienten vor, die so gewählt waren, daß es auf den Innenoberflächen der Regelbauteile (außer den Fenstern) unter damaligen Wohnraumbedingungen nicht zur Tauwasserbildung kommen sollte. Zumindest im nördlichen Teil Deutschlands waren Einscheibenverglasungen die Regel. Trotz eines hohen Heizenergieverbrauchs war es in diesen Wohnungen nicht unbedingt komfortabel: Niedrige Oberflächentemperaturen der schlecht gedämmten Bauteile ergaben als zu gering empfundene Raumtemperaturen. Undichte oder gar gekippte Fenster verursachten einen gerade im Winter sehr hohen Luftwechsel, weshalb die Raumluft als viel zu trocken (Stichwort: „Zentralheizungsluft") empfunden wurde. Heute sind in solchen Häusern im **„BESTAND"** meist einfache Maßnahmen zur Energieeinsparung durchgeführt worden: In der Regel wurden neue „isolierverglaste" Fenster, Thermostatventile und eine neue Zentralheizung eingebaut. Hingegen läßt der Wärmeschutz der Außenwände, Dächer und Kellerdecken meist noch zu wünschen übrig: Typisch sind ungedämmtes Hochlochziegelmauerwerk sowie nur spärlich oder nicht gedämmte Obergeschoß- und Erdgeschoßdecken. Die Wärmeverluste in einem Referenzreihenhaus*) mit solchen Bauteilen summieren sich auf etwa 35 000 kWh/a; demgegenüber sind die jährlichen solaren und internen Wärmegewinne mit ca. 6700 kWh/a fast vernachlässigbar. Der jährliche Heizwärmebedarf bezogen auf den Quadratmeter Wohnfläche (Energiekennwert Heizung) beträgt um 180 kWh/(m^2a). In Studien des Instituts Wohnen und Umwelt wurde gezeigt, daß sich dieser sehr hohe Verbrauch durch bessere Wärmedämmung der Bauteile bei den meisten Gebäuden auf unter die Hälfte senken ließe [Ebel u. a. 1996].

Die Bundesregierung reagierte auf die Energiepreissteigerung infolge der Ölkrise mit der **ersten Wärmeschutzverordnung 1977**, die 1982 novelliert und den abermals gestiegenen Energiepreisen angepaßt wurde. Auch diese, seit 1984 gültige, **zweite Wärmeschutzverordnung** stellte noch keine besonders einschneidenden Forderungen an den Wärmeschutz von Gebäuden: Als Außenwände kamen meist 30 cm dickes Mauerwerk aus Porensteinen oder mäßig gedämmte (3 bis 8 cm Dämmschichtdicke) Kalksandsteinwände in Gebrauch. Im Dach wurde eine Zwischensparrendämmung mit 12 bis 15 cm Dämmdicke üblich – Zweischeibenisolierglas wurde die gängige Verglasung. Durch die bessere Wärmedämmung nahmen die Verluste deutlich ab: Um 25 000 kWh/a sind es bei fast gleich hoch gebliebenen Wärmegewinnen. In Neubauten nach der Wärmeschutzverordnung von 1982 wurde der Energiekennwert für den Heizwärmebedarf auf etwa 120 kWh/(m^2a) (Referenzreihenhaus), d. h. um etwa ein Drittel reduziert. Trotz des sichtbaren Einsparerfolges bleibt dies ein sehr hoher Verbrauch: Bereits 1980 war in Schweden die „Schwedische Baunorm 1980 – SBN 1980" verbindlich; nach dieser Norm gebaute Häuser kommen mit 80 bis 100 kWh/(m^2a) Nutzwärme aus.

*) Als Referenzobjekt wurde ein Reihenmittelhaus mit 156 m^2 Wohnfläche gewählt. Seine Gebäudedaten können der Beispielrechnung in Anhang A 2 entnommen werden. Die dargestellten Kennwerte können bei Reihenendhäusern oder Doppelhaushälften um ca. 10 % und bei einzelstehenden Gebäuden gleicher Größe durchaus 20 bis 30 % höher ausfallen.

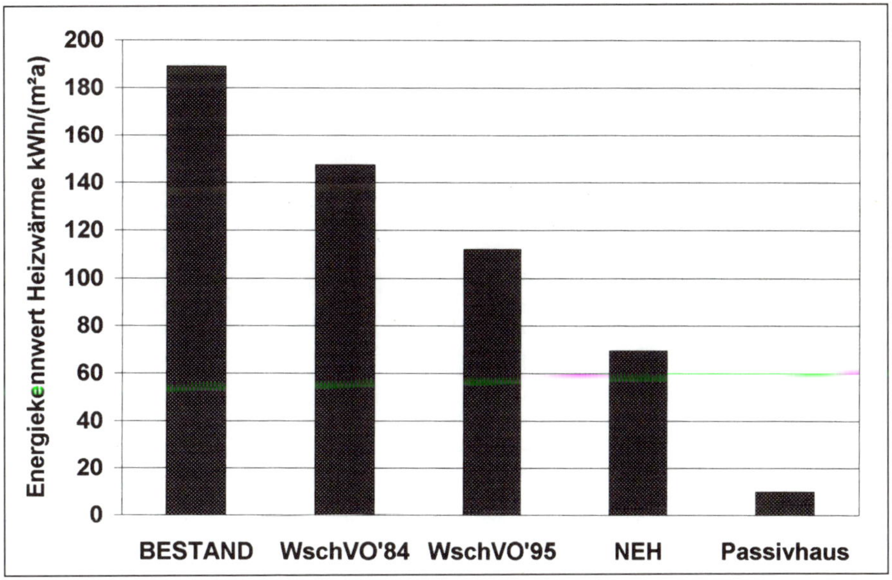

Abb. 1-1: Energiekennwerte für Heizwärme im Vergleich (nur Heizwärme)

In etwa das Niveau der schwedischen Baunorm von 1980 wird mit der seit 1995 gültigen **zweiten Novelle der Wärmeschutzverordnung** erreicht. Mit dieser Novelle wird auch in Deutschland erstmals eine funktionale Norm für den Wärmeschutz eingeführt: Die Anforderungen werden direkt an den spezifischen Heizwärmebedarf des Gebäudes gestellt. Leider ist das in dieser Verordnung gewählte Rechenverfahren jedoch sehr unrealistisch – es führt bei Neubauten durchgängig auf viel zu niedrige Rechenwerte für den Heizwärmebedarf (vgl. Kap. 11 und [Feist 1993c]). Auch führt die Verordnung nicht – wie mehrfach angekündigt – das Niedrigenergiehaus in Deutschland ein, sondern stellt nur einen ersten Schritt in diese Richtung dar.

1.3 Merkmale von Niedrigenergiehäusern

Im ersten Abschnitt war dargestellt worden, daß der Standard des Niedrigenergiehauses ausschließlich vom erreichten Energieverbrauch her definiert ist. Es gibt verschiedene Wege, dieses Ziel zu erreichen. Inzwischen liegen umfangreiche Erfahrungen mit dem Bau von Niedrigenergiehäusern bei unserem Klima vor: Die vielen gebauten Beispiele zeigen, wie sich das Ziel auf möglichst einfachem Weg erfüllen läßt. Diese Erfahrungen sind in der Merkmalliste (vgl. Infobox1-1) niedergelegt. Keinesfalls sind alle diese Merkmale zwingend für den Erfolg. Besondere Anstrengungen an einer Stelle können ungünstigere Ausführungen an anderen durchaus ausgleichen – letztendlich muß die Gesamtbilanz stimmen. „Ausgleichsmaßnahmen" haben auch ihre Grenze, wie es der alte schwäbische Spruch versinnbildlicht: „Wenn's mi an'd Füeß friert, na setz i no a Kapp uff." Das jeweils richtige Maß zu finden, ist eine Optimierungsaufgabe bei jedem einzelnen Projekt. Info-

Infobox 1-1: Merkmale von Niedrigenergiehäusern in der Übersicht

Sehr guter Wärmeschutz der Außenbauteile	*Empfohlene k-Werte der Hülle:* *Dach* ≤ *0,15 W/(m²K)* *Wand* ≤ *0,25 W/(m²K)* *Kellerdecke* ≤ *0,30 W/(m²K)* *Fenster* ≤ *1,50 W/(m²K)*
Reduzierung von Wärmebrücken	*Die Dämmung muß ohne Unterbrechung geschlossen um das Haus geführt werden. Auskragende Bauteile sind zu vermeiden. Bei Holzbauteilen ungedämmte Vollholzquerschnitte reduzieren.*
Dichtheit der Außenhülle	*Die Außenhülle muß dicht sein. Zielwert für den Leckageluftwechsel beim Blower-Door-Test:* $n_{50} \leq 1{,}0\ h^{-1}$
Optimierung der passiven Solarenergienutzung	*Die Qualität transparenter Bauteile (gute Dämmwirkung und hoher Energiedurchlaß) ist wichtiger als ihre Quantität (Fenstergröße).*
Kontrollierte Wohnungslüftung ohne oder mit Wärmerückgewinnung	*Die Lüftungstechnik bewirkt in erster Linie eine gute Raumluftqualität; erst in zweiter Linie dient sie der Energieeinsparung. In Niedrigenergiehäusern reichen in der Regel einfache Abluftanlagen aus.*
Angepaßtes Heizsystem	*Die Heizung im Niedrigenergiehaus muß an den niedrigen Wärmebedarf angepaßt sein und sich selbsttätig und flink zurückregeln.*
Effiziente Warmwasserbereitung	*Der Wärmeschutz des Speichers, der Versorgungsleitungen und evtl. Zirkulationsleitungen muß sehr gut sein.*
Effiziente Nutzung von elektrischer Energie	*Der Stromverbrauch läßt sich durch Auswahl besonders effizienter Haushaltsgeräte und Haustechnikkomponenten (Pumpen, Lüfter usw.) etwa halbieren.*
Nutzerfreundlichkeit aller Komponenten	*Nur wenn die eingesetzten Systeme vom Nutzer ohne großen Aufwand zweckentsprechend genutzt werden können, kann die Einsparung auch erreicht werden.*

box 1-1 gibt Hinweise, wie ein Niedrigenergiehaus mit einer Standardkombination von Bauteilen und Haustechnikkomponenten sicher erreicht werden kann.

Die bautechnischen und bauplanerischen Merkmale werden in den Kapiteln 2 bis 7 des Buches genauer behandelt. Der niedrige Heizwärmebedarf gilt zwar gemeinhin als Hauptkriterium zur Definition des „Niedrig-Energie-Standards“. Bei den dringend notwendigen Bemühungen um Klimaschutz durch Senkung von unnötigem Energieverbrauch hört der Einfluß des Faktors „Wohnen“ nicht am Heizkörperventil auf. Ein stimmiges, umfassendes Niedrig-Energie-Konzept muß die Senkung der Verluste der Heizanlage, die Optimierung der Warmwasserbereitung (evtl. mit Hilfe von Solaranlagen) und eine deutliche Effizienzsteigerung bei den Stromanwendungen für Haustechnik und Haushalt einbeziehen (vgl. Kap. 8 und 10). Auf eine Vielzahl von Faktoren, deren Einfluß auf das Verbrauchsergebnis in der Praxis oft heiß diskutiert wird (von der Hausbegrünung bis zum Nutzerverhalten), wird in den Kapiteln 9 und 12 näher eingegangen. Berechnungsverfahren zur Energiebilanzierung werden in Kap. 11 verglichen und im Anhang mit Tabellen und Handrechenblättern vorgestellt. Die Wirtschaftlichkeit der Verbesserung heutiger Neubauten auf Niedrigenergie-Standard wird in Kap. 13 behandelt.

2. Kompakt planen – kostensparend bauen

2.1 Zwei Fliegen und die Kompaktheitsklatsche

Werden die Grundsätze für Niedrig-Energie-Bauweisen aufgelistet, so rangiert meist ganz oben die Forderung nach einer kompakten Bauform. Dafür gibt es eine Reihe guter Gründe. Der wichtigste ist, daß die Verbesserung der Kompaktheit eines Gebäudeentwurfs eine Energiesparmaßnahme darstellt, die gleichzeitig auch **Baukosten senken** kann.

Kompakt bauen heißt: Wohnfläche und Wohnraum mit einem Minimum an wärmeabgebender Hüllfläche bereitstellen. Weniger Außenflächen bei gleicher Wohnfläche bedeuten weniger Wärmeverluste. Gleichzeitig entlastet jeder Quadratmeter Hüllfläche, der nicht gebaut werden muß, das Baukostenbudget. Selbst dann, wenn Ersatzmaßnahmen erforderlich werden (z.B. vorgestellter Balkon statt Loggia oder Innenwand statt Außenwand), bleibt unterm Strich eine kompaktere Bauform stets kostengünstiger.

Auch die Vermeidung bautechnischer Problemstellen liefert Argumente, die in gleicher Richtung gehen: Vor- und Rücksprünge in der Fassade, eingezogene Bauteile (z. B. vom Gebäude überdachte Freisitze und Loggien), stark gegliederte Dachlandschaften u. ä. erfordern auch stets einen besonderen Planungs- und Bauaufwand, nicht zuletzt, um Wärmebrücken und Luftleckagen zu vermeiden.

Die Entwurfsplanung stellt durch die Gliederung des Baukörpers die Weichen. Wie groß am Ende der technische und finanzielle Aufwand sein wird, um den NEH-Standard zu erreichen, wird daher bei der Optimierung der Hüllfläche vorentschieden. Deshalb soll im folgenden die quantitative Bedeutung der Kompaktheit für die weiteren Planungsschritte behandelt werden. Darüber hinaus wird konkret untersucht, welche Formen der Fassadengliederungen sich am wenigsten negativ auswirken.

2.2 Gute Nachbarschaft im A/V-Verhältnis

Die Größe, mit der üblicherweise die Kompaktheit eines Gebäudes klassifiziert wird, ist das sog. **„A/V-Verhältnis“** (wärmeabgebende Außenoberfläche dividiert durch das davon eingeschlossene Volumen). Nach Wärmeschutzverordnung sind hierbei die Gebäudeaußenmaße zu verwenden.

Wir betrachten zum Vergleich in Abb. 2-1 einen Quader mit netto 70 m² Wohnfläche und 2,50 m Raumhöhe. Setzt man zwei Elemente hiervon zu einem eingeschossigen 140 m² Bungalow zusammen, so ergibt sich jeweils ein Zahlenwert von „500“ für Außenflächen (in m²) und Volumen (in m³), also ein A/V-Verhältnis von 1,0 m^{-1}. D. h. jeder m³ Gebäudevolumen erfordert einen m² Hüllfäche.

Übereinander zu einem zweigeschossigen Einfamilienhaus gleicher Größe zusammengesetzt, reduziert sich die Hüllfläche bereits um 22 %. Das gleiche als Reihenendhaus oder Doppelhaushälfte gebaut, verringert die Außenfläche sogar auf 68 % des Ausgangswerts. Mit 3- oder 4-geschossigen Gebäuden kann der Außenflächenbedarf pro Wohneinheit auf weniger als 50 % gesenkt werden.

Kompaktheit und Dämmaufwand

Um die Bedeutung der Minimierung der Hüllfläche für die Energiebilanz des Gebäudes zu veranschaulichen, ist ein Vergleich mit anderen Maßnahmen zur Senkung des Wärmebedarfs, z. B. Verstärkung der Dämmung, hilfreich. Hierfür legen wir die „Standardausstattung“ (s. Randbedingungen in Abb. 2-1) eines NEH zugrunde und einen Heizenergie-Kennwert von 70 kWh/m²a als Meßlatte auf. Abb. 2-1 zeigt, daß nur Gebäude, die deutlich kompakter als ein freistehendes, zweigeschossiges EFH sind, eine Chance haben, im Wettbewerb zu bleiben. Gebäude mit einem A/V-Verhältnis, das schlechter, d. h. höher als 0,75 m^{-1} ist, benötigen einen zusätzlichen energietechnischen Aufwand gegenüber der „Standardausstattung“ – sei es durch bessere Fenster, durch Wärmerückgewinnung aus der Abluft oder durch eine weitere Senkung des k-Werts der Außenbauteile. Der Aufwand, der hierbei betrieben werden muß, ist nicht unerheblich. Dies soll am Beispiel einer Wohneinheit mit 140 m² Wohnfläche verdeutlicht werden:

Eine *Erhöhung des A/V-Werts von 0,1* m^{-1} bedeutet in diesem Fall eine 50 m² größere Hüllfläche. Um deren zusätzlichen Wärmeverlust ergebnisneutral zu kompensieren, ist *zusätzlich 3-cm-Dämmung* für die gesamte nicht transparente Außenfläche nötig (s. Abb. 2-2)!

Umgekehrt kann somit **jeder Schritt hin zu einer kompakteren Bauform ökonomisch doppelt belohnt** werden: Die verkleinerte Hüllfläche führt zu einer starken Reduzierung der Baukosten, da Außenbauteile meist besonders hohe Quadratmeterpreise aufweisen. Dieses Potential zur Kostensenkung kann auch im Rahmen der Spielräume bei Einfamilienhäusern größer sein als die Mehrkosten, die üblicherweise für die NE-Bauweise veranschlagt werden. *Zusätzlich* bringt die denkbare niedrigere erforderliche Dämmstärke eines kompakteren Gebäudes eine weitere Kostensenkung, z. B. durch geringere Ständertiefen und Sparrenstärken.

Verdichtetes Bauen = Kompaktes Bauen?

Die großen Sprünge in der Kompaktheitsskala erfolgen einerseits mit der Änderung der Geschoßzahl und andererseits durch Aneinanderreihung von Gebäudeabschnitten (s. Abb. 2-1). Aus gesellschaftlicher und volkswirtschaftlicher Sicht fällt daher die Entscheidung, ob niedrige Heizenergiekennwerte mit vertretbarem Aufwand möglich sind, also schon bei den städtebaulichen Vorgaben im Bebauungsplan.

Dreigeschossige Mehrfamilienhäuser gelten aus mehreren Gründen als optimale städtebauliche Verdichtung. Auch im Hinblick auf das Erreichen guter Energiekennwerte läßt sich diese Einstufung bestätigen. Der mittlere Energiekennwert für eine **dreigeschossige Häuserzeile (< 57 kWh/m²a)** läßt sich durch ein viertes Geschoß nur noch um etwa 5 % verbessern. Demgegenüber stellen Häuser mit vier Vollgeschossen schon stark erhöhte, d. h. kostensteigernde Anforderungen z. B. an die technischen Eigenschaften der Dämmkonstruktionen (Brandschutz!).

Aber auch schon mit der Zulassung **zweigeschossiger Reihenbebauung** kann eine solide Basis geschaffen werden, um noch mit *durchschnittlichem* Aufwand die NEH-Grenze zu unterschreiten. Dies gelingt auch noch bei zweigeschossigen Doppelhäusern, wenn ihr Entwurf ansonsten keine besonderen Schwachstellen aufweist.

Aus diesem Blickwinkel sollten Bauherren, für die das Niedrig-Energie-Ziel bislang lediglich eine individuelle Perspektive war, darüber nachdenken, ob nicht etwas mehr Nachbarschaft der passendere Weg zum Erfolg ist.

Aber auch dann, wenn die Entscheidung für ein Einzelhaus bereits gefallen ist, bleiben relativ große Spielräume hinsichtlich der Optimierung der Hüllflächen, auf die im folgenden eingegangen wird.

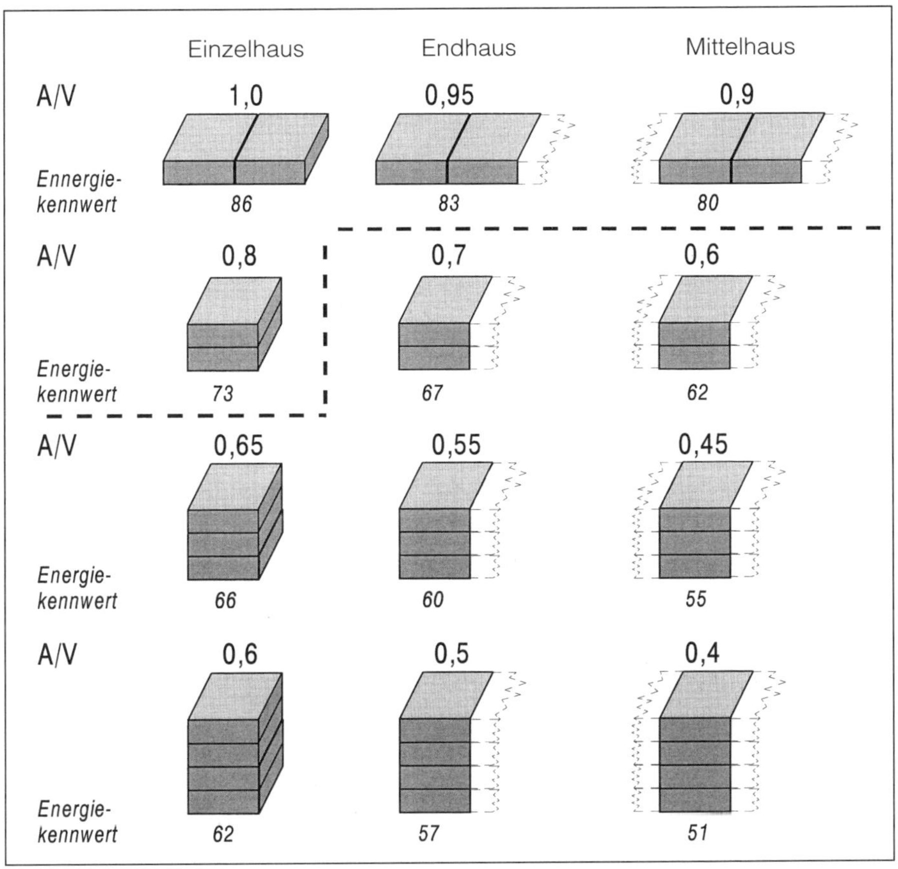

Abb. 2-1: A/V-Verhältnisse und Heizenergiekennwerte für verschiedene Gebäudetypen mit Niedrigenergie-Standard in der Gebäudehülle

Randbedingungen für den Vergleich:
Wohnfläche pro Raumzelle: 70 m²
Raumhöhe: 2,50 m
$k_{m,\ nicht\ transp.}$: 0,2 W/m²K

Wärmeschutzverglasung, Anteil Fensterflächen:
35 % Süd, 50 % Ost/West, 15 % Nord
Bedarfsgerechte Abluftanlage (n = 0,5 h^{-1})
Innere Wärmequellen 15 kWh/(m²a)

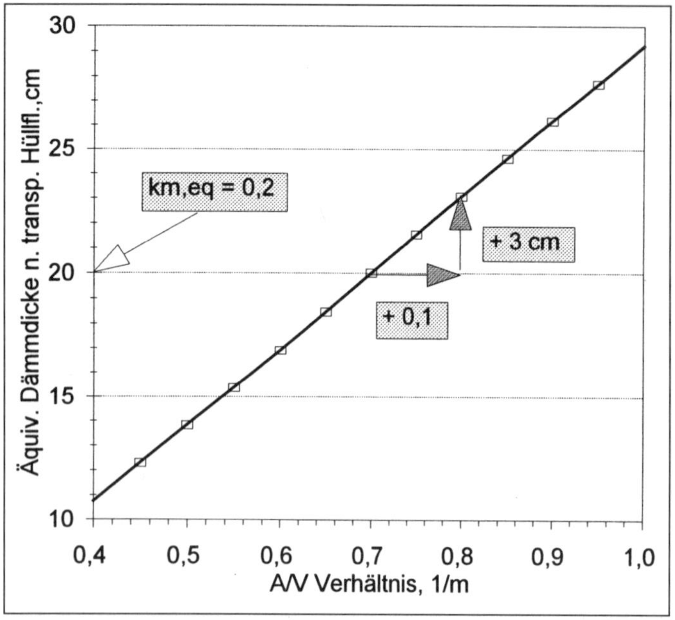

Abb. 2-2: Erforderliche Dämmdicke der nicht transparenten Gebäudehülle zur Erreichung eines Heizenergie-Kennwerts von 70 kWh/m²a in Abhängigkeit vom A/V-Verhältnis (Gebäude mit Vollgeschossen)

2.3 Ecken und Kanten bei der Grundrißplanung

Die Basis eines jeden kompakten Entwurfs ist die Grundrißplanung. Entscheidend für den späteren Wärmeverlust des Gebäudes sind die **laufenden Meter Umrißlinie**, die den beheizten Bereich von der kälteren Umgebung trennen. Denn zu jedem Meter Umfang gehört über die Gebäudehöhe eine bestimmte Wandfläche.

Eine Erhöhung der Umrißlänge von 10 % (bei gleicher Grundfläche) erfordert zur Kompensation der zusätzlichen Wärmeverluste eine Mehrdämmung der gesamten Wandfläche von 2 cm (bei Ausgangs-k-Wert 0,2).

Es besteht also auch in dieser Frage die Alternative, eine größere Fläche verstärkt zu dämmen oder eine kleinere mit weniger Aufwand auszustatten, d. h. eine 10%ige Änderung der Umrißlänge bedingt bereits einen gut 20%igen Einfluß auf den Dämmstoffverbrauch.

Formensprache

Betrachtet man verschiedene geometrische Grundformen unter der Vorgabe jeweils gleicher Grundriß*fläche*, so ergeben sich beispielhaft Unterschiede bei den resultierenden Umrißlängen wie in Abb. 2-3 gezeigt. Nimmt man den Umriß der günstigsten rechtwinkligen Bauform (Quadrat) als 100 %, so kann bei gleicher *Netto*-Wohnfläche die Länge der äußeren Trennlinie um 13 % geringer (Kreis) oder auch 17 % größer (gleichschenkliges Dreieck) ausfallen. Bezogen auf eine überbaute Fläche von 100 m² liegt die Spannweite der zugehörigen **Außenwandfäche bei etwa ± 15 m² je Geschoß**. Umgerechnet auf die erforderliche Dämmdicke liegt ein Unterschied von etwa 6 cm zwischen den beiden Enden dieser Kompaktheitseinstufung.

Doch auch in Zukunft werden wohl runde Grundrisse oder (angenähert) solche mit stumpfwinkligen Kanten trotz ihrer kompakten Form die Ausnahme in der Baupraxis bleiben. Zu groß erscheint meist der Bau- und Planungsaufwand. Außerdem bieten diese Formen nur eine Optimierung der Kompaktheit für *einzeln stehende* Baukörper. Gleichwohl zeigt der Vergleich zu den Sonderbauformen am anderen Ende der Kompaktheitsskala, daß spitzwinkelige Grundrißelemente zu einer doppelten Verteuerung führen: Kompli-

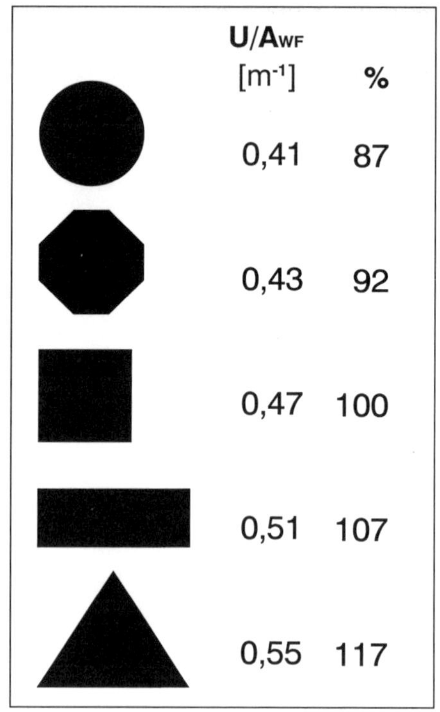

Abb. 2-3: Verhältnis von äußerer Umrißlänge U zur Wohnfläche A_{WF} bei verschiedenen Grundrißgeometrien.
Randbedingungen: Brutto-Grundrißfläche 100 m², Wanddicke 40 cm

ziertere Baudetails plus stark verlängerte Außenbauteile.

Ein *quadratischer* Grundriß vereint am ehesten die Minimierung der benötigten Hüllfläche mit baupraktischen Vorteilen. Dies gilt auch noch für *rechteckige* Grundrisse in dem für kleinere Häuser typischen Verhältnis von Länge zu Breite von etwa 1,5 : 1 (z. B. 12 m x 8 m). Hierdurch erhöht sich die Umrißlänge der Vollgeschosse nur um ca. 2 % im Vergleich zum Quadrat. Erst dann, wenn die Länge des Hauses über zweimal größer als dessen Breite wird, steigt die Umrißlänge merklich. Da den Haus*tiefen* üblicherweise z. B. aus Gründen der Wohnungsbelichtung Grenzen gesetzt sind, dürfte die maximale Kantenlänge eines quadratischen Grundrisses bei 12 bis 14 m liegen. Größere Gebäude setzen sich sinnvollerweise aus Aneinanderreihungen dieser maximalen Quadrate zu Rechtecken zusammen.

Versetzte Baukörper

Für die folgenden Betrachtungen gehen wir vom idealen Typ des *rechtwinkligen* Grundrisses, dem Quadrat aus. Dies habe eine äußere Umrißlänge von 4 x 10 m, also eine Brutto-Grundrißfläche von 100 m^2.

Eine Verlängerung der Umrißlänge findet immer dann statt, wenn in den Fassaden **Vor- oder Rücksprünge** erfolgen. Da diese im einfachen (und üblichen) Fall rechtwinklig sind, interessiert für die Änderung der Länge der äußeren Begrenzung nur das **Versatzmaß (v)**. Dies entspricht der Tiefe des Vor- oder Rücksprungs und wird senkrecht zum Verlauf des Umfangs gemessen (s. Abb. 2-4). Die Breite der Ausbuchtung bzw. Einstülpung ist für unsere Fragestellung unerheblich, da sie längenidentisch mit dem entsprechenden Umfangsabschnitt der quadratischen Grundform ist.

Schneidet man diese Ausgangsfläche einmal durch und versetzt die entstehenden Rechtecke um eine Versatzlänge von v = 2 m, so ergibt sich im günstigsten Fall eine zusätzliche Umrißlänge (u_z = 2 x v = 4 m). Bezogen auf die Ausgangssituation bedeutet dies ein Plus von 10 %. Dieser günstigste Fall tritt ein, wenn nur *ein* Schnitt erfolgt, d. h. der Versprung *seitlich* an der Gebäudeecke liegt (s. Abb. 2-4, Variante a). Wird ein Element in der Mitte einer Fassade verschoben, so entstehen *zwei* Schnitte (Abb. 2-4, Variante b) und damit eine doppelt so große Erhöhung der Umrißlänge (u_z = 4 x v = 8 m).

Sonderformen der seitlichen Versetzung von Teilbaukörpern sind die **Winkel- oder T-förmigen Grundrisse** (s. Abb. 2-4, Variante c). Hierbei wird ein vom Quadrat abgeschnittenes Rechteck gedreht und mit der *schmalen* Seite an die verbleibende Grundrißfläche angesetzt. Deshalb ist die Kantenlänge der *langen* Seite des umgesetzten Rechtecks maßgebend für die zusätzliche Umfangslänge. In der Praxis liegen die Versatzmaße in diesem Fall bei 40 bis 60 % der Kantenlänge des Quadrats. Dies bedeutet beim Grundriß: 8 bis 12 m zusätzlicher Umfang (entsprechend 20 bis 30 % mehr Umrißlänge).

Einschnitte und Anbauten

Es gibt eine Vielzahl mehr oder weniger guter Gründe, die Gebäudehülle verspringen zu lassen, um einerseits Loggien, Balkone und geschützte Freisitze oder andererseits Erker und andere Anbauten zu erzeugen. Wie stark eine derartige Gliederung der Fassade sich auf die Vergrößerung der Hüllfläche auswirkt, hängt vom planerischen Geschick ab. Der Vergleich in Abb. 2-5 zeigt zwei stark verspringende Baukör-

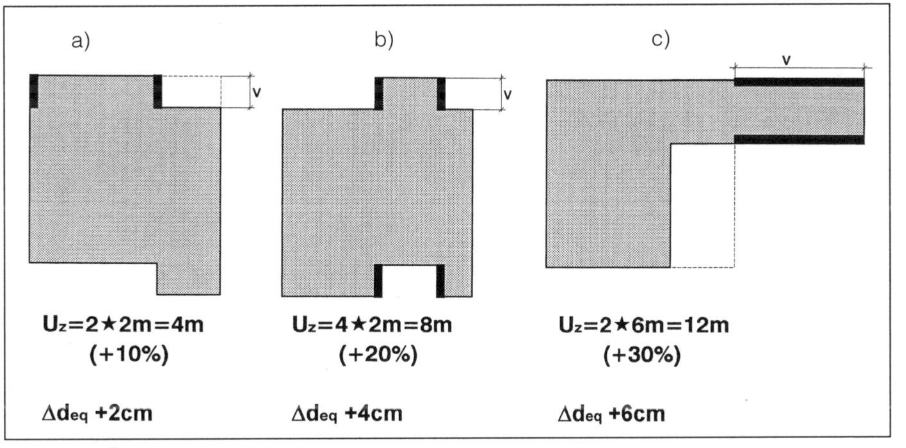

Abb. 2-4: Änderung des Umfangs eines quadratischen Grundrisses bei versetzten Baukörpern

v = Versatzmaß (v = 2 m)
u_z = Zusätzliche Länge des Umfangs
Δd_{eq} = Zusätzliche erforderliche Dämmdicke (Wand) zur Kompensation der vergrößerten Oberflächenverluste
Änderung des Umfangs in % vom Basiswert (4 x 10 m)

per, bei denen sich sehr unterschiedliche Umrißlängen ergeben.

Im Beispiel links befinden sich innerhalb der Gebäudeaußenmaße 3 Einschnitte mit insgesamt 20 m^2 Fläche (z. B. für Loggien). Die markierten Versatzlinien ergeben in der Summe eine Umfangsvergrößerung von 40 % (8 x v = 16 m)! Im Beispiel rechts ist die gleiche Fläche sogar auf 4 Einschnitte verteilt, dennoch beträgt die zusätzliche Umfangslänge nur 2 x v = 4 m, also ganze 10 % mehr als beim quadratischen Idealgrundriß. Der Grund für diesen krassen Unterschied liegt darin, daß Rücksprünge der Umrißlinie *an den Gebäudeecken* zwar zu einem Verlust an Wohnfläche aber zu keiner zusätzlichen Außenfläche führen. Wenn es gelingt, die „verlorene" Wohnfläche an anderer Stelle so anzufügen, daß sie möglichst über die längste Gebäudeseite verteilt wird, dann läßt sich der Umrißzuwachs in vertretbaren Grenzen halten.

Wohnflächenverluste

Ein weiteres Argument spricht dafür, *generell* mit Versprüngen in der Fassade zurückhaltend umzugehen. Alle bisherigen Betrachtungen hierzu bezogen sich auf die Außenmaße, wie dies sowohl bei Kalkulationen zur Energiebilanz als auch bei der Bauteilkostenermittlung üblich ist. Unter dem Blickwinkel der nutzbaren *Wohnfläche* ist zusätzlich folgendes zu bedenken:

Jeder Meter Umrißlänge verbraucht ein gewisses Maß an Konstruktionsfläche. Bei einer mittleren NE-Wandstärke von 40 cm bedeuten 2,5 m mehr Umrißlänge je Geschoß einen Wohnflächenverlust von einem Quadratmeter. Für die in Abb. 2-4 und 2-5 dargestellten stark gegliederten Grundrißformen ergeben sich gegenüber der Wohnfläche, die mit der quadratischen Ausgangsform erzielbar ist, Verluste von bis zu 6,4 m^2 *je Geschoß* ! Dies läßt sich nur ausgleichen, indem das Haus größere Außenmaße erhält, was erneut zusätzliche Hüllfläche und zusätzlichen Dämmaufwand zum Ausgleich der hierdurch erhöhten Wärmeverluste erfordert.

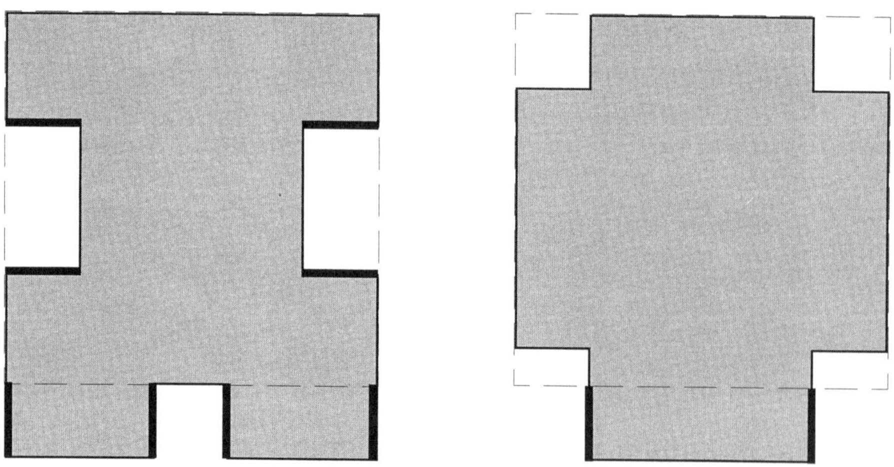

– – – Umriß eines Quadrats ▬▬ Versatzmaße der Vor- und Rücksprünge

Abb. 2-5: Stark gegliederte Fassadenlinien mit Einschnitten und Anbauten bei zwei Grundrißbeispielen mit stark unterschiedlichen Umrißlängen bei gleicher Grundfläche (100 m^2)

links: Umrißlänge 56 m (140 %) rechts: Umrißlänge 44 m (110 % des Ursprungsquadrats)

2.4 Dachlandschaften

Betrachtet man *vertikale* Schnitte durch ein Gebäude, so ist die Situation in den *Voll*geschossen eine ähnliche wie bei der Grundrißplanung. Da die Außenwände i. d. R. senkrecht zur Grundfläche stehen, ergibt sich als praktisches Optimum für den vertikalen Schnitt wiederum ein Quadrat. Dies wird je nach Haustiefe bei drei- bis viergeschossigen Gebäuden erreicht.

Für *Vor- und Rücksprünge* in der Fassade gelten die in Kap. 2.3 aufgestellten Umrißregeln sinngemäß: Einstülpungen wirken sich in Mittelgeschossen deutlich ungünstiger aus als in den Randgeschossen. Hinzu kommt, daß Versprünge in der *senkrechten* Fassadenlinie, je nach Bauweise, zu besonderen wärmetechnischen Schwierigkeiten führen. Wenn als Folge hiervon Zwischendecken an die Außenluft (z. B. bei Loggien) grenzen, hat der Massivbau Probleme mit Wärmebrücken und der Holzbau Probleme mit der Luftdichtung. Deren Lösung ist mit Extraaufwand verbunden und führt oft auch dann nicht zu befriedigenden Lösungen.

Das Besondere an der Kompaktheitsanalyse beim senkrechten Schnitt sind die verschiedenen Dachbauformen. Bei ein- und zweigeschossigen Gebäuden liegt hier ein ganz wesentlicher Einflußfaktor auf das Gesamtergebnis.

Dachgeometrie: Raum und Fläche

Auf den ersten Blick mag in Übertragung der Aussagen zur Grundrißplanung der Halbkreis als optimale geometrische Form für den Dachquerschnitt erscheinen. Im Hinblick auf ein günstiges A/V-Verhältnis ist in der Tat ein Tonnengewölbe nur noch von einem Kuppelbau zu schlagen. Doch abgesehen von den technischen Problemen, die bei runden Dachbauformen auftreten, erscheint bei näherer Betrachtung auch aus Gründen der Kompaktheit der Halbzylinder als wenig optimal. Schon bei üblichen Einfamilienhaustiefen ergibt hierbei sich in der Dachmitte eine Höhe von 4 bis 5 m. Die Grenze für „normale“ Raumhöhen im Dach (2,30 m) wird auf über 80 % der Geschoßfläche überschritten (s. Abb. 2-6, Var. a). Da-

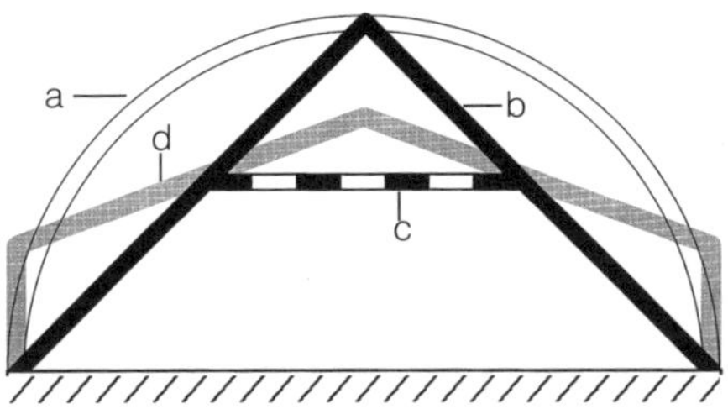

Schnitt	Hüllfläche (außen)	Wohnfläche	A_O/A_{WF}	
	A_O [m^2]	A_{WF} [m^2]	[–]	[%]
a) Halbkreis	236	81	**2,9**	92
b) 45° Dach Ausbau bis in die Spitze	191	61	**3,2**	100
c) 45° Dach mit Dachgeschoßdecke	158	61	**2,6**	83
d) 22,5° Dach Drempel 1,5 m Ausbau in die Spitze	190	85	**2,2**	71

Abb. 2-6: Vergleich der Kompaktheit verschiedener Dachbauformen über das Verhältnis von äußerer Hüllfläche zu erzielbarer Wohnfläche nach [DIN 277]

mit wäre ein solches Dachgeschoß auch immer ein Vollgeschoß und insofern für die meisten Wohnbebauungen uninteressant.

Auch die am weitesten verbreitete Dachform, das **45° Satteldach** (Abb. 2-6, Var. b), hat das gleiche Problem. Schon bei Konstruktionen ohne Drempel beträgt die Firsthöhe ebenfalls meist 4 bis 5 m. Verläuft die Dämmebene vollständig in der Schräge, entsteht recht viel Bauvolumen, das nur begrenzt oder gar nicht nutzbar ist (Abseiten, Dachspitz).

Insofern erscheint der Ansatz durch **Einziehen einer Dachgeschoßdecke** und Verlegung der thermischen Hülle in diese Ebene wirtschaftlich und energetisch vernünftig. Hierdurch wird die wärmeabgebende Fläche um 17 % reduziert (vgl. Abb. 2–6, Var. c). Geometrisch ausgedrückt kann hiermit eine Kompaktheitsverbesserung erzielt werden, die aus dem Schritt vom diagonal geschnittenen Quadrat zum halbierten Sechseck resultiert. Das Problem aller geneigten Dächer, daß niedrige Abseiträume die Wohnflächen im Dachgeschoß stark vermindern, löst allerdings auch diese Variante nicht.

Das „Bis-in-die-Spitze-Ausbauen“ kann Raumerlebnisse mit ganz eigenem Reiz schaffen und ist nicht zuletzt deshalb bei Architekten und Bauherren sehr beliebt. Soll dies mit einer kompakten Bauweise in Einklang gebracht werden, so bietet sich folgende Optimierung an:

Durch eine **flache Dachneigung** (z. B. 22,5°) in Verbindung mit einem **hohen Drempel** (z. B. 1,50 m) entsteht eine stumpfwinklige Umrißline mit zwei Vorteilen (Abb. 2-6, Var. d): Der „verschenkte Raum“ im Dachspitz hält sich bei einer Raumhöhe im Firstbereich von etwa 3,40 m in Grenzen. Gleichzeitig fallen die Wohnflächenverluste an den Traufseiten weg. Die gesamte Nettotiefe des Gebäudes kann bei der Wohnflächenberechnung nach DIN 277 in Ansatz gebracht werden, woraus ein Flächengewinn von fast 40 % im Vergleich zum 45°-Dach ohne Drempel resultiert. Deshalb erreicht diese Dachbauform im dargestellten Vergleich auch das günstigste Verhältnis von Außenoberfläche zur Wohnfläche (A_o / A_{WF}) in Abb. 2-6. Gleichzeitig ist der Dachraum auf etwa der Hälfte der Haustiefe hoch genug, um zusätzlichen Platz z. B. für Kinderbett-Emporen oder Stauraum zu bieten.

Dämmdicke und Kompaktheit

Auch für die Dachbauformen soll abschließend untersucht werden, wie sich die Kompaktheit auf die erforderliche Dämmdicke zum Erreichen eines bestimmten Energiekennwerts auswirkt. Die Ausgangsversion sei wieder ein quadratischer Grundriß (10 m x 10 m) mit dem besten Dach aus dem obigen Vergleich (Typ D). Bei einem k-Wert der Hüllflächen (inkl. Giebel) von 0,2 (d_{eq} = 20 cm) ergibt sich ein Energiekennwert für die Transmissionsverluste Dachwohnfläche von knapp 38 kWh/(m^2a). Bezogen auf diesen Energie-Kennwert und eine feste Bruttogeschoßfläche (100 m^2) ergeben sich je nach Dachform stark unterschiedliche notwendige Dämmdicken:

- Beim 45° Dach mit Ausbau in die Spitze müßte die Dämmstärke je nach Haustiefe bis zu 10 cm (!) höher ausfallen, um das ungünstige Verhältnis von Außenflächen zur nutzbaren Wohnfläche auszugleichen.
- Wird die Spitze „abgeschnitten“ und in der Kehlbalkenlage gedämmt, so

kann bei Haustiefen von 8 bis 9 m der notwendige Mehraufwand immer noch 5 bis 6 cm betragen. Erst bei großen Haustiefen, also bei hohem Anteil der DG-Decke am Gesamtumriß, wird diese Konstruktion ähnlich kompakt wie bei einer flachgeneigten Dachschräge auf hohem Drempel.

Als Prinzip für eine kompaktheitsorientierte Optimierung von Dachgeschossen kann also gelten: **Außen steil** (um möglichst schnell wohnflächenwirksame Raumhöhen zu erhalten) und **innen flach** (um die Raumhöhe im First zu begrenzen). Unter den historischen Dachformen kommt das „Mansarddach" diesem Ideal am nächsten. Bautechnisch weniger aufwendig wurde dieser Ansatz z. B. beim Entwurf „LBS-ÖKO-HAUS" aufgegriffen [bmh 1995].

Dachgauben

Die Minimierung des Umfangs der wärmeabgebenden Hülle darf auch beim Dach ein weiteres Thema nicht außer acht lassen: die Vor- und Rücksprünge. In „moderner" Architektur erreichen Dachlandschaften nicht selten einen Grad an Zerklüftung, der an die Silhouette einer Hochgebirgslandschaft erinnert. Besonders nachteilig wirken sich auch im Dach einspringende Bereiche wie Loggien und abgesenkte Dachschrägen inmitten der Dachebene aus. Der „Anbau" des Daches, die Gaube, kann sich hingegen weniger negativ bemerkbar machen, als oft angenommen wird. Einerseits führt eine Gaube im Vergleich zu ihrem Ausschnitt in der Schräge zwar meist zu einer 2- bis 3,5-fachen Außenoberfläche. Andererseits wird aber in der Regel auch Wohnfläche im Abseitenbereich hinzugewonnen. D. h. es kommt auf die Proportionen der Gaubenausbildung an. Tab. 2-1 zeigt für einen üblichen Flachgaubenquerschnitt im 45°-Dach das Verhältnis der Außenflächen zu den darunterliegenden Wohnflächen in Abhängigkeit vom Haupteinflußfaktor, der Gauben*breite*.

Tab. 2-1: Einfluß der Baulänge (Breite) von Dachgauben auf die Kompaktheit

Breite der Gauben	1,0 m	1,5 m	2,0 m	3,0 m	z. Vergl. Schräge:
Vergrößerung der Außenoberfläche	240 %	170 %	140 %	105 %	0 %
Verhältnis A_O/A_{WF}	4,7	3,8	3,4	2,9	2,8

Schmale Gauben mit 1 m lichter Breite ergeben fast 70 % mehr Hüllfläche *pro Wohnfläche* als unter dem entsprechenden Dachschrägenausschnitt (4,7 statt 2,8 m^2 Hüllfläche je m^2 Wohnfläche). Ab etwa 3 lfd.m *zusammenhängender* Gaubenfläche kehren sich die Verhältnisse jedoch um. D. h. größere, zusammengefaßte Gaubeneinheiten können die Nutzbarkeit spitzwinkliger Dächer durchaus verbessern, ohne die Wärmeverluste zu erhöhen. Voraussetzung ist hierfür allerdings, daß die Gaubenflächen den gleichen Dämmstandard aufweisen wie die Dachschräge. Mehrere kleine Einzelgauben hingegen weisen beide Nachteile einer wenig kompakten Bauweise auf: Hohe spezifische Wärmeverluste bei gleichzeitig *erhöhtem* Bauaufwand und höheren Baukosten.

3. Sehr guter Wärmeschutz

Der Wärmeschutz der Außenhülle eines Gebäudes ist entscheidend für die Wärmeverluste. Gute Dämmung ist daher die Grundvoraussetzung für einen niedrigen Heizwärmeverbrauch. Drei Beispiele machen die Bedeutung und Wirkungsweise anschaulich klar:

- Vögel plustern sich auf, wenn es kalt wird: Die stehende Luft unter dem Gefieder ist eine gute Wärmedämmung.
- Eine dickes Federbett oder ein gut gefütterter Daunenschlafsack garantieren geschützten Schlaf auch bei eisiger Umgebungskälte.
- Kaffee in der Thermoskanne - einer „Superdämmung“ – hält sich lange warm, weil die Wärmeverluste nur sehr gering sind.

In diesem Kapitel wird zunächst nur der Wärmeschutz nichtlichtdurchlässiger **(opaker)** Bauteile behandelt, lichtdurchlässige (transluzente) Bauteile werden in Kapitel 6 behandelt.

3.1 Die Wirkungsweise des Wärmeschutzes

Die Aufgabe der Gebäudeheizung besteht darin, ein komfortables Raumklima beizubehalten. Da dafür aber in Aufenthaltsräumen in Mitteleuropa von etwa Mitte Oktober bis Mitte April dauerhaft höhere Temperaturen als außen erforderlich sind, entsteht ein Temperaturgefällo.

Wärme fließt von selbst immer nur vom heißeren zum kälteren Körper. Dies ist ein fundamentales Naturgesetz, das unter dem Namen „Zweiter Hauptsatz der Wärmelehre“ bekannt ist. Dieses fundamentale Naturgesetz ist derart fest mit unserer Lebenswelt verbunden, daß die Suche nach Prozessen, die ihm widersprechen, offenbar sinnlos ist: Man spricht hier auch vom Verbot für das „perpetuum mobile 2. Art“. Die Richtung des Wärmestroms von hoher zu niedriger Temperatur gilt für alle Wärmetransportmechanismen:

- Für die **Wärmeleitung,** bei der die Wärmebewegung von Molekül zu Molekül durch gegenseitiges Anstoßen übertragen wird (Beispiel: Ein in die Flammen gehaltener Feuerhaken wird durch Wärmeleitung auch am anderen Ende heiß.). Die Wärmeleitung ist nicht mit einem Stoffstrom verbunden.
- Für die **Wärmestrahlung,** die durch elektromagnetische Wellen (langwelliger als das Licht) übertragen wird (Beispiel: Rotlichtlampe).
- Für den **konvektiven Wärmetransport,** bei welchem warme Medien bewegt werden und dabei ihre Wärmeenergie mitnehmen (Beispiel: Heißluftstrom aus einem Fön).

In Bauteilen spielen alle drei Transportmechanismen eine Rolle [Bankvall]; in der Regel läßt sich der Wärmefluß aber vereinfacht wie eine reine Wärmeleitung beschreiben.

Ein Maß für die Materialeigenschaft, Wärme weiterzuleiten, ist die Wärmeleitfähigkeit λ (siehe Infobox 3-1). Verschiedene Materialien haben sehr unterschiedliche Wärmeleitfähigkeiten. Die Spanne reicht von λ = 410 W/(mK) für Silber über $\lambda \approx 1$ W/(mK) von Glas bis λ = 0,03 W/(mK) für sehr gute, aber immer noch mit atmosphärischer Luft gefüllte Wärmedämmstoffe. Spezielle Vakuum-Superisolierungen können Wärmeleitfähigkeiten unter λ = 0,01 W/(mK) erreichen. Abb. 3-1 verdeutlicht die Verhältnisse: Eine Dämmwirkung, wie sie bei einer 16 cm dicken Schicht eines guten Dämmstoffes ($\lambda \leq 0{,}04$ W/(mK)) vorliegt, wird mit anderen Materialien nur mit unvorstellbaren Schichtdicken erreicht.

Als hochwirksame Wärmedämmstoffe können im Baubereich vor allem Produkte eingesetzt werden, die Luft in kleinen, wenig beweglichen Portionen festhalten und so die geringe Wärmeleitfähigkeit der Luft (λ = 0,024 W/(mK)) nutzbar machen. Wärmedämmaterialien bestehen daher im wesentlichen aus „verpackter Luft“ – für die Wirkung der Dämmung kommt es dabei auf die Art der Verpackung nur wenig an (solange keine erhöhte Wärmeleitung über die Struktur vorliegt, die Luft sich nicht

Infobox 3-1: Wärmeleitfähigkeit λ

Bei einer homogenen (d. h. aus einheitlichem Material bestehenden) Schicht ist der Wärmeverlust $Q^{\cdot}$ unter stationären Bedingungen proportional zur Temperaturdifferenz $\vartheta_{innen} - \vartheta_{außen}$ sowie zur Fläche A und umgekehrt proportional zur Dicke d:

$$Q^{\cdot} = \lambda \cdot (\vartheta_{innen} - \vartheta_{außen}) \cdot A / d \quad [3'1]$$

Der verbleibende Proportionalitätsfaktor ist eine Materialkonstante und heißt Wärmeleitfähigkeit λ. Diese gibt demnach an, wie groß der Wärmestrom in Watt (W) durch ein Bauteil von 1 m^2 Fläche mit 1 m Dicke bei der Temperaturdifferenz von 1 K (Kelvin) ist. Ihre Maßeinheit ist daher W/(mK).

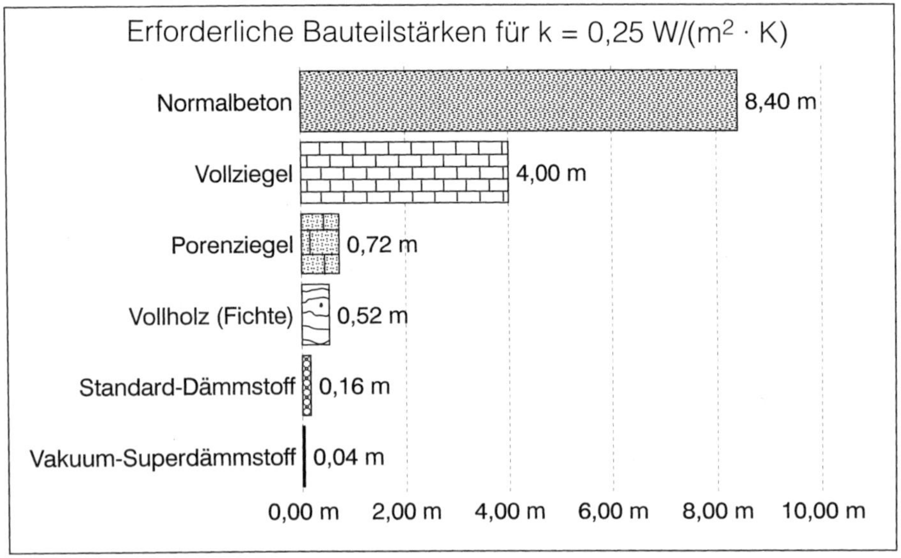

Abb. 3-1: Um die gleiche Dämmwirkung von 16 cm hochwertigem Dämmstoff zu erreichen, müssen Schichten unterschiedlich dick sein

doch bewegen kann und der Strahlungsaustausch unbedeutend bleibt).

Die Wirkungsweise des Wärmeschutzes an einem Gebäude ist sehr einfach: Dicke Schichten von Materialien mit geringer Wärmeleitfähigkeit werden als „thermische Hülle" um den gesamten Bereich, der „warm" gehalten werden soll, gelegt. Bei Wohnhäusern sind dies die Haupt-Aufenthaltsräume wie Wohn-, Arbeits-, Eß-, Schlaf- und Badezimmer sowie die Küche. In diesen Räumen wird im mitteleuropäischen Klima immer eine höhere Temperatur erwartet (≥ 20 °C) als die der Außenluft in der Zeit von Mitte Oktober bis Mitte April. Wegen der dann ständig vorliegenden positiven Temperaturdifferenz von „innen" nach „außen" kann der Wärmeverlust so behandelt werden, als liege immer die gleiche mittlere Innen- und Außentemperatur vor: Dies nennt man den „stationären Fall" (unveränderlich); die Berechnung heißt dann „quasistationär". Die Dämmung sorgt so dafür, daß der Verlustwärmestrom von innen nach außen gering gehalten wird: Entsprechend weniger Energie ist erforderlich, um das Temperaturniveau aufrechtzuerhalten – bei sehr gutem Wärmeschutz reicht u. U. sogar die durch Fenster eingestrahlte Sonnenenergie (Kapitel 6) und die im Innern freigesetzte Wärme aus.

3.2 Wieviel Wärme geht durch die Wand?

Wärme muß bei ihrem Weg von innen nach außen durch ein Bauteil jede einzelne Schicht durchdringen. Der Widerstand gegen den Wärmestrom ist um so größer, je dicker die jeweilige Schicht und je kleiner die Wärmeleitfähigkeit des Materials ist. In Infobox 3-2 wird erklärt, wie die Wärmedurchlaßwiderstände sich berechnen, zum Gesamt-Wärmedurchgangswiderstand addiert und daraus dann der Wärmedurchgangs-Koeffizient (k-Wert) ermittelt wird. Dieser ist die entscheidende Größe für die quantitative Beschreibung der Verluste durch Wärmeleitung in der Fläche der verschiedenen Bestandteile der Gebäudehülle. Tab. 3-1 zeigt beispielhaft seine Berechnung für eine Außenwand.

Tab. 3-1: Beispiel für die Berechnung des k-Werts

Schicht Nr.	Material	Dicke d	Wärmeleitfähigkeit λ	Wärmedurchlaß-widerstand R
		m	W/(mK)	m²K/W
	Außenwärme-übergang			0,04
1	Außenputz	0,01	0,87	0,01
2	EPS-Hartschaum	0,16	0,04	4,00
3	KS-Mauerwerk	0,175	1,1	0,16
4	Innenputz Gips	0,015	0,35	0,04
	Innenwärme-übergang			0,13
SUMME	Gesamt-Wärmedurchgangswiderstand R			4,38
Kehrwert	Wärmedurchgangskoeffizient k = 1/R in W/(m²K)			0,23

Die Summe der Wärmeleitungsverluste durch Bauteile der Außenhülle – auch „Transmissionsverluste" genannt – lassen sich aus deren k-Werten, den Bauteilflächen, der mittleren Temperaturdifferenz zwischen innen und außen und der Dauer der Heizperiode ermitteln (s. Infobox 3-3). In den tatsächlichen Heizwärmebedarf gehen zwar bekanntlich noch eine Reihe weiterer Faktoren ein (Lüftungs-Wärmeverluste, Verluste und Gewinne bei Fenstern sowie innere Wärmegewinne). Aber die zentrale Bedeutung, die Transmissionsverluste für die Wärmebilanz haben, läßt sich aus den in Abb. 3-2 dargestellten Ergebnissen von wirklichkeitsnahen, dynamischen Simulationsrechnungen ablesen, die für ein Reihenmittelhaus angestellt wurden.

Auf der x-Achse ist der gesamte Wärmeverlust der opaken (nichtlichtdurchlässigen) Bauteile k_{opak} bezogen auf die Wohnfläche und Temperaturdifferenz aufgetragen (zur Definition von k_{opak}, s. Infobox 3-3, unten). In y-Richtung ist der jeweils ermittelte Energiekennwert für den Heizwärmebedarf bei verschiedenen Baustandards ablesbar. Der Unterschied zwischen den Kurven resultiert im Wesentlichen aus den unterschiedlichen Kennwerten, die bei den jeweiligen Baustandards für die Qualität der transparenten Bauteile und die Lüftungswärmeverluste anzusetzen sind. Erkennbar ist, daß der gesamte Wärmebedarf bei allen oberen Kurven mit verringerten opaken Transmissionsverlusten (fast) linear abnimmt. Nur beim Beispiel „Passivhaus" ergibt sich eine geringfügige Nichtlinearität bei hohen Dämmstärken, also kleinen k_{opak}-Werten. Dies rührt daher, daß der Ausnutzungsgrad der „freien Wärme" (solare und innere Gewinne) bei stark verminderten Verlusten (leider) abnimmt (vgl. Kap 6). Dennoch ist bei diesem Haustyp durch extreme Dämmung sogar ein Jahresheizwärmebedarf von Null erreichbar.

Bei Niedrigenergiehäusern kommt es auf sehr guten Wärmeschutz an. Die Wärmedämmung muß das Gebäude wie eine warme Wolldecke vollständig einhüllen; die Dämmung muß ringsum gleichmäßig und ausreichend dick sein. Zeichnet man einen Querschnitt durch das Haus und stellt als Abmessung der Außenbauteile nicht ihre maßstäbliche Dicke , sondern ihren Wärmedurchgangswiderstand dar (1 mm entsprechend R = 1 m²K/W), so läßt sich folgende einfache Grundregel aufstellen: Für ein Niedrigenergiehaus sollten die R-Werte der Außenbauteile ohne Unterbrechung vollständig mit einem Marker von etwa 5 mm Breite umfahren werden können. Dies entspricht einem durchschnittlichen k-Wert von 0,2 W/(m²K) bzw. einer äquivalenten Dämmdicke von 20 cm, bezogen auf einen Durchschnittsdämmstoff (λ = 0,04 W/mK).

Infobox 3-2: Wärmedurchgangswiderstand R und Wärmedurchgangskoeffizient k = 1/R

Als wichtiges Hilfsmittel soll die Berechnung des „Wärmedurchgangskoeffizienten" oder „k-Wertes" erläutert werden. Jede Bauteilschicht setzt dem Wärmefluß einen Wärmedurchlaßwiderstand $R_{Schicht}$ entgegen. Es gilt:

$$R_{Schicht} = d_{Schicht} / \lambda_{Schicht} \; [m^2K/W] \qquad [3'2]$$

Dabei wird die Dicke mit d und die Wärmeleitfähigkeit des Materials der Schicht mit λ bezeichnet. Die Wärmedurchlaßwiderstände der Schichten 1,2,3,..., n addieren sich zum Widerstand der Schichten:

$$R_L = R_1 + R_2 + R_3 + \ldots + R_n \qquad [3'3]$$

Dazu kommen noch ein innerer und ein äußerer Wärmeübergangswiderstand, der daher rührt, daß sich an den Oberflächen der Bauteile dünne Schichten mit (dämmender) unbewegter Luft ausbilden, die von der Wärme gleichfalls durchdrungen werden müssen. Diese „konvektiven" Wärmeübergangswiderstände werden in der üblichen Näherung gleich mit den Koeffizienten für die Temperaturstrahlung kombiniert, so daß ein Gesamtwärmeübergangswiderstand resultiert: Dieser wird für Innenoberflächen mit R_i, und für die Außenoberflächen mit R_a bezeichnet. Um eine Vorstellung von der Größenordnung zu bekommen: R_i für senkrechte Wände kann in guter Näherung mit 0,13 (m² K)/W angenommen werden, das entspricht einer „Dämmschichtdicke" von etwa 5 mm eines gewöhnlichen Dämmstoffes. Der gesamte Wärmedurchgangswiderstand ergibt sich dann als Summe aller Widerstände:

$$R_{ges} = R_i + R_1 + R_2 + R_3 + \ldots + R_n + R_a . \qquad [3'4]$$

Sein Kehrwert ist der Wärmedurchgangskoeffizient oder k-Wert des Bauteils:

$$k = 1/R_{ges} , \qquad [3'5]$$

der den Wärmeverlust je m² Bauteilfläche bei einer Temperaturdifferenz von 1 Kelvin angibt. Ein Berechnungsbeispiel ist in Tabelle 3-1 dokumentiert.

Ist ein Bauteil aus verschiedenen, nebeneinanderliegenden Schichtabfolgen zusammengesetzt (z. B. im Dach: Gefach und Sparren), so muß für eine normengerechte Kalkulation für jeden Teilaufbau der k-Wert getrennt ermittelt werden. Der k-Wert des Gesamtbauteils ergibt sich dann als Flächenmittel.

$$k_m = (k_1A_1 + k_2A_2 + \ldots + k_nA_n) / (A_1 + A_2 + \ldots + A_n).$$

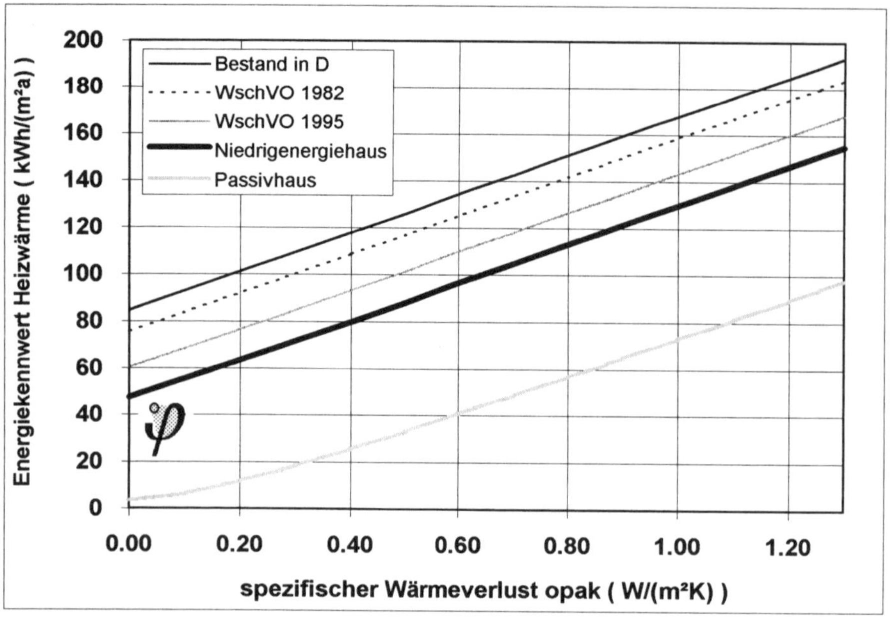

Abb. 3-2: Jahresheizwärmebedarf über dem temperaturspezifischen Wärmeverlust

3.3 Wie wirkungsvoll ist Wärmeschutz?

Ausgeführte Niedrigenergiehäuser haben einen sehr guten Wärmeschutz der Außenbauteile. Die erreichten k-Werte liegen bei den Außenwänden zwischen 0,1 und 0,3, im Dach zwischen 0,09 und 0,22, für die Kellerdecke zwischen 0,12 und 0,31 und bei den Verglasungen von 0,45 bis 1,8 W/(m²K). In Deutschland wurde – auch in letzter Zeit – immer wieder bezweifelt, daß eine derart gute Dämmung in der Praxis wirkungsvoll sei. Diese Frage kann mit verschiedenen Methoden erforscht werden; die Forschungsergebnisse liegen inzwischen vor und erlauben klare Antworten:

- **Aus Labormessungen der Wärmetransportmechanismen.** Bereits in den siebziger Jahren wurden die wesentlichen Wärmetransportvorgänge in Bauteilen erschöpfend erforscht. Danach können sehr geringe Wärmeverluste erreicht werden, wenn das Bauteil luftdicht (vgl. Kapitel 5), homogen gedämmt (vgl. Kapitel 4) sowie windgeschützt ist. Diese drei Eigenschaften werden **durch präzise Planung und sorgfältige Bauausführung** erreicht. Claes Bankvall schreibt [Bankvall 1992]: „Anything remaining?...Didn't we do anything, or can't they read?"

- **Mittels thermografischer Aufnahmen an ausgeführten Objekten**. Solche Aufnahmen geben immer nur einen Momentanzustand wieder, müssen also sorgfältig analysiert werden. Die Homogenität der Dämmwirkung bzw. das Auftreten bedeutender Wärmebrücken kann durch Thermografie sehr gut festgestellt werden. Thermogramme vom Niedrigenergiehaus Schrecksbach [Hinz 1992] und der Niedrigenergiehäuser in Niedernhausen zeigen, daß **bei Kenntnis der Prinzipien zur Vermeidung von Wärmebrücken** ein sehr guter Wärmeschutz heute von Architekten geplant und vom Bauhandwerk solide ausgeführt werden kann. Die einwandfreie Wirksamkeit des Wärmeschutzes in der Praxis selbst bei extremster Dämmung mit k-Werten um 0,1 W/(m²K) wurde thermografisch am Nullenergiehaus Dörpe und am Passivhaus Darmstadt [Feist 1993b] nachgewiesen (Abb. 3-3).

Abb. 3-3: Thermografie der Südfassade des Passivhauses

- **Mittels kontinuierlicher Temperatur- und Wärmestrommessung in Feldversuchen.** Solche Messungen erlauben es, das dynamische Verhalten eines Außenbauteils unter realen Randbedingungen zu erfassen (mit vertretbarem Aufwand allerdings nur in einem räumlich begrenzten Bereich; zur Absicherung sind Thermografien eine ideale Ergänzung). Messungen dieser Art wurden am Niedrigenergiehaus Schrecksbach,

Infobox 3-3: Transmissionswärmeverlust opaker Bauteile

Für ein Bauteil der Außenhülle mit Außenfläche A und dem k-Wert k kann bei einer Außentemperatur ϑ_a und einer Innentemperatur ϑ_i der Verlustwärmestrom zu

$$Q = k\,A\,(\vartheta_i - \vartheta_a) \qquad [3'6]$$

bestimmt werden. Summiert man diese Verluste über die gesamte Heizperiode (hier von Anfang Oktober bis Ende April gerechnet), so ergibt sich für den gesamten Wärmeverlust Q durch das Bauteil

$$Q = k\,A\,(<\vartheta_i> - <\vartheta_a>)\,t\,, \qquad [3'7]$$

wenn t den Zeitraum, hier die Dauer der Heizperiode (t = 212 d = 5088 h), und $<\vartheta>$ die Mittelwerte der jeweiligen Temperaturen bezeichnen. Handelt es sich beispielsweise um ein Bauteil, das vom Wohnzimmer (ϑ_i = 20 °C konstant) zur Außenluft an einem mittleren deutschen Standort reicht, so ist $<\vartheta_a>$ = 3,3 °C und in Formel [3'7] kann der Faktor

$$\Theta = (<\vartheta_i> - <\vartheta_a>)\,t = (20\,°C - 3{,}3\,°C)\;5088\;h = 84\;kKh \qquad [3'8]$$

direkt berechnet werden. Dieser **Gradstundenfaktor** Θ *gibt den Jahreswärmeverlust eines Bauteils mit dem temperaturbezogenen Wärmeverlust von 1 W/K an. Für andere Lagen von Bauteilen (gegen Erdreich etc.) können die Gradstundenfaktoren Kapitel 11 entnommen werden. Die Summe aller Wärmeverluste nach [3'8] über alle Bauteile der wärmedämmenden Hülle ist der* **Transmissionswärmeverlust** *des Hauses (ohne Berücksichtigung von Wärmebrücken, vgl. dazu Kapitel 4):*

$$Q_T = k_1 A_1 \Theta_1 + k_2 A_2 \Theta_2 + \ldots + k_N A_N \Theta_N \qquad [3'9]$$

Bezieht man alle opaken Transmissionswärmeverluste auf die Wohnfläche und auf Außentemperatur, so kann der temperatur- und wohnflächenspezifische Wärmeverlust k_{opak} gebildet werden:

$$k_{opak} = Q_T / (A_{Wohn} \Theta_a) \qquad [3'10]$$

Diese Größe hat die Dimension eines Wärmedurchgangskoeffizienten; es handelt sich aber um den wohnflächenbezogenen k-Wert, der die mittlere Qualität der Hülle charakterisiert, wenn alle Transmissionswärmeverluste auf die Wohnfläche projiziert werden.

im Nullenergiehaus Dörpe und im Passivhaus Darmstadt durchgeführt und in verschiedenen Forschungsberichten des IWU publiziert [Hinz 1992]. Abb. 3-4 zeigt z.B. den Vergleich zwischen simulierten und gemessenen Temperaturgängen in einer Außenwand mit Wärmedämmverbundsystem.

- **Durch Messung der Wärmeverluste** eines Hauses in Abhängigkeit von der Temperaturdifferenz. Mit fallender Außentemperatur ist ein linearer Anstieg der Wärmeverluste zu erwarten – so, wie es die **Heizgerade** in Abb. 3-5 darstellt. In einem Gebäude wird der meßbare Heizwärmeverbrauch eines Tages bestimmt durch die Wärmeverluste abzüglich innerer und solarer Wärmegewinne. Die Meßwerte für den Tagesheizwärmeverbrauch sollten daher immer unterhalb der Heizgerade liegen. Das Passivhaus in Darmstadt-Kranichstein ist ein Gebäude mit besonders guter Wärmedämmung. In Abb. 3-5 sind die gemessenen Werte des Heizwärmeverbrauchs dieses Hauses als Punkte eingezeichnet: Tatsächlich liegen alle Meßwerte – bis auf wenige Ausreißer – unterhalb der Heizgeraden; damit ist bewiesen, daß die sehr gute Wärmedämmung wirklich im erwarteten Ausmaß wirksam ist und daß darüber hinaus solare Wärmegewinne die Wärmeverluste weiter deutlich verringern. In Kapitel 12 findet sich eine Diskussion der Aussagekraft, die Verbrauchsmessungen in Demonstrationsbauten haben.

Die Wirksamkeit des verbesserten Wärmeschutzes ist somit heute mit verschiedenen Methoden gerade im Bereich der baulichen Dämmung unzweifelhaft bewiesen. Auf einige viel gehörte Einwände wird trotzdem im Folgenden kurz eingegangen.

Wärmespeichern wichtiger als Wärmedämmen?

Die weit verbreitete Vorstellung, daß „Wärmespeicherung" einen bedeutenderen Beitrag zur Energieeinsparung bringen würde als Wärmedämmung, ist im Kern auf einen begrifflichen Irrtum zurückzuführen: „Speichern" wird sprachlich mit „Sparen" assoziiert. Dabei werden die physikalischen Zusammenhänge bei der Wärmebilanz von Bauteilen gründlich mißverstanden. Das Problem wurde ausführlich behandelt [Feist 1985a]: Wärme, die aus einem Speicher bezogen werden soll, muß dort zunächst einmal eingespeichert werden – dies bedeutet zunächst einen Energieaufwand. Da ein solches Einspeichern in der gesamten Heizperiode immer nur unter Heizwärmeaufwand geschehen kann – denn von Oktober bis April ist es **außen** immer kälter als innen – kann sich der Wärmebe-

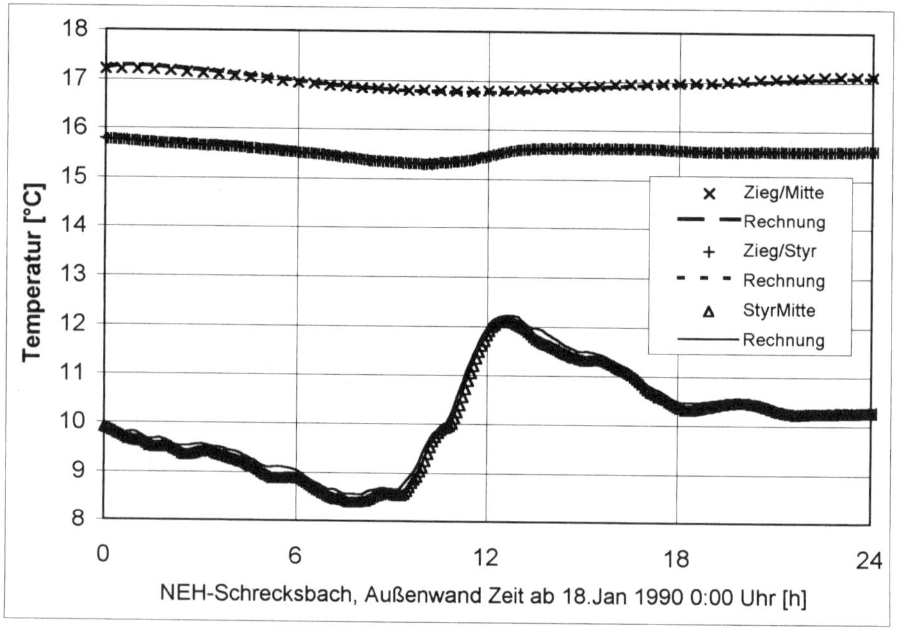

Abb. 3-4: Vergleich zwischen simulierten und gemessenen Temperaturgängen einer Außenwand mit Wärmedämmverbundsystem im Niedrigenergiehaus Schrecksbach

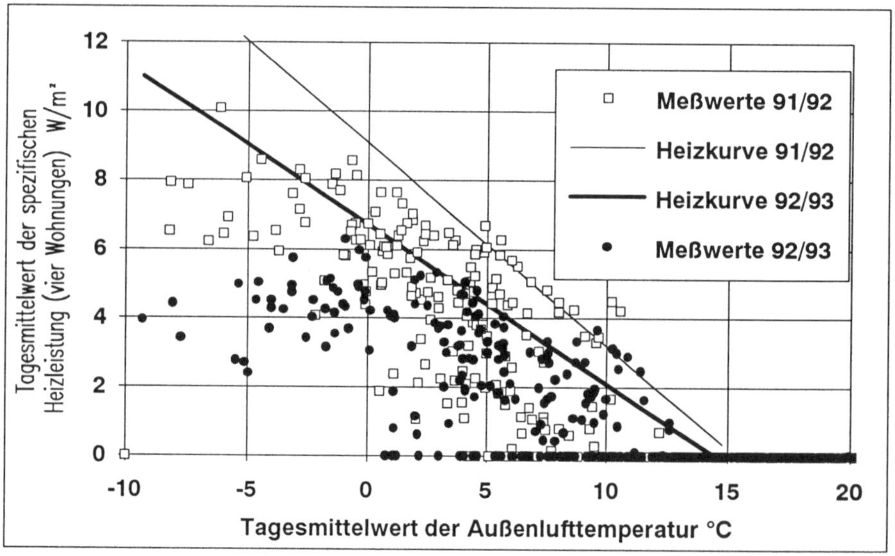

Abb. 3-5: Heizkurven des Passivhauses Darmstadt Kranichstein in den Heizperioden 1991/92 (ohne Rahmendämmung) und 1992/93 (fett, mit Rahmendämmung) sowie die zugehörigen gemessenen Heizleistungen (Tagesmittel)

darf durch höhere Speichermassen, wenn überhaupt, dann nur geringfügig verringern: Einzig eine einmalige jahreszeitliche Einspeicherung **vor** Beginn der Heizperiode könnte von Nutzen sein. Ein einzelner Speicherzyklus ist aber auch bei extrem massiven Bauteilen innerhalb von ein bis vier Tagen „verbraucht". Bei genauerer dynamischer Betrachtung [Feist 1994a] stellt sich heraus, daß die Speichermasse von Außenbauteilen tatsächlich in guter Näherung vernachlässigt werden darf – ein geringfügiger Effekt der Masse äußert sich allenfalls als unbedeutender **Heizwärmemehrbedarf.** Dieser ist darauf zurückzuführen, daß im heute üblichen Heizbetrieb mit Nachtabsenkung der Speicher an jedem Tag vor der Nachtabsenkung geladen wird, um sich in der Nacht (wenn die Energie nicht gebraucht wird) zu entladen.

Dieses Ergebnis bestätigen auch die Messungen in den Experimentierhäusern. Im übrigen sind die Zusammenhänge auch an zahlreichen Beispielen unmittelbar erkennbar:

- Kaffee kühlt in ungedämmten Kannen (nur Speicherung) schnell aus – mit Kaffeemützen, in Kochkisten oder Thermoskannen (Dämmung) bleibt der Kaffee auch ohne Energiezufuhr lange heiß.
- Vögel plustern sich zwecks besserer Dämmung auf. Menschen kleiden sich bei kaltem Wetter mit gut dämmenden Kleidungsstücken aus Wolle und Fellen – nicht etwa mit einer (speichernden!) Ritterrüstung.
- Auch unsere Betten dämmen wir mit dicken Bettdecken – ohne wärmendes Federbett kühlt die speichernde Wärmeflasche sehr schnell aus.

Solargewinne auf Außenoberflächen?

In der Debatte um die „Wärmespeicherung“ war von vielen Autoren eigentlich ein anderer Effekt angesprochen worden: Die Absorption von Solarenergie an der Außenoberfläche von opaken Bauteilen. Tatsächlich erwärmt sich eine Oberfläche unter dem Einfluß der Sonnen- und Himmelsstrahlung. Liegt eine „absolut schwarze“ Fläche vor, so kann der Jahreswärmeverlust einer unverschatteten Südfläche bei deutschem Klima um etwa 15 % gegenüber einer „rein weißen“ Fläche reduziert werden. Der prozentuale Einspareffekt ist von der Dämmwirkung des Bauteils unabhängig [Feist 1985a]: Der sehr hohe Wärmeverlust von 132 kWh/(m²a) einer ungedämmten Massivwand aus Ziegeln (k = 1,55 W/(m²K)) verringert sich um 15 %, d.h. 20 kWh/(m²a); der geringe Wärmeverlust (von 12 kWh/(m²a)) der Außenwand des Passivhauses (k = 0,14 W/(m²K)) verringert sich ebenfalls um 15 %, das sind ganze 1,8 kWh/(m²a). Gegenüber dem großen Effekt der Energieeinsparung durch verbesserten Wärmeschutz (132 – 12, das sind 120 kWh/(m²a)) (!) ist der Absorptionseffekt nahezu unbedeutend, wenn noch dazu bedacht wird, daß „rein weiße“ und „absolut schwarze“ Oberflächen nicht vorkommen und verschattungsfreie Südlagen selten sind.

Ein weiterer Effekt kommt hinzu: Außenflächen strahlen ständig Wärme als Temperaturstrahlung gegen die kalte Umgebung (Nachthimmel) ab. Der hierdurch entstehende zusätzliche Wärmeverlust liegt in derselben Größenordnung wie die auf den Oberflächen gewinnbare Solarenergie. Gut erkennbar ist dieser Effekt nach einer klaren Nacht z. B. bei einem Autodach: Hier bildet sich Tauwasser, weil das Dach sogar kälter wird als die Umge-

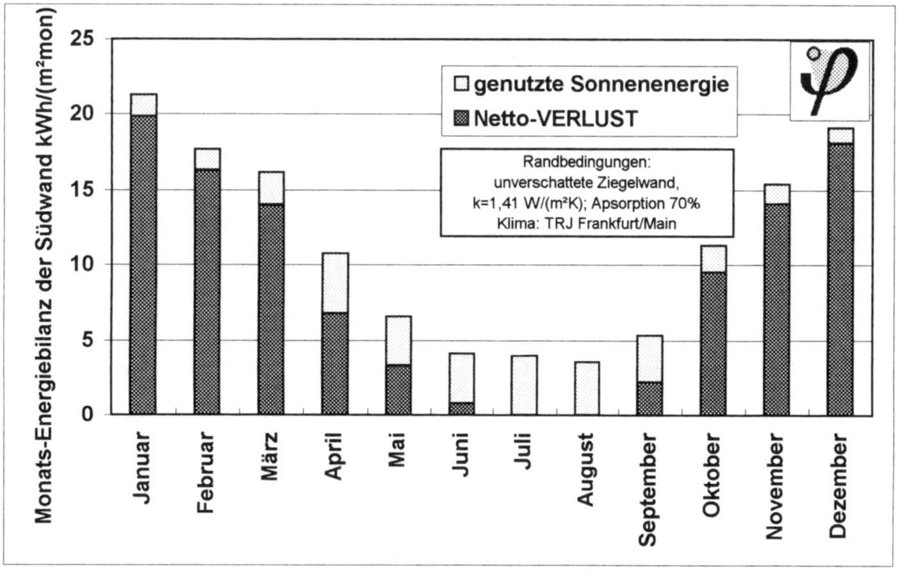

Abb. 3-6: Verlauf der Wärmebilanz einer unverschatteten Südwand

bungsluft. Im Entwurf der europäischen Norm „Wärmetechnisches Verhalten von Gebäuden“ [DIN EN 832] wird deshalb bestimmt, daß entweder beide Effekte vernachlässigt werden können, weil sie sich weitgehend aufheben – oder aber Sonnenenergiegewinn und Temperaturabstrahlung bilanziert werden müssen. Im Interesse der Einfachheit des Rechengangs wird im Verfahren nach Kapitel 11 der erste Weg gewählt – bei der dynamischen Simulation jedoch die detaillierte Bilanz an der Oberfläche bestimmt.

Will man Solargewinne auf Außenoberflächen durch eine dunkle Farbwahl nutzbar machen, so wird man vor ein weiteres Problem gestellt: Der Energieeintrag erhöht sich nämlich insbesondere im Sommer. In dieser Jahreszeit ist einmal die Einstrahlung ohnehin höher, aber auch durch den hohen Sonnenstand die Verschattung meist geringer. Solare Wärmelasten durch schlecht gedämmte, dunkle Außenbauteile können so das Sommerklima im Raum beträchtlich verschlechtern: Vor allem in Wohnungen unter dem Dach ist dieser Effekt erfahrbar. Dies hindert übrigens nicht daran, daß es dort im Winter unangenehm kalt wird.

Begrenzte Wirksamkeit wegen Wärmebrücken?

In Deutschland wird häufig argumentiert, „eine weitere Verbesserung des Wärmeschutzes in der Fläche führt zu keiner nennenswerten Energieeinsparung mehr, weil Wärmebrückeneffekte den Nutzen aufheben“ [Meier 1991]. In einer Studie des renommierten Fraunhofer-Instituts für Bauphysik wurde gar behauptet, daß bei weiter verbessertem Wärmeschutz der Außenwand unter k = 0,4 W/(m²K) die erforderliche Heizleistung wieder ansteige [Werner 1983]. Diese von der Ziegelindustrie in Auftrag gegebene

Studie wird auch heute gern noch in unzutreffender Weise angeführt, obwohl der Institutsleiter [Gertis 1984] und der Autor selbst [Werner H. 1984] den Sachverhalt längst klargestellt haben. In den von Werner verwendeten Experimentalbauten waren Anschlußdetails verwendet worden, die **extremste** Wärmebrückenwirkungen, insbesondere bei außengedämmten Außenwänden aufwiesen, und zwar in einem Ausmaß, wie sie in der Praxis schon damals kaum anzutreffen waren und wie sie in jedem Fall vermeidbar sind: Die zu testende Außenwand wurde z. B. auf eine durchbetonierte Stahlbeton-Bodenplatte gestellt, die außen noch bis zu 2 m frei lag. Unter diesen Umständen bestanden die kleinen Testräume (20 m^2) praktisch ausschließlich aus – vermeidbaren – Wärmebrücken. Immerhin förderte die Studie in Deutschland zutage, daß bei gutem Wärmeschutz in der Fläche auch auf die Vermeidung und Reduzierung von Wärmebrücken geachtet werden muß. Diesem Thema ist ein eigenes Kapitel im Buch gewidmet (Kap. 4). Es stellt sich heraus, daß bedeutende Wärmebrücken tatsächlich vollständig vermieden und wenige, unvermeidbare Anschlußdetails mit nur sehr geringer Wärmebrückenwirkung realisiert werden können.

Daß Wärmebrücken kein Hinderungsgrund für eine ganz erhebliche Verbesserung des Wärmeschutzes sind, beweist augenfällig das Passivhaus in Darmstadt: Hier wurden Wand-k-Werte unter 0,14 W/(m^2K) durch 27,5 cm (!) dicke Wärmedämmverbundsysteme erreicht. Der gemessene Heizleistungsbedarf und thermografische Aufnahmen beweisen, daß die Wärmebrückenwirkung der Anschlußdetails praktisch verschwindet, so daß der Wärmeschutz in der Fläche vollständig zur Wirkung kommt (vgl. Abb. 3-5). Der gemessene extrem geringe Jahresheizwärmebedarf des Passivhauses (entsprechend etwa 10 kWh/(m^2a) wohnflächenbezogen) wäre gar nicht möglich, wenn eine bedeutende Wärmebrückenwirkung vorliegen würde.

3.4 Verhalten wärmegedämmter Bauteile im Sommer

Sehr widersprüchliche Mutmaßungen werden über das sommerliche Verhalten von sehr gut wärmegedämmten Gebäuden verbreitet:

- Vermutet wird von manchen, daß es in gut gedämmten Häusern im Sommer „unerträglich heiß" werden müsse, weil die Wärme durch die Dämmung nicht mehr abfließen könne: Gern wird in diesem Zusammenhang vom „Barackenklima" gesprochen.
- Andere behaupten ganz im Gegenteil, daß es im Niedrigenergiehaus in der Übergangszeit und im Sommer „zu kalt" bleiben müsse, eben weil die Wärmedämmung die Sommerwärme nicht mehr ins Haus hinein lasse. Aufgrund einer solchen Vorstellung wurde in einem deutschen experimentellen Wohnungsbauprojekt sogar die Heizkennlinie des Heizkessels vom Haustechnikingenieur so weit nach oben gestellt, daß der Kessel regelmäßig auch noch im Juni in Betrieb ging [Loga u. a. 1995].

Schon die extreme Kontradiktion der beiden zitierten Vorstellungen zeigt, daß hier ohne Bezug auf Erfahrungen und Fachkenntnisse geurteilt wird. Keine der beiden Behauptungen trifft zu, vielmehr ist es so, daß in einem (vernünftig geplanten) Niedrigenergiehaus das sommerliche Raumklima ohne aktive Heizung oder Kühlung vom Nutzer in einem komfortablen Bereich eingestellt werden kann.

Zunächst muß festgestellt werden, daß das sommerliche Raumklima von sehr vielen Parametern weit stärker abhängt als vom Wärmeschutz der opaken Bauteile: Entscheidend sind vor allem die Lüftungsstrategie, der Luftwechsel und die Sonneneinstrahlung durch Fenster. Im Gegensatz zum winterlichen Wärmeschutz ist das Sommerverhalten ein stark dynamischer Prozeß: Während an einem Wintertag die Außenlufttemperatur dauerhaft unter der Raumlufttemperatur liegt (also im Durchschnitt bereits ein Wärmeverlust vorliegt), bewegt sich in der Regel selbst in einer Hitzeperiode im Sommer die Außenlufttemperatur um die Innenraumtemperatur herum; nachts und in den frühen Morgenstunden werden in unseren Breiten Minimaltemperaturen zwischen 15 und 22 °C erreicht, auch wenn am Nachmittag die Temperaturen auf 32 °C und mehr steigen. Die im Innenraum anzutreffenden Temperaturen hängen dann entscheidend von zwei Parametern ab:

- Wieviel und wann gelüftet wird: Mit einer verstärkten Nachtlüftung läßt sich ein Niedrigenergiehaus auch ohne aktive Klimatisierung behaglich kühl halten.
- Wie gut eine übermäßige Solareinstrahlung durch die Fenster gedämpft werden kann – durch temporären Sonnenschutz, z. B. eine Jalousie.

In einem gut gedämmten Niedrigenergiehaus kann der Nutzer das von ihm gewünschte Innenklima mit diesen beiden Parametern einstellen: Lüftet er morgens gleich nach dem Aufstehen kräftig, so hält die dadurch eingespeicherte Kälte den Tag lang das Haus kühl – wenn der Sonnenschutz am Fenster wirksam ist. Wegen der guten Dämmung ist nämlich der Energieeintrag über opake Flächen gering und die

Kälte hält sich gut im Haus. Andererseits kann man es bei Bedarf auch leicht wärmer haben: Es muß nur der Sonnenschutz am Fenster geöffnet und/oder am Nachmittag stärker gelüftet werden.

Wieder zeigt das Passivhaus in Darmstadt als Prototyp eines extremen Niedrigenergiehauses exemplarisch die Sommersituation:

- Im Gegensatz zur oben zuerst genannten Behauptung ließ sich das Haus auch in extremen Hitzeperioden des Sommers 1992 gut kühl halten: Am heißesten Tag (Außenmaximum 32 °C) war die Maximaltemperatur im Erdgeschoß 23,5 °C, im Obergeschoß 25 °C und selbst im Dachgeschoß nur 26 °C.
- Weder in der Übergangszeit noch im Sommer wird es jemals „zu kühl" im Haus: Geheizt werden mußte nicht vor dem 25. Oktober und nicht nach dem 9. März.

Ungünstig für das sommerliche Klima sind große Glasflächen in Ost- oder Westrichtung oder auf geneigten südorientierten Flächen (vgl. Kapitel 6). Auch dunkle, schlecht gedämmte geneigte Flächen (z. B. ungedämmte Satteldächer) führen zu hohem Wärmeeintrag im Sommer - dies ist die wesentliche Ursache des „Barackenklimas", nicht die Leichtbauweise.

3.5 Wärmeschutz und Feuchteschutz

Der Feuchteschutz ist wichtig für den Erhalt der Bausubstanz und für ein gesundes Raumklima: Die Durchfeuchtung von Baukonstruktionen ist die Hauptursache für Bauschäden und kann durch Schimmelbefall zu einem erheblichen Gesundheitsrisiko werden [Senkpiel 94]. Eine der entscheidenden Empfehlungen des Kongresses 1988 „Healthy Building" in Stockholm war „design dry – build dry – keep the buildings dry" (trocken entwerfen – trocken bauen – Gebäude trocken halten), so formuliert von J. Kronvall [Kronvall 1988].

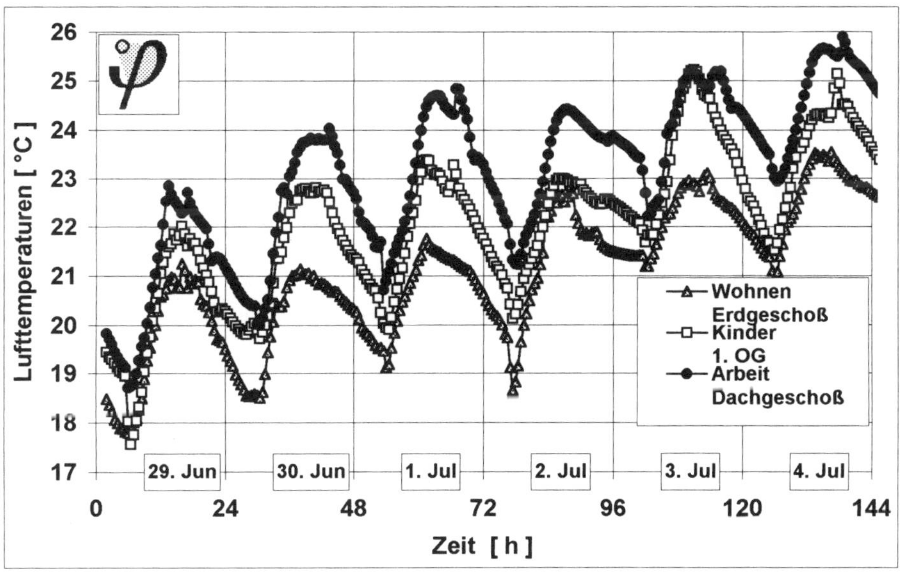

Abb. 3-7: Raumlufttemperaturen während einer Hitzeperiode im Passivhaus DA-Kranichstein

Feuchtigkeit – woher und wohin?

Quellen von Feuchtigkeit in Wohnungen und Grundprinzipien ihrer Vermeidung in bezug auf den Wärmeschutz sind:

- **Von außen: Regen, Grundwasser** – durch Undichtheiten und fehlende Sperrschichten. Prinzipien: Die Wetterschutzhülle des Hauses muß Regen wirksam abhalten können – dies ist auch eine Voraussetzung für die Wirksamkeit des Wärmeschutzes, weil durchfeuchtetes Dämmaterial an Dämmwirkung verliert. Wirksamer Schlagregenschutz setzt immer eine **Winddichtung** der Außenhülle voraus (vgl. auch Kapitel 5). Die heute üblichen Sperrschichten gegen aufsteigendes Wasser müssen selbstverständlich vorgesehen und entsprechend sorgfältig ausgeführt werden.
- Von innen (Normalbelastung): **Wasserdampfabgabe** von Personen, beim Waschen, beim Kochen, von Pflanzen im Raum und aus feuchten Handtüchern. Die hier verdunstenden Wassermengen müssen zuverlässig aus dem Haus abgeführt werden. Dafür eignet sich nur eine ausreichende Be- und Entlüftung (vgl. Kapitel 7), weil der Wasserdampftransport durch Diffusion durch Außenbauteile die anfallenden Wassermengen nicht annähernd abführen kann (vgl. Infobox 3-4).
- **Von innen** (Spitzenbelastung): Beim Duschen und Kochen entstehen kurzzeitig sehr hohe Luftfeuchtigkeiten, die zunächst in **Materialien gepuffert** werden und dann zuverlässig durch Lüftung abgeführt werden müssen. Das Trocknen von Wäsche

Infobox 3-4: Atmung durch die „Dritte Haut“

Die Forderung nach „atmungsfähigen“ Außenwänden wird immer wieder erhoben. Eine einfache Abschätzung des Wasserdampftransports durch eine diffusionsoffene Wand (30 cm Hochloch-Ziegel oder Porenbetonstein mit Innen- und Außenputz sd-Wert ca. 3 m) zeigt, daß an einem durchschnittlichen Wintertag etwa 0,36 Gramm Wasser pro Stunde und Quadratmeter nach außen transportiert werden können (nach [Hauser 1987]; innen: 20 °C, 50 % rel. Feuchte; außen: 5,3 °C, 81,4 % rel. Feuchte). In einer Wohnung mit typischerweise etwa 100 m² Außenwandfläche sind dies etwa 36 Gramm je Stunde. Ein Vergleich zum durchschnittlichen Feuchteanfall von über 500 Gramm je Stunde zeigt: Der Löwenanteil der Raumluftfeuchte muß durch Lüftung abtransportiert werden.

Es ist also bei der „Dritten Haut“ nicht anders als bei unserer ersten. Eine „Hautatmung“ ist zwar vorhanden, aber es wäre fatal, hierauf zu vertrauen und sich deshalb Mund und Nase zuzuhalten.

in der Wohnung setzt über lange Zeiträume hohe Feuchtigkeit frei und erhöht den Heizwärmebedarf.

Die Grundprinzipien sind: **Den Feuchteeintrag so gering wie möglich halten** und **die übrige Feuchtigkeit durch ausreichende Raumlüftung zuverlässig abführen.** Der Wärmeschutz der Außenhülle hat mit diesen beiden Prinzipien nur indirekt zu tun, er behindert beide nicht.

Tauwasser

Einen breiten Raum nimmt in der Diskussion unter Baufachleuten stets die Frage der Kondensation von Wasserdampf ein. In der Tat ist der bei Raum- wie auch Außenklima ständig stattfindende Übergang zwischen flüssiger und gasförmiger Phase von Wasser für Befeuchtungsrisiken oder auch für Trocknungsvorgänge von großer Bedeutung.

In Luft ist eine gewisse Menge Wasserdampf lösbar: In warmer Luft mehr als in kalter (vgl. Abb. 3-8). Wird Luft mit einem hohen Wasserdampfgehalt abgekühlt, so kann sie das Wasser nicht mehr „halten". Dieses fällt dann als flüssige Wassertröpfchen aus, die z. B. als Nebel sichtbar werden. Fällt das Wasser an einer kalten Oberfläche aus, so spricht man von **Tauwasserbildung oder Kondensation.** Beispiele: Holt man eine Flasche aus dem Kühlschrank, so wird die Luft in der Umgebung so stark abgekühlt, daß das darin enthaltene Wasser an der Flaschenoberfläche austaut. Brillenträger kennen den Effekt, wenn sie aus der Kälte in einen warmen, feuchten Raum treten. Bezieht man die Menge des in der Luft vorgefundenen Wasserdampfes auf die maximale Menge, die bei der gegebenen Temperatur darin enthalten sein kann, so erhält man die **relative Feuchte.** Beispiel: Sind in einem m³ Luft von 20 °C 10 g Wasserdampf enthalten, so ist nach Abb. 3-8 die relative Feuchte 10/17,3 = 58 %. Die Menge an Wasserdampf, die pro Kubikmeter Luft maximal gelöst werden kann, heißt Sättigungsdampfdichte.

Betrachten wir, was mit Luft von 20 °C Raumtemperatur und 60 % relativer Feuchte geschieht, wenn diese allmählich abgekühlt wird: Da die maximal lösbare Wasserdampfmenge in der kühler werdenden Luft abnimmt, steigt deren relative Feuchte immer mehr an. Bei einer bestimmten Temperatur wird die Sättigungsfeuchte (= 100 %) erreicht:

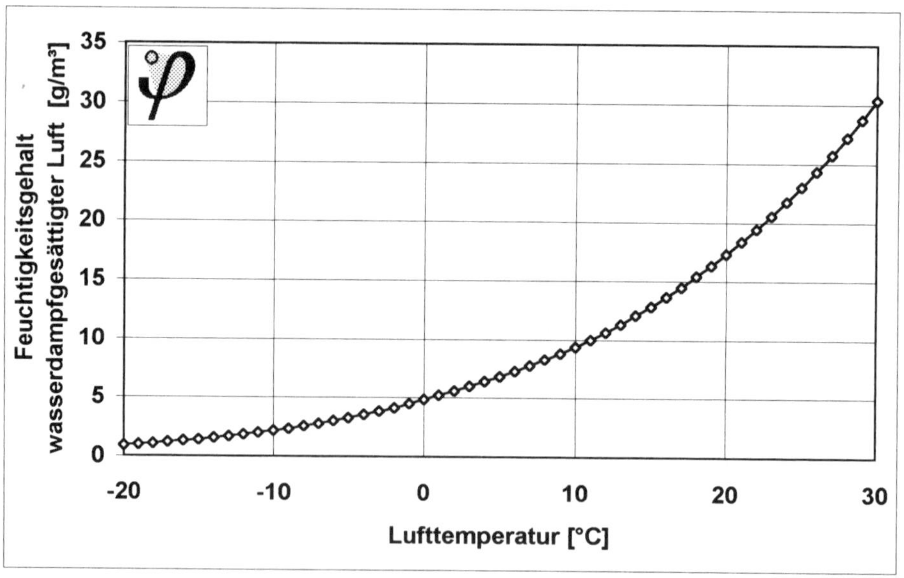

Abb. 3-8: Das Diagramm der Taupunktkurve zeigt, daß warme Luft erheblich mehr Wasserdampf aufnehmen kann als kalte. {nach Tab. 1 Seiffert Wasserdampfdiff S. 17}

Ab dieser Temperatur taut flüssiges Wasser aus, man spricht daher von der **Taupunkttemperatur.** Tab. 3-2 zeigt für einige relative Feuchten von Raumluft bei 20 °C die jeweils zugehörigen Taupunkttemperaturen: So kalt muß z. B. eine Oberfläche sein, damit es dort zur Tauwasserbildung kommt.

Tab. 3-2: Taupunkttemperaturen von Luft unterschiedlicher Feuchte

relative Feuchte von Luft mit Raumtemperatur 20 °C	*zugehörige Taupunkttemperatur (darunter: Tauwasserbildung) °C*
90 %	*18,3*
80 %	*16,4*
70 %	*14,4*
60 %	*12,0*
50 %	*9,3*
40 %	*6,0*
30 %	*1,9*

Tab. 3-3: Oberflächentemperaturen und zulässige relative Raumluftfeuchte bei unterschiedlich gut gedämmten Bauteilen (Außentemp. -10 °C, Innentemp. 20 °C)

k-Wert	*Beispiel*	*Temperatur der Innenoberfläche*	*zulässige relative Raumluftfeuchte bei 20 °*
		°C	*%*
5,50	*Einfachverglasung*	*–1,45 Eisblume!*	*23 %*
3,80	*Türblatt*	*5,18*	*38 %*
2,70	*Zweischeibenverglasung*	*9,47*	*51 %*
1,41	*ungedämmte 24 cm Ziegelwand*	*14,50*	*71 %*
1,30	*Wärmeschutzverglasung (WSG)*	*14,93*	*72 %*
1,00	*Außenwand um 1975*	*16,10*	*78%*
0,70	*Wand nach WVO 1984/3-Scheiben-WSG*	*17,27*	*84 %*
0,50	*Wand nach WVO 95*	*18,05*	*89 %*
0,25	*Wand im Niedrig-EH*	*19,03*	*94 %*
0,10	*Dach im Passivhaus*	*19,51*	*98 %*

Je besser wärmegedämmt ein Außenbauteil ist, desto wärmer ist dessen Innenoberfläche und um so höher ist die relative Feuchte im Innenraum, die noch ohne Oberflächen-Tauwasserbildung zulässig ist. Tab. 3-3 zeigt die an einem sehr kalten Tag (außen –10 °C) bei 20 °C Innentemperatur an der Innenoberfläche anzutreffenden Temperaturen verschiedener Bauteile mit schlechter und guter Dämmung sowie die dazugehörigen noch zulässigen relativen Raumluftfeuchten: Je besser die Außenbauteile eines Gebäudes gedämmt sind, um so geringer ist die Gefahr für Tauwasserbildung an den Bauteiloberflächen. Ein guter Wärmeschutz ist also auch der beste Schutz gegen Oberflächentauwasser im Raum!

Woher kommen dann all die Gerüchte über zunehmende Feuchteschäden in gut gedämmten Gebäuden? Ursache für tatsächlich nach dem Einbau von guten isolierverglasten Fenstern massenhaft aufgetretene feuchte Wände ist nicht die **Wärmedämmung, sondern die Dichtheit** der neuen Fenster gegen Luftzug. Dadurch reichte in manchen Wohnungen der Luftwechsel für eine genügende Abfuhr der im Raum produzierten Feuchtigkeit nicht mehr aus. Da die Wasserdampfdiffusion durch eine Wand die Feuchtigkeit gleichfalls nicht abtransportieren kann (vgl. Infobox 3-4), stieg die relative Innenfeuchte stark an. An den (ungedämmt gebliebenen!) Außenwänden kam es nun – da diese sehr kalt werden können (Tab. 3-3) – zur Tauwasserbildung. Abhilfe schafft sowohl ein besserer Wärmeschutz der Außenwände als auch eine gesicherte Lüftung (vgl. Kapitel 7). Zum Feuchteschaden kam es also durch **mangelnden Wärmeschutz** der Außenwand – und nicht wegen des verbesserten Wärmeschutzes der Fenster. Aus Tab. 3-3 ist erkennbar, daß es beim für Niedrigenergiehäuser empfohlenen Wärmeschutz nur noch in Ausnahmesituationen (Waschküche) zu Tauwasserausfall kommen kann.

Aber Achtung: Diese Problemlösung im Großen (= Fläche) schützt nicht automatisch vor Fehlern im Kleinen (= Detail). In Kap 4.1 (Wärmebrücken) wird dies näher zu behandeln sein.

Tauwasserfreies Konstruieren

Feuchterisiken im Bauteilquerschnitt sind kein spezielles Niedrigenergiehaus-Thema. Dennoch sind an dieser Stelle einige Anmerkungen erforderlich, da vielfach vermutet wird, daß Bauteile mit Dämmschichten hier besondere Probleme haben. Für Feuchtigkeitsansammlungen *in* der Konstruktion gibt es im wesentlichen drei mögliche Ursachen:

- Eindringen von Regenfeuchtigkeit
- Tauwasserbildung durch Luftströmung (Dampfkonvektion)
- Tauwasser durch Dampfdiffusion

Zum Thema „Schlagregenschutz" gibt es über den Stand der Technik und der Praxis wenig Kontroversen. Auch die zeitweilig skeptisch betrachteten Innovationen (Einsatz von verputzten Dämmschichten im Außenbereich und Verwendung von Kerndämmungen ohne Hinterlüftung im zweischaligen Mauerwerk) haben sich in Forschung und Praxis bewährt (vgl. [Künzel 1991, 1992 u. 1994], [Mayer/Künzel 1994]). Im Bereich von Holzkonstruktionen (Dächer, Vorhangfassaden, Holzbauwände) weisen Niedrigenergiehäuser zusätzlich zur Wetterschutzbekleidung oft eine besonders solide Dämmschutzschicht in Form von Holzwerkstoffplatten auf (vgl. Kap. 3.9).

Die sehr bedeutsamen Befeuchtungsgefahren durch Dampfkonvektion werden ausführlich in Kapitel 5 (Luftdichtheit) behandelt. Im folgenden sollen deshalb vor allem die feuchtetechnischen Aspekte der Wasserdampfwanderung durch Diffusion erörtert werden.

Für baupraktische Zwecke wird die Gefahr der **Kondensation nach Wasserdampfdiffusion** in einem Bauteil meist mit dem Nachweisverfahren in DIN 4108 Teil 5 untersucht. Grundlage hierfür ist ein Methode, die der Klimaingenieur Glaser Ende der fünfziger Jahre entwickelt hatte. Das hieraus abgeleitete sog. „Fertigteil-Verfahren" wurde schon in den sechziger Jahren für die damals aufkommenden Fertighausbauweisen mit (teil-)gedämmten Holzbauquerschnitten benutzt. Rückblickend auf fast 40 Jahre Anwendung läßt sich feststellen, daß hiermit dem Planer ein bewährtes Werkzeug an die Hand gegeben wird, um Konstruktionen feuchtetechnisch zu optimieren – solange man sich der Grenzen der Methode bewußt ist und sie nur dort anwendet, wo es um reine Diffusionsprozesse geht. Auch die statischen Klimarandbedingungen des 60tägigen „Normwinters" (innen: 20 °C, 50 % rel. Feuchte, außen: –10 °C, 80 % r. F.) spiegeln erfahrungsgemäß die realen Verhältnisse in normal genutzten Wohnräumen für ein einfaches Nachweisverfahren korrekt, d. h. auf der sicheren Seite liegend, wider. Zwei Grundregeln, die sich aus dem Glaser-Verfahren ableiten lassen, gehören heute zu den bauphysikalischen Allgemeinplätzen:

- Die mögliche Tauwasserebene liegt in der Regel auf der kalten Seite der Dämmung.

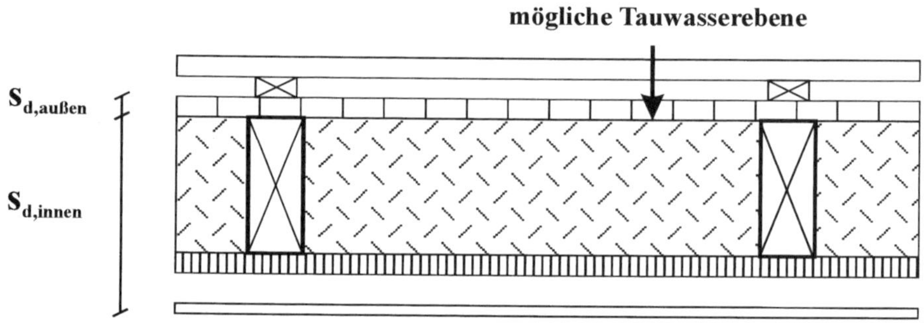

Material (Außenseite)	s_{da} [m]	Sperrfaktor s_{di} / s_{da}	erf. s_{di} [m]	Erf. Diffusionssperrwert erreichbar mit:
Bitumenbahn z.B. V13	**40**	**14**	**560**	mit üblichen Dampfsperren nicht möglich
Unterspannbahn, konventionell	**3,0**	**14**	**42**	PE-Folie, 0,4 mm
Unterspannbahn, diffusionsoffen	**0,1**	**14**	**1,4**	Dampfbremspappe, u.U. Holzwerkst.platten
Hartfaser (6 mm)	**0,4**	**13**	**5,5**	Dampfbremspappen
Spanplatte (16 mm)	**1,6**	**11**	**18**	PE-Folie, 0,2 mm
Holz (24 mm)	**1,0**	**9**	**9**	PE-Folie, 0,1 mm
Holzfaserdämmpl. (22 mm)	**0,11**	**7**	**0,8**	Harte Holzwerkst.platte od. Konv.schutzpappe

Abb. 3-9: Erforderlicher innerer Diffusionssperrwert (s_{di}) für tauwasserfreie Konstruktionen bei verschiedenen Materialien auf der Außenseite. Randbedingungen: k = 0,2 W/m²K, Normklima nach DIN 4108. Quelle: berechnet nach DIN 4108

- Zur Tauwasserreduzierung oder -vermeidung sollten die Konstruktionsschichten innen diffusionsdichter als außen sein.

Führt man Diffusionsberechnungen nach DIN 4108 mit dem Ziel durch auszuloten, wann Tauwasser*freiheit* erreichbar ist, so kommt es im wesentlichen auf das Verhältnis der Diffusionssperrwerte (s_d-Werte) innenseitig und außenseitig der potentiellen Tauwasserebene an. Dieser Quotient, in Abb. 3-9 als „Sperrfaktor" bezeichnet, hat z. B. für die heute üblichen Dachaufbauten mit Volldämmung und Unterspannbahn einen Zahlenwert von etwa 14. Sobald die inneren Schichten mehr als 14 mal diffusionsdichter als die außenseitige Unterspannung sind, kann auch im Normwinter mehr Wasserdampf nach außen wegdiffundieren als von innen her ankommt. In Konstruktionen mit relativ dichter Außenseite (z. B. Bitumenbahnen oder Unterspannbahnen aus perforierten Kunststoffolien) ist jedoch völlige Tauwasserfreiheit auch mit den gängigen Dampfbremsen (0,2 mm PE-Folie) nicht erreichbar. Durch Einsatz von diffusionsoffenen Unterspannungen (s_{di} < 0,10 m) wird der Wendepunkt in der winterlichen Diffusionsbilanz, ab dem kein Tauwasser mehr ausfällt, spätestens bei inneren Sperrwerten von nur 1,4 m äquivalenter Luftschichtdicke erreicht.

Wird die äußere Dämmschutzschicht aus Holzwerkstoffen mit einer gewissen Eigendämmung gebildet, so sinkt der erforderliche Sperrfaktor, da an der kritischen Stelle (unterseitig der Beplankung) im Vergleich zur Folienabdeckung eine höhere Temperatur herrscht. Diese reduziert die Kondensationsgefahr und verbessert die Verdunstungsmöglichkeit. Besonders günstig verhalten sich Unterdächer und -fassaden aus Holzfaserdämmplatten, da sie eine hohe Eigendämmung aufweisen (=> Halbierung des erf. Sperrfaktors) und gleichzeitig sehr diffusionsoffen sind (s_{da} ca. 10 cm). Fazit: Aufbauten, die nach Glaser tauwasserfrei bleiben, sind zulässige und solange unbedenkliche Bauteile, wie ein Feuchteeintrag aus anderen Quellen (Konvektion, Schlagregen usw.) zuverlässig verhindert wird.

Mehr Dampfdiffusion und weniger Kondensat?

Nicht immer muß in einem Bauteil, in dem nach Glaser Kondensation auftritt, tatsächlich eine bedenkliche Durchfeuchtung entstehen. Bleibt die berechnete Kondensatmenge im Rahmen der zulässigen Mengen (vgl. [DIN 4108 T. 3.2.1]) und ist gleichzeitig deren Austrocknung während der normgemäßen Verdunstungsperiode gesichert, so gibt es aus diffusionstechnischer Sicht keinen Hinderungsgrund, so zu bauen. Das Beispiel einer Fertighauswand in Abb. 3-10 zeigt jedoch, daß der Einsatz von Dampfsperren zur Tauwasserreduzierung alleine nicht zu sicheren Lösungen führt. Problemzone der dargestellten Konstruktion bildet die Bitumenbahn (Nr. 4, s_{da} = 40 m) zwischen Dämmung und Außenputzträger. Die innenseitig angebrachte PE-Folie (Nr. 8, s_{di} = 20 m) begrenzt zwar den Tauwasserausfall auf nur 35 g/m², deren sommerliche Verdunstung auch gewährleistet ist. Das Jahresergebnis weist jedoch nur eine „Verdunstungsreserve" (= Bilanz aus Kondensations- und Verdunstungsperiode) von ganzen 9 g/m² auf. Dies kann sich als fatal erweisen, wenn zusätzliches Kondensat aus anderen Feuchtequellen (z. B. Dampftransport durch Undichtigkeiten) entsteht. Für deren Abtrocknung hat der Aufbau fast keine Reserven.

Würde die Bitumenbahn durch ein Material ersetzt, dessen Diffusionsdichtigkeit um eine Größenordnung niedriger liegt (s_d = 3 m, z. B. Sperrholzplatte), so erreicht man durch die erhöhte Diffusionsmöglichkeit *nach außen* schon in der Tauperiode fast Tauwasserfreiheit und darüber hinaus im DIN-Sommer ein Verdunstungspotential von fast 200 g/m². Ginge man noch einen Schritt weiter (Einbau einer diffusionsoffenen, äußeren Dämmschutzschicht s_d = 0,1 m), so bliebe die Konstruktion frei von (Diffusions-) Tauwasser und besäße darüber hinaus eine beruhigende Verdunstungsreserve von über 700 g/m².

Nach außen diffusionsoffene Konstruktionsquerschnitte bieten also die größte Sicherheit gegenüber kritischen Befeuchtungen auch aus anderen Quellen als der Dampfdiffusion.

Nun sind in der Baupraxis vor allem bei Dächern Querschnitte mit dampfdichter Außenseite keine Seltenheit. Dies betrifft vor allem Flachdächer, aber auch die in Süddeutschland weit verbreiteten Unterdächer aus Holzschalung mit Vordeckung aus Bitumenpappen. Tauwasserfreiheit ist in diesen Fällen praktisch nie zu erreichen. Versucht man mit Blick auf eine möglichst große Verdunstungsreserve zu optimieren, so zeigt die Analyse nach DIN 4108 (Abb. 3-11), daß der Einsatz von Dampfsperren sich als kontraproduktiv erweisen kann. Um die Tauwassermenge an der Unterseite einer dampfdichten, äußeren Bekleidung im Rahmen der erlaubten Grenzen zu halten ($W_{T,max}$ = 500 g/m²), ist lediglich ein s_d-Wert der Dampfbremse von 1,4 m erforderlich. In diesem Fall beträgt das Verdunstungspotential im Norm-Sommer etwa 1150 g/m². Nach Abtrocknung des Kondensats verbleibt eine Verdunstungsre-

	Schutzschicht außen		
	s_d = 40 m	s_d = 3 m	s_d = 0,1 m
Diffusion bis Tauwasserebene	38 g/m²	38 g/m²	38 gm²
Diffusion ab Tauwasserebene	– 3 g/m²	–31 g/m²	– 118 gm²
Bilanz Tauperiode n. DIN 4108	35 g/m²	7 g/m²	– 80 g/m²
Verdunstung „DIN-Sommer“	– 44 g/m²	– 183 g/m²	– 623 g/m²
Verdunstungs-reserve	– 9 g/m²	–176 g/m²	– 703 g/m²

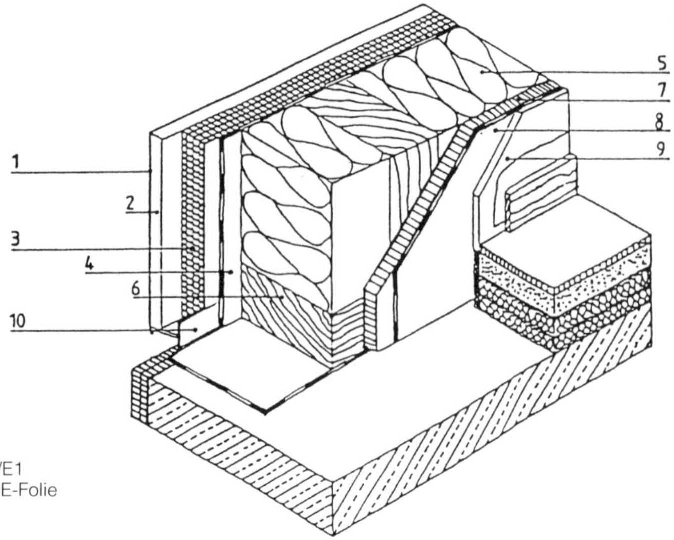

Legende zur nebenstehenden Zeichnung:

1 Edelputz
2 Grundputz
3 Zementgebundener Putzträger
4 Unbesandete Bitumenpappe
5 Mineralwolle
6 Holzrahmenkonstruktion
7 Holzwerkstoffplatte V100 /E1
8 Dampfdiffusionsbremse PE-Folie
9 Gipsplatte
10 Alu-Profil

Abb. 3-10: Diffusionsbilanz einer Fertighauswand. Sie zeigt die „Verdunstungsreserve“ bei Variation der Dampfdurchlässigkeit der äußeren Dämmschutzschicht.

serve von immerhin 650 g/m². Setzt man mit einseitigem Blick auf die Tauperiode eine Dampfsperre mit s_d = 40 m ein, so reduziert sich zwar erwartungsgemäß der Diffusionstauwasseranfall auf etwa 20 g/m², aber gleichzeitig geht auch das Verdunstungspotential gegen Null. Es verbleibt nur eine minimale Verdunstungsreserve, denn die Dampfsperre wirkt auch als Trocknungssperre. Dies wäre nicht weiter schlimm, wenn einzig die Diffusion einen Feuchteeintrag in den Konstruktionsquerschnitt erlauben würde. In der Praxis können jedoch eine Reihe von „außerplanmäßigen Befeuchtungen“ [Schulze 1991] einen Strich durch die Diffusionsrechnung machen: Das Risiko des bereits erwähnten konvektiven Dampftransports ist bei Dächern besonders groß (Thermik, Anschlußprobleme bei der Luftdichtung, s. Kap. 5). Hinzu kommt u. U. erhöhte Neubaufeuchte durch Verwendung von nassem oder nur halbtrockenem Bauholz oder durch Regen während der Bauphase. Nicht zuletzt sollte bedacht werden, daß im Verlauf der Alterung der Dachdichtung auch Wasser in flüssiger Form in die Konstruktion eindringen und selbst nach Beseitigung der Undichtigkeitsquelle nur über Verdunstung wieder austrocknen kann.

Daß gerade bei Dächern eine integrale Bewertung der Feuchterisiken zu anderen Ergebnissen führen kann als das gängige „Dampfsperren-Dogma“, hat seine wesentliche Ursache darin, daß das DIN-Verfahren in seinen Klimarandbedingungen bei der Verdunstungsperiode von Dächern eine erhöhte Temperatur der Außenoberfläche infolge von Sonneneinstrahlung ansetzt. Schon der vorsichtige Normansatz einer Erwärmung auf 20 °C bedeutet in etwa eine Verdreifachung des Verdunstungspotentials im Vergleich zum Rechenansatz für Wände. Ob diese Aussage auch für steile, kaum besonnte Norddächer gültig bleibt, ist Gegenstand der gegenwärtigen bauphysikalischen Forschung (vgl. [Künzel, H. M. 1995], [Borsch-Laaks 1997]). Unklar ist, ob in diesen Grenzbereichen die statischen Klimarandbedingungen der Norm zu sehr oder zu wenig auf der sicheren Seite liegen. Die Bemühungen, mit verbesserten, dynamischen Rechenmethoden und Ergebnissen aus der Freilandforschung Antworten zu finden, konzentrieren sich gegenwärtig auf die Frage, wieviel innere Dampfbremswirkung erforderlich ist, um beidem gerecht zu werden: Begrenzung des Tauwasserausfalls *und* Erhalt einer möglichst großen Verdunstungsreserve. Eine geradezu geniale, technische Lösung des Problems könnte die sog. „feuchteadaptive Dampfbremse“ bringen, die am Fraunhofer-Institut für Bauphysik in Holzkirchen entwickelt wurde

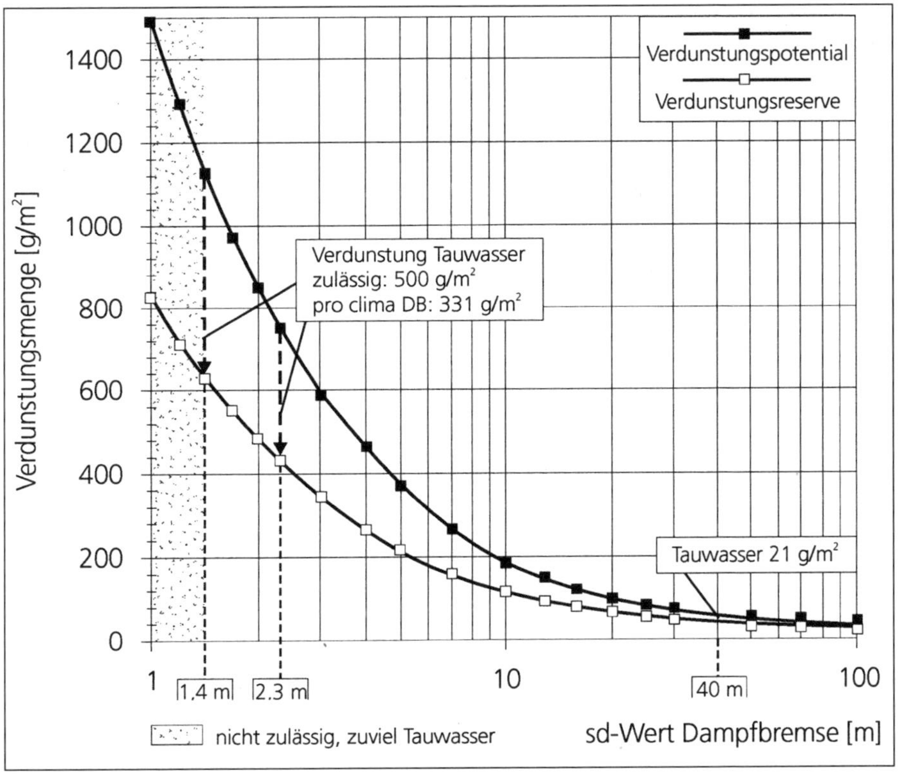

Abb. 3-11: Verdunstungsreserve (= Bilanz aus Tauwassermenge und Verdunstungspotential) bei dampfdichter Unterdachbahn in Abhängigkeit vom s_d-Wert der inneren Dampfbremse (Randbedingung: 20 cm Dämmung, s_{da} = 240 m, Normklima Dach). [Quelle: Borsch-Laaks 1993]

(vgl. [Künzel, H. M. 1996]). Dieses Material ändert seinen Diffusionswiderstand in Abhängigkeit von der relativen Luftfeuchtigkeit in seiner Umgebung, und zwar so, wie es gebraucht wird: Im Winter steigt der s_d-Wert, im Sommer sinkt er.

Solange derartige Dichtungsmaterialien noch nicht am Markt verfügbar sind, bleibt als Fazit der obigen Betrachtungen zu den Diffusionsvorgängen in mehrschichtigen Bauteilen:

- Oberste Priorität hat, die Dämmschicht außenseitig mit einem möglichst diffusionsoffenen Material abzudecken. Dies garantiert in allen möglichen Fällen die größte Verdunstungsreserve.
- Bei flachgeneigten Dächern und anderen besonnten Bauteilen mit dampfdichter Außenseite sollten die Innenschichten so *diffusionsdicht wie nötig* (zur Begrenzung des Tauwasserausfalls) und *diffusionsoffen wie möglich* (zur Erzielung eines hohen Verdunstungspotentials) ausgebildet werden
- Bei nicht besonnten Wänden und Dächern verbessern Dampfbremsen grundsätzlich die Diffusionsbilanz. Zwischen inneren s_d-Werten von 3 m bis 100 m wird jedoch das Bilanzergebnis (= Verdunstungsreserve) nur um +/– 40 g/m² beeinflußt. Viel entscheidender ist deshalb, ob alles getan wurde, um außerplanmäßige Befeuchtungen zu vermeiden.

Die Tropfsteinhöhle in der Massivwand?

Die Regelkonstruktion für Niedrigenergie-Neubauten ist die außengedämmte Massivwand. Hierbei folgt der Aufbau der Grundregel „innen dicht und außen dämmend“ – früher sagte man einmal: innen hart und außen weich. Das Mauerwerk liegt im warmen und trockenen Bereich des Querschnitts, und sein Diffusionswiderstand (s_d ca. 2–3 m incl. Putz) ist völlig ausreichend zur Tauwasservermeidung. Lediglich dampfdichte äußere Bekleidungen (gesinterte Klinker, zu dampfdichte Anstriche oder Putze etc.) können dann noch Probleme bereiten. Hier kann eine problembewußte Auswahl der marktüblichen Beschichtungen oder die Hinterlüftung solcher Fassaden Abhilfe schaffen.

Die Innendämmung ist (wegen der z. T. unvermeidlichen Wärmebrückenprobleme) wärmetechnisch und feuchtetechnisch immer nur die zweitbeste Lösung. Da sie aber bei der Verbesserung des Wärmeschutzes im Altbau des öfteren unumgänglich ist und andererseits viele Planer diese Konstruktion aus Angst vor Feuchteschäden scheuen, soll im folgenden der Stand der Erkenntnisse aus der diesbezüglichen bauphysikalischen Forschung der letzten 15 Jahre kurz zusammengefaßt werden.

Streng genommen gelten die bisherigen Aussagen zur Feuchtebilanz von

Wänden nur für Leichtbaukonstruktionen, also den Anwendungsfall, für den das Glaser-Verfahren auch entwickelt wurde. In Massivwänden können ganz andere Feuchtetransportprozesse als die Diffusion dominant werden. Die Verteilung von Wasser in *flüssige*r Form durch die sog. Kapillarleitung stellt einen um Größenordnungen stärkeren Transportmechanismus dar. Dies führt z. B. bei Innendämmungen vor *hygroskopischen* Wandbaustoffen dazu, daß die nach Glaser zu erwartende Tauwasserbildung an der Grenzschicht Dämmung/Wand kaum oder gar nicht eintritt. Sowohl in Laboruntersuchungen mit Normklima als auch bei Felduntersuchungen an „falschen" Innendämmungen (ohne Dampfbremse) konnte die Bildung von Diffusionstauwasser nur dann nachgewiesen werden, wenn die Wand aus Beton oder anderen wenig saugfähigen Materialien bestand (vgl. [Achtziger 1984] und [König 1984]).

Daß das Glaser-Verfahren in diesem Punkt „versagt", war auch den Verfassern der DIN 4108 schon klar. So werden in der gegenwärtig immer noch gültigen Fassung von 1981 z. B. folgende Konstruktionen *ohne rechnerischen* Nachweis für zulässig erklärt:

- Innendämmungen vor Mauerwerk aus Ziegel, Kalksandstein, Bims- und Porenbeton bei einem inneren s_d-Wert von nur 0,5 (!) m [Abschn. 3.2.3.1.3]
- Innendämmungen aus Holzwolleleichtbauplatten ohne Dampfbremse vor gleichartigem Mauerwerk [Abschn. 3.2.3.1.4]
- Einschalige Dächer aus Porenbeton ohne Dampfsperre [Abschn. 3.2.3.2.2]

Mit neuen, validierten Rechenverfahren, die auch die flüssigen Transportprozesse berücksichtigen, sowie in Felduntersuchungen konnte inzwischen nachgewiesen werden, daß auch innere Diffusionssperrwerte von nur 20–30 cm bei Innendämmungen vor kapillaraktiven Massivbaustoffen nicht zu bedenklichen Feuchteansammlungen durch Diffusionsprozesse führen (vgl. [Kießl 1992] und [Walther 1992]).

Dieser weitgehenden „Entwarnung" zum Thema Diffusion bei der Innendämmung muß allerdings ein deutlicher Warnhinweis in puncto Dampfkonvektion auch bei Massivwänden angefügt werden: **Unbedingt zu vermeiden** sind Aufbauten, bei denen Dämmschichten von Innenluft hinterströmt werden können. Der konvektiv mittransportierte Wasserdampf kondensiert dann zwangsläufig in der Konstruktion. **Dämmschichten sind immer luftdicht von der Innenraumluft abzuschließen!** Auch interne Rotationsströmungen in den Hohlräumen des Dämmaufbaus (alte krumme Wände, Dämmplattenfugen, Installationsbereiche) können infolge des niedrigen s_d-Werts der üblichen raumseitigen Bekleidungen (z. B. Gipskarton) zu merklichem Feuchtetransport führen (vgl. [Hens 1992]). Diese Probleme lassen sich entweder durch eine lückenlose Volldämmung der Hohlräume durch „In-situ-Dämmverfahren" (Einblas- oder Anspritztechnik) oder durch Anbringen einer Luftdichtungsebene, die auch hier analog zu den Empfehlungen in Kap. 5 ausgeführt wird, vermeiden (siehe auch Ausführungsbeispiele in [Borsch-Laaks/Zurheide 1996]).

3.6 Wärmeschutz, Wohnkomfort, Wohngesundheit

Die thermische Behaglichkeit in Aufenthaltsräumen ist durch die Forderung bestimmt, den Anteil der sich „unbehaglich" fühlenden Personen so gering wie möglich zu halten. Fanger hat die Faktoren für thermische Behaglichkeit durch umfangreiche Experimente mit Testpersonen beschrieben [Fanger 1970]. Nach den Ergebnissen kommt es darauf an, die Wärmeproduktion des Menschen ins Gleichgewicht mit seiner Wärmeabgabe zu setzen: Diese wird durch die „operative Temperatur", die Raumluftfeuchte und die Luftgeschwindigkeit beeinflußt. **Die operative Temperatur** kann vereinfacht als Mittelwert der Temperatur des Wärmestrahlungsgleichgewichts („Strahlungstemperatur" – gewichtetes Mittel der Temperaturen der Raumumfassungsflächen) und der Raumlufttemperatur definiert werden. Solange die Raumlufttemperatur kleiner als 23 °C bleibt, ist die Raumluftfeuchte für das thermische Empfinden unbedeutend. Wenn dazuhin die Luftgeschwindigkeiten kleiner als 0,1 m/s bleiben, wird die Behaglichkeit ausschließlich durch die Temperaturen bestimmt.

In einem Niedrigenergiehaus liegen durch den guten Wärmeschutz auch im Winter hohe Oberflächentemperaturen auch bei den Außenbauteilen vor – dies zeigt ein Blick auf Tab. 3-3. Am kältesten können noch die Scheiben der Wärmeschutzverglasung (um 15 °C) werden – die meisten anderen Oberflächentemperaturen werden bei 20 °C Raumlufttemperatur zwischen 19 und 20 °C liegen. Die operative Temperatur in mehr als 1 m Entfernung vom Fenster stellt sich dann bei über 19 °C ein.

In einem Wohnraum mit dem bis Ende 1994 gültigen Wärmeschutz (k_{Fen} = 2.7 W/(m²K), $k_{Außenwand}$ = 0,7 W/(m²K), k_{Dach} = 0,3 W/(m²K)) müßte die Raumlufttemperatur schon auf 21 °C angehoben werden, um eine operative Temperatur in etwa gleicher Höhe zu erhalten. Die

Fensterscheiben mit Standard-Zweischeiben-Isolierglas haben dann allerdings eine Oberflächentemperatur von weniger als 10 °C. Trotz „gleicher" operativer Temperatur ist es, wenn man vor einer solchen Scheibe steht, unbehaglich: Der ungleichmäßige Strahlungswärmeentzug wird wie eine Zugerscheinung empfunden. Gesundes Wohnen bedeutet auch die Abwesenheit von Temperaturstreß, d. h. möglichst richtungsunabhängige operative Temperaturen [Lueder 1985]. Die thermische Behaglichkeit ist demnach in Niedrigenergiehäusern auch bei geringeren Raumlufttemperaturen besser als in Standardräumen. Die Erfahrungen der Bewohner von Niedrigenergie- und Passivhäusern bestätigen diese Aussage [Rohrmann 1994].

Ebenso wichtig ist der Feuchteschutz: Wie in Kap. 3.5 und 4.1 behandelt, kann bei gut gedämmten Außenbauteilen Tauwasser an den Oberflächen und Kondensation im Bauteil praktisch ausgeschlossen werden. Damit gibt es wenig Grundlage für das Wachstum von Schimmelpilzen, eine wesentliche Voraussetzung für gesundes Wohnklima. Darüber hinaus sorgt die in Kapitel 7 behandelte kontrollierte Raumlüftung dafür, daß Feuchtigkeit zuverlässig aus dem Wohnbereich abgeführt wird. Damit entstehen keine günstigen Lebensbedingungen für Hausstaubmilben, die ein wichtiges Allergen darstellen [Diel 1993].

Schadstoffe aus der Wärmedämmung?

Viel diskutiert wurde in den letzten Jahren die **stoffliche Zusammensetzung** und eine mögliche Schadstoffabgabe aus Wärmedämmstoffen. Um mögliche Risiken für die Bewohner richtig bewerten zu können, müssen die baulichen Randbedingungen, unter denen der Einsatz von Dämmungen erfolgen sollte, bedacht werden. Schon aus bauphysikalischen Gründen muß eine Dämmschicht luftdicht gegenüber der Raumluft abgeschlossen werden (damit feuchte Raumluft nicht in oder hinter die Dämmschicht eindringen kann und es zu Kondensat kommt, vgl. Kap. 3.5 und 5.1) und sie muß winddicht gegen die Außenluft sein (damit der Dämmstoff nicht vom Wind durchströmt wird und dadurch an Wirksamkeit verliert, vgl. Kap. 5.5). Richtig ausgeführte Wärmedämmschichten haben daher keinen Kontakt zur Raumluft – sie können die Raumluft daher auch nicht z. B. mit Feinstäuben belasten. Allenfalls per Diffusion durch die Deckschichten ist eine geringfügige Emission von gasförmigen Inhaltsstoffen möglich. Aber auch diese werden, wenn überhaupt, eher nach außen abgegeben, weil schon aus feuchtetechnischen Gründen die dichteren Schichten innen liegen sollten. Demgegenüber haben Bodenbeläge, Wand- und Deckenverkleidungen und deren Anstriche sowie Fugenfüllungen unmittelbaren Raumluftkontakt und können bei nachlässiger Materialwahl zu bedenklichen Belastungen führen.

Nun gibt es auf Fragen der Baustoffwahl selten rein rationale Antworten. Und vieles, was derartige Entscheidungen beeinflußt, läßt sich nicht quantifizieren. Viele Bauherren, aber auch Planer und Handwerker lassen sich hierbei oft auch von ihrem „Gefühl" und ihren „Sinnen" leiten. Das ist auch gut so, solange die geforderten technischen Eigenschaften von den jeweiligen Materialien erfüllt werden. Bezogen auf die Wärmedämmung gibt es hierbei prinzipiell große Handlungsspielräume, denn die Wärmedämmwirkung aller im Baubereich gängigen Materialien beruht auf der geringen Wärmeleitung unbeweglich eingeschlossener Luft (in Spezialfällen manchmal auch anderer Gase wie CO_2 oder des Edelgases Argon bei Isolierglas). Für die Wirkung des Wärmeschutzes kommt es dabei auf die Art und das Material der „Verpackung", des Gerüstmaterials, gar nicht an, solange dadurch nicht starke Nebenverluste entstehen. Deshalb gibt es auch so viele völlig unterschiedliche Dämmaterialien. Wer die konventionellen, marktbeherrschenden Stoffe wie Mineralwolle und Schaumkunststoffe nicht „mag", kann heute auf Zellulosedämmstoff, Baum- oder Schafwolle, Holzweichfaserplatten, Kork oder Kokosfaser, Flachs oder Hanf, Perlite, Vermiculite, Schaumglas und anderes ausweichen. Im Kern ist der eigentliche **Wärmedämmstoff** immer derselbe: Die eingeschlossene **Luft**. Da es auf das Gerüstmaterial nicht ankommt, ist gerade bei der Dämmstoffwahl der Streit zwischen „Kopf" und „Bauch" prinzipiell vermeidbar. Die Vielfalt der denkbaren Gerüstmaterialien ist genügend groß, um für jede technische Aufgabe und für jeden „Geschmack" eine passende Lösung zu finden. Es sprengt den Rahmen dieses Buches, auf die Vor- und Nachteile der großen Palette möglicher Materialien einzugehen, die nicht zuletzt dank der bauökologischen und baubiologischen Diskussion der letzten Jahre entstanden sind.

Umweltbewußte Zeitgenossen mögen an dieser Stelle einwenden, daß der Einfluß der Dämmstoffwahl auf das Wohlbefinden der Bewohner nur die eine Seite der Medaille ist. Die andere Seite, der gesamte Lebenszyklus von der Rohstoffgewinnung über die Herstellung und die Verarbeitung bis zu Abriß und Entsorgung, sollte auch bedacht werden. Einer solchen Bewertung sind im Hinblick auf die Umwelt allgemein und auf die Arbeitsbedingungen derer, die damit zu tun haben, verschiedene wissenschaftliche Untersuchungen zu „Ökobilanzen", „Ökoinventaren" und „Stofflußanalysen" gewidmet. Die methodischen Grundlagen hierzu wurden schon in den achtziger Jahren vor allem durch die Arbeiten von Lützkendorf und Kohler gelegt [Kohler u. a. 1992]. Leider hakt es in den letzten Jahren bei der konkreten Sammlung und Aufbereitung der hierfür nötigen Datenfülle. Auch dies ist ein so weites Feld, daß wir nur den energetischen Aspekt etwas näher beleuchten können (s. Kap. 3.7).

Grundsätzlich läßt sich jedoch an dieser Stelle festhalten: Die Umweltbelastungen, die von Baumaterialien ausgehen, sind in erster Linie ein Problem von Mengen und Massen der verwendeten Stoffe. Für den Bau eines Hauses müssen viele Tonnen an Baustoffen gewonnen, hergestellt und verarbeitet werden. Das wärmetechnisch relevante Bauteil, die Gebäudehülle, macht davon nur einen Bruchteil aus: Ihr Wärmeschutz trägt bei Niedrigenergie-Standard zwar zum Volumen einiges bei, aber dieses Dämmvolumen besteht zu über 99 % aus Luft. Für die Stoffströme, die bei der Ökobilanzierung im Bauwesen zu bedenken sind, haben die „Gerüststoffe" der Dämmung also eine sehr untergeordnete Bedeutung.

3.7 Primärenergiebilanz bei Dämmaßnahmen

Zu den am häufigsten gestellten kritischen Fragen an die Verbesserung des Wärmeschutzes gehört diese: Ist der Energieaufwand zur Herstellung der dicken Dämmschichten eines NE-Hauses überhaupt durch die Verbrauchssenkung wieder hereinzuholen? Diese Frage hat auch die Autoren dieses Kapitels seit zehn Jahren immer wieder beschäftigt (vgl. [Feist 1986a], [Borsch-Laaks 1990 und 1993]). Mit Hilfe der zwischenzeitlich publizierten Ergebnisse der europaweiten Forschung zu „Ökobilanzen" lassen sich für das NE-Haus klare Antworten geben.

Wieviel Primärenergie braucht die Herstellung von Dämmstoffen?

Dämmaterialien haben oft weit verzweigte Prozeßketten von der Rohstoffgewinnung bis zur Verarbeitung am Bau (s. Infobox 3-5). Beim Vergleich von publiziertem Zahlenmaterial zum Primärenergieinhalt ist es wichtig zu wissen, wie vollständig alle Glieder der Kette erfaßt wurden. Publikationen, deren Datenmaterial aus den 80er Jahren stammt, haben oft nur die eigentliche Prozeßenergie in der Produktion einbezogen und weisen mehr oder weniger große Lücken in den Bereichen Rohstoffgewinnung und Transporte auf. Deshalb haben wir bei der Zusammenstellung der Daten in Tab. 3-4 darauf geachtet, daß die jeweiligen Quellen bis zur Schnittstelle Abgabe des fertigen Produkts ab Werk möglichst weitgehend dokumentieren.

Tab. 3-4: Primärenergieinhalt verschiedener Dämmstoffe

Dämmstoff	*Rohdichte (kg/m^3)*	*PE-Aufwand (kWh/m^3)*
Polystyrol EPS	*15–30*	*540–760*
Polystyrol XPS	*30*	*800–1300*
Polyurethan	*30*	*900–1000*
Glaswolle	*30*	*330*
Steinwolle	*60*	*280*
Schaumglas	*120*	*2235*
Blähperlite	*100*	*310*
Vermiculite	*70*	*150*
Holzfaserdämmplatte	*170–240*	*820–1150*
Zellulosedämmstoff	*55*	*60*

Quellen: [Cirsium 1991], [Fraanje 1992], [Boisits 1991], [EMPA 1995]

Die einsame „Spitzenposition" beim Energieeinsatz bilden nach den Angaben der umfassendsten und aktuellsten Studie zum Thema [EMPA 1995] Schaumglasdämmplatten mit über 2 000 kWh/m^3. Dieser Wert liegt beim Dreifachen dessen, was zuvor vom führenden Hersteller in Europa angegeben wurde. Bei Schaumkunststoffen rührt ein wesentlicher Teil ihres Herstellungsverbrauchs aus dem Energieinhalt der Erdöl-Basis-Produkte (ca. 250 bis 500 kWh/m^3 bei zw. 15 und 30 kg/m^3). Über die Energie- und Umweltbilanz in den verschiedenen Produktionsstufen liegen bislang wenig verläßliche Daten vor, da insbesondere die Hersteller der schäumbaren Rohstoffe die Mitarbeit an verschiedenen unabhängigen europäischen Forschungsvorhaben verweigerten oder wieder einstellten (vgl. [EMPA 1995] und [Fraanje 1992]). Entsprechend groß ist die Schwankungsbreite der hierzu publizierten Angaben. Für die weiße Standardware aus expandiertem Polystyrol (EPS) liegen die Werte zwischen 540 für PS 15 und 760 kWh/m^3 für PS 30. Für extrudiertes Polystyrol (XPS) und Polyurethanschäume (PU) liegen die verfügbaren Abschätzungen deutlich höher (800 bis 1300 kWh/m^3).

Eine verläßliche Datenbasis kann für alle anderen in der Tabelle genannten Produkte unterstellt werden, da sie methodisch sauber und durch umfangreiche, unabhängige Recherche in den Herstellungsbetrieben ermittelt wurde [EMPA 1995]. Der Primärenergieaufwand für die Massenware aus künstlichen Mineralfasern beträgt hiernach um die 300 kWh/m^3 und liegt damit zwar etwa doppelt so hoch wie in früheren Untersuchungen [Marme/Seeberger 1985] aber immer noch im Mittelfeld. Trotz doppelter Rohdichte ist die Produktion von Steinwolle eher günstiger, wenn bei der Glaswolleherstellung ein hoher Stromanteil anfällt. Eine Hochrechnung auf Spezialprodukte mit höherer Rohdichte (druckbelastbare Platten für Fußböden, Flach- und Aufdachdämmungen sowie verputzbare Wandplatten) erfolgt am sichersten über das Verhältnis der Rohdichten, da der Löwenanteil des Energiebedarfs beim thermischen Bearbeiten (Schmelzen) der Hauptrohstoffe entsteht. Schüttdämmstoffe, die aus expandierten Mineralien bestehen (Blähperlite und Glimmer), führen unter Berücksichtigung ihrer z.T. deutlich geringeren Dämmfähigkeit zu einem ähnlich hohen PE-Verbrauch wie die Mineralfaser-Produkte.

Aus der Gruppe der „alternativen" oder „naturnahen" Dämmstoffe sind bislang nur die beiden meist verwendeten Materialien umfassend bilanziert worden. Dämmplatten aus Holzfasern (ρ= 170 kg/m³) kommen auf einen recht hohen Energieeinsatz (ca. 800 kWh/m³), der vor allem beim nassen und heißen Aufschluß der Holzfasern und der anschließenden thermischen Trocknung entsteht. Mit Abstand am unteren Ende der Skala des PE-Aufwandes rangiert der Zellulosedämmstoff mit nur etwa 60 kWh/m³. Diesem aus sortiertem Tageszeitungspapier hergestellten Einblasdämmstoff kommen zwei Effekte zugute. Zum einen besteht das Material zu 80 % aus Recyclingrohstoff und zum anderen erfolgt der Aufschluß zum Dämmstoff rein mechanisch und damit naturgemäß mit geringem Energieeinsatz.

Die in Tab. 3-4 dokumentierten Zahlen sind quasi Werksabgabewerte. Die weitere **Verteilung und Verarbeitung auf der Baustelle** wird oft mehr diskutiert, als sie tatsächlich zum Gesamtergebnis beiträgt: Selbst ein hoher Maschineneinsatz in der Vor-Ort-Montage (Einblas- oder Anspritzverfahren) erhöht das Gesamtergebnis nur um 1 kWh pro m³ fertigverarbeiteter Dämmung (vgl. [Cirsium 1991]). Bedeutsamer sind da schon Transportprozesse. Die Auslieferung einer Ladung Dämmstoffe im Jumbo-LKW vom Werk zum Baustoffhändler belastet das Primärenergiekonto mit etwa 20 kWh/m³ bei einer Fahrstrecke von 600 km. Wenn die Verarbeiter täglich mit ihrem Baustellenfahrzeug 150 km unterwegs sind, so macht das auch nur ca. 5 kWh/m³ aus. Wenn allerdings der Öko-Heimwerker mit seinem Auto und PKW-

Infobox 3-5: Ermittlung des Primärenergieinhalts von Dämmstoffen

Was wird berücksichtigt?

- *ROHSTOFFE*

A/B Gewinnung, Aufbereitung, Transport (Hauptrohstoffe u. Hilfs- und Zusatzstoffe
A Nichterneuerbarer Energieinhalt der Rohstoffe (insbes. bei Erdölprodukten)
C Herstellung der Verpackungsmaterialien

- *PRODUKTION*

A Prozeßenergie
B Beheizung der Gebäude im Werk und Verwaltung, Strom für Beleuchtung, Büro etc.
B, C Verbrauch an Hilfsstoffen, Entsorgung Produktionsabfälle

- *„ENERGIE FÜR ENERGIE"*

A Verluste bei Bereitstellung von Endenergie (Fossil: η = 91–94 %; Euro-Strom: η = 37,8 %
(Systemgrenze der meisten Untersuchungen zum Primärenergieaufwand)

- *ROHSTOFFE*

D Transport Hersteller – Baustoffhändler
D Transport von Material und Arbeiter zur Baustelle
D,E Energieverbrauch der Verarbeitungsmaschinen

Legende zur Markierung der Erfassungsstufen:

A in der Regel auch bei älteren Angaben berücksichtigt
B in der Regel bei neueren Angaben berücksichtigt
C nur in [Cirsium 1991] und [EMPA 1995] sicher berücksichtigt
D Erfassung kaum standardisierbar, Hinweise zur Abschätzung im Text
E nur in Einzelfällen erfaßbar (z.B. Einblasdämmung)

Was wird nicht berücksichtigt?

- *Herstellung der Produktionsstätten, Maschinen und Fahrzeuge (Abschätzung: 1–4 %)*
- *Menschliche Arbeit*
- *Theoretischer Heizwert von nachwachsenden Rohstoffen (Holz, pflanzliche Materialien)*
- *Energieinhalt von Rohstoffen aus Recyclingmaterial (z.B. Altglas, Zeitungspapier)*

Anhänger zum 30 km entfernten Bio-Baustoffhändler fährt, um einen Kubikmeter Dämmplatten abzuholen, erhöht er deren Primärenergieinhalt schon um etwa 50 kWh.

Die energetische Amortisationszeit

Die methodischen Grundlagen zu einer auf der sicheren Seite liegenden Kalkulation der energetischen „Rückzahldauer" wurden bereits in [Feist 1986a] erörtert. Mit diesem Verfahren, das auch die verminderten Solargewinne und erhöhte mittlere Raumtemperaturen bei steigendem Dämmstandard berücksichtigt, wurden die Kurven in Abb. 3-12 ermittelt. Ausgangspunkt ist jeweils der Dämmstandard lt. k-Wert-Grenzen des Bauteilverfahrens nach WVO '95. Da bei Wänden die Anfangsdämmdicke noch relativ gering ist (ca. 6 cm), bleibt bei den hier vorherrschenden Dämmsystemen (Primärenergieaufwand 500 bis 750 kWh/m³ inkl. Befestigungsmittel) die Rückzahldauer auch bei NEH-Dämmstärken (15 bis 20 cm) noch unter sechs Jahren.

Die Verstärkung der Dachdämmung fängt mit dem WVO '95-Wert von 0,22 W/m²K dort an, wo es bei den NEH-Wänden in der Regel aufhört (d_{eq} = 18 cm). Da jedoch in Dächern und Decken in aller Regel Faser- oder Schüttdämmstoffe mit einem geringeren PE-Inhalt verwendet werden, macht sich sogar eine Erhöhung der Dämmdicke auf insgesamt 33 cm noch in 6–7 Jahren (bei mineralischen Faser- und Schüttdämmstoffen) bzw. in weniger als 2 Jahren bei Zellulosedämmstoff bezahlt. Beim Ansatz für den PE-Inhalt von Dämmaßnahmen in Holzbaukonstruktionen ist ein Zuschlag für den erhöhten Holzverbrauch in Höhe von 20–70 kWh/m³ Dämmvolumen nötig, je nachdem ob es sich um normales Bauholz oder technisch getrocknetes Holz handelt.

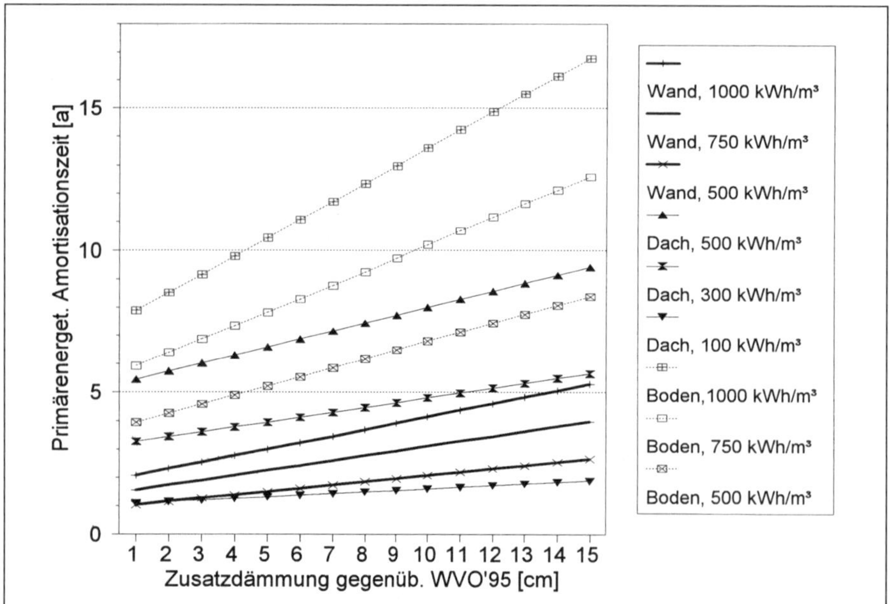

Abb. 3-12: Energetische Amortisationszeit für die Erhöhung der Dämmung gegenüber den Bauteil-k-Werten nach WVO '95

Die längsten energetischen Amortisationszeiten weisen Zusatzdämmungen in Kellerdecken oder bei erdreichberührten Wänden auf. Dies hat drei Gründe: Zum ersten liegt das Anforderungsniveau der WVO '95 schon bei immerhin k = 0,35 W/m²K (ca. 8 cm Dämmdicke), zum zweiten ist das Einsparpotential wegen der geringeren Temperaturdifferenz nur halb so hoch wie bei Bauteilen, die an Außenluft grenzen, und drittens werden aufgrund der geforderten technischen Eigenschaften in diesem Bereich oft Dämmaterialien mit höherer Dichte eingesetzt. Bei einer Erhöhung der Dämmstärke von gegenwärtig 8 auf 18 cm läßt sich die Rückzahldauer auf etwa zehn Jahre begrenzen, wenn die Dämmung nicht mehr als 750 kWh/m³ benötigt (inkl. eventuellem Zusatzaufwand für Verstärkung und ggf. Bewehrung des Estrichs). Angesichts der besonders langen Nutzungserwartung von Kellerdämmungen ist auch dieser Zeitrahmen für die energetische Amortisation vertretbar. Lediglich bei Einsatz von Schaumglasplatten mit ihrem hohen PE-Inhalt sind bedenklich hohe Rückzahldauern von 30 Jahren und mehr möglich.

Fazit: Für die zusätzlichen Dämmstärken, die für Niedrig-Energie-Konstruktionen notwendig sind, lassen sich immer Lösungen finden, deren energetische Rückzahldauer weit unter der üblicherweise zu erwartenden Nutzungsdauer der Maßnahme liegen.

Von der Energie- zur Umweltbilanz

Aus den bisherigen Betrachtungen sind auch klar erkennbare Auswirkungen für die globale Umweltbilanz von

Dämmaßnahmen ableitbar. Zumindest für die „Massenschadstoffe" Kohlen(di)oxid und säurebildende Schwefel- und Stickoxide lassen sich die Emissionen von Herstellungsprozeß und Heizwärmeverbrauch gleichermaßen bilanzieren. Diese Schadstoffemissionen entstehen auch bei der Dämmstoffproduktion zu über 90 % aus den dort stattfindenden Energieumwandlungsprozessen. Die Rückzahldauer für die Abgabe der verbrennungsbedingten Luftschadstoffe aus der Produktion und für die aus dieser Sicht optimale Dämmstoffstärken ist also stets vergleichbar mit den Ergebnissen und Prioritäten der Primärenergie-Bilanz [Feist 1986a].

Herstellungsenergie für verschiedene Bauweisen

Die Bedeutung, die der Minimierung des Herstellungsaufwandes zukommt, erschließt sich erst, wenn verschiedene Konstruktionsalternativen bei gleichem k-Wert untersucht werden. Abb. 3-13 zeigt einen solchen Vergleich für vier verschiedene Massiv- und Holzbau-Wandtypen, denen allen ein k-Wert von 0,2 W/m²K gemeinsam ist. Ihr PE-Aufwand zur Herstellung differiert um fast um einen Faktor 4. Bei näherer Betrachtung ist erkennbar, daß der Herstellungsaufwand für die Dämmstoffe meist von untergeordneter Bedeutung ist. Dominierend sind die Tragwerksbaustoffe und Vormauerung.

Baut man z. B. 200 m² Wand für ein NE-EFH mit der ungünstigsten der verglichenen Varianten (zweischaliges Ziegelmauerwerk) statt mit der Alternative „Holzrahmenbau", so ergibt sich ein Startunterschied von fast 50 000 kWh. Es ist so, als ob die Häuser schon vor dem Zeitpunkt ihrer Fertigstellung etwa ein Jahr im günstigsten oder etwa sieben Jahre im ungünstigsten Fall beheizt

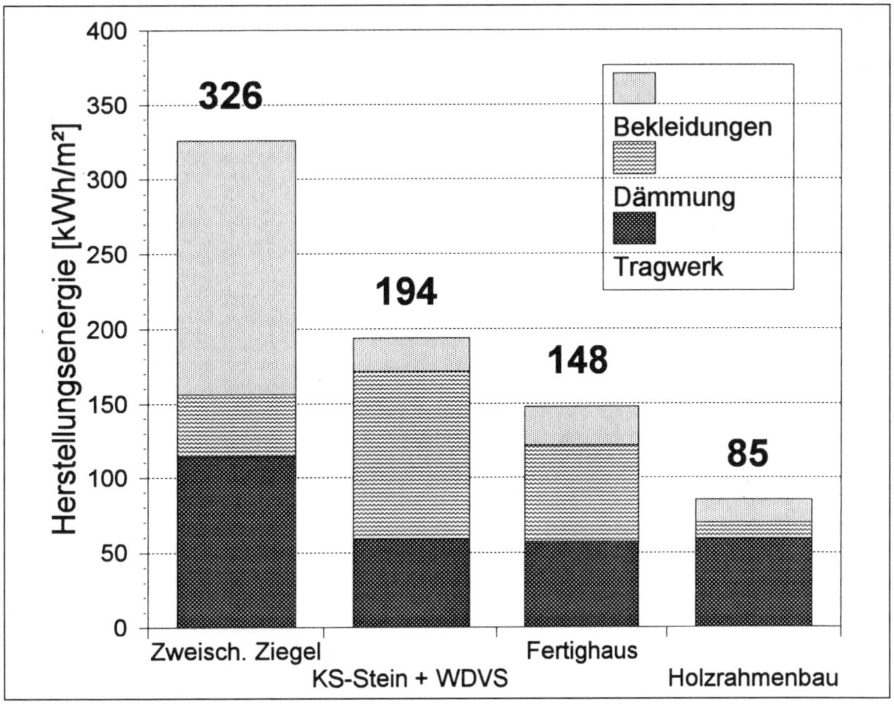

Wandtypen			
Gipsputz, Leicht HL-Ziegel (240 mm) Mineralfaser KD (140 mm) Vormauerziegel (115 mm)	Gipsputz, Kalk-Sand-Stein (175 mm) Polystyrol WDVS (180 mm) Kalk-Zementputz	Gipskarton, PE-Folie, Holzständerwerk (beids. Holzspanplatte), Mineralfaser zw. Ständer (180 mm), außen; Polystyrol WDVS (40 mm) Kunstharzputz	Gipskarton zweischaliges Holzständerwerk mit Sperrholzbeplankung, Zellulosedämmstoff (140 + 60 mm), außen; Holzfaserdämmpl. (18 mm) hinterlüftete Holzschalung

Abb. 3-13: Primärenergieaufwand für die Baustoffe verschiedener Wandkonstruktionen mit dem k-Wert 0,2 W/m²K

worden wären – ein durchaus bemerkenswerter Unterschied.

Vor vorschnellen Beurteilungen der energetischen Gesamtqualität der verschiedenen Bauweisen sollte allerdings gewarnt werden. Unterstellt man, daß in allen Fällen die grundlegende Tragstruktur der Gebäude eine Lebensdauer von 100 Jahren erreicht, so relativieren sich die Anfangsunterschiede gewaltig. Andererseits bringt die Langlebigkeit einer Vormauerschale keine nennenswerten Vorteile in puncto Energie- und Umweltbilanz. Für den PE-Aufwand zur Herstellung der Verklinkerung könnte eine Holzschalung 40mal und der Putz eines WDV-Systems 10mal erneuert werden.

Welche Bau-Lobby sich welcher kurz- oder langfristigen Vergleiche auch bedienen mag, entscheidend für die energetische Gesamtqualität von Konstruktionen bleibt ihr Wärmeverlust. Selbst wenn es gelingt, den gewählten Nied-

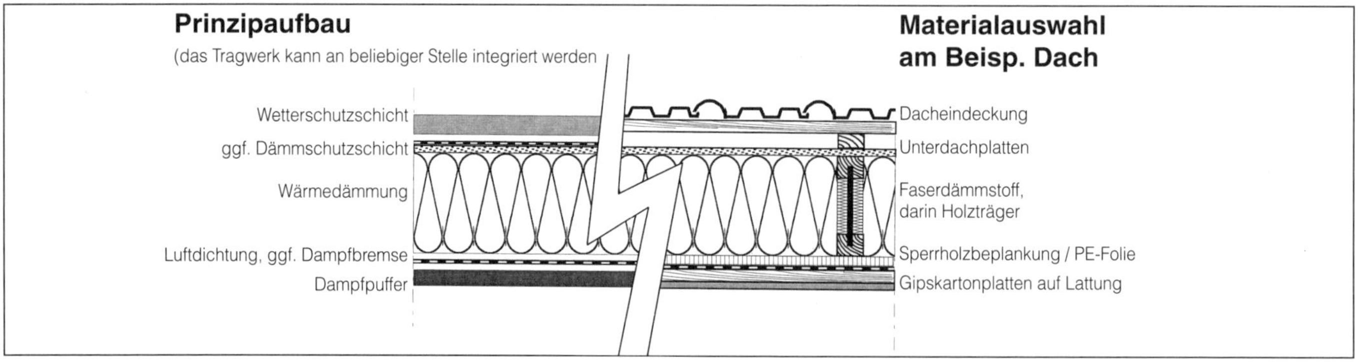

Abb. 3-14: Prinzipaufbau einer wärmegedämmten Konstruktion

rigenergie-k-Wert über die Nutzungsdauer des Gesamtgebäudes beizubehalten, werden alle Konstruktionen am Ende (nach 100 Jahren) fast 2 000 kWh pro m² an Primärenergie für die Hausheizung verbraucht haben. Die möglichst frühzeitige weitere Erhöhung der Dämmstärken um einige cm hat auf die Gesamtbilanz u. U. einen größeren Einfluß als alle Unterschiede beim Herstellungs- und Erhaltungsaufwand verschiedener Bauweisen oder Dämmaterialien. Erste Priorität sollte auch bei einem vielbeschworenen „ganzheitlichen" Planungsansatz immer die Reduktion des Verbrauchs in der Nutzungsphase haben. Werden die Sparpotentiale, die ein guter Wärmeschutz für die Reduzierung der Größe der Heizkörper bietet, konsequent genutzt, so läßt sich u. U. alleine über die Reduzierung des Herstellungsaufwandes für die energieintensiven Heizungskomponenten der Mehrverbrauch für die Dämmung schon vor Beginn der ersten Heizperiode amortisieren (vgl. [Feist 1996]).

3.8 Regelkonstruktionen für gut gedämmte Bauteile

Die Konstruktionsprinzipien für richtig gedämmte Bauteile sind:

- Nicht an der Dämmstoffdicke sparen! (Empfehlungen vgl. Infobox 1-1)
- Einen luftdichten inneren Abschluß zur Raumluft vorsehen! (Anschlußdetails genau planen, vgl. Kapitel 5)
- Die Dämmung homogen und ohne Unterbrechung über das gesamte Bauteil, letztendlich um die gesamte thermische Hülle führen! (Wärmebrücken vermeiden, vgl. Kapitel 4)
- Innen dicht und außen dämmend sowie diffusionsoffen planen! (Vermeidung von Kondensat in der Konstruktion.)
- Äußere Winddichtung und Schlagregenschutz vorsehen! (Wie bei jedem Außenbauteil).

Aus den genannten Prinzipien ergibt sich ein prinzipieller Aufbau jedes Außenbauteils gemäß dem Schema von Abb. 3-14. An der gedämmten Konstruktion müssen also erkennbar sein:

- eine dämmende Hülle und
- eine dichtende Hülle,

die jeweils geschlossen um den gesamten beheizten Bereich herumlaufen müssen. Insgesamt sollte man versuchen, die wärmeabgebende Hüllfläche möglichst klein zu halten und dabei evtl. sogar ein größeres Innenvolumen „in Kauf" zu nehmen. Abb. 3-15 zeigt, daß das größere Volumen im Abseitenbereich einen Raumgewinn bei geringerem Verlust an Wärme darstellt. Würde man in diesem Beispiel allerdings „bis in die Spitze" ausbauen und die Dämmebene statt in der Kehlbalkenlage bis zum First laufen lassen, so würde das vergrößerte (und kaum nutzbare) Volumen mit einer vergrößerten Oberfläche und damit mehr Wärmeverlusten erkauft (s. auch Kap. 2).

Der Wärmeschutz ist eine wesentliche Funktion der Gebäudehülle, der heute angesichts der ökologischen Gefährdung durch die Belastung der Atmosphäre auf gleichem Rang zu sehen ist wie die „klassische" Gefahrenabwehr gegen Einsturz (Statik) und Feuer (Brandschutz). Wärmeschutz braucht nicht versteckt zu werden – nichts spricht dagegen, Wärmeschutzmaßnahmen konstruktiv zu gestalten – so wie klassische statische Elemente gestalterisch präsentiert werden. Der Wärmeschutz bestimmt häufig die Dicke von Bauteilen – aus rein statischen Gründen könnten Wände und Dächer i. a. „dünner" sein. Während die Materialeinsparung bei fast allen Produkten eine ökologisch sinnvolle Forderung ist – bei der Wärmedämmung

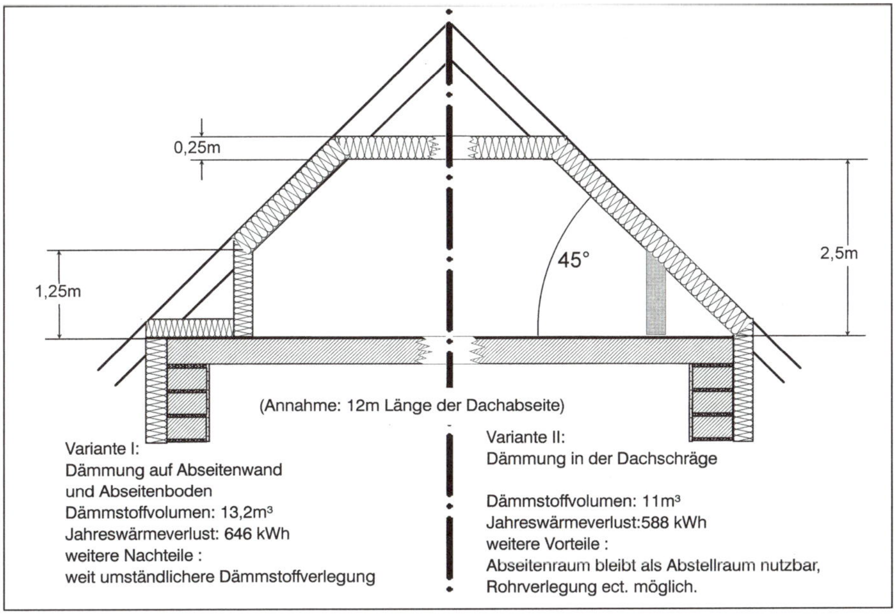

Abb. 3-15: Varianten zum Verlauf der Abseitendämmung

würde an der falschen Stelle gespart! (vgl. Kap. 3.7)

Wie bereits eingangs erwähnt, führt der Weg zum Niedrig-Energie-Haus nicht über eine bestimmte Bauweise, sondern über die Erfüllung eines Standards bei den Kennwerten für den Energieverbrauch. Es ist daher nicht verwunderlich, daß seit der Erstveröffentlichung dieses Buches 1988 eine Vielzahl von NE-Konstruktionstypen für die Gebäudehülle entwickelt wurden. Inzwischen gibt es einige Konstruktionskataloge und Planungshilfen für Architekten und Bauunternehmen [IWU 1996], [Pohl u. a. 1993], [Pohl u. a. 1996a u. b] und eine kaum mehr zu überblickende Zahl von Konstruktionsvorschlägen in Fachartikeln und Büchern zum Thema. Im folgenden wollen wir exemplarisch einige bewährte Regelquerschnitte für gut gedämmte NEH-Bauteile dokumentieren und kommentieren. Unsere subjektive Auswahl hat zum Ziel, zweierlei darzustellen:

- Was ist bei den vorherrschenden Konstruktionstypen in Deutschland zu tun, um sie auf Niedrig-Energie-Standard „aufzurüsten"?
- Welche innovativen Konstruktionsweisen sind im Zusammenhang mit der NEH-Entwicklung evtl. auch in anderen Ländern neu entstanden und inzwischen auch hierzulande umgesetzt worden?

Als grundlegende Richtschnur für die Auswahl der Dämmdicke kann gelten: Wenn die nicht transparente (opake) Gebäudehülle einen mittleren k-Wert von 0,2 W/m^{2}K aufweist, so sind in aller Regel die Anforderungen des NEH-Standards einzuhalten (vgl. Kap. 2.1 und 11). Dabei ist es aus Sicht des wärmetechnischen Aufwands am günstigsten, einen gleichmäßig starken Dämmmantel für das Haus zu „stricken". Dessen äquivalente Dämmdicke (d_{eq} = 20 cm, bez. auf λ = 0,040 W/mK) wird in der Regel etwa seiner realen Dicke entsprechen, da der Wärmeschutzbeitrag von Mauerwerk, Bekleidungen und Übergangswiderständen meist nur einer Dicke von 1 bis 3 cm Dämmstoff entspricht. Wird bei einzelnen Bauteilen von dieser 20-cm-Regel abgewichen, so muß zur Kompensation an anderen Stellen überproportional viel getan werden.

Kellerdecke/Fundamentplatte

Bei der Dimensionierung des Wärmeschutzes von Kellerdecken sollte zweierlei bedacht werden: Zum einen sind die Wärmeverluste gegenüber Keller/Erdreich wegen der geringeren Temperaturdifferenz nur etwa halb so hoch wie bei Bauteilen, die an Außenluft grenzen. Dies könnte dazu verleiten, die Dämmstärken z. B. auf 10 cm zu halbieren. Zum andern ist bekannt, daß bei der Kellerdämmung eine spätere Nachdämmung am schwierigsten und kostenaufwendigsten umzusetzen ist (Probleme mit Raum- und Türhöhen bei raumseitiger Nachdämmung, Probleme mit Installationen unter der Kellerdecke bei unterseitiger Dämmung).

Vor diesem Hintergrund wird verständlich, warum auch bei den empfohlenen Bauteil-k-Werten nach WVO '95 für die Kellerdecken schon ein überproportional hoher Wärmeschutz gefordert (ca. 8–9 cm, k = 0,35 W/m^{2}K) wird. Aus einer Reihe von Gründen ist es ist am vernünftigsten, alle Dämmschichten oberhalb der Kellerdecke anzubringen (vgl. Kap. 4.3).

Abb. 3-16a zeigt die Standardlösung für **Betondecken mit Naßestrichaufbau** mit einem k-Wert von ca. 0,23 W/m^{2}K. Es hat sich bewährt, die erste

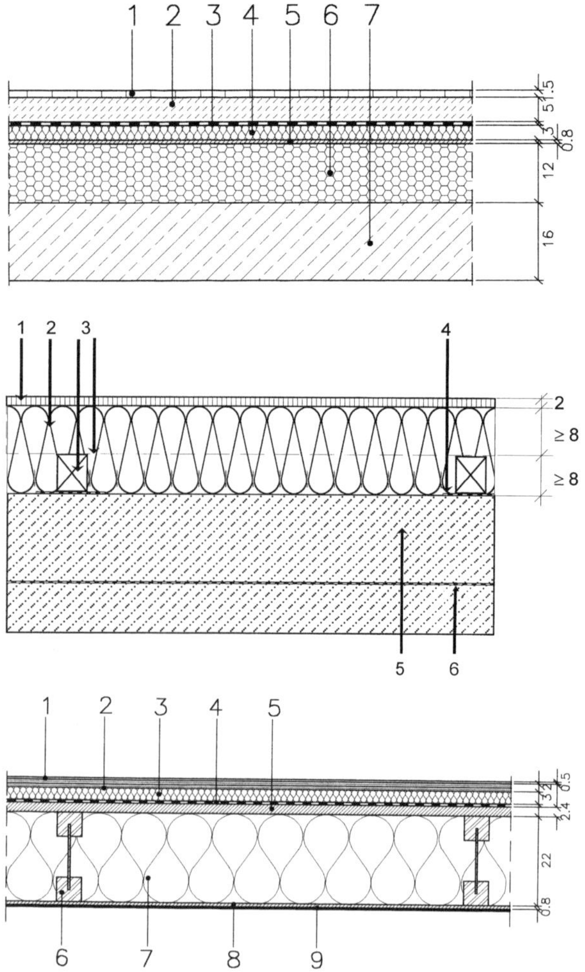

a)
1 Bodenbelag
2 Estrich
3 Trennlage
4 Trittschalldämmung
(auch Installationsbereich)
5 Spanplatte
6 Wärmedämmplatte
7 Stahlbetondecke

b)
1 Dielenboden oder
Trockenestrich
2 Dämmschüttung,
hydrophobiert
3 Kreuzlattung (8 x 6 cm)
4 Bitumenpappe, Streifen
5 Sohlplatte B25, bewehrt
6 Sperrschicht (PE-Folie)

c)
1 Bodenbelag
2 Trockenestrich
3 Trittschalldämmung
4 Luftdichtung, Dampfbremse
5 Spanplatte o.ä.
6 Masonite-Träger
7 Dämmstoff
8 Spanplatte o.ä.
9 Blech als Sperre gegen
Erdfeuchtigkeit

Abb. 3-16: Dämmung von Kellerdecken und Fundamentplatten

(dicke) Dämmlage mit einer Holzwerkstoffplatte abzudecken (Schutz vor Beschädigung im weiteren Bauablauf, Untergrund für die Verlegung haustechnischer Installationen auf der warmen Seite der Konstruktion).

Abb. 3-16b zeigt einen im Holzbau weit verbreiteten **Trockenestrichaufbau.** Zur Erzielung von Niedrigenergiequalität ist eine Kreuzlattung oder eine Aufständerung der Traglattung für den Fußboden empfehlenswert. Es können preisgünstige Schütt- und Aufblasdämmverfahren eingesetzt werden.

Das Beispiel in Abb. 3-16c zeigt eine besonders gut gedämmte Variante aus dem **skandinavischen Holzbau** – eine Konstruktionsweise, die sich bei uns noch nicht durchgesetzt hat. Aus Schweden importierte Fertighäuser zeigen jedoch, daß hiermit eine besonders kostengünstige und bauphysikalisch funktionstüchtige Alternative zur Verfügung steht.

Kellerwände

Werden Keller ganz oder teilweise als beheizbarer Wohnraum ausgebaut, so müssen deren Außenbauteile selbstverständlich in das Dämmkonzept einbezogen werden; d. h. in aller Regel, daß die Außenwanddämmung in möglichst unverminderter Stärke als **Perimeterdämmung** bis in das Erdreich hineingezogen wird. Erst ab einem Niveau von etwa 1 m unter der Erdoberfläche liegen die Bodentemperaturen hoch genug, so daß die verbleibende Höhe bis zum Fußpunkt (vgl. Abb. 3-17a) auch mit einer reduzierten Dämmstärke versehen werden kann (mindestens jedoch 6–8 cm).

Werden Kellerräume nur zeitweise beheizt (Hobbyräume, Musikzimmer o. ä.), so kann u. U. auf die recht aufwendige Perimeterdämmung verzichtet werden und eine (dünnere) **Innendämmung** der betreffenden Räume vorgenommen werden (Abb. 3-17b). In dieses Dämmkonzept müssen dann jedoch nicht nur die Kelleraußenwände einbezogen werden, sondern auch die Innenwände, die an unbeheizte Bereiche des Kellers grenzen. Um diese Innendämmung infolge der Wärmebrücke über die Stahlbetondecke nicht weitgehend unwirksam werden zu lassen, ist es erforderlich, die oberste Steinreihe unter der Decke aus einem gut wärmedämmenden Material auszuführen (Porenbetonsteine).

Außenwände

Außenwände sind diejenigen Bauteile, bei denen in der Praxis die meisten Kompromisse gemacht werden – meist

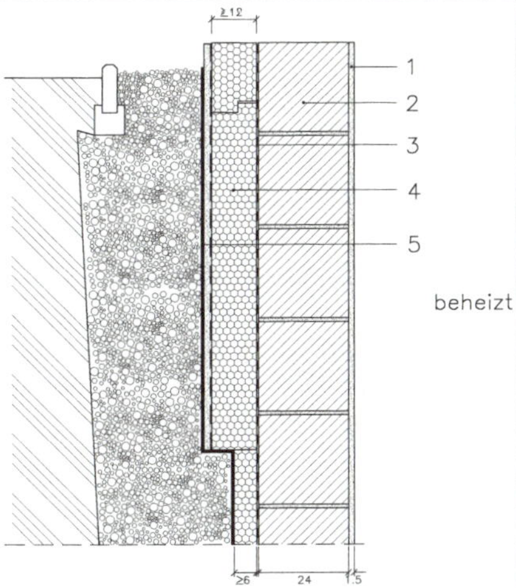

a) 1 Innenputz
2 Mauerwerk
3 Sperrschicht
4 Perimeterdämmung
5 Schutzschicht

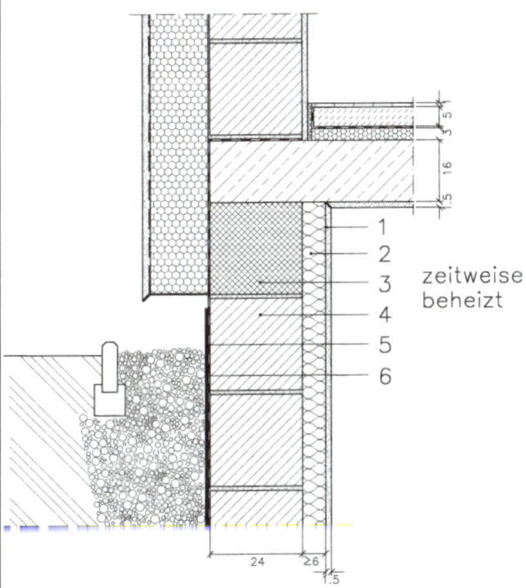

b) 1 Innenputz
2 Dämmschicht, feuchtebeständig, dampfbremsend,
3 dämmender Stein
4 Kalksandstein
5 Sperrschicht

Abb. 3-17: Dämmung von Kellerwänden

zu Lasten der Optimierung des Wärmeschutzes. Da aber gerade die Außenwand das quantitativ bedeutsamste Bauteil (größter Anteil an der Hüllfläche) ist, bedeutet ein Abweichen von der Grundregel (d_{eq} = 20 cm) an anderer Stelle mehrfach erhöhten Dämmaufwand. Am einfachsten und kostengünstigsten ist diese Anforderung durch verputzte Wärmedämmverbundsysteme (WDVS) und im Holzbau zu erfüllen.

Abb. 3-18a zeigt die platzsparendste Variante des Massivbaus: Eine **17,5er KS-Wand mit WDV-System.** Bei Verwendung von Polystyrol als Dämmstoff und Putzträger ist eine kostensparende einlagige Verarbeitung bis 20 cm am Markt verfügbar. Steinfaserplatten sind bis 15 cm Stärke erhältlich und erreichen wegen der besseren Wärmeleitgruppe (WLG 035) ein d_{eq} von 17 cm.

WDV-Systeme aus Kork-, Kalziumsilikat und Holzfaserdämmplatten sind ebenfalls möglich. Ab 100–120 mm Stärke müssen sie jedoch zweilagig verarbeitet werden. Deshalb sind sie eher für die Variante in Abb. 3-18b geeignet. Hierbei bringt ein 24er-**Hintermauerwerk aus porosierten Steinen** einen zusätzlichen Wärmeschutz, der 4 bis 6 cm Dämmung entspricht. Diese Variante ist zwar sicher nicht die kostengünstigste, sie ist jedoch ein Beispiel dafür, wie auch bei traditionellem Ziegelmauerwerk Niedrig-Energie-Standard erreichbar wird.

Abb. 3-18c zeigt ein zweischaliges **Mauerwerk mit Kerndämmung.** Hierbei liegt die Obergrenze für die Dämmdicke bei dem in Deutschland maximal zugelassenen Schalenabstand. Bei Einsatz von 035er Kerndämmstoffen ist jedoch auch hier ein k-Wert von 0,21 W/m^{2}K erreichbar.

Diese in Norddeutschland weit verbreitete Bauform ist i. d. R. die teuerste aller NEH-Wandtypen für den Wohnungsbau. Dies liegt jedoch nicht an den Dämmkosten, sondern am Preis für die Vormauerschalen. Da die hierfür eingesetzten Dämmstoffe sogar vergleichsweise billig sind, ist es auf jeden Fall ratsam, den kompletten Hohlraum zu dämmen. Die Kerndämmung gehört seit der Neufassung der DIN 1053 Anfang der 90er Jahre zu den allgemein anerkannten Regeln der Technik. Die bauphysikalische Feldforschung hat den eindeutigen Nachweis erbracht, daß vollgedämmte Zweischalenmauerwerke bei der Verwendung zugelassener, hydrophobierter Dämmstoffe kein erhöhtes Befeuchtungsrisiko gegenüber solchen mit Luftschicht aufweisen.

Bei **Dämmung hinter Vorhangfassaden** (vgl. Abb. 3-18d) sind drei Einsatzgebiete grundsätzlich zu unterscheiden:

- Hinterlüftete schwere Fassaden mit Bekleidungen aus dicken, großformatigen Steinplatten. Bei diesen eher als repräsentative Fassaden im Geschäftshausbau vorkommenden Konstruktionen enden die möglichen Dämmstärken bei etwa 10 cm. Der Gesamtwärmeschutz solcher Konstruktionen wird überdies durch die massiven Wärmebrücken der metallischen Verankerungen solcher Systeme stark geschwächt (vgl. [Tanner 1992]).
- Bei leichten Fassaden (Faserzementplatten, Holzschalung etc.) werden i. d. R. wärmebrückenarme Holztragkonstruktionen eingesetzt. Als Argument gegen Konstruktionen mit größerer Dicke wird oft der Aufwand der Kreuzlattung angeführt. Eine elegante Lösung dieses Problems stellen Systeme mit nur einer Traglattung (z. B. 6/8 cm) dar, die mit justierbaren

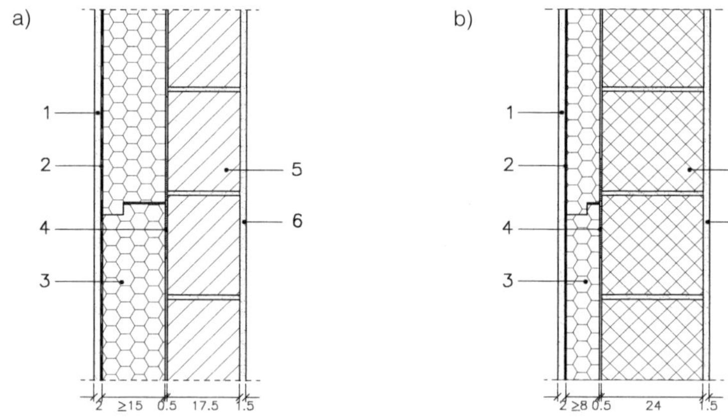

1 Strukturputz
2 Armierungsschicht mit Gewebe
3 Fassadendämmplatte (mit oder ohne Stufenholz)
4 Klebemasse
5 a) Kalksandstein, b) Porenziegel/Porenbeton
6 Innenputz

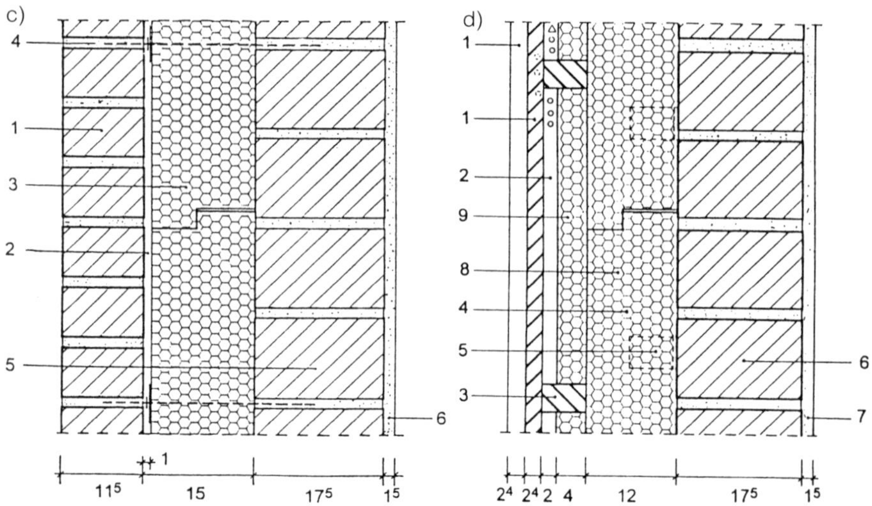

1 Sichtmauerwerk
2 Fingerspalt
3 Kerndämmplatte mit Stufenfalz
4 Drahtanker mit Klemmplatte und Abtropfscheibe
5 Hintermauerwerk
6 Innenputz

1 Vorhangfassade, z.B. Profilholzschalung
2 Belüftungsraum
3 Lattung
4 Grundprofile
5 Winkelbefestigung
6 Hintermauerwerk
7 Innenputz
8 Wärmedämmschicht, 1. Lage
9 Wärmedämmschicht, 2. Lage

Abb. 3-18: Dämmung von Außenwänden. Quelle c) u. d): [Pohl 1994]

Abstandsmontageschrauben befestigt wird. Dies verbessert die wirksame Dämmdicke und ermöglicht Dämmstärken von 20 und mehr cm.

- Eine Kombination aus WDVS und Vorhangfassade stellen Systeme mit vorgehängter Putzträgerplatte dar (z. B. Holzwolleleichtbauplatte o. ä., ohne Abb.). Da hierbei der Aufwand von u. U. zwei zusätzlichen Lattungen für die Hinterlüftung der Fassade entfällt, kann diese verputzte Lösung wesentlich kostengünstiger ausfallen.

Die größten Zugeständnisse an die Verbesserung des Wärmeschutzes von **Außenwänden** sind notwendig, wenn weiterhin **monolithisch** gebaut werden soll (Abb. 3-19). Zwar konnten durch die technische Entwicklung der letzten 20 Jahre (Porensteine, Dämmörtel, Dünnbettverklebung) die Wärmeleitzahlen von Mauerwerk auf Werte zwischen 0,12 und 0,16 W/mK gesenkt werden. Damit ist aber wohl die Grenze des technisch Machbaren erreicht. k-Werte

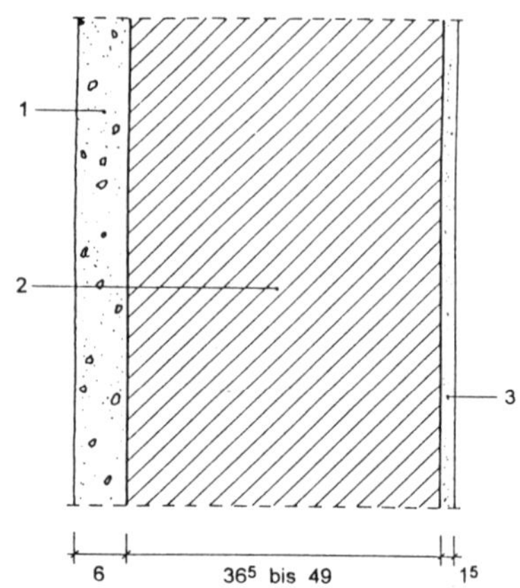

1 Wärmedämmputz
2 Hintermauerwerk
3 Innenputz

Abb. 3-19: Dämmung einer monolithischen Außenwand. Quelle: [Pohl 1994]

um 0,3 W/m²K erfordern schon Wandstärken zwischen 40 und 52 cm. Weitere Verbesserungen sind nur noch über Anbringen eines Dämmputzes möglich (vgl. Abb. 3-19). Da es ein Dämmputz von 6 cm Stärke nur auf eine äquivalente Dämmdicke von 3 cm bringt, sind der k-Wert-Senkung hierbei enge Grenzen gesetzt. Sehr vorteilhaft wirkt sich diese Zusatzmaßnahme allerdings bei der Beseitigung der typischen Wärmebrückenprobleme monolithischer Bauweisen aus (Ringanker, Zwischendeckenanschluß, Fensterstürze, Rolladenkästen usw.).

Die Abb. 3-20 zeigt zwei Lösungen aus dem Holzbau. Das Beispiel a) ist typisch für die klassische **Holzständer- oder Holzskelettbauweise.** Zur Erzielung von Niedrig-Energie-Qualität ist eine außenliegende zweite Dämmlage zwischen einer Querlattung angebracht. Hierbei werden die in dieser Bauweise oft recht hohen Holzanteile im Tragwerksbereich dämmend überdeckt. In gleicher Weise wirkt die äußere Abdeckung der Dämmebene mit einer Holzfaserplatte als „Unterfassade". Statt einer hinterlüfteten Vorhangfassade wird vielfach auch mit Putz auf Trägerplatte verkleidet, wie oben beschrieben.

Die in Abb. 3-20 b dargestellte Lösung entstammt der Entwicklung von NE-Bauweisen in Skandinavien. Das traditionelle Vollholz-Ständerwerk wurde ersetzt durch **Leichtbalkenträger.** Damit ist ein fast wärmebrückenfreier Aufbau möglich. Versuche, diese Konstruktionsweise auch in Deutschland zu etablieren (vgl. [EUZ 1992]), hatten mit vielerlei Schwierigkeiten zu kämpfen. Hohe Preise und schlechte Verfügbarkeit bei niedrigen Importstückzahlen gehören, seit weitere Anbieter der Holz-Stegträger aus Nordamerika und auch Deutschland auf dem Markt sind, inzwischen der Vergangenheit an. In Verbindung mit der Entwicklung der 2. Generation der sogenannten „Passivhäuser" könnte dieser Holzbautechnik der Durchbruch gelingen, weil bei den hierfür erforderlichen Dämmstärken von mehr als 25 cm echte Kostensenkungen möglich werden.

Querschnitte zu NE-Varianten der in Deutschland sehr verbreiteten Holzrahmen- und Holztafelbauweise sind in Abb. 3-22 (Abschnitt 3.9) dargestellt.

Dächer

Von der Dachdämmung wird bei der NEH-Planung oft mehr verlangt als ein mittlerer k-Wert von 0,2 W/m²K – sei es, weil Kompromisse bei Außenwänden kompensiert werden müssen, sei es, weil erhöhte Dämmstärken im Dach ohne Wohnflächenverluste realisierbar sind. Hierbei ist jedoch zu beachten, daß schon für das Erreichen des Dach-k-Werts nach WVO Bauteilverfahren i. d. R. Dämmstärken um die 20 cm in der Konstruktion unterzubringen sind. Damit sind alle vorhandenen Hohlräume zwischen Balken und Lattungen üblicher Stärke bereits gefüllt. In eine Wirtschaftlichkeitsbetrachtung zur weiteren Steigerung der Dämmdicken fließt damit zwangsläufig auch der zusätzliche Holzbedarf mit ein.

Für den oft geforderten NE-Dach-k-Wert von 0,15 W/m²K sind bei den vorherr-

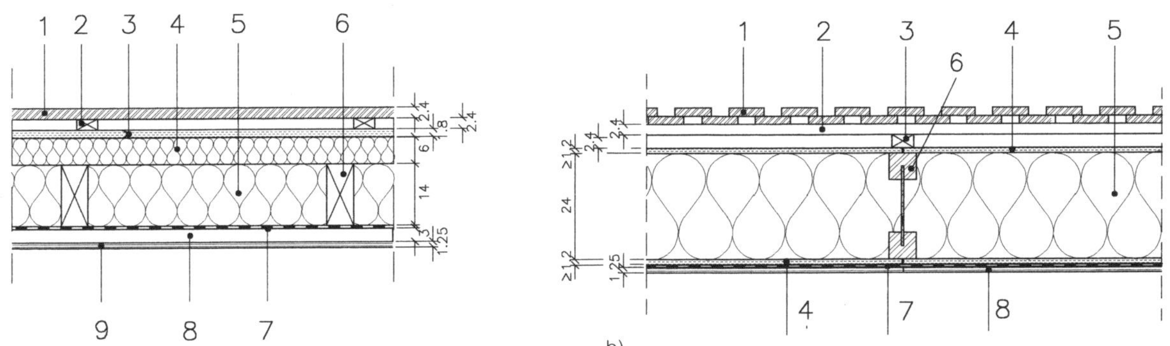

a)
1 Holzverschalung
2 Traglattung / Hinterlüftung
3 bitum. Holzfaserdämmplatte / Dämmschutzschicht
4 Dämmplatten zwischen Querlattung
5 Faserdämmstoff
6 Ständer
7 Luftdichtungsbahn
8 Traglattung / Installationsebene
9 Innenbekleidung

b)
1 Holzschalung
2 Traglattung
3 Grundlattung
4 aussteifende Beplankung
5 Faserdämmstoff
6 Leichtbauträger (z.B. Nordex, TGI, ...)
7 Luftdichtungsbahn / Dampfbremse
8 Raumseitige Bekleidung (nicht unterbrochen durch Installation)

Abb. 3-20: Dämmung von Holzbauteilen (Horizontalschnitt)

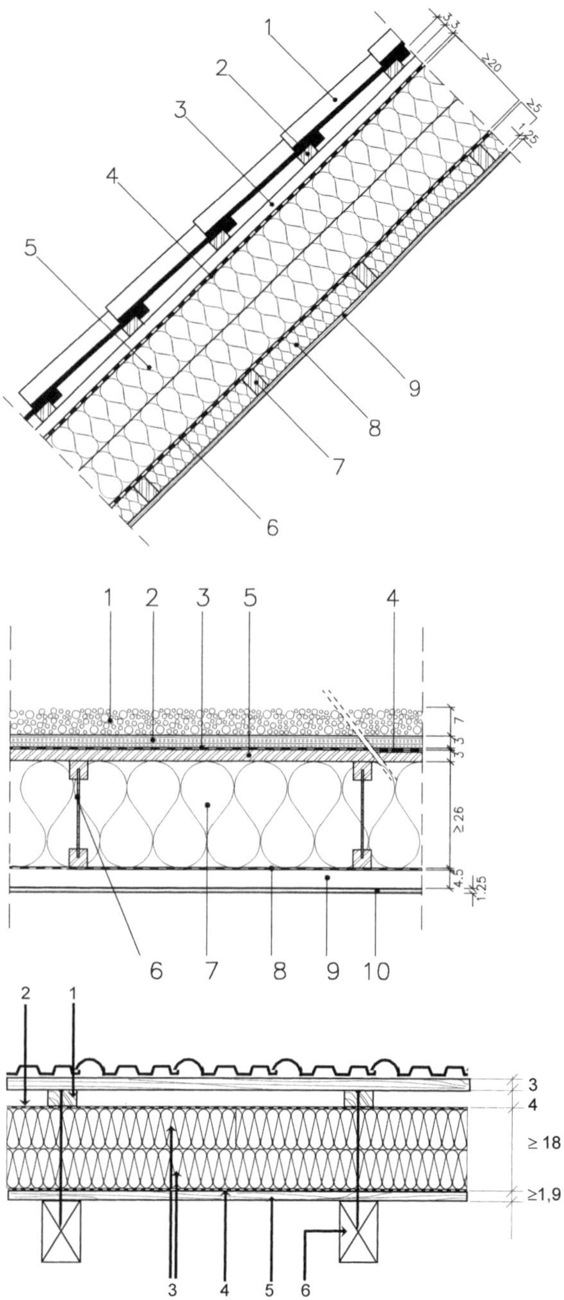

a)
1 Dachziegel
2 Dachlattung
3 Konterlattung
4 diffusionsoffene Unterspannbahn
5 Dämmwolle / Faserdämmstoff
6 Luftdichtungsbahn
7 Traglattung
8 Zweite Dämmlage / Installationsebene
9 Gipskartonplatten o.ä.

b)
1 Substrat für Gründach
2 Filtervlies
3 Wurzelschutzbahn
4 Trennlage
5 Spanplatte
6 Holz-Steg-Träger (z.B. Nordex, TGI, ...)
7 Vollsparrendämmung
8 Luftdichtungsbahn / Dampfbremse
9 Traglattung / Installationsebene
10 Gipskartonplatte o.ä.

c)
1 Konterlatte mit Sondernägeln lt. Statik
2 diffusionsoffene Unterspannbahn oder Unterdachplatte
3 druckfeste Dämmplatten
4 Schalungsbahn (luftdicht verlegt)
5 Sichtschalung
6 Sichtsparren

Abb. 3-21: Regelquerschnitte für die Dachdämmung

schenden Zwischensparrendämmungen je nach Konstruktionsweise und Dämmstoffwahl Dämmstärken von 27 bis 32 cm nötig. Dies ist am günstigsten erreichbar durch einen Dachstuhl mit schlanken, hohen Sparren (6/24 cm) plus einer Untersparrendämmung von 5 cm zwischen der Traglattung für die raumseitige Bekleidung (vgl. Abb. 3-21 a).

Die Probleme mit dem Holzverbrauch bei hohen Dämmstärken im Dach lassen sich durch den Einsatz der bereits erwähnten **Leichtbalkenträger** erledigen. Insbesondere bei Pultdächern können diese Trägersysteme ihren besonderen Vorteil einer hohen Tragfähigkeit kostensparend ausspielen (große Spannweiten auch bei hohen Dachlasten, wie beim Gründachaufbau in Abb. 3-21 b). Spätestens ab Dämmstärken oberhalb 30 cm sind Dachkonstruktionen mit Holz-Stegträgern kostengünstiger als solche aus Vollholzquerschnitten.

Praktisch wärmebrückenfrei läßt sich auch mit **Aufdach-Dämmungen** (vgl. Abb. 3-21 c) arbeiten. Es gibt mittlerweile eine große Zahl von Systemen am Markt, die ohne Blindsparren auskommen. Viele Hersteller haben Typenstatiken zur Abtragung der Dachlasten über die Befestigung der Konterlattung mit Sondernägeln oder -schrauben. Obwohl eine große Zahl von Anbietern Schaumkunststoffe mit WLG 035 und 030 verwendet, endet das Angebot meist bei äquivalenten Dämmdicken von nur 16 cm (vgl. [Halama 1994]). Dies ist ausreichend zur Erfüllung der WVO '95. Wenn aber k = 0,15 W/m^{2}K gefordert ist, kommt man auch hierbei nicht um eine zweilagige Verarbeitung herum; überdies werden meist individuelle statische Berechnungen erforderlich.

Große Probleme produziert das Gros der Anbieter in puncto Wind- und Luftdichtigkeit. Nur Systeme, die als Voraussetzung eine Luftdichtungsbahn auf der Dachschalung fordern, können eine dauerhafte Lösung bieten (vgl. Kap. 5.6). Aber auch hierbei hapert es fast immer bei der Suche nach problembewußten Detaillösungen für die Herstellung der Anschlüsse im Bereich Ortgang, Traufe, Dachflächenfenster, Durchdringungen usw.

3.9 Niedrigenergie-Konstruktionen im Holzrahmenbau

Betrachtet man die Gesamtheit der ausgeführten deutschen NEH-Projekte seit Ende der achtziger Jahre, so fällt auf, daß sich hierunter eine ungewöhnlich große Zahl von Holzbauten befindet. Dafür gibt es einige einleuchtende Gründe:

Platzsparender und wärmebrückenfreier Einbau der Dämmung

Die für Niedrig-Energie-Wände erforderlichen Dämmdicken von mindestens 15 cm führen im Massivbau zu Wandstärken von fast 40 cm (z. B. Kalksandsteinwand mit WDV-System) bis über 50 cm (zweischaliges Ziegelmauerwerk mit Kerndämmung). Im Gegensatz dazu kann bei Holzbauweisen der Dämmstoff innerhalb üblicher Tragwerksstrukturen untergebracht werden. Im Holzbau sind k-Werte von 0,2 W/m^{2}K schon ab Wandstärken von 25 cm realisierbar. Dies führt bereits in kleinen, zweigeschossigen Gebäuden zu einem Wohnflächengewinn von 10 bis 15 m^2! D. h. auf der gleichen überbauten Fläche läßt sich im Holzbau zusätzliche Wohnfläche für ein ganzes Zimmer schaffen.

Die Konstruktionswerkstoffe im Holzbau weisen schlimmstenfalls eine Wärmeleitfähigkeit (λ_{Holz} = 0,13 W/mK) wie die bestmöglichen porosierten Mauerwerksbaustoffe auf. Daher sind Wärmebrückeneffekte mit vergleichbar drastischen Auswirkungen wie im Massivbau im reinen Holzbau unbekannt.

Ein weiteres Merkmal von Holzbauweisen ist, daß die Fenster in der Regel

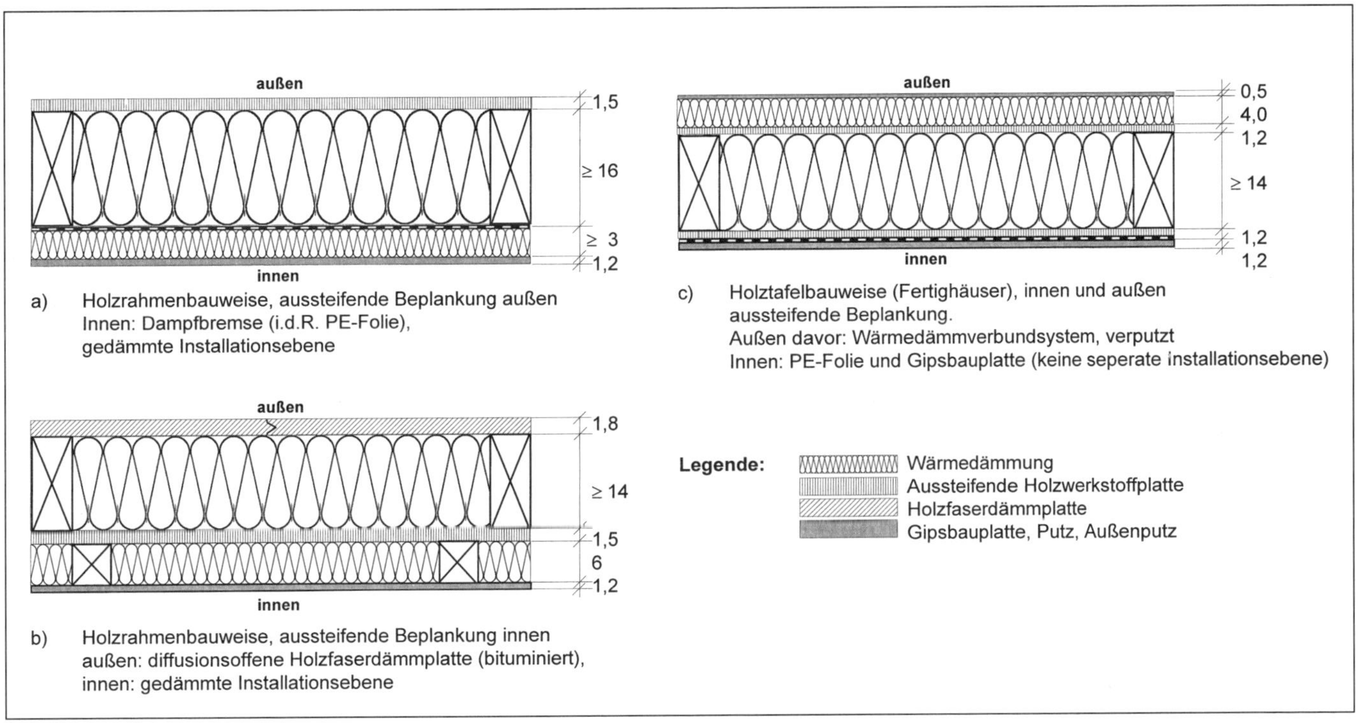

a) Holzrahmenbauweise, aussteifende Beplankung außen Innen: Dampfbremse (i.d.R. PE-Folie), gedämmte Installationsebene

b) Holzrahmenbauweise, aussteifende Beplankung innen außen: diffusionsoffene Holzfaserdämmplatte (bituminiert), innen: gedämmte Installationsebene

c) Holztafelbauweise (Fertighäuser), innen und außen aussteifende Beplankung. Außen davor: Wärmedämmverbundsystem, verputzt Innen: PE-Folie und Gipsbauplatte (keine seperate Installationsebene)

Abb. 3-22: Regelquerschnitte für Holzrahmenbau-Wände mit Niedrigenergie-Dämmstandard relativ weit vorne im Konstruktionsquerschnitt angeordnet werden können. In dieser Position entsteht eine geringe Wärmebrückenwirkung und gleichzeitig führt dies zu einem Maximum an Lichteinfall und damit passiver Solarnutzung.

Umweltschonende Bauweise

Ein zusätzlicher Schub für die Renaissance des Holzbaus läßt sich auch aus der Tatsache ableiten, daß für die meisten Bauherren die Entscheidung für den NE-Standard vor allem eine Entscheidung für umweltverträgliche Bauweisen ist. In dieser Hinsicht hat Holz einen hohen Sympathiewert. Als nachwachsender Rohstoff mit einer nahezu ausgeglichenen CO_2-Bilanz kommt Holz (und auch die meisten Holzwerkstoffe) den Klimaschutzbemühungen entgegen. Dies drückt sich auch aus in einem geringem Energieaufwand für die Herstellung und Verarbeitung von Holzbaukonstruktionen.

Zur positiveren Bewertung von Holzbauweisen bei umweltbewußten Bauherren hat sicher auch beigetragen, daß das überflüssigste „Selbsttor“ in der Nachkriegsentwicklung des Holzbaus, der massive Einsatz der „chemischen Keule“ beim Holzschutz, inzwischen „ausgeglichen“ ist. Aufgrund des neuen Teil 2 zur Holzschutznorm [DIN 68 800] ist chemischer Holzschutz bei Tragwerk und Lattungen nicht mehr erforderlich, wenn außenseitig diffusionsoffen und innenseitig luftdicht gebaut wird.

Querschnitte für NE-Holzbauwände: Zweischaligkeit als Regelkonstruktion

Ausgehend von den seit Mitte der achtziger Jahre vorherrschenden Holzbauweisen (Holzrahmenbau, Holztafelbau z. B. Fertighäuser) waren jedoch einige Veränderungen erforderlich, um sie für den Einsatz als NEH-Wandkonstruktion zu qualifizieren (s. Abb. 3-22 a bis c).

- Erhöhung der Dämmstärke von zuvor üblichen 10 bis 12 cm auf 20 bis 24 cm, um mittlere k-Werte von ca. 0,2 W/m^2K zu erreichen.
- Übergang zur Zweischaligkeit, d. h. Aufteilung der Dämmschichten in eine Lage (14 bis 18 cm) zwischen den Tragwerksbalken und eine innen- oder außenseitig davor (4 bis 6 cm).

Die zweite Maßnahme dient in allen Fällen der Reduzierung der Wärmebrückenwirkung durch die Vollholzanteile in der Tragwerksebene. Am effektivsten geschieht dies bei einer *außenseitigen* Anordnung der zweiten Dämmlage als verputztes Wärmedämmverbundsystem. Konsequent angewendet hinterläßt diese im Fertighausbau übliche Konstruktionsweise keine Stelle in der Wandfläche mit durchgehendem Vollholzquerschnitt.

Bei *innenseitiger* Anordnung der zweiten Dämmlage (Var. a u. b) kann dieser Bereich eine weitere wichtige Funktion übernehmen: Wenn sinnvollerweise die Luftdichtungs- und Dampfbremsschicht direkt auf der Innenseite des Tragwerks angeordnet wird, so steht der Bereich der inneren Dämmlage auch als Installationsebene zur Verfügung. Durchbrüche in der raumseitigen Bekleidung (Steckdosen, Einbauleuchten, Kabel- und Rohrdurchführungen etc.) führen dann nicht mehr zu Problemen bei der Dichtheit der Gebäudehülle.

Grundsätzlich gilt auch für Holzbauweisen, daß der Teufel im Detail steckt. Bei wenig optimierten Holztragwerken kann es zu einem sehr hohen Anteil von Vollholzquerschnitten in der Gebäudehülle kommen. Holzanteile bis zu 20 % im Dach sowie 30 % und mehr in der Wand sind keine Seltenheit (vgl. [Borsch-Laaks 1993c]). Will man die dadurch bedingten erhöhten Wärmeverluste kompensieren, so bedeutet dies, daß die einzusetzenden Dämmdicken um 4 bis 8 cm (!) höher ausfallen müssen (näheres zur diesbezüglichen Optimierung in Kap 4.4).

Die Erfahrungen aus Messungen zur Luftdichtheit von Niedrigenergiehäusern zeigen, daß die Streubreite der Meßwerte bei Holzbauweisen besonders groß ist. Während problembewußt optimierte Systeme ohne Schwierigkeiten auch die Zielwerte für mechanisch belüftete Wohnhäuser ($n_{50} < 1\ h^{-1}$) unterschreiten, schaffen die meisten anderen noch nicht einmal die beim Dreifachen liegenden Grenzwerte für Gebäude mit Fensterlüftung. Um eine vergleichbare Leckagefreiheit zu erzielen, wie sie bei verputztem Mauerwerksgeschossen i. d. R. selbstverständlich ist, muß für Holzbauten ein system- oder sogar objektspezifisches Luftdichtungskonzept geplant und umgesetzt werden (Näheres hierzu s. Kap. 5.9).

4. Begrenzung von Wärmebrücken

4.1 Wirkungen und Risiken von Wärmebrücken

Als **Wärmebrücke** bezeichnet man einen örtlich begrenzten Bereich, in dem der Wärmeverlust höher ist als in der ausgedehnten, ungestörten Fläche des Bauteils. Die bauphysikalischen Auswirkungen von Wärmebrücken zeigt Abb. 4-1 am Beispiel eines Geschoßdeckenanschlusses. Im linken Bildteil ist erkennbar, daß in einem Bereich, der etwa viermal breiter ist als die einbindende Stahlbetondecke, eine drastische Erhöhung des Wärmestroms durch die Außenoberfläche eintritt. Die bauübliche Mindestmaßnahme (Kopfdämmung mit Mehrschicht-Leichtbauplatte) kann dies nicht verhindern, sondern nur die Spitze kappen und das Maximum des Verlustes in den Wandbereich neben der Dämmplatte verschieben.

Rechts im Bild sind die Ebenen gleicher Temperatur (Isothermen) im Bauteilquerschnitt dargestellt. Die Deformation des Linienverlaufs im Bereich der Decke erzeugt ein Bild, das an das Vordringen einer Kaltfront auf der Wetterkarte erinnert. Auch wenn dieses Bild physikalisch nicht ganz exakt ist (es strömt keine Kälte ins Bauteil, sondern Wärme fließt verstärkt nach außen), so hilft es doch beim Verständnis der feuchtetechnischen Risiken. Kaltfronten führen zur Kondensation des Wasserdampfs in der Luft. Es entstehen Wolken, es kann regnen. Kalte Oberflächen im Raum können zur Kondensation von Raumluftfeuchtigkeit führen. Deshalb richtet sich das Hauptaugenmerk beim Anblick von Isothermen-Karten stets auf Stellen, an denen Linien niedriger Temperatur auf die *Innen*oberfläche treffen.

Eine andere Grundform von Wärmebrücken findet sich an den Ecken und Kanten eines Hauses (vgl. Abb. 4-2). Hier hat der erhöhte Wärmestrom eine geometrische Ursache, die vergrößerte Außenoberfläche („Kühlrippeneffekt“). Bei der ungedämmten Variante (linker Bildteil) sinkt die innere Oberflächentemperatur von etwa 15 °C im ungestörten Bereich der ebenen Wand auf knapp 8 °C an der Innenkante. In der gedämmten Variante (rechter Bildteil) liegt die Temperatur in der Fläche etwa 4 °C höher, fast bei Raumtemperatur. Im Kantenbereich wird die Wand sogar 9 °C (!) wärmer als in der ungedämmten Variante. Erst ab einer relativen Raumluftfeuchtigkeit von über 80 % könnte an dieser Kante Tauwasser ausfallen.

An den geometrischen Wärmebrücken löst also die allgemeine Verbesserung des Wärmeschutzes der Hülle quasi nebenbei das Problem von Tauwasser und Schimmelbildung mit all seinen Gefahren für Bausubstanz und Gesundheit der Bewohner. Will man in dieser Frage auf der sicheren Seite liegen, d. h. auch vorbeugen gegen ungünstige Randbedingungen im Nutzerverhalten (hohe innere Feuchtequellen, eingeschränkte Heizung, falsches Lüftungsverhalten), dann können folgende Erfahrungswerte als Orientierung dienen:

Die Oberflächentemperaturen an linienförmigen Wärmebrücken sollten bei Normklima (20 °C/ –10 °C) nicht unter 14 –15 °C fallen. Dies bedeutet, daß Raumluftfeuchten von 75 % noch nicht zur Unterschreitung der jeweiligen Taupunkttemperatur führen.

Diese Empfehlung berücksichtigt auch zwei weitere Erkenntnisse der bauphysikalischen Forschung: Beim Zusammentreffen verschiedener Wärmebrückenlinien (z. B. in Raumecken) kann die Oberflächentemperatur gegenüber der Kante nochmals bis zu 2–3 °C absinken. Des weiteren kann Schimmelpilzwachstum schon beginnen, wenn die Porenluftfeuchte in oberflächenna-

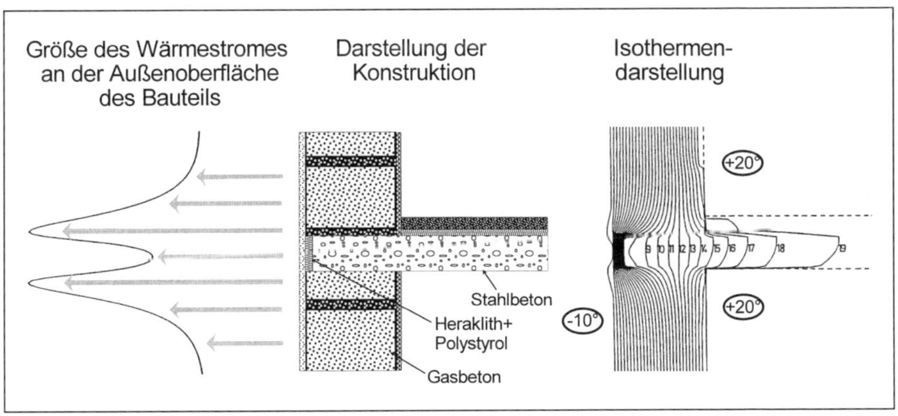

Abb. 4-1: Einbindende Stahlbeton-Wohnungsdecke

hen Schichten (Tapeten, Putze etc.) über eine entsprechende Dauer etwa 75–80 % des jeweiligen temperaturbedingten Sättigungswertes beträgt.

Wie Tab. 4-1 zeigt, wird die obige Forderung für die Außenkante dann erfüllt, wenn die Massivwand mit 6 bis 8 cm durchschnittlichem Dämmstoff versehen wird. Für die konstruktiven Wärmebrücken, bei denen wie in Abb. 4-1 Konstruktionsbestandteile mit hoher Leitfähigkeit von innen nach außen durchstoßen, hängt der Aufwand zur Tauwasservermeidung stark von der Qualität der benachbarten Bauteilschichten ab, d.h. von ihrer Dämm-

Tab. 4-1: Oberflächentemperaturen an Außenwandkante in Abhängigkeit von der Dämmdicke

Wärmedämmverbundsystem m. Dämmdicke:	*k-Wert Wand [W/m²K]*	*Minimaltemperatur Kante [°C]*
1,5 cm	*0,96*	*10,2*
3,0 cm	*0,71*	*12,2*
6,0 cm	*0,46*	*14,3*
9,0 cm	*0,34*	*15,5*
12,0 cm	*0,27*	*16,3*
15,0 cm	*0,23*	*16,8*
21,0 cm	*0,17*	*17,5*
20,0 cm	*0,12*	*18,1*
45,0 cm	*0,08*	*18,6*

fähigkeit und Dicke. Als Grundregel kann hier gelten:

Wenn das durchdrungene Bauteil eine hohe Eigendämmung aufweist (λ < 0,21 W/mK), dann reicht eine Kopfdämmung am einbindenden Bauteil mit 2–3 cm starken Dämmplatten feuchtetechnisch gesehen in der Regel aus.

Im Zweifelsfall und bei komplexeren Situationen (z.B. Sockelpunkt, Ortganganschluß, Fensteranschluß, Innendämmung von Außenwänden) sollten Wärmebrückenkataloge (z.B. [Hauser/Stiegel 1990]) zu Rate gezogen oder objektspezifische Analysen mit Hilfe der mittlerweile PC-fähigen Wärmebrückenprogramme vorgenommen werden.

Grundsätzlich bleibt festzuhalten, daß auch heute schon durch die Anforderungen der neuen Wärmeschutzverordnung und bei Beachtung des Standes der Technik Schimmelschäden bei Neubauten nicht mehr vorkommen dürften. Verbliebene Unklarheiten und Probleme mit der Sammlung und Umsetzung des aktuellen technischen Wissens gibt es

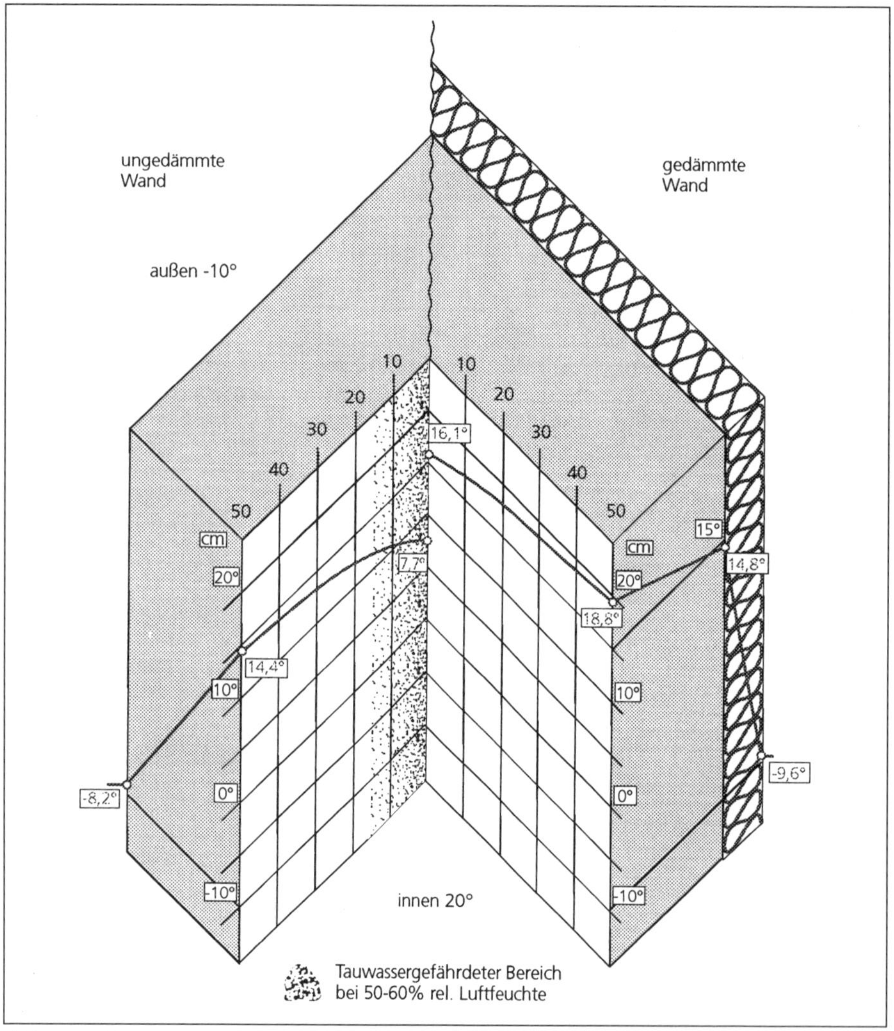

Abb. 4-2: Temperaturverlauf im Innern und auf der Oberfläche einer Massivhauswand-Ecke Randbedingungen: 30 cm Mauerwerk (λ = 0,70 W/mK), 10 cm Dämmung (λ = 0,04 W/mK), $\alpha_{i\ Ecke}$ = 5 W/m²K, $\alpha_{i\ Wand}$ = 8 W/m²K. Quelle: [isofloc]

in der Massivbaupraxis jedoch nach wie vor. Abhilfe soll hier ein neuer Anhang zur DIN 4108 schaffen, der z. Zt. im Normenausschuß Bau vor der Endberatung steht. Neben allgemeinen Planungsempfehlungen sollen Ausführungsdetails dargestellt werden für alle wichtigen Anschlußpunkte bei monolithischer sowie außengedämmter Bauweise und bei Kerndämmung, Sandwich- und Leichtbaukonstruktionen (vgl. [Ackermann 1996]).

Die „härtere" Anforderung an die Begrenzung von Wärmebrückeneffekten kommt in aller Regel aus ihren *wärmetechnischen* Folgen. Insbesondere für Niedrig-Energie-Häuser sind weitergehende Maßnahmen zur Verminderung erhöhter Wärmeströme an Störstellen erforderlich. Insofern können die Planungsregeln und Konstruktionsempfehlungen, die im folgenden aus diesem Blickwinkel entwickelt werden, im Sinne der Verhütung von Feuchteschäden als besonders sicher und solide angesehen werden.

4.2 Wärmebrückenverluste – wieviel macht das aus?

Die zuvor getroffene Unterscheidung zwischen geometrischen und konstruktiven Wärmebrücken gewinnt bei der Betrachtung der energetischen Seite des Problems eine besondere Bedeutung.

Geometrische Wärmebrücken

Erhöhte Wärmeverluste an den Gebäudekanten lassen sich grundsätzlich nicht vermeiden. Doch ihre absolute wie auch ihre relative Bedeutung sinkt mit steigendem Wärmeschutz in der Fläche. Das Gleiche gilt für die unvermeidlichen Anschlüsse von Zwischendecken und Innenwänden an die Außenwand sowie die Dachanschlüsse

Infobox 4-1: Wärmebrücken-Verlustkoeffizient (k*)

*Liegt eine **linienförmige** Wärmebrücke vor (z. B. der Anschluß zwischen Außenwand und Kellerdecke), so ist der lineare Wärmebrücken-Verlustkoeffizient (k*) definiert als die Differenz zwischen dem gesamten Wärmestrom in dem Bereich, auf den sich die Wärmebrücke auswirkt, und dem „ungestörten" Wärmestrom, der einfach auf der Basis der k-Werte ermittelt wurde. Diese Änderung des Wärmestroms wird auf die längenmäßige Ausdehnung der Wärmebrückenlinie bezogen, d. h. k* erhält die Einheit [W/mK].*

*Dort, wo zwei oder mehrere Wärmebrückenlinien zusammentreffen, entstehen zusätzliche lokale Veränderungen des Wärmestroms. Zur Ermittlung dieser **punktförmigen** Wärmebrücken wird der Gesamtwärmeverlust um die bereits ermittelten linearen Wärmebrückeneffekte reduziert. Man erhält den punktbezogenen Wärmebrücken-Verlustkoeffizienten (k^*_p). Auch einzelne räumlich begrenzte Wärmebrückeneffekte, z. B. Verankerungen, die die Dämmung durchstoßen, werden als k^*_p-Werte angegeben. Besondere Beachtung verdienen die punktförmigen Wärmebrücken, wenn es um die Tauwasserverhütung geht, da hier meist die tiefsten inneren Oberflächentemperaturen auftreten. Wird das feuchtetechnisch Notwendige getan, so sind die punktförmigen Wärmebrücken von so geringer Bedeutung, daß sie bei Wärmebilanzberechnungen vernachlässigt werden können.*

Umrechnung von Innen- und Außenmaßbezug

Für das Arbeiten mit Wärmebrückenkoeffizienten ist zu bedenken, daß diese in den publizierten Wärmebrückenkatalogen ([SIA 1985], [Mainka/Paschen 1986], [Heindl/Panzhauser 1987], [Hauser/Stiegel 1990 und 1992]) immer auf Innenflächen bezogen werden. Für die Verwendung in den stationären Verfahren zur Ermittlung der Heizwärmebilanz müssen deshalb die Tabellenwerte auf Außenmaßbezug umgerechnet werden. Dies ist aber recht einfach: Es muß lediglich vom k^*_{innen}-Wert der Wärmeverlust über die beim Innenmaßbezug „vergessenen" Flächen abgezogen werden. Dies erläutert die untenstehende Abbildung. Es gilt hierfür:

$$k^*_{außen} = k^*_{innen} - d_{Decke} * k_{Wand} - d_{Wand} * k_{Decke} * 0{,}5$$

Zu beachten ist der Faktor 0,5, der im Umrechnungsfeld berücksichtigt, daß die Temperaturdifferenz an der Kellerdecke halb so groß ist wie gegenüber der Außenluft.

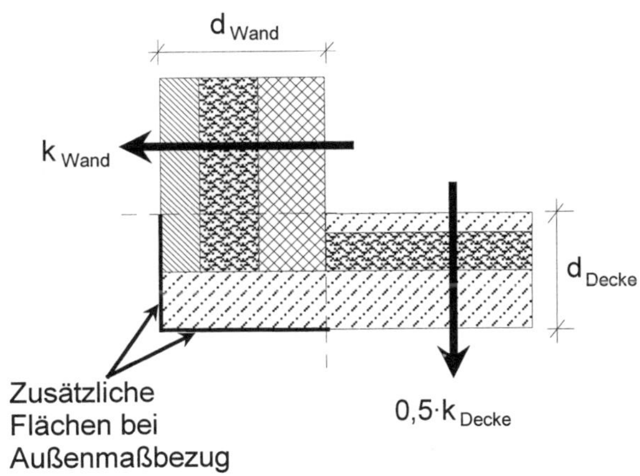

an Traufe, Ortgang usw., sofern die Dämmhülle an diesen Stellen nicht unterbrochen oder wesentlich geschwächt wird. Wird dies beachtet (vgl. Anschlußregel in Kap. 4.3), kann bei der Berechnung der Wärmebilanz auf eine detaillierte Ermittlung der Wärmebrückeneffekte verzichtet werden.

Alle in der Praxis gängigen Wärmebilanz-Verfahren bestimmen die Transmissionswärmeverluste unter Verwendung der Gebäudeaußenmaße. Gegenüber dem physikalisch exakten Ansatz (raumweise Erfassung der Innenoberflächen plus explizite Berechnung aller Wärmebrücken) liegt die Vereinfachung durch den Außenmaßbezug stets auf der „sicheren Seite", d. h. die geometrischen Wärmebrücken werden von dieser Kalkulationsweise eher etwas überschätzt. Andererseits sind die Unterschiede so gering, daß es sich lediglich bei genauen dynamischen Simulationsrechnungen lohnt, diese Art Wärmebrücken eigens zu berücksichtigen. Gegenüber der Verwendung von Innenmaßen ergibt der Außenmaßbezug je nach Gebäudeform und -größe eine Erhöhung der berechneten Transmissionsverluste um immerhin 10 bis 20 %.

Konstruktive Wärmebrücken

Bei konstruktiven Wärmebrücken sind die Verhältnisse nicht ganz so einfach. Die in Abb. 4-3 und 4-4 dargestellten Anschlußdetails sind typische Beispiele hierfür. Wenn massive Baustoffschichten die dämmende Hülle durchdringen, so reicht der Außenmaßbezug zu rechnerischen Kompensation der erhöhten Verluste nicht mehr hin. Die bauphysikalische Größe, mit der die linienförmigen Wärmebrückeneffekte quantifiziert werden können, ist der „Wärmebrücken-Verlust-Koeffizient (k*)". Seine übliche Darstellungsform als Wärmestrom (in Watt) pro lfd. m Länge und Grad Temperaturdifferenz erlaubt es, k* bei der Ermittlung des Wärmebedarfs analog zum k-Wert der Fläche zu verwenden. Durch Multiplikation von k* mit der längenmäßigen Ausdehnung der Wärmebrücke, in [m], und der Heizgradstundenzahl, 84 [kKh/a], ergibt sich deren Jahreswärmeverlust, in [kWh/a] (s. auch Kap. 11).

Da die Wärmebrücken-Koeffizienten in der Literatur und auch bei Berechnung am Computer üblicherweise *innenmaßbezogen* (k^*_i) angegeben werden, ist für die Verwendung bei vereinfachten Wärmebilanzverfahren eine Umrechnung auf Außenmaßbezug erforderlich (k^*_a), sonst werden die Effekte u. U. erheblich überschätzt (s. Infobox 4-1). Bei optimierten Konstruktionsdetails kann es vorkommen, daß (k^*_a) negative Werte annimmt. Dies heißt nicht, daß nun der Wärmebrückeneffekt beseitigt ist, sondern ist ein Zeichen dafür, daß die zuvor erläuterte Wärmebrückenkorrektur durch Außenmaßbezug den realen Effekt überkompensiert.

Ziel der Optimierung von wärmebrückenrelevanten Anschlußdetails sollte es sein, k^*_a-Werte um 0,00 +/– 0,05 W/mK zu erreichen. Dies macht nicht nur die Energiebilanz-Berechnung einfacher, sondern kann auch für die meisten Fälle als das Optimum gelten, das mit bautechnisch und wirtschaftlich vertretbarem Aufwand erreichbar ist.

Anhand von publizierten Daten aus dem „Wärmebrücken-Atlas für den Mauerwerksbau" von Hauser/Stiegel soll an zwei der häufigsten Wärmebrückentypen verdeutlicht werden, wie groß die Bedeutung von „vergessenen" Wärmebrücken für die Energiebilanz eines Hauses ist. Abb. 4-3 zeigt den Anschluß einer massiven Innenwand an die Dachschräge in der heute immer noch vorherrschenden, durchstoßenden Ausführung. Innenmaßbezogen ergibt sich an jeder der beiden Kanten ein zusätzlicher Wärmestrom von 0,16 bis 0,34 W/mK, je nach Dicke der Wand. Es ist so, als ob im Bereich der jeweiligen Wandstärke ein k-Wert von nur 1,7 bis 2,2 W/m²K herrscht. Oder außenmaßbezogen ausgedrückt: Eine einzige,

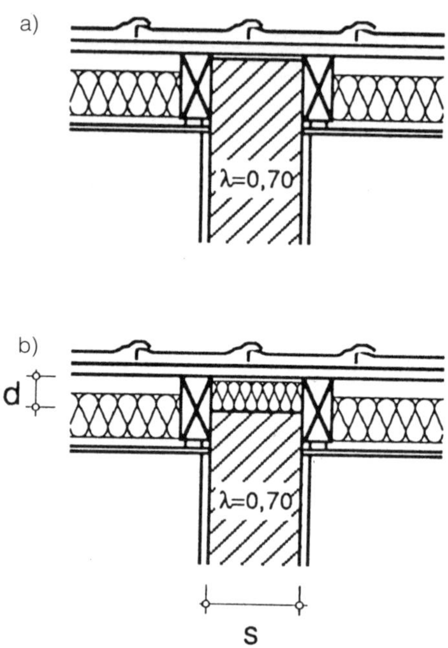

Dicke Mauerwerk Trennwand	k^*_{innen}-Wert [W/mK] Kopfdämmung	
	ohne	d = 10 cm
11,5 cm	0,32	0,12
24,0 cm	0,52	0,18
36,5 cm	0,68	0,22

Abb. 4-3: Wärmebrückenverlust bei Anschluß Innenwand an Dach. Quelle: [Hauser/Stiegel 1990]

durchstoßende Gebäudetrennwand (2*17,5 cm) führt zu einem zusätzlichen Wärmeverlust, der einer Verbreiterung der Dachfläche um 3 m entspricht! In der Praxis kann das Ergebnis durchaus noch um 30 bis 50 % schlechter ausfallen, wenn man bedenkt, daß die angesetzte Wärmeleitfähigkeit des Mauerwerks (λ = 0,7 W/mK) gerade für den Bereich der Wandköpfe eher optimistisch ist. In der Praxis besteht der größte Teil der Mauerkrone aus Mörtel und Beton mit 2 bis 3 mal höherer Leitfähigkeit.

Die Lösung in Abb. 4-3b, eine Kopfdämmung von 10 cm Stärke auf der Mauerkrone, kann als Standardlösung für alle derartigen Wärmebrücken angesehen werden. Hierdurch verringert sich (außenmaßbezogen) der Wärmebrückenzuschlag um etwa 70 %. Eine Hochrechnung auf eine typische Reihenhauszeile (4 Häuser mit je 7 m Breite) zeigt, daß die verbleibenden k^*_a-Werte zwischen 0,11 und 0,16 W/mK immer noch einen Fehler bis zu 15 % in der Bilanzrechnung verursachen können. Erst dann, wenn die Höhe der Kopfdämmung (annähernd) die Sparrenstärke erreicht, kann man ruhigen Gewissens auf eine gesonderte Ermittlung der Wärmebrückenverluste verzichten. Eine derartige Lösung ist in Abb. 4-7 am Beispiel der vergleichbaren Situation „Ortgang" dargestellt.

Noch etwas komplexer stellt sich die Situation beim Sockelpunkt dar, d. h. beim Übergang Kellerdecke/Außenwand. Die in Abb. 4-4a dargestellte gängige Lösung mit 8 cm Außendämmung der Wand und ober- wie unterseitiger Dämmung der Kellerdecke (4 + 4cm) führt zu einem k^*_a-Wert von 0,46 W/mK. Es ist so, als ob ein Gebäude, das umlaufend eine solche Sockelausbildung aufweist, bei der Bestimmung des Transmissionsverlustes mit einer 50 % größeren Höhe

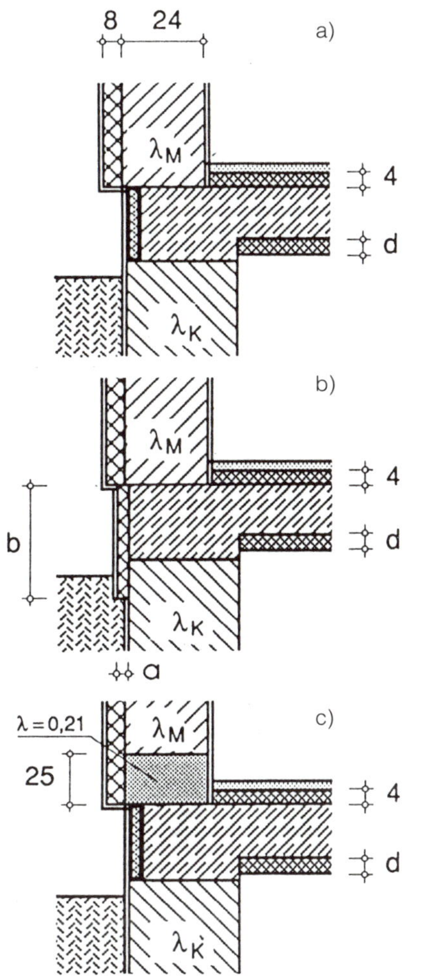

Variante	k^*_a-Wert [W/mK]
a) konv. Stirnflächendämmung m. HWL 35-50/3	0,56
b) Perimeterdämmung a = 4 cm, b = 50 cm	0,29
c) Porenbetonstein plus HWL 35-50/3	0,23

Abb. 4-4: Wärmebrücken am Sockelpunkt ($\lambda_{M,K}$ = 0,99 W/mK, d = 4 cm). Quelle: [Hauser/Stiegel 1990]

des Erdgeschosses berechnet wird. Würde man die gleichen Detailfehler bei doppelten Dämmstärken in der Fläche (Niedrigenergiestandard) machen, so wären die relativen Auswirkungen noch 20 bis 30 % stärker.

Ein weiterer Vergleich mag die quantitative Bedeutung der Wärmebrücken an der Kellerdecke erläutern. Nimmt man zu denen am Sockel noch die vergleichbaren Probleme an den Fußpunkten der EG-Innenwände hinzu (k^*_a = 0,34 W/mK bei 17,5 cm Mauerwerk), so wird der Wärmeverlust zum Keller eines Einfamilienhaus gegenüber der „trivialen" Rechnung (k_K*A_K*42 kKh/a) um etwa 70 % (!) erhöht. Es ist so, als ob von einer eingebauten Dämmdicke von z. B. 8 cm nur 4 cm wirksam sind. Eine Steigerung der Dämmdicke in der Fläche ändert daran wenig, solange die Wärmebrückenprobleme nicht gelöst werden. Die häufig empfohlenen Lösungen (50 cm Perimeterdämmung oder unterste Steinlage aus Porenbeton, Abb. 4-4 b/c) bringen am Sockelpunkt jede für sich zwar eine Senkung der Wärmebrückenverluste um etwa 50 %, doch erst durch Kombination beider Maßnahmen können k^*_a-Werte in der Nähe von Null erzielt werden (vgl. Abb. 4-6).

Wenn Sockelanschlüsse in der vereinfachten Energiebilanzierung vernachlässigt werden sollen, so ist neben diesen Konstruktionsanforderungen außerdem ein Fehler in der Definition des Außenmaßbezug in der WVO zu vermeiden. Hiernach beginnt die Berechnung der Gebäudehöhe erst ab der *Ober*kante der Kellerdecke (WVO, Anlage 1, Ziffer 1.1) und nicht, wie es richtig wäre, ab *Unter*kante der Rohdecke bzw. einer eventuellen unterseitigen Dämmschicht. Wird diese Ungenauigkeit des WVO-Rechenverfahrens nicht vermieden, ist es so, als ob das Gebäude um etwa einen halben Meter niedriger berechnet wird als wärmetechnisch richtig wäre.

4.3 Prinzipien zur Vermeidung und Reduzierung von Wärmebrücken

Die Optimierung von Anschlußdetails für Passivhäuser und Niedrigenergiehäuser führt zu folgenden Regeln, die eine weitgehende Verringerung der Wärmebrückenwirkung versprechen [Feist 1993a].

Übergeordnete Grundregel

Wenn möglich, sollten Details, die zu Wärmebrücken führen, ganz vermieden werden. Idealfall: Die dämmende Hülle umgibt das Gebäude vollkommen lückenlos geschlossen und in fortlaufend gleicher Dicke. Es verbleiben dann nur geometrisch bedingte Wärmebrücken an Kanten (oder nichtebenen Bauteilen).

Diese Grundregel kann i.a. nicht konsequent durchgehalten werden: immer sind Anschlüsse zwischen verschiedenen Bauteilen herzustellen (z.B. Fenster in der Fassade). An allen Stellen, an denen die Grundregel ohne unangemessenen Aufwand eingehalten werden kann, weist sie jedoch den Weg zu geringstmöglichen Wärmebrückenauswirkungen. Beispiele:

- Verzicht auf auskragende Bauteile (Balkonplatten, Attika, Schotten, durchbetonierte Außentreppen, Austritte und Terrassen); Ersatz durch außen getrennt aufgestellte Bauelemente (s. Abb. 4-5 rechts).
- Verzicht auf Wärmedämmverfahren, die Haltekonstruktionen verlangen, welche die Dämmung durchstoßen und dabei nennenswerte Wärmebrücken verursachen.

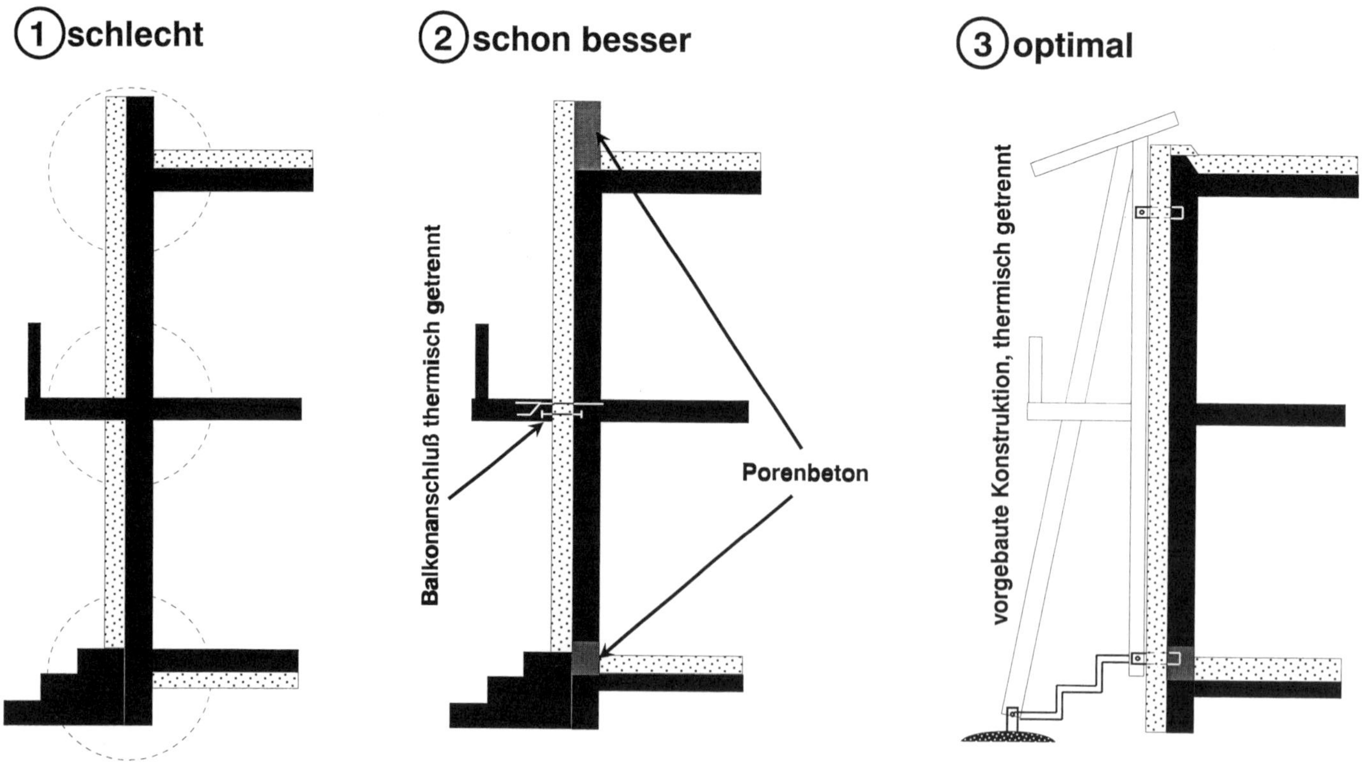

Abb. 4-5: Regeln zur Vermeidung von Wärmebrücken im Massivbau

Durchstoßungsregel

Bauteile aus Materialien mit Wärmeleitfähigkeit größer als 0,3 W/(mK) sollten die thermische Hülle an keiner Stelle mit Querschnitten über 0,06 m^2 (= 25 * 25 cm) vollständig durchstoßen. Die Gesamtfläche solcher Durchstoßungen darf 4 % der Hüllfläche nicht überschreiten. Bauteile aus Materialien mit Wärmeleitfähigkeit größer als 1,0 W/(mK) sollten die thermische Hülle nirgendwo vollständig durchstoßen. Zulässige Ausnahme: Einzelne, wenige Verbindungen mit Querschnitten unter 10 mm^2 z. B. für Schrauben, Dübel und Anker. Bei Abweichungen von diesen Regeln sollten im Einzelfall Wärmebrückenberechnungen durchgeführt werden.

Wenn eine Durchstoßung nicht vermieden werden kann, so sollte versucht werden, die Wärmebrückenwirkung in der Reihenfolge der folgenden Punkte zu verringern:

- Versuche, das durchstoßende Bauteil in der Dämmschicht an geeigneter Stelle thermisch aufzutrennen (gedämmte Kraganker {z. B. „isocorb"}, gedämmte Auflager, s. Abb. 4-5 Mitte).
- Versuche, innerhalb der Dämmschicht mit Materialien mit möglichst geringer Wärmeleitfähigkeit zu arbeiten (z. B. Porenbeton, Porenziegel, Holz o. ä.) und den Querschnitt der Durchstoßung klein zu halten (Abb. 4-5 rechts).
- Wenn die vorausgehenden Punkte noch zu keinem befriedigenden Ergebnis führen, läßt sich ein durchstoßendes Bauteil auch zusätzlich über eine gewisse Entfernung über die Dämmschicht hinaus dämmen (Flankendämmung). Dies muß dann von allen Seiten und in genügender

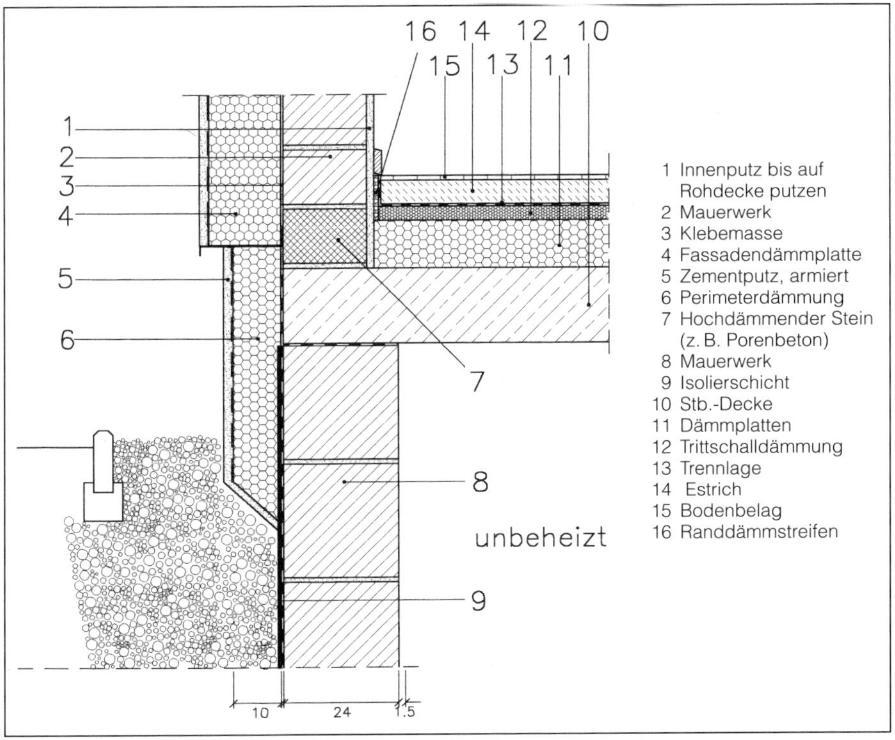

Abb. 4-6: Wärmebrückenarme Lösung am Sockelpunkt

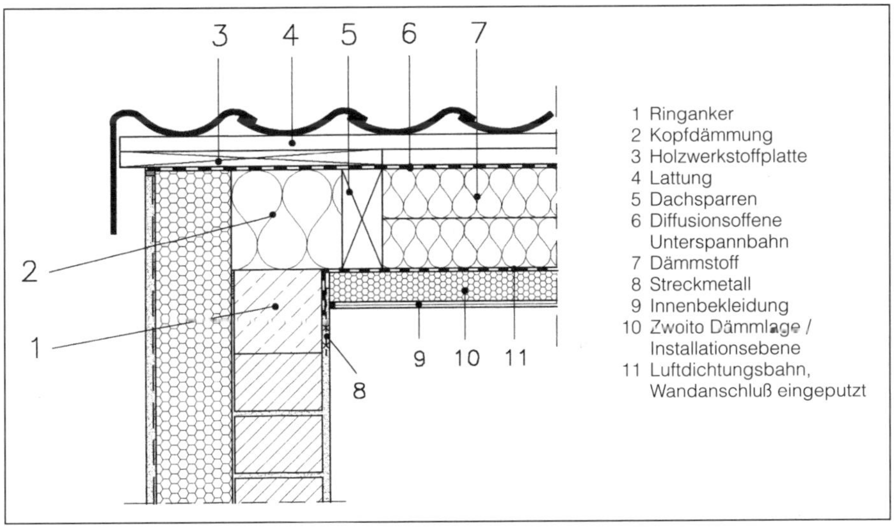

Abb. 4-7: Wärmebrückenfreie Lösung am Ortgang

Länge erfolgen. Dieser Notbehelf ist i. a. weniger wirkungsvoll als die zuerst genannten Möglichkeiten.

Beispiele:

Aus statischen Gründen durchstößt aufsteigendes Mauerwerk (Kellerwände, Fundamente, Außenwände und Innenwände) notwendig die Dämmstofflage der Geschoßdecke unter dem ersten beheizten Geschoß. Die dadurch bedingte konstruktive Wärmebrücke kann aber durch den Einsatz von Baustoffen mit höherer Materialdämmung (Porenbetonsteine, Porenziegel,... mit (λ<0,3 W/(mK)) erheblich reduziert werden (vgl. das Beispiel in Abb. 4-4 c und 4-6).

Vergleichbar sind folgende Situationen: Anschluß einer Außentreppe an beheizte Zonen, Anschluß einer Kellertreppe, auskragende Bauteile – hier sollte jedoch jeweils zunächst geprüft werden, ob nicht eine vollständige thermische Trennung erreicht werden kann (=> **Grundregel**).

Anschlußregel

An Anschlüssen müssen die Dämmstofflagen der aneinanderstoßenden Bauteile lückenlos ineinander übergehen. Die äquivalente Dämmdicke (orthogonal zur Oberfläche der Hülle gemessen) sollte an keiner Stelle einen geeigneten Grenzwert unterschreiten (beim Niedrigenergiehaus ca. 6 cm).

Anschauliche Interpretation: Zeichnet man die Bauteilanschlüsse im Maßstab der äquivalenten Dämmdicke, so sollte man die thermische Hülle mit einem Marker dieser Breite vollständig durchfahren können. Dies bedeutet u. a.:

- Die Dämmstofflagen aneinandergrenzender Bauteile müssen an den Anschlüssen lückenlos ineinander übergehen (Beispiel: Außenwanddämmung an Dachdämmung, s. Abb. 4-7).

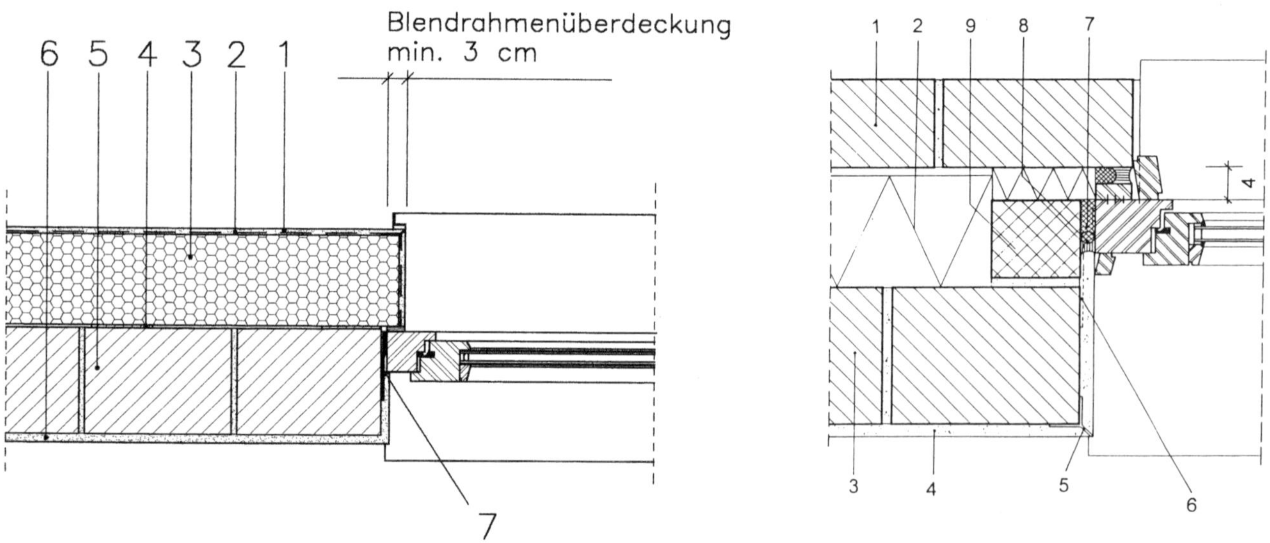

a)
1 Strukturputz
2 Armierungsschicht
3 Fassadendämmplatte
4 Klebemasse
5 Mauerwerk
6 Innenputz
7 Luftdichter Anschluß

b)
1 Sichtmauerwerk
2 Kerndämmplatte
3 Mauerwerk
4 Innenputz
5 Putzprofil
6 gekröpftes Lochblech
7 Dichtungsband
8 Luftdichtung
9 hochdämmendes Element

Abb. 4-8: Lösungen für wärmebrückenarme Fensteranschlüsse bei a) WDV-System und b) zweischaligem Mauerwerk. Quellen: a) [IWU 1996], b) [Pohl/Horschler 1995]

- Wenn an Anschlüssen unterschiedlich starke Dämmstofflagen aneinanderstoßen, so sollten die Mittellinien dieser Lagen ineinander übergehen (Beispiel: ein Außenfenster wird optimal im Zentrum der Außenwanddämmung eingebaut; s. Abb. 4-8b).

  Ist dies nicht möglich, so sollte der Versatz möglichst klein sein. D. h. Fenster und Außentüren sollten zumindest außenbündig mit dem Hintermauerwerk angeschlagen werden. So ist es möglich, mit überlappenden Dämmlagen zu arbeiten (s. Abb. 4-8a).

Geometrieregel

Geometrische Wärmebrücken, die durch die Abweichung der Gebäudehülle von der idealen Ebene entstehen, sind dann geringer, wenn

- im Fall von Kanten die Winkel, unter denen die kantenbildenden Teile der Hüllfläche zusammenstoßen, möglichst stumpf sind. Winkel kleiner als 90° sollten vermieden werden, häufig können sogar Winkel größer als 90° erreicht werden;
- im Fall von gekrümmten Hüllflächen alle (lokalen) Krümmungsradien so groß wie unter den gegebenen Randbedingungen möglich sind.

Wendet man diese Regel puristisch an, so führt sie bei gegebenem zu umbauenden Volumen zur Kugel als Hüllfläche: Die Kugel führt also nicht nur zum kleinsten Oberflächen- zu Volumenverhältnis, sondern auch zur geringstmöglichen geometrischen Wärmebrückenauswirkung.

4.4 Wärmebrücken im Holzbau

Auch für den Holzbau gilt, daß die Reduzierung der Wärmebrückeneffekte zu den Optimierungsaufgaben ersten Ranges gehört. Die gute Nachricht hierzu vorweg: Probleme wie sie der Massivbau mit hoch leitfähigen, konstruktiven Durchdringungen der Dämmhülle hat, kommen in Holzbauweisen praktisch nicht vor. Selbst dann, wenn die „massivsten" Bestandteile von Leichtbau-Konstruktionen, Vollholz und Holzwerkstoffplatten, die Dämmschicht durch-

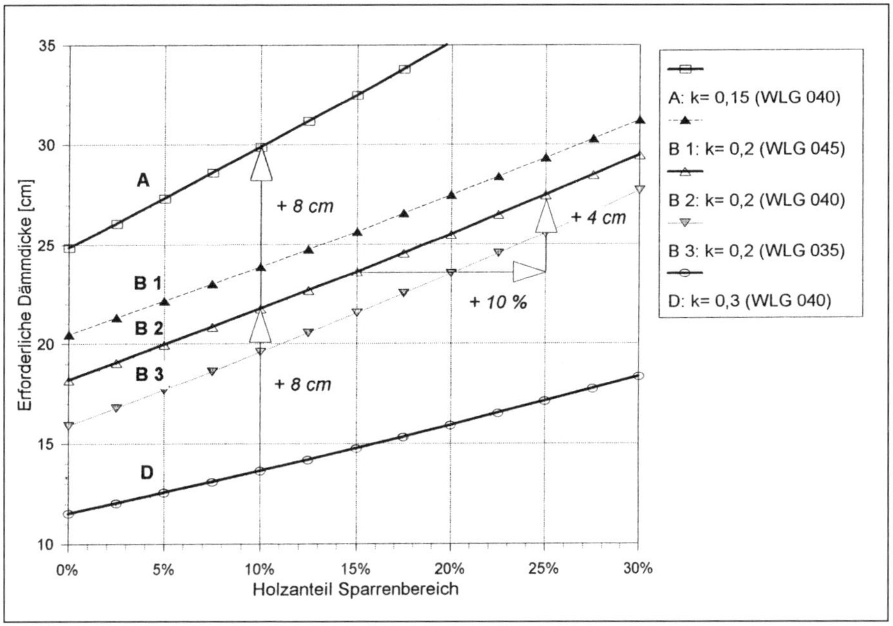

Typische Holzteile in der Tragwerksebene

	Breite Sparren / Ständer				
Achsmaß	6 cm	8 cm	10 cm	12 cm	14 cm
60 cm	10 %	13 %	17 %	20 %	23 %
70 cm	9 %	11 %	14 %	17 %	20 %
80 cm	8 %	10 %	13 %	15 %	18 %
90 cm	7 %	9 %	11 %	13 %	16 %
100 cm	6 %	8 %	10 %	12 %	14 %

Zusätzliche, nicht im Raster liegende Holzanteile:

Dach:	Auswechslungen, Rand-, Kehl- und Gratsparren, Gauben	2–10 %
Wand:	Auswechslungen, Extrständer f. Innenwandanschlüsse, Elementstöße usw., Schwellen und Rähm	5–20 %
Decke:	Auswechslungen, Randbalken, Innenwandanschlüsse	2–5 %

Abb. 4-9: Erforderliche Dämmdicke bei Zwischensparrendämmung in Abhängigkeit vom Holzanteil. Quelle: [Borsch-Laaks 1997]

stoßen, ist deren Eigendämmung groß genug, um Oberflächentauwasser sicher auszuschließen.

Das wesentliche wärmetechnische Problem im Holzbau sind nicht einzelne starke Wärmebrücken, sondern eine Vielzahl von Flächen mit reduziertem Wärmeschutz dort, wo Tragwerksbestandteile die Dämmung durchdringen oder zumindest schwächen.

Falsch gerechnet – falsch gebaut

Bei der Berechnung des Wärmeschutzes von Holzbauteilen herrscht die weitverbreitete Unsitte vor, nur den k-Wert im Gefachbereich zu ermitteln und damit in die Energiebilanzrechnung einzusteigen. Bei einem einschaligen Aufbau erreicht der k-Wert dort, wo die Sparren oder Ständer liegen, fast den dreifachen Wert im Vergleich zum danebenliegenden vollgedämmten Gefachbereich. Für eine korrekte Ermittlung der k-Werte von Bauteilen, bei denen unterschiedliche Schichtfolgen im Konstruktionsquerschnitt *nebeneinander* liegen, fordert die DIN 4108 (Teil 5, Abschnitt 5.2.) eine *getrennte k-Wert-Ermittlung* für alle unterschiedlichen Querschnitte (s. auch Infobox 3-2). Daraus muß dann ein über die jeweiligen Flächenanteile gewichtetes Mittel, der k_m -Wert, gebildet werden.

Die oft vielschichtigen Aufbauten in Leichtbauteilen und die Option zu mehrlagigen Konstruktionen mit zusätzlicher Über- oder Untersparrendämmung machen die Ermittlung des k_m-Werts recht kompliziert. Die „Gretchenfrage", wie dick die Dämmschicht sein muß, um einen bestimmten k-Wert für das Gesamtbauteil zu erzielen, erscheint nur über heftigen Taschenrechnereinsatz oder durch Computerprogramme lösbar.

Abb. 4-9 zeigt das Ergebnis einer Vielzahl solcher differenzierter Berechnungen für verschiedene Ziel-k-Werte zwischen 0,3 und 0,15 W/m^{2}K. Bei einer üblichen Zwischensparrendämmung führt schon die Berücksichtigung eines Holzanteils von nur 10 % der Bauteilfläche dazu, daß als Dicke eines Standarddämmstoffs (WLG 040) 22 cm erforderlich werden, um einen k_m-Wert von 0,2 zu erreichen. Würde man den Wärmebrückeneffekt vernachlässigen und nur durch die Mitte des Gefachs rechnen, so käme ein wesentlich günstigeres, aber nicht normgerechtes Ergebnis (18 cm) zustande.

Bei höheren Wärmeschutzanforderungen nimmt der Einfluß der Wärmebrücke „Holzanteil" überproportional zu, so daß bei einem Ziel-k-Wert von 0,15 je 10 % Holzanteil schon fast 6 cm Mehrdämmung zur Kompensation der Wärmebrückenwirkung erforderlich sind.

Zweilagige Dämmung – besser, aber auch nicht ohne

Selbst dann, wenn die „Wärmebrücke" Sparren durch eine innenliegende Dämmschicht abgemildert wird, ergeben sich noch erhebliche Fehler in der k-Wert-Berechnung, wenn die Bereiche mit erhöhtem Wärmeabfluß unterschlagen werden. Eine Sparrenvolldämmung mit einer Gesamtdämmdicke von 20 cm (WLG 035) ergibt für den Gefachbereich einen hervorragenden Dämmwert unter 0,17 W/m^{2}K (s. Abb. 4.10). Bezieht man den innengedämmten Sparrenbereich mit 15 % Flächenanteil in die Rechnung mit ein, so ergibt sich ein fast 20 % höherer Wärmedurchgang (k = 0,20 W/m^{2}K).

Berücksichtigt man weiterhin, daß die innere Dämmlage zwischen einer horizontalen Lattung (e = 33,5 cm) liegt, die ihrerseits zur Schwächung der Dämmschicht beiträgt, so fällt das Ergebnis sogar 25 % schlechter aus (k = 0,21 W/m^{2}K). Anders ausgedrückt: Wer die Beispielkonstruktion nur über den Gefach-k-Wert berechnet, der ermittelt einen theoretischen Wärmeschutz, der bei normgerechter Berechnung erst mit einer etwa 5 cm dickeren Dämmung (25 cm statt 20 cm!) erreichbar wird.

Bei zweilagigen Dämmungen im *Wand*bereich kann ein analoger Vergleich etwas günstiger ausfallen. Dies gilt aber

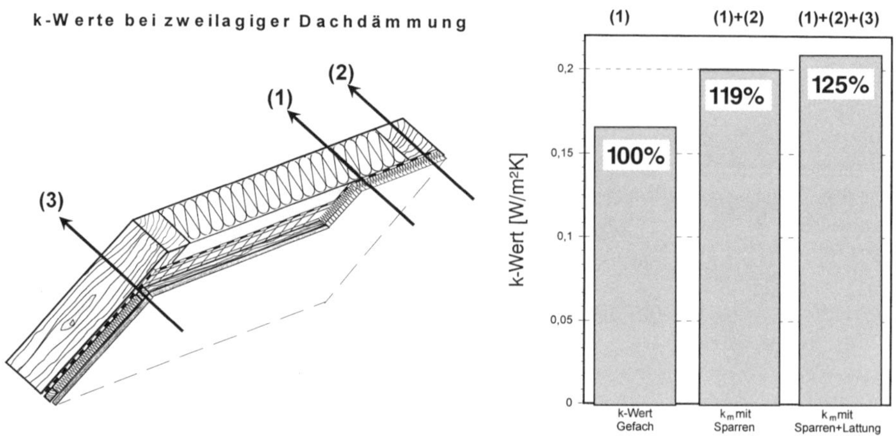

Abb. 4-10: k-Werte von zweilagiger Dachdämmung bei „trivialer" und normgerechter Berechnung

nur, solange man ausschließlich die im Raster stehenden Ständer berücksichtigt (Ständerbreite = 6 cm, Rastermaß = 62,5 cm, entspr. einem Holzanteil in der Tragwerksebene von knapp 10 %). Erfahrungsgemäß kommt jedoch bei den üblichen Holzrahmen- und Holzständerbauweisen eine Vielzahl zusätzlicher Holzanteile hinzu, z. B. Extraständer und Auswechselungen für Fenster und Außentüren, Innenwandanschlüsse, Elementstöße etc. sowie Schwellen und Rähme. Untersuchungen zu verschiedenen Holzbausystemen machen deutlich, daß die Berücksichtigung dieser oft „vergessenen" Holzanteile sehr schnell zu einer Verdoppelung bis Verdreifachung der zu berücksichtigenden Fläche mit reduziertem Dämmwert führen kann (vgl. z. B. [Borsch-Laaks 1994]).

Verringerung der Holzanteile – der Schlüssel zur energetischen Optimierung

In dem Standardwerk zum Holzrahmenbau (HRB-Katalog des BDZ) wird auch noch in der Neuauflage von 1992 versucht, Architekten, die gewöhnt sind, in Massivbauweise denkend zu entwerfen, mit folgender Empfehlung den Holzbau schmackhaft zu machen: „Grundsätzlich kann der Grundriß maßlich, unabhängig vom Raster, beliebig gestaltet werden... Bei Grundrißöffnungen, die eine Stütze im Raster nicht ermöglichen, werden einfach am Rande der Öffnung zusätzliche Randstützen angeordnet." [BDZ 1992]

Sicher, dies ist alles möglich, genauso wie auch zusätzliche (Doppel)Ständer zum Anschluß von Innenwänden, für die Elementstöße, die Außen- und Innenecken etc. zur gängigen Praxis bei wenig optimierten Holzbauweisen gehören (vgl. die Wandabwicklung in

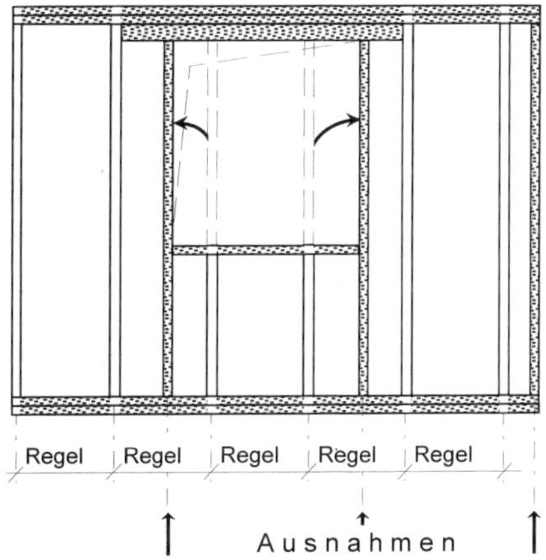

Nur die senkrechten, im Raster stehenden Holzanteile werden üblicherweise bei k-Wertberechnungen erfaßt. Die Vernachlässigung der punktiert hervorgehobenen Holzanteile (senkrechte "Ausnahmen" und waagerechte Rähme und Schwellen) kann zu erheblichen Fehleinschätzungen des realen Wärmeschutzes führen.

Abb. 4-11: „Vergessene" Holzbauteile in der Holzbauwand

Abb. 4-11) – ganz zu schweigen von den dicken „Paketen" aus Mehrfachschwellen, Rähmen und Stürzen, die Details des Zwischendeckenanschlusses bei vielen publizierten Holzbauprojekten „auszeichnen". Man kann dies alles machen, aber der Weg zu einer wirtschaftlichen und wärmetechnischen Verbesserung moderner Holzbauweisen geht in eine andere Richtung.

Der Schlüssel zur Optimierung bei der Entwurfsgestaltung liegt in einer konsequenten „Planung im Raster". Die Berücksichtigung des Rastermaßes bei den Gebäudeumrissen, eventuellen Sprüngen in der Fassade, bei Fenstern und Türen, bei Innenwandanschlüssen usw. erspart eine Vielzahl von Extraständern (vgl. Abb. 4-12a). Das in Abb. 4-12b dargestellte Beispiel geht noch einige Schritte weiter:

- Anschluß der Zwischendecke ohne Querbalken (Balloonframing);
- Beschränkung auf ein bis zwei Schwellen und ein Rähm über die gesamte Höhe eines Gebäudes mit bis zu zwei Geschossen;
- Vergrößerung des Rastermaßes von 62,5 auf 81,5 cm; Dadurch wird es nebenbei auch möglich Einfeld-Fenster in angenehmen Proportionen zu realisieren;
- Die Anordnung der aussteifenden Beplankung auf der Innenseite des Tragwerks ermöglicht auch Innenwände außerhalb des Rasters, ohne zusätzliche Stützen für ihren Anschluß an die Außenwand.

Bei derartiger Optimierung lassen sich Holzbauwände realisieren, die mit nur 15 % Vollholzanteil in der Tragwerksebene alle statischen Anforderungen der deutschen Holztafelbaunorm [DIN 1052] erfüllen. Sind die Wärmebrückenflächen soweit reduziert, kann sogar mit einschaligem Wandaufbau ein Wärmeschutz realisiert werden, an den suboptimale Systeme selbst durch den Aufwand der Zweischaligkeit oft nicht herankommen.

In aller Regel werden jedoch auch die Häuser nach Abb. 4-12 b mit einer gedämmten Innenschale (6 cm) gebaut. Zusätzlich wird eine vollflächige, äußere Abdämmung durch eine Beplankung mit Holzfaserdämmplatten (2 cm) erzielt (Konstruktionsquerschnitt in Kap. 5.9. Abb. 5-18). Der mittlere k-Wert, der hierdurch bei 20 cm Dämmdicke erreicht wird, kann bei weniger optimalen zweischaligen Konstruktionen erst bei 20 bis 30 % höheren Dämmstärken erreicht werden (vgl. [Borsch-Laaks 1994]).

Ökologie und Ökonomie: Endlich mal kein Gegensatz

Eine drastische Reduzierung der Wärmebrückeneffekte durch die Holzbestandteile des Konstruktionsquerschnitts ist eine lösbare Aufgabe, weil in diesem Falle Ökologie und Ökonomie das Gleiche fordern. Holzsparende Bauweisen tragen nicht nur durch verbesserten Wärmeschutz zu einer Senkung der Heizkosten bei, sondern sie führen auch zu einer Reduzierung der Baukosten:

- Die Verringerung des Holzverbrauchs senkt unmittelbar die Baumaterialkosten.
- Eingesparte Holzanteile brauchen nicht abgebunden und verzimmert zu werden (Senkung der Lohnkosten).
- Klare, einfache Rasterplanung führt zu einfacherer, schnellerer und sicherer Ausführung der Dämmaßnahmen (die kleinen „Frickelfelder" fallen weg).
- Geringere Holzanteile senken den Dämmstoffverbrauch und vergrößern bei gleichbleibendem Wärmeschutz die bewohnbare Fläche.

Damit stellt diese Art der Optimierung des Wärmeschutzes einen jener Fälle dar, in denen Energieeinsparung und Baukostensenkung gleichzeitig zu realisieren sind (vgl. auch Kap. 13.3).

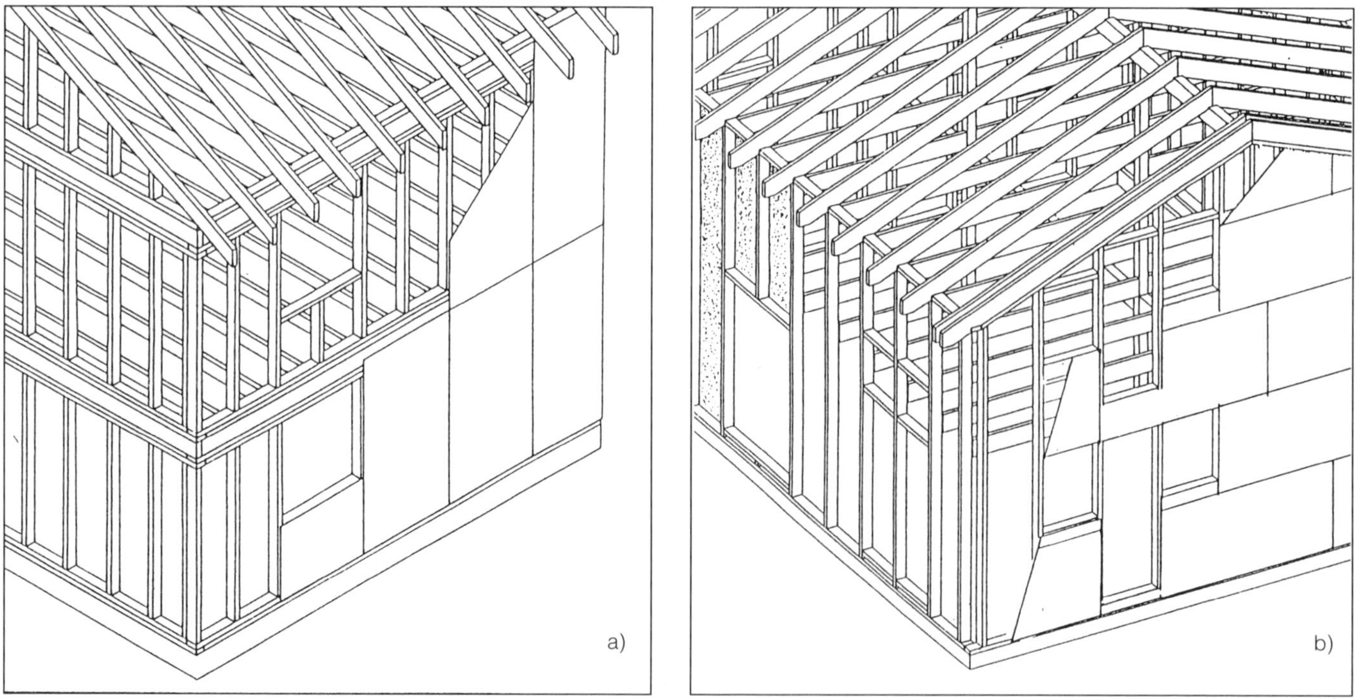

Abb. 4-12: Zwei bessere Beispiele = planerische Senkung von Holzanteilen in der Hülle. Quellen: a) [Brucker 1995], b) nach [Borsch-Laaks/ Pohlmann 1995]

5. Luftdichtheit der Gebäudehülle

5.1 Sechs gute Argumente

Zugluft und Kaltluftsee

Das kennt jeder: Wenn der „Wind auf dem Haus steht", zieht es spürbar durch undichte Fenster und andere Fugen und Ritzen. Schon ab einer Geschwindigkeit von 0,2 m/s werden Luftbewegungen im Raum als unangenehm empfunden. Insbesondere auf der windzugewandten Seite (Luv) ist thermische Behaglichkeit bei undichten Häusern nur in großem Abstand zu den Leckageorten zu spüren.

Daß warme Luft nach oben steigt, weil sie spezifisch leichter ist als kalte, gehört auch zum Allgemeinwissen. Weniger bekannt ist, daß das Temperaturgefälle zwischen innen und außen zu unterschiedlichen Druckverhältnissen an der Gebäudehülle führt. Abb. 5-1 zeigt, daß im oberen Teil des Gebäudes Überdruck herrscht, was bedeutet, daß warme Luft durch Leckagen nach außen strömt. Die Antriebskraft für Kaltluftströmungen von außen nach innen ist am tiefsten Punkt des Gebäudes am größten.

Als eine Zuglufterscheinung, die wie bei Winddruck spürbar wird, treten Luftbewegungen infolge von Thermik allerdings erst auf, wenn mehrere ungünstige Faktoren zusammenkommen: Große Temperaturdifferenz, Luftverbund über mehrere Geschosse und große Höhendifferenz zwischen „neutraler Zone" und Lage der Leckage.

Die oft beklagte *„Fußkälte" von Erdgeschoßräumen* kann vielfach mit der Entstehung eines „Kaltluftsees" erklärt werden, der von Undichtigkeiten im Bereich der Kellerdecken gespeist wird. Zuläufe zu diesem See kommen in allen Bauweisen vor: Undichte Haus-, Terrassen- und Kellertüren, Fehlstellen im Anschluß des Innenputzes an die Rohdecke, fehlende Luftdichtung unter der Schwelle von Holzbauten, Installationsdurchbrüche in den Keller etc. Dieses Raumklimaproblem kann auch durch verstärktes Heizen nicht befriedigend gelöst werden.

... damit die Dämmung wirklich dämmt

Daß der Luftzug durch Fugen zu begrenzen ist, um unnötige Wärmeverluste zu vermeiden, ist in bezug auf die *Schließfugen von Fenstern und Türen* seit langem bauaufsichtlich eingeführt. Wärmetransport durch sonstige Leckagen bedarf einer verstärkten Beachtung.

Eine Untersuchung der schwedischen Materialprüfungs- und Forschungsanstalt in Borås stellte bereits 1977 fest: Befindet sich in einem Quadratmeter

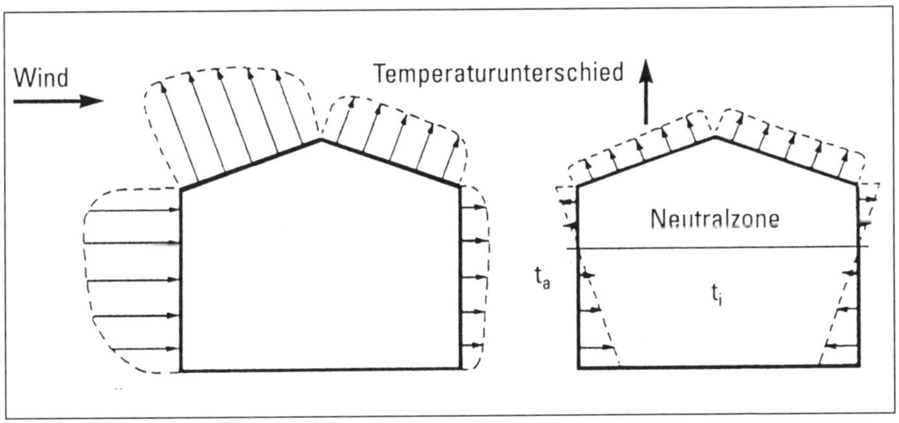

Abb. 5-1: Überdruck und Unterdruck an der Gebäudehülle durch Wind und thermischen Auftrieb ($t_i > t_a$) *Quelle: [Borsch-Laaks 1996b]*

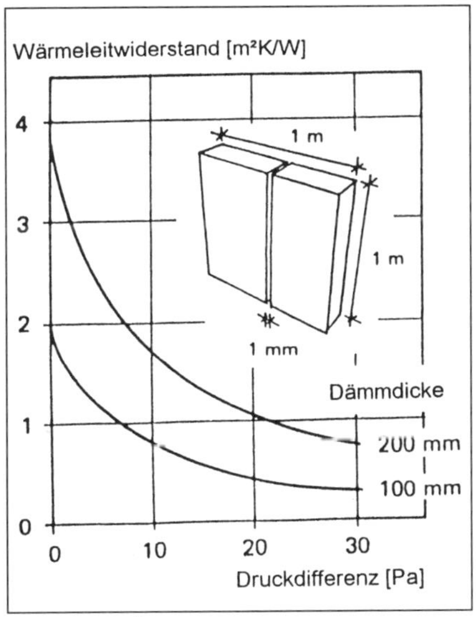

Abb. 5-2: Änderung des Wärmeleitwiderstandes bei Druckunterschieden zwischen innen und außen. *Quelle: [Carlsson u. a. 1980]*

Dämmschicht aus luftdichtem Material (z.B. Hartschaum) ein Spalt von einem Meter Länge und nur 1 mm (!) Breite, so hat der konvektionsbedingte Wärmetransport schon bei einer Druckdifferenz von 10 Pascal die gleiche Größe wie die Verluste durch reine Wärmeleitung bei 10 cm Dämmdicke. Abb. 5-2 zeigt, daß die Wärmedämmfähigkeit (dargestellt als resultierender Wärmeleitwiderstand) schon bei geringen Druckdifferenzen an der Gebäudehülle stark abfällt.

Nun wird verschiedentlich argumentiert, daß die Bauteildurchströmung einen Teil der unvermeidlichen Lüftungswärmeverluste bilden könne. Inwieweit dies eintritt, hängt allerdings von zwei Voraussetzungen ab:

- Die Bewohner müssen ihr Lüftungsverhalten auf die Umgebungssituation und die Wetterbedingungen richtig abstimmen.
- Die unkontrollierte Fugenströmung muß im Mittel klein gegenüber dem Bedarf bleiben, z. B. durch eine relativ dichte Konstruktion.

  In mäßig bis schlecht gedichteten Häusern überschreiten bei windigem und bei kaltem Wetter die Luftwechselraten *auch bei geschlossenen Fenstern* deutlich den hygienisch notwendigen Bedarf (vgl. [Zeller u. a. 1995]).

Welchen Einfluß die Leckagewärmeverluste auf die Jahresheizenergiebilanz haben können, war und ist Gegenstand internationaler Forschung seit über 15 Jahren. Es gibt inzwischen einige Berechnungs- und Abschätzungsverfahren, die auf Infiltrationsmodellen basieren, die durch Vergleich mit Tracergas-Messungen an realen Objekten validiert wurden [Liddament 1986].

Mit dem Kalkulationsansatz der neuen DIN EN 832 läßt sich ermitteln, daß schon bei nur mäßig dichten Gebäuden mit NE-Anspruch der Jahresheizenergiebedarf um 30 % höher ausfallen kann als erwartet (entsprechend einer Erhöhung der Luftwechselrate um 0,3 h^{-1} gegenüber dem hygienisch notwendigen Bedarf in einem Einfamilienhaus mit 140 m^2 Wohnfläche (siehe auch Kapitel 7 und Anhang). Daraus folgt, daß in der Praxis der Verringerung der Luftdurchlässigkeit der Gebäudehülle eine ähnliche Bedeutung beigemessen werden muß wie der fortschreitenden Erhöhung der Dämmstärken.

Feuchteschäden verhüten

Feuchtetechnische Nachweisrechnungen nach Glaser-Verfahren gehören zum heutigen Bauplanungsalltag. Bei der Untersuchung von Schadensfällen, insbesondere in Leichtbaukonstruktionen, sind die diffusionsbezogenen Erklärungsmuster jedoch meist nicht hinreichend (s. Abb. 5-3).

Schon im Jahr 1962 (!) veröffentlichte der kanadische Bauforscher R. E. Platts die an der Untersuchung von Holzbauweisen gewonnene Erkenntnis, daß „Luftströmung und nicht Dampfdiffusion fast immer der Grund starker Kondensationserscheinungen ist" [Trethowen 1988]. Auch die ASHRAE (American Society of Heating, Refrigeration, Air Conditioning Engineers, vergleichbar dem deutschen VDI) faßte den Stand der Forschung schon 1981 (!) folgendermaßen zusammen: „Es ist heute anerkanntes Wissen, daß der Transport von Wasserdampf mittels Luftströmung einen viel stärkeren Mechanismus zum Transport der Feuchte zum Punkt der Kondensation darstellt. . . Dampfdiffusion kann kaum als größerer Faktor identifiziert werden." [ASHRAE 1981]

Auch die anwendungsbezogene Bauforschung in Deutschland hat den Nachweis für diese Erkenntnis direkt oder indirekt gleich mehrfach erbracht ([Esdorn/Rheinländer 1978], [Wagner 1984 und 1989], [Knublauch u. a. 1987], [Künzel,/Großkinsky 1989]). Untersuchungen des Stuttgarter Fraunhofer-Instituts für Bauphysik (IBP) an Dachflächen mit Mineralfaserdämmung zeigen, daß auch bei Fugen in der innenseitigen Dampfsperre (PE-Folie) der Dampfeintrag in die Konstruktion um mehrere Zehnerpotenzen größer werden kann als durch reine Diffusion (s. Abb. 5-4). Spätestens seit der Veröffentlichung dieser Ergebnisse ([Wagner 1989]) müßten für jeden Bausachverständigen, Planer oder Praktiker Undichtigkeiten als feuchtetechnisches Problem ersten Ranges auf der Tagesordnung stehen.

Trockene Raumluft vermeiden

Bezogen auf eine hygienisch und bauphysikalisch akzeptable Raumluftfeuchte gehen die Meinungen oft weit auseinander, gilt es doch zwei unterschiedliche Phänomene zu erklären. Zum einen wird Schimmelbildung an Innenoberflächen mit zu hoher Raumluftfeuchtigkeit in Verbindung gebracht, zum anderen klagen viele Bewohner über zu trockene Raumluft im Winter. Die Widersprüchlichkeit dieser beiden Erscheinungen entpuppt sich bei näherer Betrachtung als scheinbar:

Schimmelbildung findet fast immer im Bereich von Wärmebrücken bei Massivbauten statt. Dies wird durch erhöhte Raumluftfeuchte z. B. nach Einbau neuer, dichter Fenster in Etagenwohnungen begünstigt. Dies ist jedoch ein typisches Problem schlecht koordinierter Altbausanierung. Im Niedrig-Energie-Haus sind Wärmebrückeneffekte allein aus energetischen Gründen bereits soweit reduziert, daß erst ab einer relativen Raumluftfeuchte von 80 % Schimmelbildung möglich wird (s. Kap. 4-1). *Sehr geringe Raumluftfeuchten* treten in ganz anderen Gebäuden und bei oft ganz anderer Nutzung auf. Allein der Umsatz von (hygienisch bedenklichen) Luftbefeuchtern belegt, daß auch dies ein weitverbreitetes Problem ist. Hauptursache hierfür sind hohe Luftwechselraten, die sich bei kalten Außentemperaturen infolge von zunehmender Thermik in undichten Gebäuden einstellen (s. Abb. 5-5). Notwendig wäre jedoch das Gegenteil: Um die Raumluftfeuchte konstant zu halten, wäre in den Wintermonaten ein Rückgang des Luftaustauschs erforderlich, da mit der Außentemperatur auch der Wasserdampfgehalt der *Außenluft* abnimmt.

a)

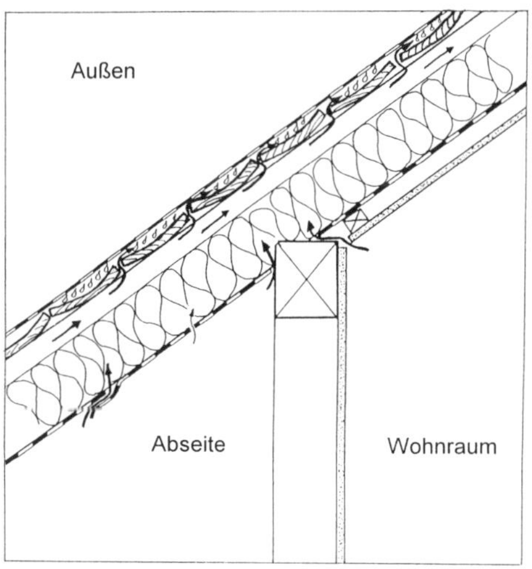

b)

Abb. 5-3: Feuchteschaden an Schieferdach durch Dampfkonvektion; a) Nasse, geschüsselte Schalung, b) Strömungspfade im Konstruktionsquerschnitt.
Quelle: [Borsch-Laaks/Zurheide 1996]. Foto: Jäger

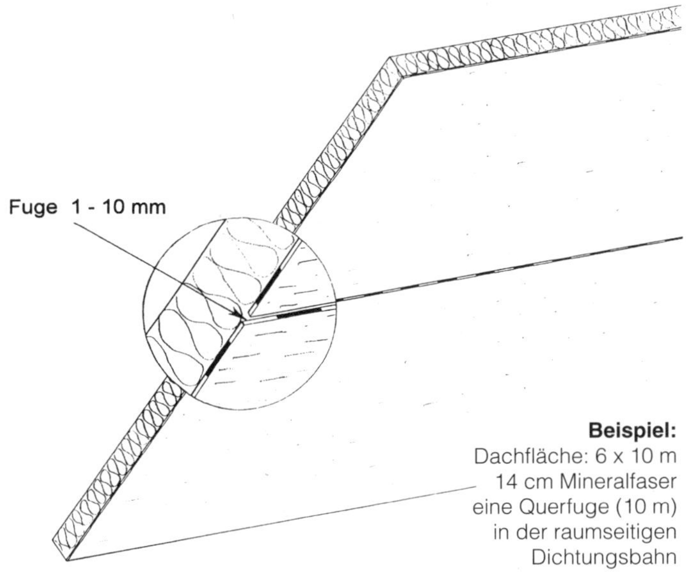

	DIFFUSION		KONVEKTION		
	Mittel [g / h]	Stark [g / h]	Mittel [g / h]	Stark [g / h]	
Diffusionsoffen sd = 1 m	20	40	100	350	Fugenbreite 1 mm
Diff. bremsend sd = 10 mm	2	4	200	700	Fugenbreite 3 mm
Diffusionsdicht sd = 100 m	0,2	0,4	300	1100	Fugenbreite 10 mm

Abb. 5-4: Stündlicher Wasserdampftransport durch Diffusion und Fugenströmung (Konvektion)
Klimarandbedingungen: innen 20 °C, 60 % rel. Feuchte;
Diffusion: "mittel" = 5 °C, 80 % r. F., "stark" = -10 °C, 80 % r. F.;
Konvektion: "mittel" = Windsärke 1–2 bzw. Jahresdurchschnitt, "stark" = Windstärke 3–4
Quelle: Berechnungen nach [DIN 4108] und [Wagner 1989]

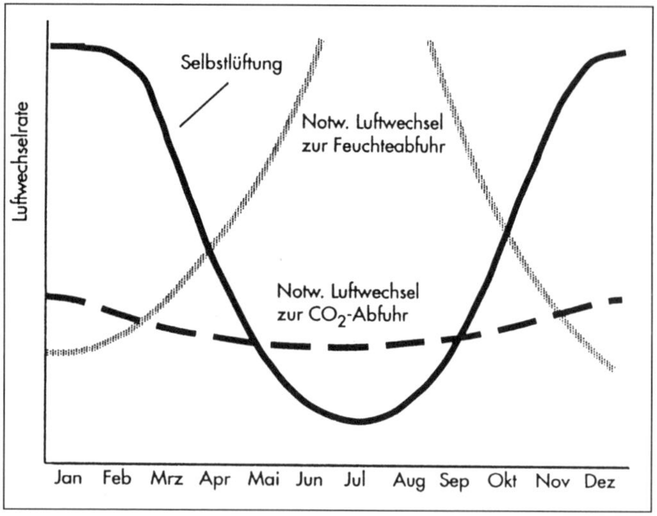

Abb. 5-5: Thermikbedingte Selbstlüftung durch Fugen im Vergleich mit der notwendigen Luftwechselrate. Quelle: [Borsch-Laaks 1990a]

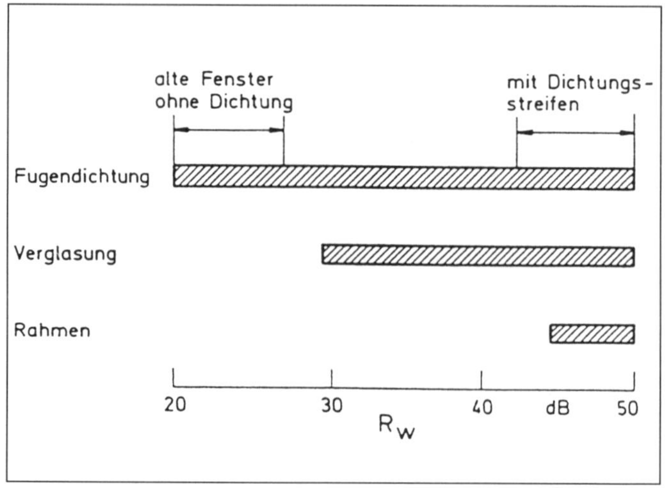

Abb. 5-6: Schwankungsbreite der Schalldämmwerte der Einzelelemente von Einfach- und Verbundfenstern. Die Luftdichtigkeit der Fugen bestimmt das Schalldämmaß. Quelle: [Gösele/Schüle 1989]

Zu trockene Luft hat auch einen gesundheitlich kritischen Nebeneffekt: Sie führt zu einer erhöhten Aufwirbelung von Feinstäuben, da diese meist aus hygroskopischem Material bestehen, dessen Stoffeuchte (und damit auch Gewicht) mit der relativen Umgebungsfeuchte sinkt.

Schallschutz absichern

Schall ist bewegte, schwingende Luft. Daher ist ein Zusammenhang zwischen Luftströmung und Schallschutz naheliegend. Die quantitative Bedeutung der Luftdurchlässigkeit und der praktische Schallschutz der Gebäudehülle lassen sich mangels entsprechender Untersuchungen jedoch nur aus Labormessungen abschätzen.

Wissenschaftliche Untersuchungen von Gösele und anderen zeigen, daß Undichtigkeiten in Wänden und Decken den Schalldurchgang bis auf das zehnfache erhöhen können [Gösele/Schüle 1989]. Selbst kleine Teilflächen mit fehlender Putzschicht führen hiernach im Mauerwerksbau zu erheblichen Schallbrücken. Auch die Probleme der schalldämmenden Fugendichtung bei Leichtbaukonstruktionen sind sattsam bekannt. Abb. 5-6 zeigt am Beispiel von Fenstern den großen Einfluß der Fugendichtung auf das Schalldämmaß.

Ohne eine sorgfältige Luftdichtung der Gebäudehülle können die Rechenwerte der DIN 4109 und die Ergebnisse aus Laborprüfungen in der Praxis nicht eingehalten werden.

...damit richtig gelüftet werden kann.

Die Lüftung eines Hauses sollte funktionieren wie die menschliche Atmung: entsprechend dem aktivitätsabhängigen Bedarf des Menschen. Die „natürliche" Luftströmung durch Fugen und Ritzen richtet sich jedoch nach den Launen von Wind und Wetter. Dies kann je nach Lage der Leckagen im Haus zu ganz unterschiedlichen Frischluftmengen in verschiedenen Räumen führen. Eine Übereinstimmung mit dem aktuellen Frischluftbedarf der Bewohner wäre reiner Zufall. Genauso wenig kann erwartet werden, daß der Anfall von Raumluftbelastungen (Kohlendioxid, Gerüche, Feuchte) mit den witterungsabhängigen Leckageströmungen korrespondieren könnte.

Das heißt, die Bewohner haben nur dann eine Chance, ihre Wohnungslüftung vernünftig zu regeln, wenn die unkontrollierbaren Störeinflüsse des Außenklimas möglichst gering gehalten werden. Dies gilt grundsätzlich, ganz gleich ob ein Haus „von Hand" per Fenster oder mit einem mechanischen System gelüftet wird.

Mechanische Lüftungssysteme beziehen ihr Energiesparpotential in erster Linie daraus, daß sie am hygienischen Bedarf orientiert, relativ geringe aber kontinuierliche Luftmengen transportieren, die auf die Art der Raumnutzung abgestimmt sind (vgl. Kap 7). Es ist auf den ersten Blick einsichtig, daß bei Be- und Entlüftungsanlagen der Nutzeffekt von *Wärmerückgewinnung* nur soweit erreicht werden kann, wie tatsächlich die Frischluftversorgung und die Abluftentsorgung über den Wärmetauscher laufen. Aber auch reine *Abluftanlagen* können in ihrer Funktionstüchtigkeit durch Leckagen stark beeinträchtigt werden. So stellt z. B. für die Auslegung von Zahl und Größe der Außenluftdurchlässe die Größe der ungeplanten Lecks in der Gebäudehülle einen großen Unsicherheitsfaktor dar. Auch die geplanten Strömungsmuster (von den Wohnräumen zu den Feuchträumen) können gehörig durcheinandergeraten. Liegen in den Ablufträumen (Bad, WC etc.) starke Lecks, so kommt es quasi zu einem Lüftungskurzschluß, der eine mangelhafte Frischluftversorgung für die Wohn- und Schlafräume zur Folge hat (Näheres s. Kap. 7).

Da mechanische Lüftungssysteme stets auch Energie zum Betrieb benötigen, ist es notwendig, die bautechnische Voraussetzungen für einen effizienten Betrieb, d.h. eine gut dichte Gebäudehülle herzustellen.

5.2 Normung und Prüfung der Luftdurchlässigkeit

Die Begrenzung der Luftdurchlässigkeit der Gebäudehülle war über lange Zeit ein Stiefkind der bundesdeutschen Baudiskussion. Während in anderen Ländern schon in den achtziger Jahren Prüfverfahren und Anforderungen für die integrale Gebäudedichtheit standardisiert wurden, beschränkten sich in Deutschland die Regelungen auf die Prüfung und Güteüberwachung der Fensterherstellung. In der letzten Zeit ist jedoch in mehrfacher Hinsicht Bewegung in die Formulierung des „Stands der Technik" gekommen.

Wärmeschutzverordnung, DIN-Normen, Fachregeln

Die zum 1.1.95 in Kraft getretene WVO unterscheidet sich in puncto Dichtheitsanforderungen von der bisherigen deutlich. In § 4 (1) wird jetzt explizit der Einbau einer „luftundurchlässigen Schicht über die gesamte Fläche" gefordert, wenn verschalte, gestoßene, überlappende oder plattenartige Bauteile oder Bauteilschichten verwendet werden. Dies hört sich nach unverbindlichem Allgemeinplatz an, wird aber in Zukunft vor allem Dachbauweisen ohne explizit geplante, detailliert ausgeschriebene und fachgerecht ausgeführte Luftdichtungsebene in der Regel zur Ordnungswidrigkeit werden lassen. In Anlage 4 Ziffer 2 wird darüber hinaus erstmalig die Möglichkeit angesprochen, im Einzelfall meßtechnisch vor Ort zu überprüfen, ob die Dichtheitsanforderungen eingehalten wurden.

Auch in der aktuellen Normenentwicklung (1996) gibt es zwei wesentliche Neuerungen: Nach der neuen DIN EN 832 bzw. der hieraus abgeleiteten Vornorm zum neuen Teil 6 der DIN 4108 kann der Einfluß der Gebäudedichtheit bei der Kalkulation von Heizenergiebilanzen berücksichtigt werden. Die DIN 4108 hat im Herbst 1996 weiterhin als Vornorm den neuen Teil 7 (Luftdichtheit von Bauteilen und Anschlüssen) erhalten. Er enthält vor allem laut Ziffer 1 „Planungs und Ausführungsempfehlun-

Infobox 5-1

Merkblatt für Wärmedämmung zwischen den Sparren

Aufgestellt und herausgegeben vom

Zentralverband des Deutschen Dachdeckerhandwerks – Fachverband Dach-, Wand- und Abdichtungstechnik – e.V.

Ausgabe Dezember 1991

2. Bauphysik

2.1 Luftdurchlässigkeit (Konvektion)

2.1.1 Anforderung

(1) Jede wärmeübertragende Umfassungsfläche eines Gebäudes, also auch das wärmegedämmte Dach, muß dauerhaft und entsprechend dem Stand der Technik luftundurchlässig abgedichtet sein.

(2) Durch Strömung (Konvektion) über Fugen wird erheblich mehr Feuchtigkeit in ein Bauteil transportiert, als dies durch Wasserdampfwanderung (Diffusion) möglich ist.

2.1.2 Vorzusehende Maßnahmen

(1) Bei Dächern mit Wärmedämmung zwischen den Sparren soll die Luftdichtigkeit auf der inneren Seite der Wärmedämmung sichergestellt werden.

(2) Für die Herstellung ausreichend luftdichter Schichten auf der Innenseite sind z. B. luftdichtende Folien mit werkstoffgerecht verklebten Nähten und Stößen oder luftdichte Platten mit dauerhaft geschlossenen Fugen und Stößen geeignet. Befestigungen für z. B. innere Bekleidungen oder die Folien selbst sind unvermeidbar und gelten nach dem Stand der Technik auch ohne besondere Maßnahmen als ausreichend dicht.

(3) Die Luftdichtigkeitsschicht muß an allen Durchdringungen und Anschlüssen dem Stand der Technik entsprechend luftundurchlässig angeschlossen werden. Hierbei empfiehlt es sich, bereits bei der Planung möglichst wenig Durchdringungen vorzusehen und für evtl. notwendige Installationen auf der Innenseite der Luftdichtigkeitsschicht eine eigene Installationsebene vorzusehen.

gen sowie Ausführungsbeispiele einschließlich geeigneter Materialien zur Einhaltung der Anforderungen nach Wärmeschutzverordnung und DIN 4108".

Schon Anfang der neunziger Jahre haben die Zentralverbände des Dachdecker- und Zimmererhandwerks konkrete Aussagen zur Bedeutung und der praktischen Ausführung der Luftdichtungsarbeiten in ihre Fachregeln aufgenommen (Auszug aus dem Merkblatt des ZVDH in Infobox 5-1).

Prüfung mit der „Blower Door"

Die in der WVO '95 angesprochene „Einzelfallprüfung" wird nach der „Druckdifferenzmethode" gem. [ISO 9972] als „Vor-Ort-Prüfung" erfolgen. In der Praxis von Felduntersuchungen wird hierbei international seit über 15 Jahren in der Regel eine sogenannte „Blower Door" eingesetzt. Mit diesen Prüfgeräten arbeiten inzwischen auch in Deutschland über 70 Meßteams.

Abb. 5-7: Meßgerät zur Differenzdruckprüfung, in Haustür eingebaut (Minneapolis Blower Door)

Mit einem leistungsstarken Gebläse, das in den Rahmen der Haustür eingebaut wird, werden Druckdifferenzen zwischen 15 und 60 Pa erzeugt (s. Abb. 5-7). Hieraus können folgende Erkenntnisse über das Gebäude gewonnen werden:

- Lage und Stärke der Undichtigkeiten werden fühlbar.
- Luftströmungen können „sichtbar" gemacht werden durch Anemometer (Luftgeschwindigkeitsmeßgeräte), Nebelgeneratoren und Thermografiekameras.
- Über den Druckabfall an einer kalibrierten Meßdüse (i. d. R. Ventilatorgehäuse) wird der Luftvolumenstrom, der durch die Leckagen geht, quantitativ bestimmbar.

Die Meßergebnisse werden in der Regel auf einen Prüfdruck von 50 Pascal bezogen und in zwei Formen dargestellt:

- als Luftvolumenstrom pro Raumvolumen (Luftwechselrate), **n_{50}-Wert** [1/h] bzw. [h^{-1}]
- als Luftvolumenstrom pro Hüllfläche, **q_{50}-Wert** [$m^3/(m^2*h)$]

Meist wird die Luftwechselrate bei Prüfdruck 50 Pascal (n_{50}-Wert) als Nachweisgröße für die Gebäudeuntersuchung verwendet, so auch in [DIN V 4108-7]. Diese Norm enthält eine neue Nachweisgröße, bezogen auf die Nettogrundfläche, die man durch Multiplikation von n_{50} mit einer Raumhöhe von 2,50 m erhält (s. Infobox 5-2). Der hüllfächenbezogene q_{50}-Wert wird vor allem bei der Labor- oder Praxisprüfung der dichtenden Qualitäten von einzelnen Materialschichten, kombinierten Bauteilaufbauten und Bausystemen herangezogen.

5.3 Zielwerte und Meßergebnisse

Wie dicht sollte ein Haus sein, um unnötige Energieverluste zu vermeiden und eine bedarfsgesteuerte Lüftung zu ermöglichen?

Ein Vergleich der Ziel- oder Grenzwerte in den Normen verschiedener europäischer Länder zeigt eine Spannweite der n_{50}-Werte von 1,0 bis 3,0 Luftwechsel pro Stunde. Auch in Deutschland gibt es inzwischen eine Reihe von veröffentlichten Empfehlungen zum Dichtestandard. Die ersten NEH-Förderprogramme der Bundesländer und Kommunen hatten zu Anfang der neunziger Jahre noch den (alten) schwedischen Normwert von 1980 (n_{50} = 3,0 1/h) als Obergrenze der zulässigen Luftdurchlässigkeit festgelegt. Aus den seither gewonnenen Erfahrungen haben sich folgende Präzisierungen ergeben:

Für Gebäude, die mit einer Be- und Entlüftungsanlage mit **Wärmerückgewinnung** ausgestattet werden sollen, wird meist eine Luftdurchlässigkeit (n_{50}) von weniger als 1,0 1/h gefordert. Nur dann kann gewährleistet werden, daß der Luftaustausch tatsächlich weitgehend über den Wärmetauscher erfolgt.

In Häusern **mit „natürlicher" Lüftung** bestimmt meist der schwierige Umgang mit dem groben Lüftungsregler „Fenster" das Lüftungsgeschehen. Bis zu n_{50} = 3,0 1/h ist der Einfluß der witterungsbedingten Leckageströmung quantitativ von untergeordneter Bedeutung. Aus diesem Grund ist es vertretbar, das Anforderungsniveau für die Gebäudedichtheit in diesen Fällen weniger scharf zu formulieren (s. z. B. [Zeller u. a. 1995] und [V DIN 4108 T.7]). Aber auch bei „Handlüftung" gilt: je niedriger der n_{50}-Wert, desto eher können die Bewohner Herr ihrer Lüftung werden.

Infobox 5-2

4.4 Nachweis der Luftdichtheit

Werden Messungen der Luftdichtheit von Gebäuden oder Gebäudeteilen durchgeführt, so darf der nach ISO 9972 gemessene Luftvolumenstrom bei einer Druckdifferenz zwischen innen und außen von 50 Pa

- bei Gebäuden mit natürlicher Lüftung;
  - bezogen auf das Raumvolumen 3 h^{-1} nicht überschreiten bzw.
  - bezogen auf die Netto-Grundfläche 7,5 $m^3/(m^2h)$ nicht überschreiten
- bei Gebäuden mit raumlufttechnischen Anlagen (auch einfache Abluftanlagen)
  - bezogen auf das Raumvolumen 1 h^{-1} nicht überschreiten oder
  - bezogen auf die Netto-Grundfläche 2,5 $m^3/(m^2h)$ nicht überschreiten

(aus [DIN V 4108-7])

Für Gebäude, die durch mechanische **Abluftanlagen** belüftet werden, findet man in der Fachliteratur und in internationalen Normen unterschiedliche Empfehlungen. Der am häufigsten verwendete Wert ($n_{50} < 3{,}0$ 1/h) berücksichtigt, daß erst etwa ab diesem Wert mit erhöhten Wärmeverlusten durch Leckageströmungen zu rechnen ist. Hierbei gilt es ein häufiges Mißverständnis zu klären: Bei Häusern mit Abluftanlagen ist der n_{50}-Rechenwert für energetische Kalkulationen nicht identisch mit der n_{50}-Klassifizierung für die Gebäudehülle (s. [DIN EN 832], Anhang F1)! Die für die Anlage notwendigen Außenlufteinlässe tragen natürlich zur Gesamtdurchlässigkeit der Gebäudehülle bei. Will man erreichen, daß zumindest die Hälfte bis zwei Drittel der Frischluftzufuhr über die eingeplanten Außenluftdurchlässe geht, so bedeutet dies, daß die Durchlässigkeit der Gebäudehülle bei geschlossenen Zuluftöffnungen ($n_{50,\ Hülle}$) nicht mehr als 1,0 bis 1,5 1/h betragen sollte.

Um Verwirrungen durch verschiedene Kennwerte und Bezugsgrößen oder unterschiedliche Gebäudepräparationen zu vermeiden, wurde von Zeller u. a. vorgeschlagen, auch für Gebäude mit Abluftanlagen den gleichen Zielwert wie bei Einbau von Systemen mit Wärmerückgewinnung anzustreben [Zeller u. a. 1995]. Diese Forderung wurde in den neuen Teil 7 der DIN 4108 übernommen.

Ein weiteres lüftungstechnisches Argument spricht deutlich für diese Zielsetzung. In einer Auswertung von rund 140 Blower-Door-Prüfungen wurde von Zeller u. a. festgestellt, daß in der Regel auch bei Gebäuden mit n_{50}-Werten zwischen 2 und 3 1/h noch so starke und so ungünstig verteilte Einzelleckagen vorkommen, daß zweifelhaft ist, ob die gewünschten Raumluftströmungen in der Praxis zufriedenstellend realisiert werden können.

Sind solch hohe Anforderungen an die Gebäudedichtheit in der heutigen Baupraxis erreichbar?

Abb. 5.8 zeigt die Häufigkeitsverteilung aus mehr als hundert Messungen an Objekten aus den NEH-Demonstrations- und Förderprogrammen in Hessen, Schleswig-Holstein, Niedersachsen und Nordrhein-Westfalen Anfang bis Mitte der 90er Jahre.

Nur etwa ein Viertel der Objekte schnitten so schlecht ab, daß sie auch für eine energiebewußte Fensterlüftung als „zu undicht" eingestuft werden müssen ($n_{50} > 3{,}0$ 1/h). Ob dies auch für den „normalen" Neubau der neunziger Jahre gilt, darf bezweifelt werden (vgl. [Borsch-Laaks 1996 b]). Den Zielwert für Häuser mit mechanischer Lüftung ($n_{50} \leq 1{,}0$ 1/h) konnten bei den NEH jedoch auch nur

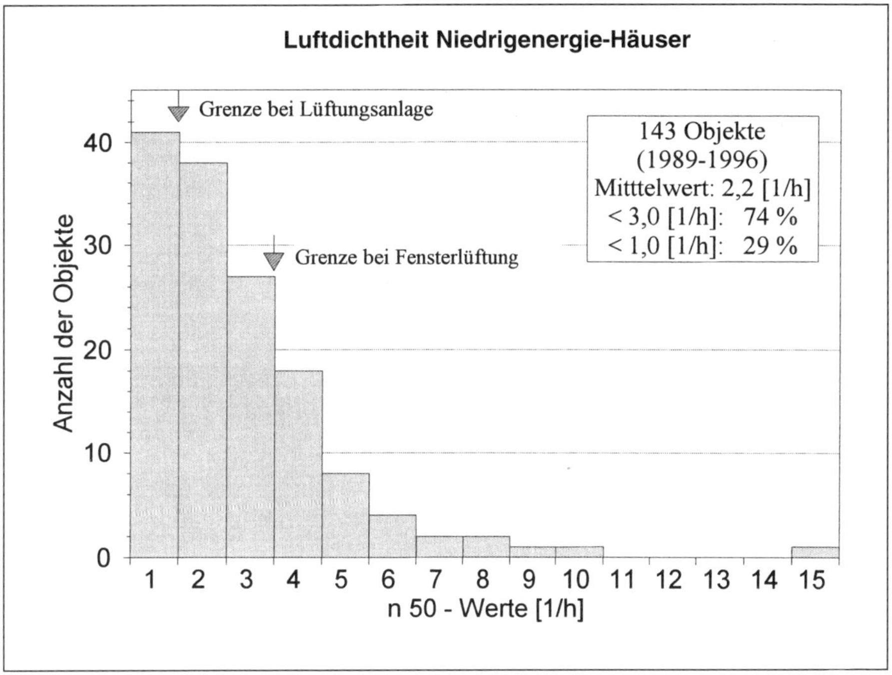

Abb. 5-8: Häufigkeitsverteilung der n_{50}-Werte bei 143 Niedrig-Energie-Neubauten. Quellen: [Zeller u.a. 1995], [Kistenmacher 1995], [Sabeder 1996]

etwa 30 % der untersuchten Objekte erreichen. D. h. die neue Technik der Wohnungslüftung, die gegenwärtig begünstigt durch die neue WVO forciert eingeführt wird, trifft auch in Häusern mit NEH-Anspruch meist noch auf einen mangelhaft vorbereiteten Baustandard. Andererseits zeigen die Beispiele erfolgreicher Objekte, daß die Dichtungsprobleme lösbar sind – und dies oft mit verblüffend einfachen Mitteln.

Oft werden Fehler bei der Abdichtung einer mangelhaften Bauausführung geschuldet. Eine nähere Betrachtung der Meßergebnisse von etwa 80 Häusern, bei denen vom Meßteam eine Bewertung des planerischen Konzepts in puncto Luftdichtung möglich war, führt zu einer differenzierteren Einschätzung (s. Abb. 5-9).

Zunächst einmal bestimmt die Planung, wie luftdicht ein Gebäude bestenfalls werden kann. Wenn kein schlüssiges Dichtungskonzept erkennbar war (Note 4 und 5), war ein n_{50}-Wert < 1 pro Stunde auch bei sorgfältigster Ausführung nicht erreichbar. Waren die Systeme gut durchdacht, waren sie auch weniger anfällig für Fehler in der Ausführung. Das zeigt die geringe Streubreite der Meßwerte, wenn die Qualität der Planung mit Note 1 und 2 bewertet werden konnte.

5.4 Konzepte und Strategien zur Luftdichtung

Für die meisten Planer ist die Entwicklung eines Luftdichtungskonzepts Neuland. Die Dichtung der Gebäudehülle gegenüber Luftströmung bedarf aber genauso einer problembewußten Planung wie das altbekannte Thema „Dichtung gegenüber Wasser“. An der Vorgehensweise bei letzterem kann man sich auch in puncto „Luft“ orientieren.

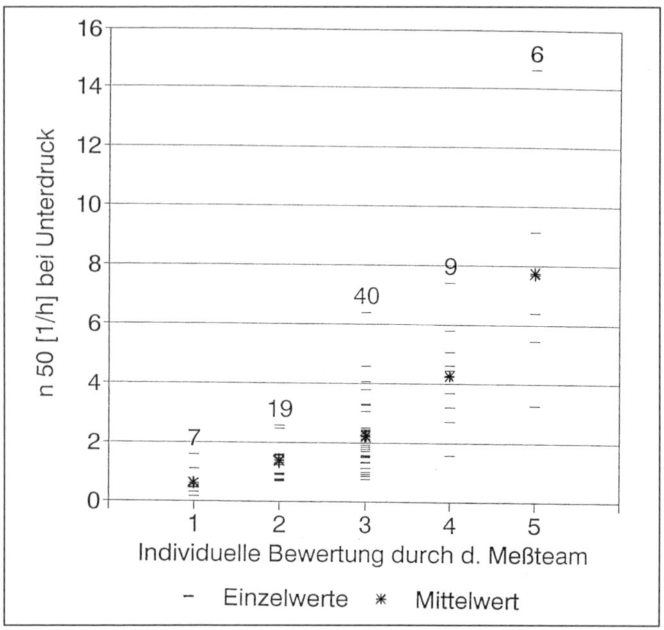

Abb. 5-9: Wer hat Schuld, wer bekommt den Orden? - Luftdurchlässigkeit von Niedrigenergie-Neubauten in Abhängigkeit von der Qualität des Luftdichtungs-Konzepts (Bewertung von 1 bis 5). Quelle: [Zeller u.a. 1995]

Für alle Bauteile ist eine dichtende Ebene einzuplanen, die das gesamte Haus ohne Unterbrechungen umschließt. Luftdichtung braucht überdies ein Konzept, das auf die Bauweise, den Haustyp und die verwendeten Materialien zugeschnitten ist. Bei dessen Entwicklung sind vier **Problemfelder** zu bearbeiten:

- Dichtung in der **Fläche**
- **Linienförmige Anschlüsse** zwischen verschiedenen Bauteilflächen
- **Punktförmige Anschlüsse** bei konstruktiven und haustechnischen Durchdringungen
- **Bauelemente** mit Schließ- und Einbaufugen (z. B. Fenster, Türen, Luken etc.)

Bei der Konzeptentwicklung können im Prinzip in allen Problemfeldern drei Strategien verfolgt werden:

- **A) Vermeidungsstrategie**

Die Vermeidung möglicher Problemzonen beginnt schon in der Entwurfsplanung. Aber auch noch bei der Konstruktions- und Tragwerksplanung können viele spätere Probleme durch vorheriges Vermeiden gelöst werden.

- **B) Detailplanungsstrategie**

Hierzu gehören insbesondere: zeichnerische Bearbeitung von *Anschlußdetails,* Aufnahme der notwendigen Leistungen in die *Ausschreibung,* Einbeziehung der Luftdichtungsarbeiten in die Planung des Bauablaufs und entsprechende *Koordinierung der Gewerke.* Angesichts des bestehenden Nachholbedarfs bei der Qualifikation der Ausführenden sind eine Vor-Ort-Einweisung der Handwerker und intensive Bauüberwachung z. Zt. sehr zu empfehlen.

- **C) Nachbesserungsstrategie**

Alles was weder entsprechend A) vermieden noch nach B) im Detail geplant und überwacht wurde, führt fast zwangsläufig zur Notwendigkeit der Nachbesserung. Wenn nicht zum richtigen Zeitpunkt die Möglichkeit genutzt wird zu überprüfen, ob die Luftdichtungsmaßnahmen korrekt ausgeführt wurden (z. B. mit Hilfe eines Blower-Door-Tests), dann gerät dieser Weg oft zur „**Augen-zu-und-durch"-Strategie.**

Bewertet man diese Strategien sowohl nach Bau- und damit Kostenaufwand als auch nach Erfolgsaussichten und Verringerung des Fehlerrisikos, so rangiert A) immer vor B) und B) vor C).

Entwicklung eines Luftdichtungskonzepts

Jede Entwicklung eines Luftdichtungskonzepts sollte damit beginnen, für jedes Bauteil eine Materialschicht im Konstruktionsquerschnitt auszuwählen, die die Funktion der luftdichtenden Ebene übernehmen soll.

Die Regelquerschnitte der Gebäudehülle bestehen in der Regel aus drei Ebenen (von außen nach innen):

- A Wetterschutz-Bekleidung
- B Tragkonstruktion
- C Raumseitige Bekleidung

Insbesondere bei *Leicht*baukonstruktionen lassen sich die Ebenen A und C nochmals jeweils in zwei Schichten aufteilen:

- A1/C1 die nach außen oder innen abschließenden Bekleidungen (z. B. Dachziegel bzw. Gipskartonplatten) und
- A2/C2 eine zusätzliche Schutzschicht (Unterspannbahn/ Unterdach bzw. Dampfbremse/-sperre).

Ob eine dieser Ebenen geeignet ist, als Luftsperre zu fungieren, entscheidet sich entsprechend der Antwort auf zwei Fragen:

Ist das Material als solches genügend luftdicht? Ist die Schicht einschließlich der Stoßstellen (z. B. Mörtelfugen, Plattenstöße und Bahnenüberlappungen) genügend luftdicht?

In Abb. 5-10 sind Meßwerte der Luftdurchlässigkeit aus verschiedenen Labor- und Feldmessungen zusammengestellt. Angegeben ist der Luftvolumenstrom je m² Fläche bei einer Druckdifferenz von 50 Pa (q_{50}-Wert).

Geht man davon aus, daß die praktische Dichtheit der Schließfugen von Fenstern und Türen den Anforderungen an die Fugendurchlaßkoeffizienten der WVO entsprechen, so ergibt sich, daß der Beitrag aller sonstigen Bauteilflächen zur Gesamtdurchlässigkeit der Hüllfläche nicht mehr als etwa 0,5 bis 1,0 m³/(m²h) betragen sollte. Da in diesem Wert auch Nebenwege durch Anschlußfugen etc. enthalten sind, sollte die Anforderung an die *Material*dichtigkeit um eine Größenordnung niedriger liegen, also kleiner als 0,05 bis 0,1 m³/(m²h).

Materialien, die diesen Anforderungen entsprechen, sind zur Herstellung einer luftdichten Ebene jedoch nur geeignet, wenn es in der bauüblichen Praxis *prinzipiell* möglich ist, diese Baustoffe weitgehend fugenfrei zu verarbeiten bzw. die Stoßstellen mit vertretbarem Aufwand wirksam abzudichten. So ist z. B. massives Holz zwar von hoher Dichtigkeit, aber in der baupraktischen Ausführung als Paneele, Schalung, Blockbohlen etc. entstehen zwangsläufig so viele Fugen, daß eine *zusätzliche* Schicht als Luftdichtung zwingend erforderlich wird. Holzwerkstoffplatten hingegen werden in wesentlich größeren Formaten eingesetzt, was einerseits den Fugenanteil reduziert und andererseits den Dichtungsaufwand begrenzt. Wenn sie eine genügende Materialdichtigkeit *(harte Platten)* aufweisen, sind sie dementsprechend als geeignete Werkstoffe anzusehen.

Aus dieser Bewertung folgt, daß praktisch alle Materialien der **Tragwerksebene nicht als Dichtungsebene** verwendet werden können. Das gilt nicht nur für die Ausfachungen von Leichtbaukonstruktionen sondern auch für Mauerwerk:

Steine mit hoher Rohdichte (ρ > 1400 kg/m³) sind als Material weitgehend luftdicht. Porige Mauerwerkstoffe (Porenbeton, Bimsbeton u. ä.) erfüllen die obigen Anforderungen an die Materialdichtheit nicht immer (Werte bis 0,3 m³/(m²h)). Dies ist jedoch für die Praxis von zweitrangiger Bedeutung. Denn im Mauerwerksverband wird die Gesamtdichtheit der Tragwerksebene vor allem von Fugen an Mörtelfehlstellen u. ä. bestimmt. Dies zeigen die hohen, in der Literatur dokumentierten Werte für unverputztes Mauerwerk (bis zu 15 m³/(m²h) bei 50 Pa Druckdifferenz).

5.5 Standardlösungen in der Fläche

Massivbau: Der Innenputz

Im Mauerwerksbau kann ein **durchgehender Innenputz** die Dichtungsprobleme von Massivwänden lösen. Putze mit hoher Verdichtung erreichen in der Fläche q_{50}-Werte unter 0,05 m³/(m²h).

Wo verputzt wird und wo nicht, wird allerdings bislang im wesentlichen unter optischen Gesichtspunkten entschieden. Um die Funktion der Luftdichtungsebene zu erfüllen, darf auf keiner raumseitigen Mauerwerks-Oberfläche der Putz „vergessen" werden. Dies gilt

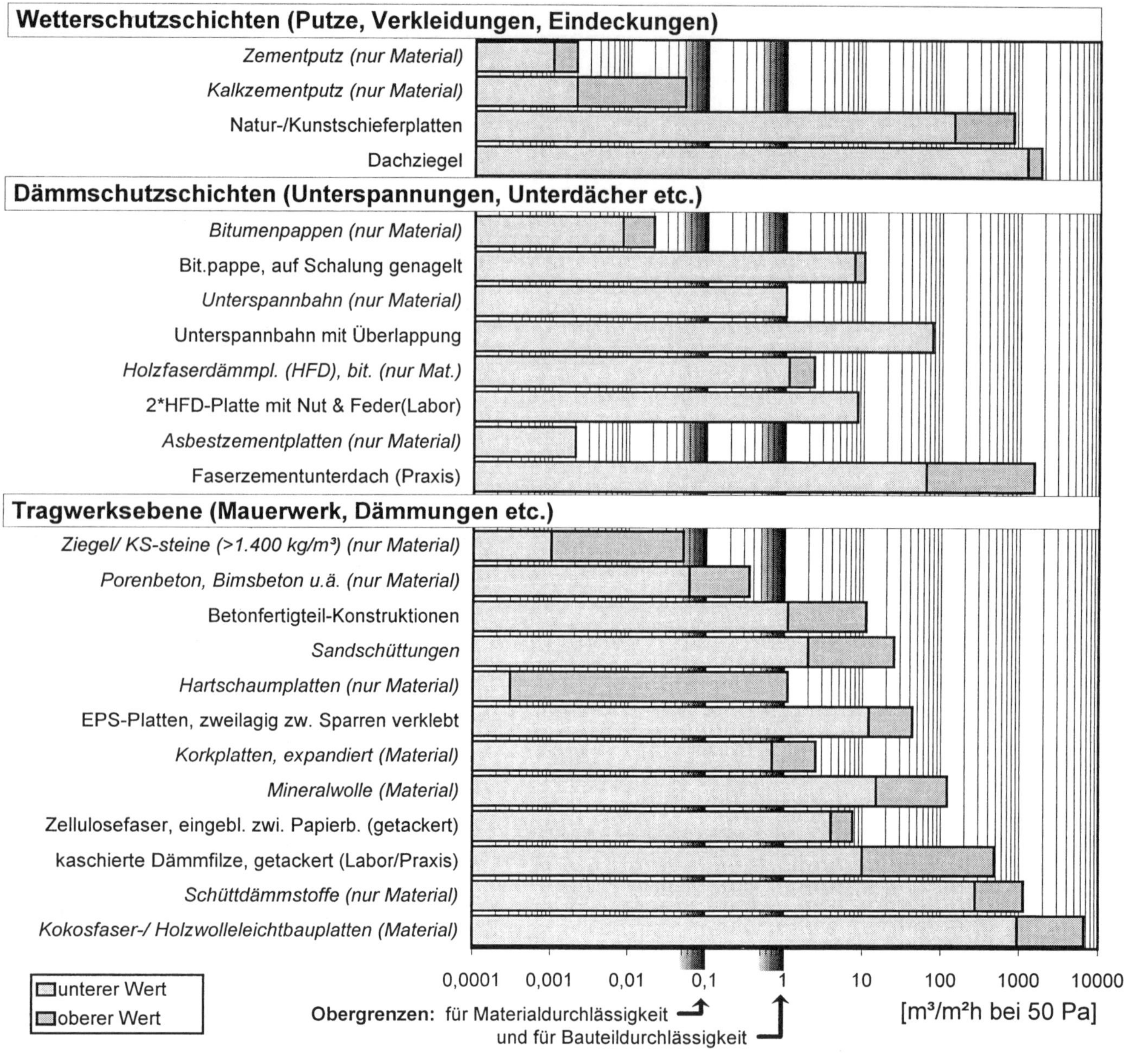

Abb. 5-10: Luftdurchlässigkeit von Bauteilschichten. Ergebnisse aus Materialprüfungen, Bauteilmessungen im Labor und Felduntersuchungen an gebauten Objekten. Quelle: [Zeller u.a. 1995]

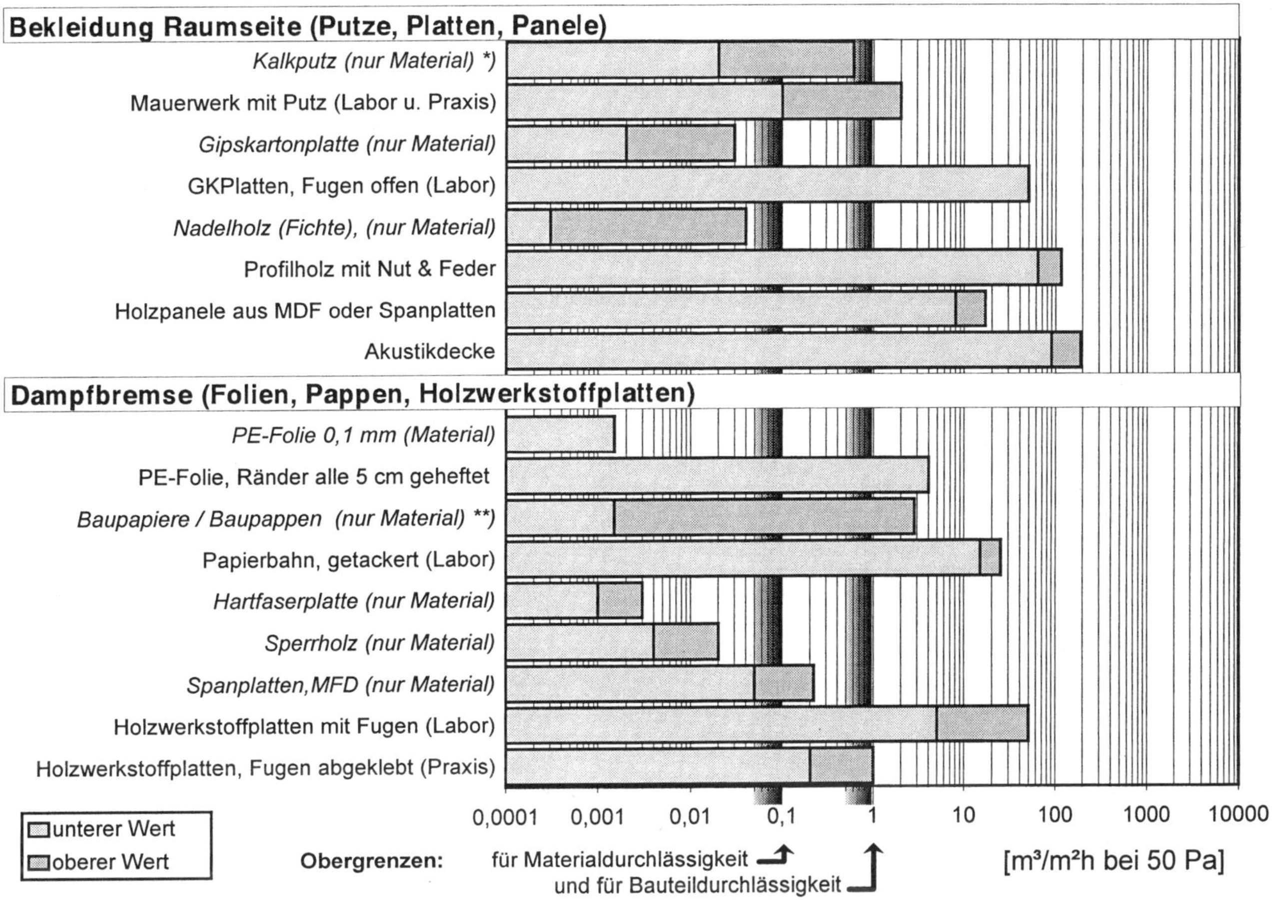

*) Die Kalkputzmeßwerte entstammen einer experimentellen Untersuchung aus dem Jahr 1928 mit den damals üblichen, sehr „weichen" Putzen. Neuere Meßwerte waren nicht verfügbar. Die heute üblichen Kalk-Gips-Innenputze dürften trotz geringerer Dicke wegen ihrer „härteren" Gefügestruktur eher im unteren Bereich der angegebenen Schwankungsbreite liegen.

**) Baupapiere, die z. B. als Rieselschutzlage produziert werden, liegen eher im oberen Bereich der Schwankungsbreite und können daher nicht als luftdichtendes Material eingesetzt werden. Luftdichtungspappen (untere Grenze des Bereichs) haben i. d. R. eine Beschichtung oder sind zweilagig mit einer sperrenden Kleberlage ausgerüstet.

Abb. 5-10: Luftdurchlässigkeit von Bauteilschichten (Fortsetzung) auch dort, wo dieser Bereich nachher nicht sichtbar ist, z. B. bei Fensterbrüstungen, Mauerwerksbereichen hinter Installationen, Vormauerungen, Verkleidungen, Deckenhohlräume u. ä. Auch Unterbrechungen in der Putzschicht bei Steckdosen, Unterputzkästen usw. können Zugerscheinungen hervorrufen (s. Abb. 5-11b). Besonders groß sind die Auswirkungen hiervon bei Hochlochsteinen wegen ihrer Lochung in senkrechter Richtung. Hierdurch entsteht ein vertikales und, wg. Mörtelfehlstellen, auch diagonales System von Luftpfaden, durch das große Luftmengen zu Fehlstellen im Innenputz geleitet werden können (Abb. 5-11a).

Als erfolgversprechendste Lösung des Fehlstellenproblems hat sich bewährt, für diese Flächen ein **Vorputzen mit einem einfachen Mörtelglattstrich** als eigene Position in der Ausschreibung vorzusehen. Dies ist bei weitem kostengünstiger und wirksamer als nachträgliches Abspritzen der Durchdringungen.

Die **Luftdichtung bei Betondecken** (Kellerdecken / oberste Geschoßdekken) stellt in der Fläche auch ohne Putz kein Problem dar. Betonschichten sind die einzigen Tragwerksbaustoffe, die an sich luftdicht sind, sofern es sich um Ortbeton handelt (keine Betonfertigteile!). Oft „vergessen" wird jedoch, die Durchbrüche für Sanitärinstallationen nach Beendigung der Klempnerarbeiten zu verschließen. Bei Kellerdecken mit einem Ausbruch für einen offenen Kellerabgang sollte überdies bedacht werden, daß hierbei die luftdichtende Ebene von der Kellerdecke in die Grenzfläche zwischen Flur und den (unbeheizten) Kellerräumen verspringt.

Leichtbau: Doppelnutzung der Dampfbremse

Die Luftdurchlässigkeit der Tragwerksebene im Holzleichtbau liegt infolge von sehr strömungsoffenen Ausfachungsmaterialien oft noch um einiges höher als bei unverputzem Mauerwerk. Aber auch die Verwendung von dichten Füllmaterialien (z. B. Hartschaumplatten) führt durch die zwangsläufig entstehenden Stoßfugen bei weitem nicht zu den erforderlichen Ergebnissen. Daran ändern auch Kaschierungen, Unterspannbahnen etc. nichts, solange diese, wie üblich, nur getackert und überlappt werden (vgl. [Knublauch u. a. 1987]).

Somit stellt sich die Frage, ob analog zum Massivbau die raumseitigen Bekleidungen die Dichtungsfunktion übernehmen können. Diese lassen sich beim Leichtbau in zwei Gruppen unterteilen:

- Materialien, die in der Fläche nur geringe Dichtigkeit aufweisen (Holzverschalungen wegen ihres hohen Fugenanteils und Holzfaserdämmplatten wegen ihrer porösen Materialstruktur).
- Harte Holzwerkstoffplatten und Gipsbauplatten zeigen, wenn sie verleimt bzw. verspachtelt wurden, im Labortest gute Dichtigkeitswerte. Aber in der Bauausführung als raumseitige Bekleidung auf einer Traglattung bleibt davon oft nicht viel übrig (Durchbrüche für Installationen, Steckdosen etc., systembedingt undichte Randanschlüsse an Fußboden und Innenwände, s. Kap. 5.6). Hinzu kommt die Gefahr weiterer Undichtig-

Abb. 5-11 a: Mauerwerk ist sehr strömungsoffen. Erst ein durchgehender Putz macht es luftdicht. Foto: EUZ

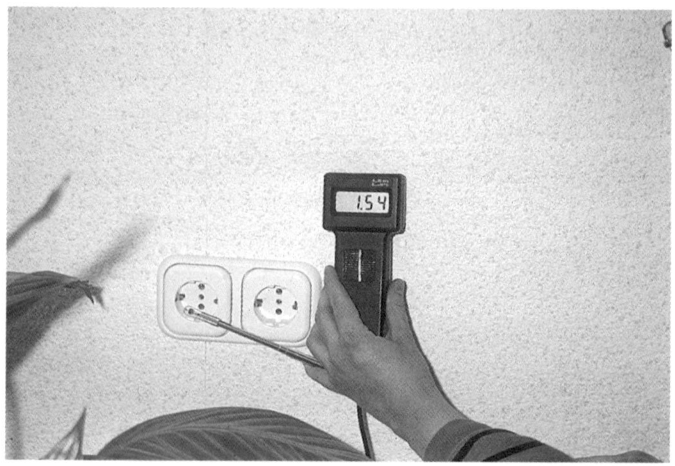

Abb. 5-11b: An Putzfehlstelle (hier: Steckdose) wird eine Luftgeschwindigkeit von 1,54 m/s gemessen. Foto: EUZ

keiten während der Wohnnutzung (Risse durch Bauwerksbewegungen, neue Löcher...).

Deshalb ist es bei Leichtbauteilen wenig ratsam, raumseitige Bekleidungen als Luftdichtungsebene auszubilden. Das gilt im übrigen z. B. auch für Gipsbauplatten, die mit Batzen auf rohes Mauerwerk gesetzt werden.

Als Lösung für die Verwendung als Luftdichtungsschicht bietet sich bei Leichtbauweisen eine **„Doppelnutzung" der Dampfbremsebene** an. Diese liegt auf der Innenseite des Tragwerks und ist von der raumseitigen Bekleidung in der Regel durch deren Traglattung getrennt. Dies hat folgende Vorteile:

Der **„Sicherheitsabstand"** zur raumseitigen Bekleidung (= Stärke der Traglattung für die Innenbekleidung) kann problemlos als Hohlraum für haustechnische Installationen genutzt werden.

Die diffusionstechnischen Anforderungen an Dampfbremsen setzen die Verwendung luftdichter Materialien voraus. Poröse Baustoffe scheiden hierfür von vorneherein aus.

Die dichtenden Eigenschaften von Alukaschierungen, PE-Folien, Dampfbremspappen usw. werden allerdings erst wirksam, wenn deren **Verbindungen untereinander dauerhaft luftdicht** ausgebildet werden. Bei Dichtungsbahnen bringt ein reines Überlappen und selbst ein Tackern in engem Abstand keine akzeptable Wirkung. Die Stöße müssen mit einem systemgerechten Kleber bzw. Klebeband verbunden werden. Die Überlappungen von Bahnen sollten dort liegen, wo die Klebestelle mit einer Anpreßlatte angedrückt und damit mechanisch gesichert werden kann (s. Abb. 5-12).

Eine Ergänzung des Konzepts: Winddichtung auf der Außenseite

Auch dann, wenn eine korrekt ausgeführte, innenliegende Luftdichtungsebene angebracht wurde, kann durch Luftbewegungen *innerhalb* der Konstruktion eine gravierende Verminderung ihres Dämmwerts erfolgen (vgl. [Hens 1992 u. 1995], [EDU 1985 u. 1991], [Brown u. a. 1993]. Ursachen hierfür können sein:

- Durchströmung von lockeren, nicht abgedeckten Faserdämmstoffen im Bereich von Hinterlüftungen (z. B. unter Dacheindeckungen oder Unterspannbahnen bzw. hinter Vorhangfassaden);
- Rotationsströmungen zwischen kalter und warmer Seite von Dämmschicht in Hohlräumen.

Die Lösung für diese Probleme, die vor allem Holzbauteile betreffen, liegt in einer Konstruktionsweise, die als **„Sparrenvolldämmung"** geläufig ist. Hierbei werden die äußere Dämmschutzschicht (auch als Winddichtung bezeichnet) und die innere Luft- bzw. Dampfdichtung so aufeinander abgestimmt, daß eine vollständige Füllung des Hohlraums zwischen beiden Begrenzungen diffusionstechnisch unproblematisch ist und Belüftungsebenen überflüssig wer-

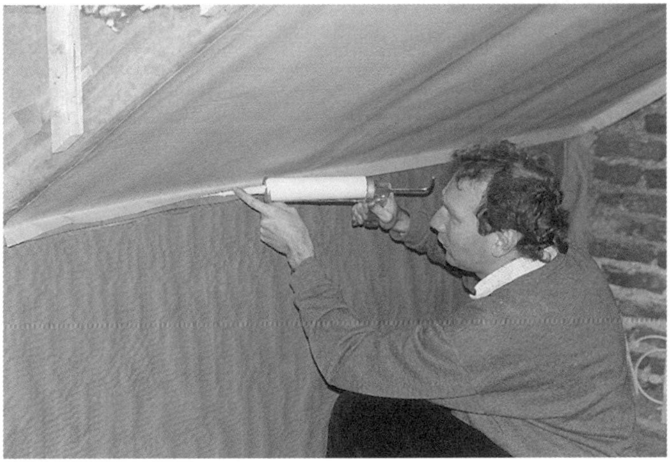

Abb. 5-12a: Verklebung der Überlappung von Luftdichtungsbahnen aus armierter Baupappe mit Latexkleber

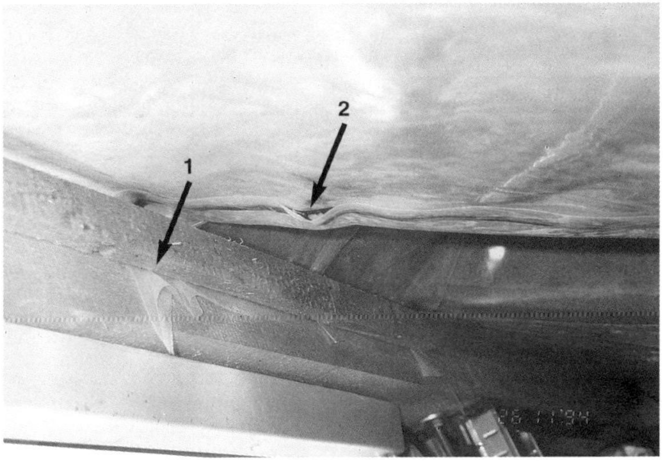

Abb. 5-12b: Anschlüsse der Luftdichtungsbahn müssen mit Anpreßlatte durchgeführt werden (Pfeil 1). Bei Überlappungen ist dies ebenfalls ratsam. Andernfalls können auch korrekte Verklebungen wieder aufgehen (2).

den. Als besonders geeignet zur Vermeidung von internen Konvektionen sind Konstruktionen, die beidseitig mit Plattenwerkstoffen beplankt und mit „Insitu-Dämmverfahren“ z. B. mit Einblasdämmstoffen vollständig und setzungssicher gefüllt werden.

5.6 Linienförmige Bauteilanschlüsse

Bei der Luftdichtung ist es nicht anders als beim Regenschutz. Probleme entstehen in der Praxis meist nicht in der Fläche, sondern bei den Anschlüssen. Selbst bei kompakter Bauform und einfacher Grundrißplanung ergeben sich in einem Einfamilienhaus mehrere hundert Meter potentiell leckageträchtiger Bauteilanschlüsse.

Grundregel sollte sein, daß ein Wechsel der Luftdichtungsebene zwischen Innen- und Außenseite des Tragwerks nach Möglichkeit vermieden wird. Einen besonders schwierig zu lösenden Fall stellt in dieser Hinsicht der Anschluß von Aufdachdämmungen an die Außenwände dar. Hier verspringt die Dichtungsebene von der Innenseite der Wand (= Innenputz) auf die Außenseite des Dachstuhls. Hierdurch ergeben sich Verbindungsprobleme (Unterbrechung durch die Dachschalung, Durchstoßungen durch die Tragsparren), die planerisch und erst recht ausführungstechnisch schwer beherrschbar sind (s. Abb. 5-13a). Eine vernünftige Lösung kann nur durch die Ausbildung des Dachüberstands mit Stichbalken erzielt werden, wie das Holzbaudetail in Abb. 5-13b zeigt.

Wird die Grundregel der Vermeidung des Lagewechsels durchgehalten, so sind **Anschlüsse zwischen Bauteilen, die in gleicher Weise konstruiert sind** (z. B. Massivwand an Massivdecke oder Massivinnenwand, Leichtbau-Außen-

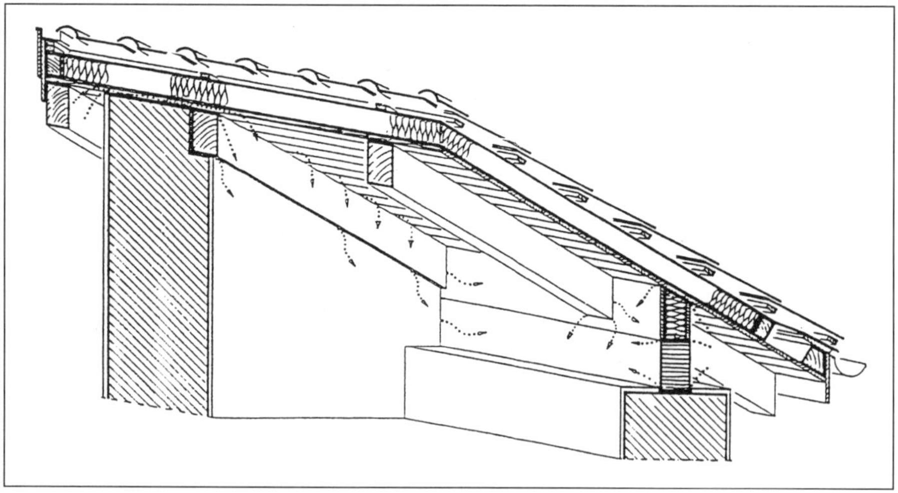

Abb. 5-13a: Zugerscheinungen an den Dachanschlüssen bei einer Aufsparrendämmung. Quelle: [Oswald 1995]

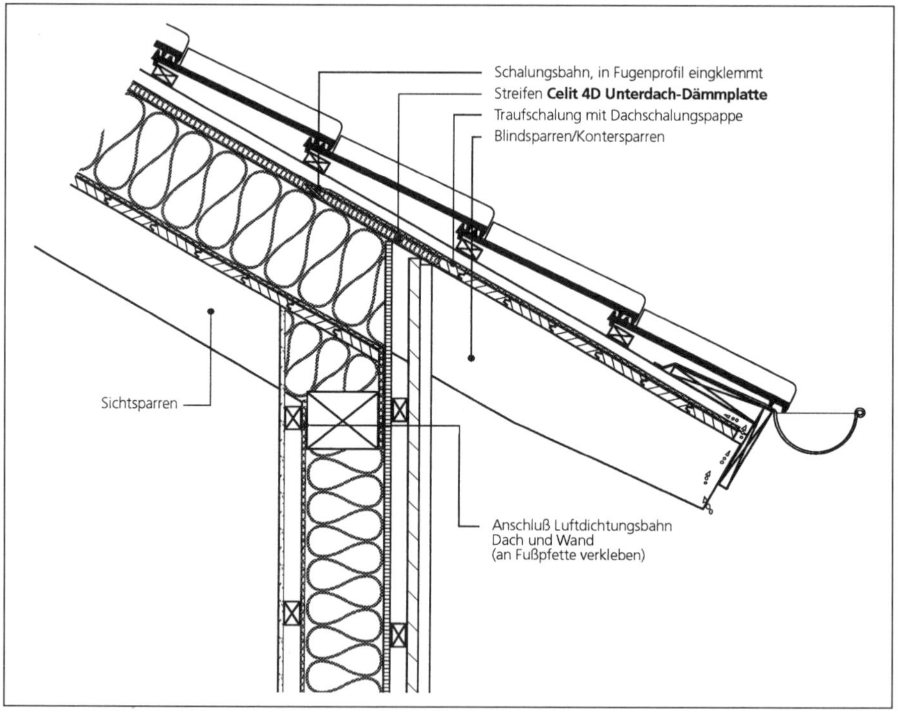

Abb. 5-13b: Gelungene Detaillösung: Traufanschluß bei Aufdachdämmung im Holzbau. Quelle: [isofloc 1993]

wand an Leichtbaudachschräge) planerisch wenig aufwendig. Sie können ausführungstechnisch behandelt werden wie oben für die Fläche beschrieben (s. Abb. 5-12).

Besonderer Beachtung bedürfen **Anschlüsse zwischen Massiv- und Leichtbauweisen.** Erste Wahl für diesen Übergang sollte das Einputzen der Luftdichtungsbahnen sein (s. Abb. 5-14).

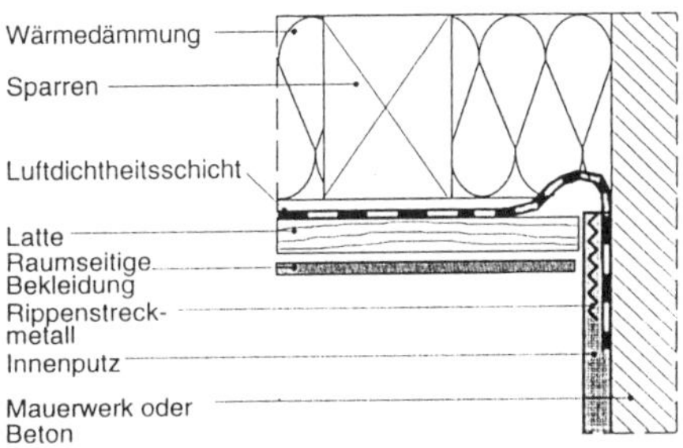

Abb. 5-14: Anschluß der Dichtungsbahn an eine Wand aus Mauerwerk oder Beton. Quelle: [DIN V 4108-7]

Bei *ebenem* Untergrund liefert auch ein Anschluß mit Dichtungsband oder geeignetem Kleber und verschraubter Anpreßlatte akzeptable Ergebnisse. Anklebung zusammen mit Anpreßlatte ist auch die geeignete Wahl bei linienförmigen **Anschlüssen an das Holztragwerk** (z. B. Pfetten und Stützen) (s. Abb. 5.12b oben).

Bei allen derartigen Anschlüssen erweist sich ein wichtiger Nebeneffekt der Installationsebene als baupraktisch besonders vorteilhaft: Im Installationshohlraum ist der nötige Platz vorhanden, um alle Andichtungen vom Raum aus unsichtbar auszuführen.

Beim **Einbau von Leichtbau-Innenwänden** sollte unbedingt darauf geachtet werden, daß die Luftdichtungsschicht des angeschlossenen *Außenbauteils* räumlich und zeitlich vor dem Ständerwerk der Innenwand fertiggestellt wird. Ansonsten können erhebliche Querströmungen durch die Innenwand nach/von außen erfolgen (vgl. [Geißler/Hauser 1996]).

5.7 Durchdringungen und Durchstoßungen

In diesem Bereich besteht in der aktuellen Praxis auch bei Niedrig-Energie-Häusern der größte Nachholbedarf in puncto erfolgversprechender, weil praktisch handhabbarer Detaillösungen. Nach der Auswertung im bereits erwähnten Blower-Door-Bericht des IWU herrscht hier noch weitgehend die „Augen-zu-und-durch"-Strategie vor. Besondere Schwierigkeiten bereiten hier offensichtlich auch die Gewerkekoordination, Zeitplanung und Ausführungskontrolle.

Bei **Rohrdurchführungen** durch Leichtbaukonstruktionen sind bestenfalls Versuche zu verzeichnen, mit Manschetten aus Luftdichtungsbahn und komplizierten Schnittmustern das dreidimensionale Durchdringungsproblem zu lösen (s. Abb. 5-15a). Solche Versuche enden fast immer bei der Erkenntnis, daß vernünftige industrielle Formteile fehlen (z. B. Rohrdurchführungen mit tellerförmigem Flansch), die das Problem auf die zweidimensionale Ebene zurückholen könnten.

Konstruktive Durchdringungen (Sparrenköpfe, Auflager von Holzbalkendecken, Pfetten, Stützen) erfordern erheblichen Ausführungsaufwand bei der Anbringung von Dichtungsmanschetten. Einfaches Abspritzen der Fugen zur raumseitgen Bekleidung wird den starken Bewegungen in Holzbauteilen nicht gerecht (s. Abb. 5-15b).

Wegen des vergleichsweise großen handwerklichen Aufwandes und den erheblichen Problemen bei der Bauleitung, sollte bei punktförmigen Durchstoßungen die **Vermeidungsstrategie** als erste Wahl bedacht werden. Auch noch in der Detailplanungsphase sollte die höhere Schule der Dichtkunst vor allem auf prinzipielle Vereinfachungen orientiert sein (Mörtelglattstrich, Auflager von Balken innerhalb der luftdichtenden Ebene, Einsatz von Rohrbelüftern für das Abwassersystem).

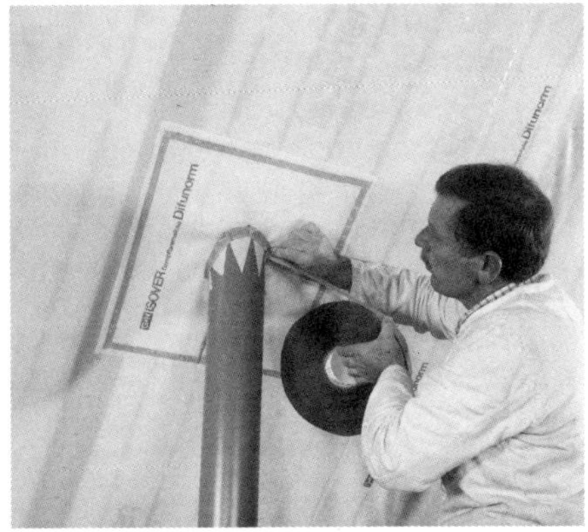

Abb. 5-15 a: Verklebung einer Rohrdurchdringung. Werkfoto: G + H

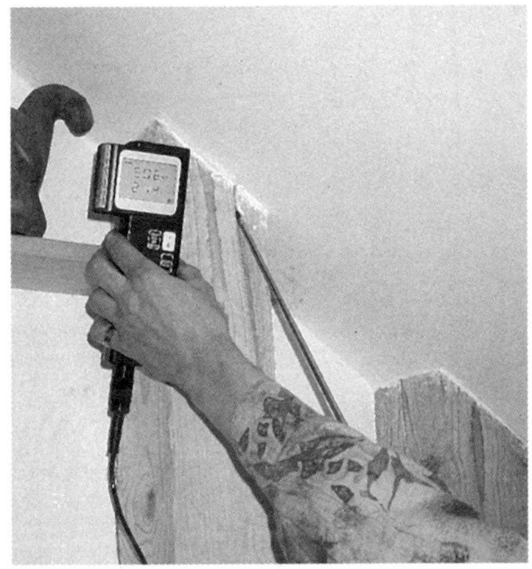

Abb. 5-15b: Messung der Luftgeschwindigkeit (~ 5 m/s) an undichter Balkendurchdringung. Foto: inco

5.8 Anschlüsse von Bauelementen

Die Dichtigkeitsanforderungen an die **Schließfugen** von Fenstern und Türen sind seit langem genormt und bauaufsichtlich eingeführt. Fenster aus güteüberwachter Herstellung unterschreiten diese Anforderung im Labortest deutlich. Nicht selten zeigte sich jedoch beim Blower-Door-Test, daß am Ende des Bauprozesses ein Nachstellen der Beschläge ratsam ist.

Erhebliche planerische und praktische Probleme bestehen bei den **Einbaufugen** von Fenstern, Türen usw. Hierbei sind zwei besondere Probleme zu nennen:

- Das Verspringen der Luftdichtungsebene von der Innenseite der Wand nach außen auf den Blendrahmen.

Dabei wird oft vergessen, daß die Tragwerksebene gekreuzt wird, die, wie oben erläutert, eher als Luftverteilungsschicht denn als Dichtebene zu begreifen ist. Grundregel: Alle Leibungsflächen (und -kanten) müssen gegenüber dem Tragwerksbereich vollflächig gedichtet werden (auch unter der Fensterbank und am Fußboden bei Außentüren und Fenstern ohne Sockel).

- Der Anschluß der Laibungsdichtung an den Blendrahmen.

Die Regelausführung besteht in dem Versuch der Dichtung zwischen Stirnseite des Blendrahmens und der Tragwerksebene (z. B. Mauerwerk). Dieser Ansatz ist grundsätzlich fragwürdig, weil ein dichter Anschluß an ein undichtes Bauteil ein Widerspruch in sich ist! Hinzu kommt, daß hierfür meist Materialien verwendet werden, die zu diesem Zweck nicht geeignet sind (Montageschäume) oder durch Bautoleranzen überfordert sind (Kompribänder). Prinzipiell empfehlenswerter ist das Konzept, *die Luftdichtungsebene der Leibung innenseitig auf den Blendrahmen* zu ziehen und dort materialgerecht anzuschließen, d. h. bei Mauerwerk dauerelastische Abspritzung der Fuge zwischen Mörtelglattstrich oder Leibungsputz und Blendrahmen (s. Abb. 5-16). Lösungen für den Holzbau werden im folgenden Abschnitt 5.9 behandelt.

Stiefkind bei der Verwendung gedichteter Bauelemente sind vielfach **Dachbodenluken und -türen** sowie die Kellertüren. Hier sollten die gleichen Dichtheitsmaßstäbe angelegt werden wie bei den zuvor beschriebenen Bauelementen. Anderenfalls wird durch den thermischen Auftrieb Kellerluft in den Wohnbereich geführt.

In heutigen Einfamilienhäusern sind **Heizkamine und (Kachel)Öfen** wieder modern geworden. Aus Gründen der

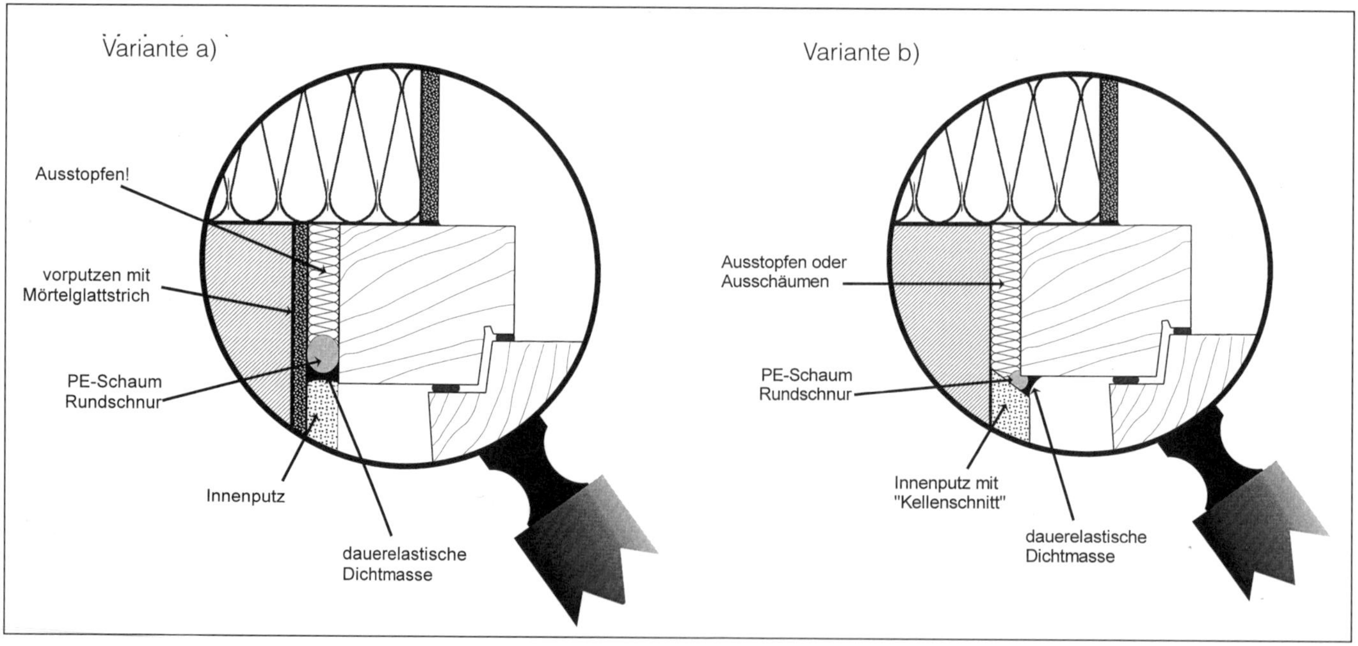

Abb. 5-16: Luftdichter Anschluß von Fensterrahmen an massives Mauerwerk

Lufthygiene sollten nur Feuerstellen betrieben werden, deren Verbrennungsluftzufuhr unabhängig von der Raumluft erfolgt. Undichte Heizeinsätze und Feuerraumtüren können eine erhebliche Leckage darstellen und überdies in Gebäuden mit Abluftanlage zur Belastung der Raumluft werden.

Zusammenfassung

Die Luftdichtigkeit der Gebäudehülle war lange ein Stiefkind der bundesdeutschen Baudiskussion. Das hat sich in den letzten Jahren - nicht nur aufgrund der NEH-Entwicklung, sondern auch wegen einer zunehmenden Zahl konvektionsbedingter Feuchteschäden – mit Sicherheit geändert. Die Ergebnisse von Vor-Ort-Messungen mit der Blower-Door zeigen jedoch deutlich, daß bei der Entwicklung praxistauglicher Luftdichtungstechniken noch ein erheblicher Nachholbedarf besteht.

Der erreichte Standard in Ländern, die sich schon länger der Erprobung von Dichtungssystemen und -details gewidmet haben, und die verbesserten Testergebnisse, die mit zunehmender Laufzeit in den NEH-Förderprogrammen erzielt werden konnten, zeigen, daß die Probleme lösbar sind. Entscheidende Voraussetzung hierfür ist eine problembewußte Planung von Materialauswahl und Anschlußdetails. Eine Überprüfung von Planungs- und Ausführungsqualität mit Hilfe von Blower-Door-Messungen liefert die notwendigen Erkenntnisse für die Weiterentwicklung.

5.9 Der Stolperstein beim Niedrigenergie-Holzbau

Jede Bauweise hat ihre spezifischen Detailprobleme beim Übergang zum Niedrig-Energie-Standard. Was dem Massivbau die Wärmebrücken ist dem Holzbau die Gebäudedichtheit. „Mit Holz" würde nach neuen Marktforschungen fast die Hälfte der heutigen Bauherren gerne bauen, bei Holzleichtbauweisen assoziieren viele jedoch zugige Butzen mit Barackenklima. Diese (Vor-)Urteile haben ihren historischen Kern durchaus in der jüngeren Baugeschichte. Die erste Generation der Fertighäuser und der Dachausbau der 70er und 80er Jahre geben ein beredtes Zeugnis in puncto Zugerscheinungen, zu trockener Raumluft und ungemütlicher Temperaturschwankungen.

Auch in Ländern, in denen Holzrahmen- oder Holztafelbauweisen zur vorherrschenden Bauweise gehören (Nordamerika und Skandinavien) verliefen die ersten Versuche, Holzhäuser mit Niedrig-Energie-Verbrauch zu bauen, zunächst enttäuschend. Die realen Verbrauchswerte erreichten bei weitem nicht die kalkulierten Zielwerte. Bald war jedoch die Ursache hierfür ausgemacht: die mangelhafte Luftdichtheit der Holzbauhüllen. Dies war – in der zweiten Hälfte der siebziger Jahre – im übrigen die Geburtsstunde der sog. „Blower Door", jenem Vor-Ort-Meßgerät zur Untersuchung der Luftdurchlässigkeit, dessen Einsatz in Folge der neuen WVO nun auch in Deutschland zur Einzelfallprüfung empfohlen wird.

Durch intensive Forschung und Produktentwicklung sind schon in den achtziger Jahren, insbesondere in den nordischen Ländern, stark verbesserte Holzbauweisen entwickelt und in Konstruktionskatalogen publiziert worden (vgl. [Carlsson u. a. 1980] u. [Elmroth/ Levin 1983]). Das Gros des deutschen Holzbaus hinkt gegenüber diesen Entwicklungen gut 10 Jahre hinterher. Aktuelle Forschungberichte über Blower-Door-Messungen an 100 Holzhäusern in Deutschland kommen zu folgenden Er-

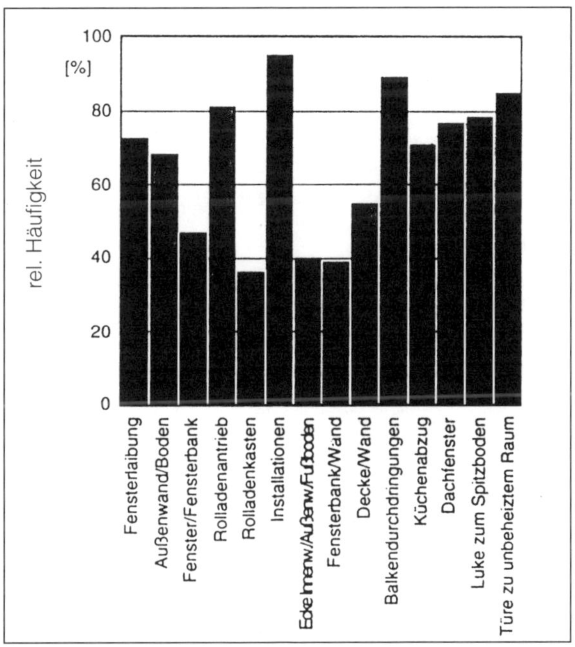

Abb. 5-17: Übersicht über die relative Häufigkeit bestimmter Leckageorte, bezogen auf die Gebäude, die das betreffende Detail hatten [Quelle: Geißler/ Hauser 1996]

gebnissen (vgl. [Zeller u.a. 1995], [Geißler/Hauser 1996]):

Im Mittel erreichten die untersuchten Holzbauten der 90er Jahre n_{50}-Werte um 4 bis 5 Luftwechsel pro Stunde. Nur ein knappes Drittel erreichte den Zielwert für fenstergelüftete Gebäude (3,0 h^{-1} lt. V DIN 4108-7). Für den Einsatz bedarfsgesteuerter Lüftungstechnik qualifizierte sich nur eine kleine Minderheit von weniger als 10 % der Objekte. Diese Beispiele von funktionsfähigen NE-Holzhäusern zeigen allerdings auch, daß Problemlösungem oft gar nicht so kompliziert und aufwendig sein müssen, wie vielfach noch vermutet wird.

Entwicklung eines Luftdichtungskonzepts für Holzbauten

Das spezifische Dichtungsproblem des Holzbaus besteht darin, daß die Gefache der Tragwerksebene höchst luftdurchlässig sind (s. Kap. 5.4). Das A und O von erfolgversprechenden Lösungsversuchen ist zunächst die Entwicklung eines Konzepts zur Abschottung des Wohnraums auf der *Innenseite* des Tragwerks. Dazu reicht es nicht, darauf zu vertrauen, daß die raumseitige Bekleidung plus Dampfbremse und/oder eine Beplankung mit Holzwerkstoffplatten gewöhnlich die Flächendichtung übernehmen. Holzbauspezifische Problemzonen, die nach den genannten Untersuchungen am häufigsten vorkamen, waren

- Durchdringungen durch haustechnische Installationen
- Durchdringungen von Deckenbalken, Pfetten und Stützen
- Anschlüsse der Blendrahmen von Fenstern und Außentüren
- Anschluß Außenwand an Kellerdecke oder Fundamentplatte

Alle diese Leckagearten waren in mehr als 70 % der möglichen Fälle zu finden, die beiden ersten sogar in 9 von 10 Häusern (s. Abb. 5-17)!

Von daher ist es nicht verwunderlich, daß die ausgereiften Systeme sich gerade in dieser Hinsicht schon im planerischen Ansatz von anderen unterschieden. Die leckageverdächtigen Punkte wurden entweder durch Vermeidung (z. B. Installationsebene, zwischengehängte Decken) gelöst oder durch Detailplanung entschärft (s. Abb. 5-18a/b).

Installationsebene – ja oder doch nicht?

Zweifellos gehört die Frage „Wohin mit den **Installationen**?" zu den umstrittensten im Holzbaubereich. Fatalerweise ist es geradezu ein Optimierungsmerkmal von weitgehend vorgefertigten Holzbausystemen (z.B. Fertighäuser), daß der Tragwerksbereich als kostengünstiger Installationsraum benutzt wird. Will man diesen nicht zu verkennenden Rationalisierungsvorteil beibehalten, so muß jedoch über Detailoptimierungen nachgedacht werden: Einsatz dichter Hohlraumdosen und Unterputzverteiler, Stopfen auf Leerrohren, die nach außen führen, Abdichtung von Abwasserinstallationen in Decken und Wänden usw.

Die Messungen zeigen, daß das Problem der haustechnischen Durchdringungen beim Einsatz einer Installationsebene innenseitig vor der Dichtungsebene als gelöst angesehen werden kann. Dieser Mehraufwand ist bei den Holzbausystemen am geringsten, die zum Erreichen von Niedrig-Energie-k-Werten die zweite Dämmlage innenseitig anordnen. Diese Dämmebene kann als Raum für Installationen genutzt werden, wenn die Luftdichtungsebene auf dem Ständerwerk montiert wird (s. z. B. Abb. 5-18c).

Neue Untersuchungen an Niedrigenergie-Projekten mit Holzbauhülle zeigen, daß dichte Häuser auch ohne Installationsraum möglich sind, wenn eine konsequente Vermeidungsstrategie praktiziert wird. So erreichten z. B. 15 Reihenhäuser aus der „Rasch-Kollektion" beim Blower-Door-Test allesamt n_{50}-Werte unter 0,55(!) [1/h]. Die besonderen Merkmale: Verlegung aller Haustechnik-Installationen in Innenwänden oder Decken, Elektroinstallation mit Aufputzsystem (vgl. [Rasch u.a. 1996] u. [Sabeder 1996]).

Neuralgische Punkte: Balkendurchdringungen

In konstruktiver Hinsicht stellen **Balkendurchdringungen** und damit verbunden der Anschluß der Zwischendecke(n) an die Außenwände einen neuralgischen Punkt dar. Wiederum aus Fertigungsgründen werden bei vielen Holzbausystemen die Deckenbalken auf das Rähm der Wände des darunterliegenden Geschosses aufgelegt und die Obergeschoßwände auf diese Balkenlage gestellt (Platform-Framing). Hierdurch entsteht eine großflächige Unterbrechung der Luftdichtungsebene, wenn keine besonderen Maßnahmen ergriffen werden. Abb. 5-18b zeigt einige mehr oder weniger aufwendige Lösungen. Als Grundprinzip zur Herstellung dichter Deckenanschlüsse kann gelten: Wenn das Platform-Framing als Konstruktionsprinzip beibehalten werden soll, so ist es am effektivsten, einen zusätzlichen Streifen aus (diffusionsoffenen) Luftdichtungsbahnen außen um die Balken herumzuführen und mit denen der Wände zu verbinden.

Eine besonders elegante Lösung dieses Anschlußproblems zeigen Abb. 5-18b rechts unten und Abb. 5-18d. Bei der sog. „Balloon Frame"-Bauweise wer-

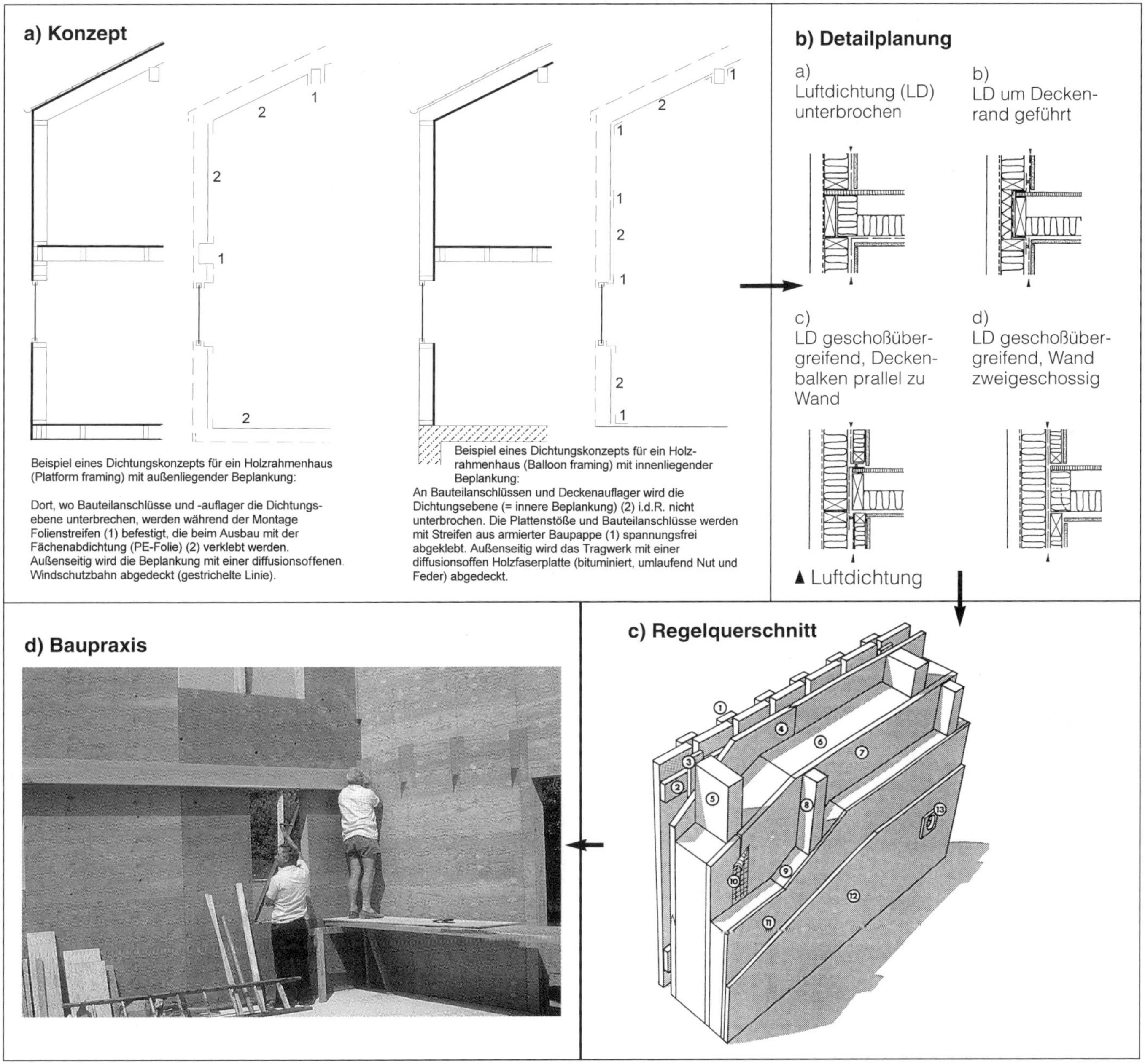

Abb. 5-18: Vom Konzept zur Praxis bei der Verbesserung der Luftdichtigkeit im Holzrahmenbau; a) Entwicklung eines Dichtungskonzepts, b) Detailplanung Deckenanschluß, c) Festlegung des Regelquerschnitts, d) Balkenmontage bei zwischengehängter Decke ohne Durchstoßpunkte. Quellen: a) und b) nach [Brucker 1995], c) [Gruppe 81^{FÜNF} AG. Foto: Pohlmann

den die Außenwände geschoßübergreifend gefertigt und die Decken dazwischengehängt. Damit vermeidet man von vorneherein Balkendurchdringungen. Bei Einbau einer innenliegenden Installationsebene können in diesem Hohlraum auch weitere statisch notwendige Lastabtragungen vorgenommen werden und somit z. B. auch Durchstoßpunkte bei Pfetten überflüssig werden.

Besonders negativ können sich Holzdecken auswirken, wenn sie als Balkone, Laubengänge oder Loggienfußboden auskragen.

Durchstoßpunkte, die es zu vermeiden gilt, sind außerdem die Anschlüsse von Kehlbalkenlagen bei Dächern, die bis in die Spitze ausgebaut werden sollen (s. Abb. 5-13).

Bei Aufdachdämmungen sollten die Tragsparren bündig mit der Vorderkante der Fußpfette enden und der Dachüberstand mit den Kontersparren oder Stichbalken ausgebildet werden (vgl. Abb. 5-13b).

Fenster, Sockel usw...

Daß sich Fensteranschlüsse bei dreiviertel der untersuchten Objekte als undicht erwiesen, liegt darin begründet, daß meist der (prinzipiell falsche) Versuch unternommen wurde, die Blendrahmen an die (prinzipiell undichte) Tragwerksebene anzuschließen (vgl. Kap. 5-6). Überdies herrscht hierbei die Verwendung ungeeigneter oder überforderter Dichtungsmaterialien vor (PU-Schaum, Kompribänder, Stopfmaterial und Abspritzmassen).

Aber auch zu diesem Problemfeld lassen sich klare und bewährte Empfehlungen aussprechen: Die Luftdichtungsebene der Fläche muß in die Fensterleibungen hineingezogen und am Blendrahmen angeklebt und gesichert werden (s. Abb. 5-19). Die je nach „Schnittmuster" zwangsläufig entstehenden Fehlstellen müssen mit „Flicken" überdeckt werden (vgl. [G+H 1994] u. [pro clima 1996]).

In zwei von drei Häusern wurden Leckagen im Sockelbereich festgestellt. Auch hierfür gibt es klar benennbare Gründe: Die Höhentoleranzen der Oberkante von Fundament oder Kellerdecke bewegen sich in der Praxis oft im Bereich von mehreren Zentimetern. Da die Wandelemente in Waage aufgestellt werden müssen, entstehen unter der Schwelle zwangsläufig beträchtliche Fugen. Äußere Leckagestellen (unter der Schwelle) und der mögliche Lufteintritt in den Wohnraum (im Bereich der Randdämmstreifen des Estrichs) liegen

Butylkautschukband auf Blendrahmen, Folie aufkleben, fest andrücken und überstehende Folie abschneiden

Im Bereich Fenstersturz und Fensterbank Klebeband aufkleben und die offenen Flächen mit Folie verkleiden

Offene Restecken mit Klebeband und Folienstücken abdichten. Folie im Rahmenbereich zusätzlich alle 2–3 cm antackern

Abb. 5-19a: Dichtung der Fensterlaibung mit PE-Folie. Werkfotos: G + H

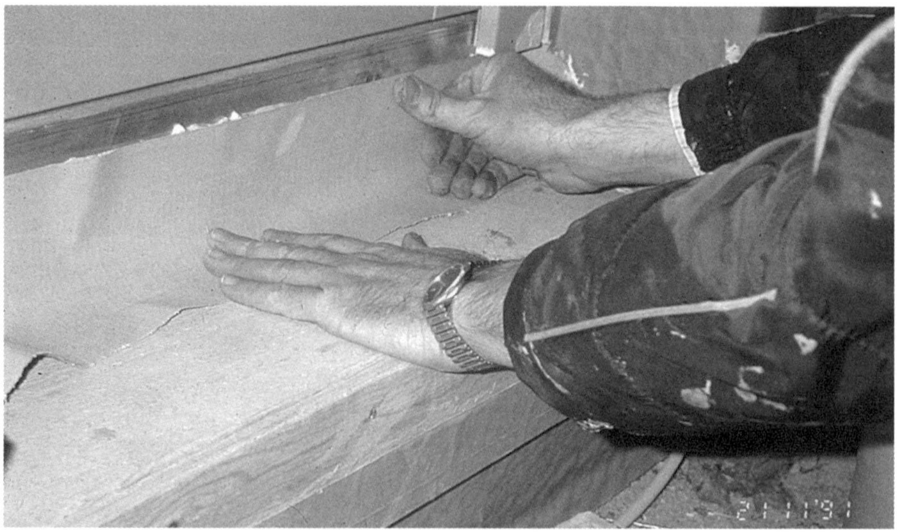

Abb. 5-19b: Abklebung mit armierter Baupappe an Fenstertür und Fundamentsockel Foto: EUZ

nahe beieinander. Deshalb ist diese Leckageart leicht zu lokalisieren, auch während der späteren Nutzung.

Der größte Teil dieses Problems ist durch Ausschreibung der zulässigen Toleranzen und deren Kontrolle bei der Abnahme der Betonarbeiten zu lösen. Höhenunterschiede bis zu 10 mm können durch Unterlage von komprimierbaren Dichtungsstreifen (z. B. Hohlkammerprofile aus EPDM, Bitumenfilze) ausgeglichen werden. Da diese Maßnahmen im Baualltag immer wieder Schwierigkeiten bereiten, sollte zur Absicherung stets auch die Luftdichtungsebene der Außenwände auf die Rohdecke herumgeführt und dort systemgerecht angeklebt und gesichert werden (s. Abb. 5-19b unten).

Anschlußprobleme bei der Luftdichtheitsschicht können je nach Bausystem auch bei Elementstößen von Wand- und Dachteilen, bei Innenwandanschlüssen, den Gebäudeecken sowie den Anschlüssen an Ortgang und Traufe auftreten. Oft macht sich diese Art Leckagen jedoch nicht am Ort ihrer Entstehung bemerkbar (wg. Abdeckung durch Tapete), sondern erst über Querströmungen in der Tragwerksebene z. B. bei Steckdosenauslässen und anderen Durchbrüchen in der raumseitigen Verkleidung, vgl. [Geißler/Hauser 1996].

Eine saubere Lösung all dieser möglichen Dichtheitsprobleme zeigt Abb. 5-20. Hier stellt die innenliegende aussteifende Beplankung die Luftdichtungsebene sowohl in der Wand als auch im Dach dar. Alle sichtbaren Fugen und Stöße werden mit gewebearmierten Baupappen vor der Montage von innenliegenden Konstruktionshölzern und Bauteilen abgeklebt. Die Installationen können dann ohne Durchstoßpunkte auf den Holzwerkstoffplatten montiert werden.

Holzrahmenbau-Häuser, die nach diesem Dichtungskonzept ausgeführt wurden, landeten in beiden Untersuchungen stets in der Spitzengruppe in puncto Gebäudedichtheit. Sie erreichten im Mittel einen n_{50}-Wert von deutlich unter 1,0 h^{-1}. Nachmessungen im Verlauf von vier Jahren an einem Gebäude, das schon 1991/92 in dieser Form errichtet wurde, lassen erwarten, daß diese Anschlußtechnik auch auf lange Sicht funktionieren kann [EUZ 1996].

Bei anderen Holzbauweisen besteht mit Sicherheit noch erheblicher Nachholbedarf, sowohl in planerischer als auch in ausführungstechnischer Hinsicht. Da es sich jedoch bei den meisten modernen Holzbauweisen um Systemlösungen handelt, können die noch bestehenden Probleme auch systematisch angegangen und gelöst werden. Weiterentwicklungen sollten mit dem Einsatz von Blower-Door-Tests begleitet werden. Ermutigend ist auch, daß eine zunehmende Zahl von Holzbaubetrieben von sich aus die Überprüfung der Gebäudedichtheit bei der Bauabnahme anbietet.

Abb. 5-20: Ein bewährtes Dichtungskonzept: Innenliegende Beplankung mit harten Holzwerkstoffplatten plus Fugenabklebung mit armierter Baupappe

6. Passive Solarenergienutzung und innere Wärmequellen

6.1 Solares Wärmeangebot: Das Prinzip

Auch in unseren Breiten strahlt die Sonne ganzjährig beachtliche Energiemengen ein: Etwa 1000 kWh Sonnenenergie treffen je Quadratmeter auf eine horizontale, unverschattete Fläche – zum Vergleich: Selbst durch eine sehr schlecht dämmende Einfachverglasung (k = 5,5 W/(m^2K)) gehen in einer Heizperiode nur etwa 468 kWh Wärme pro Quadratmeter verloren. Es liegt daher nahe, die in großem Umfang angebotene Sonnenenergie für die Gebäudeheizung verfügbar zu machen. Bei genauerer Betrachtung erweist sich die Solarenergienutzung zu Heizzwecken aber als nicht so einfach, wie es angesichts der Ganzjahresbilanz erscheint: Der größte Teil der Einstrahlung fällt im Sommer an, geheizt werden aber muß im Winter. Von den etwa 14 kWh/m^2 Solareinstrahlung im Dezember konzentriert sich darüber hinaus über die Hälfte auf wenige Tage – während die Wärmeverluste der Einfachverglasung sich den ganzen Monat lang auf über 82 kWh addieren. Heizung im energiesparenden Haus ist immer ein Problem der strahlungsarmen Monate November, Dezember, Januar und Februar. An den Bilanzen dieser Monate entscheidet sich die Tragfähigkeit eines solaren – auch eines passiv solaren – Konzeptes.

Für die Energieeinsparung verfügbar ist darüber hinaus nur der Teil des solaren Angebotes, der in die zu beheizende Hülle gelangt. Zum Glück besteht der größte Teil der Sonnenenergie aus recht kurzwelliger, hochwertiger Strahlung („Sonnenspektrum"). Es ist daher leicht möglich, diese Strahlung durch transparente (durchsichtige) oder transluzente (durchscheinende) Teile der Hülle ins Gebäude hereinzulassen und trotzdem eine luftdichte und wärmedämmende Konstruktion beizubehalten – im einfachsten Fall mit einer Glasscheibe. Allerdings gibt es beim Auftreffen auf und beim Durchgang durch das Bauteil auch immer eine Strahlungsabschwächung durch Absorption („Verschlucken" der Strahlung und Umwandlung in Wärme) und Reflexion (Zurückspiegeln; vgl. Abschnitt 6.3).

Beim Einfachglas ergibt sich dann beim obigen Beispiel: Einem Dezember-Sonnenenergieangebot von (durch Absorption und Reflexion geschwächt) 12 kWh steht ein Verlust von 82 kWh gegenüber. Dabei ist das Angebot hinter der Scheibe noch nicht einmal unbedingt vollständig nutzbar: Es kann zu einer gewissen Rückreflexion aus dem Raum und zu Überheizungseffekten an sonnenreichen Tagen kommen (vgl. Kap. 6.6).

Für schlecht gedämmte transluzente Flächen wie die Einfachverglasung ist die Bilanz negativ. Damit ist der Weg für eine effiziente passive Solarenergienutzung in unseren Breiten vorgezeichnet: Die Dämmung der transluzenten Flächen gegen Wärmeverluste muß stark verbessert werden, möglichst ohne den Energiedurchlaß für die Sonneneinstrahlung wesentlich zu verringern. Eine Energiebilanz der Fensterflächen muß überdies eine ganze Reihe weiterer Phänomene einbeziehen: Die Verringerung des Energiedurchlasses durch nicht senkrechten Einfall und Verschmutzung, die Verschattung sowie den Einfluß des Fensterrahmens und von fensterspezifischen Wärmebrücken (vgl. Kap. 6.4).

Für die Nutzung von Sonnenenergie zur Raumheizung werden verschiedene Systeme vorgeschlagen und eingesetzt. Infobox 6-1 zeigt eine Übersicht, aus der hervorgeht, daß vor allem die passiven Solarenergiesysteme mit direkter Nutzung einen bedeutenden und wirtschaftlich interessanten Beitrag leisten können: Dies liegt vor allem daran, daß die dazu erforderlichen Komponenten (Fenster) in einem Gebäude ohnehin gebraucht werden und der zusätzliche Aufwand sich nur darauf beschränkt, Fenster besserer Qualität und evtl. größerer Fläche einzusetzen.

6.2 Wärmeverluste beim Fenster

Auch der Wärmeverlust transparenter (und transluzenter) Flächen läßt sich mit dem Wärmedurchgangskoeffizienten k beschreiben (vgl. Abschnitt 3.2). Bei genauer Betrachtung hängt der Wärmedurchgangskoeffizient von Fenstern von den Temperaturen auf der Außen- und Innenseite ab, da die Konvektion im Füllgas zwischen Fensterscheiben temperaturabhängig ist (vgl. [Feist 1993a, Abschnitt 6.8] [Stohrer u. a. 1993]). Die Abweichungen sind jedoch nicht sehr groß, so daß für eine Jahresheizwärmebilanz durchaus mit einem konstanten Verglasungs-k-Wert gerechnet werden kann.

Die k-Werte verschiedener heute üblicher Verglasungstypen finden sich in

Infobox 6-1: Systeme der passiven und aktiven Sonnenenergienutzung zur Heizung

1 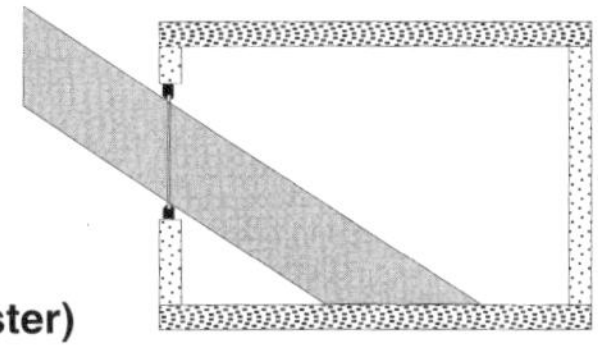 **passive direkte Nutzung (Fenster)**	+ *Sehr einfaches System* + *rein passives System* + *Fenster sind ohnehin erforderlich: Zusatzaufwand nur durch evtl. bessere Qualität oder größere Fläche* + *Stahlungsenergie im Raum (Ort der Nutzung)* – *Überheizung möglich (Abhilfe: Sonnenschutz)* – *Ausnutzungsgrad sinkt bei größeren Verglasungsanteilen* ⇨ ***Kostengünstiges und bedeutendstes Solarsystem***
2 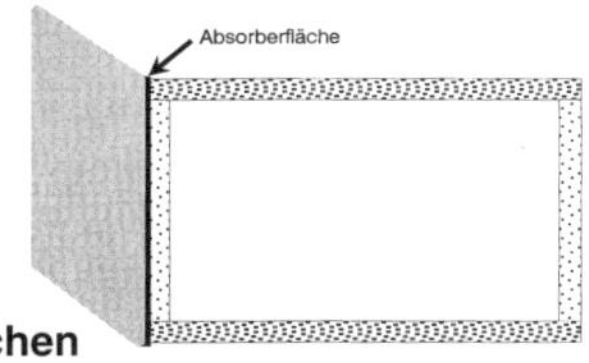 **passive indirekte Nutzung (Absorption auf Außenoberflächen nichttransparenter Bauteile)**	+ *Einfaches System* – *Sehr geringer Energiedurchlaß: Die absorbierte Strahlungsenergie wird hauptsächlich an der Außenoberfläche an die Außenluft abgegeben. Im günstigsten Fall können die Nettoverluste etwa 15 % geringer sein als ohne Einstrahlung* – *Im Sommer hoher Energieeintrag, dadurch Überhitzungsprobleme* ⇨ ***In Mitteleuropa kaum sinnvoll einsetzbar, evtl. als kleiner „Ergänzungsbeitrag“***
3 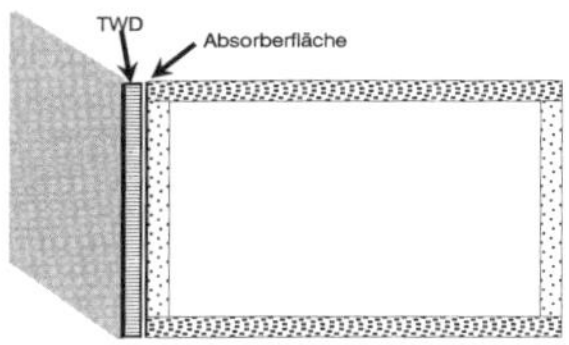 **passive indirekte Nutzung (transluzente Wärmedämmung)**	❍ *Komplexeres System* ❍ *Solarer Energiedurchlaß hängt vom Verhältnis des transparenten Wärmedurchgangswiderstands zum gesamten Wärmedurchgangswiderstand ab: Die transluzente Dämmung muß daher sehr gut sein* – *Bei großer Apertur und effizienten Systemen: Neigung zur Überhitzung; temporärer Sonnenschutz erforderlich* – *Ausnutzungsgrad sinkt bei großen transzulenten Flächen* – *Derzeit noch sehr teuer* ⇨ ***Weitere Entwicklung und Kostensenkung erforderlich***
4 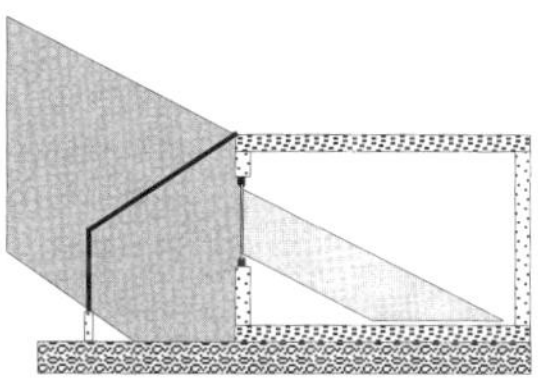 **passive indirekte Nutzung (Glasvorbau oder Wintergarten)**	❍ *Relativ aufwendiges System (zusätzlicher umbauter Raum)* – *Solarer Beitrag hängt vom Verhältnis des Wärmeverlustes (Haus & Wintergarten) zum Wärmeverlust des Wintergartens ab und ist i. a. gering* – *Durch die Fensterlüftung zum Wintergarten kann es insbesondere bei Bepflanzung zu Feuchteeintrag in die Wohnung kommen* – *Überhitzungsproblematik.* – *Wird der Glasvorbau wohnraumähnlich beheizt, so ergibt sich keine Energieeinsparung, sondern ein Mehrverbrauch* ⇨ ***Interessant, wenn ein Wintergarten aus anderen Gründen ohnehin gewünscht wird – Voraussetzung: Nicht beheizt!***
5 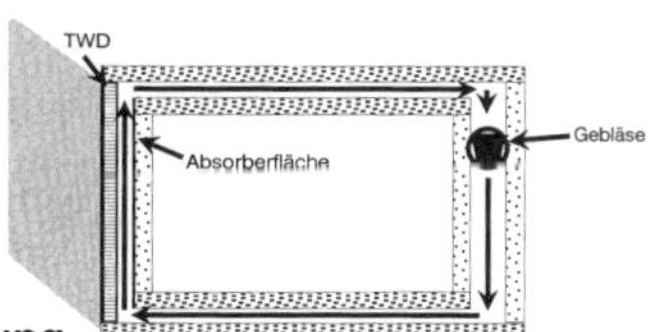 **Hybridsystem I (transluzente Wärmedämmung mit regelbarer Warmluftumwälzung)**	– *Relativ hoher Aufwand, handwerklich zu erstellen* – *Dichtheit des Systems nach außen und nächtliche dichte Abtrennung Kollektor/Gebäude erforderlich* – *Hoher Hilfsenergieaufwand Gebläse* + *Hoher solarer Ausnutzungsgrad möglich, wenn Zugriff auf zusätzliche Speichermassen geschaffen wird* + *Überhitzungsproblem einfacher zu lösen (Abtrennen)* ⇨ ***Entwicklungsziel: Vorgefertigte Fassadenkollektoren mit transluzenter Dämmung***

Infobox 6-1: Fortsetzung

6 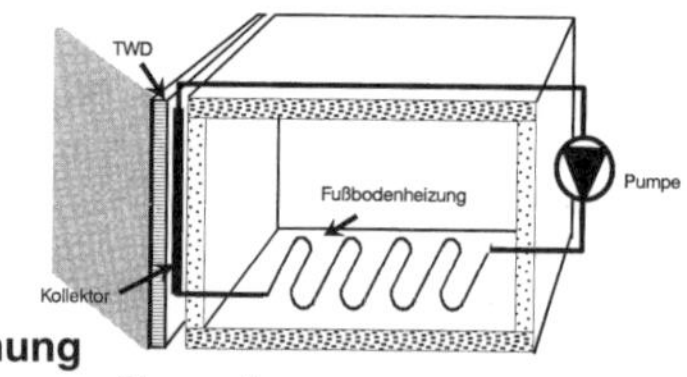 **Hybridsystem II (transluzente Wärmedämmung mit regelbarer Warmwasserumwälzung)**	– *Relativ hoher Aufwand* + *Höherer solarer Ausnutzungsgrad möglich (zusätzliche Speichermassen)* + *Kein Dichtheitsproblem* + *Solare Brauchwasserbereitung im Sommer kombinierbar* + *Überhitzungsproblem einfacher zu lösen (Abtrennen)* ⇨ ***Entwicklungsziel: Hocheffiziente vorgefertigte Fassadenkollektoren. Nach der direkten passiven Nutzung (Fenster) erfolgversprechendstes System***
7 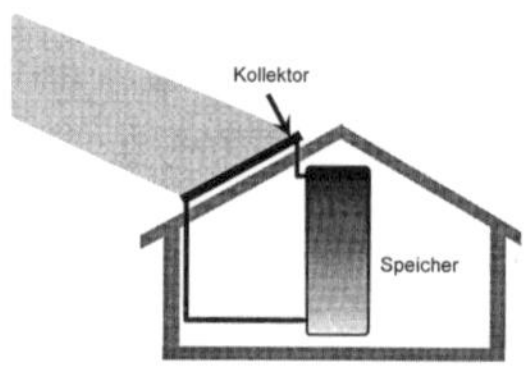 **Aktives System I: thermischer Sonnenkollektor mit Speicher im Haus**	– *Sehr hoher Aufwand: großer saisonaler Speicher im Haus (beachte allein den zusätzlichen umbauten Raum)* – *Überhitzungsproblematik durch Speicherverluste im Herbst* + *Solare Brauchwasserbereitung kombinierbar* ⇨ ***Wegen unvermeidbar hoher Kosten (zusätzlicher umbauter Raum) auch langfristig keine Wirtschaftlichkeit absehbar.***
8 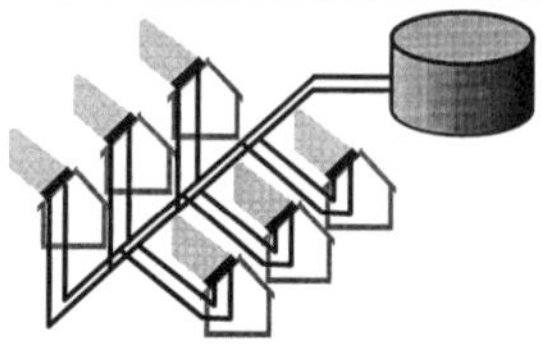 **Aktives System II: solare Nahwärme**	– *Sehr hoher Aufwand (Kollektoren/Netz/Großspeicher)* – *großer Platzbedarf und landschaftl. Beeinträchtigung* + *Saisonale Speicherung wird mit größeren Speichern immer kostengünstiger (A/V-Verhältnis)* ⇨ ***Entwicklungsziel: Einfache, kostengünstige Kollektoren und Speicherbauwerke***

Tabelle 6-1. Man erkennt, daß in den letzten Jahren erhebliche Fortschritte in Richtung immer besserer Verglasungen gemacht wurden: Noch vor 25 Jahren wurden vielfach Einfachverglasungen in Wohngebäuden eingesetzt. Bei k-Werten um 5,5 W/(m²K) treten an den Innenoberflächen im Winter derart geringe Temperaturen ein, daß sich Eisblumen bilden können: Der Jahreswärmeverlust ist mit über 468 kWh/(m²a) extrem hoch. Auch mit der heute weitgehend üblichen Zweischeibenisolierverglasung (typischer k-Wert: 2,8 W/(m²K)) ist der Wärmeverlust zwar halbiert, aber mit 238 kWh/(m²a) immer noch sehr hoch. Ein entscheidender Fortschritt wurde mit der Einführung der Wärmeschutzverglasung gemacht. Auch diese kommt mit zwei Scheiben aus, von denen die innere eine hauchdünne, emissionsmindernde Beschichtung zum Scheibenzwischenraum hin trägt. Diese Schicht ist optisch nicht wahrnehmbar, sie vermindert jedoch die Wärmeabstrahlung der Scheibe um mehr als 90 %. Der Scheibenzwischenraum ist außerdem mit einem Füllgas, meist Argon, mit geringerer Wärmeleitung als Luft gefüllt. Dadurch wird ein Scheiben-k-Wert zwischen 1,1 und 1,5 W/(m²K) erreicht – abermals eine Halbierung des Wärmeverlustes gegenüber gewöhnlichem Zweischeibenglas. Die Zweischeiben-Wärmeschutzverglasung mit Silberbeschichtung ist die Standardverglasung für Niedrigenergiehäuser. Durch Addition eines weiteren Zwischenraums und einer weiteren silberbeschichteten Scheibe läßt sich der Wärmeverlust allerdings noch weiter drücken: Dreischeibenwärmeschutzverglasungen, sog. „Superverglasungen" erreichen noch k-Werte zwischen 0,4 und 0,75 W/(m²K); dabei lohnt es sich, die Scheibenzwischenräume mit den noch besser dämmenden Edelgasen Krypton oder Xenon zu füllen. Innerhalb von wenigen Jahrzehnten hat sich der Wärmedurchgangskoeffizient marktverfügbarer Verglasungen damit dreimal halbiert: Der Jahreswärmeverlust durch eine Superverglasung beträgt mit etwa 60 kWh/(m²a) nur noch ein Achtel des Wertes der Einfachverglasung.

Keine große Rolle mehr spielen Drei- und Vierscheibenverglasungen aus gewöhnlichen, unbeschichteten Scheiben. Dagegen sind auch Superverglasungen mit zwei Scheiben und drei bis fünf dazwischen aufgespannten Folien erhältlich.

Verglasungsart (Kurzbezeichnung)		k-Wert (Glasmitte) W/(m²K)	Gesamtenergie-durchlaßgrad (g) (vgl.6.3)
Einscheiben-Verglasung *(1fach)*		bis 5,8	87 %
Zweischeiben-verglasung; 12 mm SZR[1] *(2Iso)*	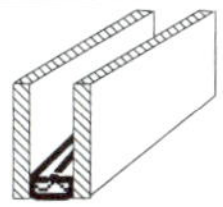 a)	2,8 bis 3,0	80 %
Dreischeiben-verglasung 2x12 mm SZR *(3Iso)*	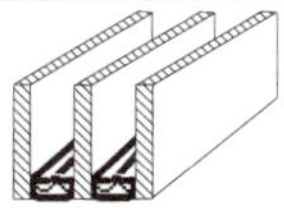 b)	1,8 bis 2,1	55 %
Zweischeiben-Wärmeschutzglas LE[2]; 12–16 mm SZR mit Argon *(2WSA)*	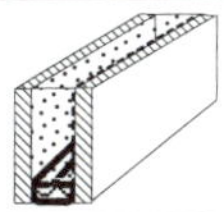 c)	1,2 bis 1,4	58 % bis 63 %
Dreischeiben-Wärmeschutzglas; 2xLE; 2x12 mm SZR mit Krypton *(3WSK)*	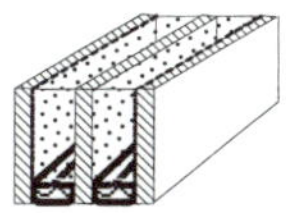 d)	0,7	50 %
Dreischeiben-WS-Glas; 2xLE(plus); 2x8 mm SZR mit Xenon *(3WSX)*		0,4	42 %
Folienfenster mit 4 Folien zwischen 2 Scheiben *(4Fol)*		0,6	40 %
Zweischeiben.-Vakuumverglasung: 1xLE; 1–4 mm SZR evakuiert[3] *(2VAK)*		0,47	63 %
Aerogelfenster; 30 mm SZR, mit Aerogel gefüllt[3] *(Aero)*		0,45	?

1) SZR = Scheibenzwischenraum
2) LE = Low Emmissivity: wärmestrahlungsreflektierende Beschichtung
3) Nicht marktverfügbar! Gegenstand aktueller Forschung und Entwicklung

Abb. 6-1: k-Werte Verglasung und g-Wert

Zukunftsoptionen sind das Vakuum-Fenster und Aerogel-gefüllte Verglasungen. Diese noch weiter verbesserten Verglasungen befinden sich derzeit noch in der Entwicklung und werden wohl sehr teuer sein.

Soll der Wärmeverlust durch Fenster bestimmt werden, so wird nach vorherrschender Übereinkunft in Deutschland das Rohbaumaß der Fensteröffnung als Bezugswert zugrundegelegt [DIN 4701],[DIN 4108]. Die k-Werte in Abb. 6-1 geben aber nur die Verhältnisse in der Mitte der betreffenden Verglasung wieder. Am Scheibenrand treten wegen der Abstandshalter, die heute i.d. Regel aus Aluminiumprofilen bestehen, sehr viel höhere Verluste auf. Die Problematik der Wärmebrücke durch den Randverbund der Isolierglaseinheiten, die insbesondere bei den sehr guten Verglasungen (wie 3-WSK) bedeutend ist, wird ausführlich in [Feist 1993a] behandelt. Hinzu kommt der Wärmeverlust durch den Fensterrahmen und die Wärmebrückenwirkung der Laibung sowie der Einbindung des Fensters in die Laibung (bei guter Planung und Ausführung sind letztere beiden Größen nicht bedeutend).

Um den Unterschied zwischen Verglasungs-k-Wert und dem mittleren k-Wert des Gesamtfensters in erster Näherung abzuschätzen, kann ein flächengewichtetes Mittel aus Glas- und Rahmenbereich dienen. Ermittelt man dabei den Rahmen-k-Wert über die „triviale" Rechnung*), so ergibt ein 58 mm starker Holzrahmen ein k_R von 1,6 W/m²K. Dies ist jedoch angesichts des thermischen Kurzschlusses am Randverbund des Isolierglases zu optimistisch (vgl. auch [FIZ 1996]). In Tab. 6-1 sind Berechnungen für die marktgängigen Verglasungstypen und für einige Rahmenarten wiedergegeben.

Während bei normalem Iso-Glas der Rahmen noch einen besseren Wärmeschutz als die Verglasung aufweist, kehren sich bei Einsatz von Wärmeschutzglas die Verhältnisse um. Bei dem heute üblicherweise bei Energiekalkulationen angesetzten Rahmenanteil von 30 % ([WVO '95], [LEG 1990] liegt der mittlere k-Wert auch bei Materialgruppe I schon um 15 % über k_V. Dieser Effekt vergrößert sich bei kleinen und geteilten Fenstern auf 30 % und mehr. Für die Minimierung der Rahmenanteile spricht auch, daß im Rahmenbereich keine Kompensation der

*) Berechnung des k_R aus R_a und R_L von 58 mm Holz mit λ = 0,13 W/mK (s. Infobox 3–2).

Tab. 6-1: k-Werte und Glas-Flächenanteile von Fenstern

	große Fenster und Fenstertüren	**mittlere Fenster**	**kleine Fenster**	**Sprossenfenster**
	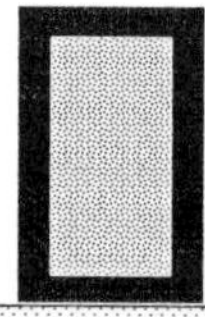			
Fensterfläche	von .... bis 2,0 m^2 4,0 m^2	von .... bis 1,0 m^2 2,0 m^2	von .... bis 0,3 m^2 1,0 m^2	von .... bis 0,5 m^2 3,0 m^2
"Super-Rahmen" mit $k_R \leq 0,8$ W/(m^2K)				
Glasanteil der Fensterfläche	0,65	0,52	0,33	0,38
Verglasungstyp	k-Wert des Fensters in W/(m^2K)			
3 IV-2 IR-Kr (k_v=0,7)	0,74	0,75	0,77	0,76
"Niedrigenergie-Rahmen" Holz oder Kunststoff oder anderes Material mit $k_R \leq 1,4$ W/(m^2K)				
Glasanteil der Fensterfläche	0,68	0,57	0,39	0,44
Verglasungstyp	k-Wert des Fensters in W/(m^2K)			
2 IV-IR-Ar (k_v=1,3)	1,33	1,34	1,36	1,36
3 IV-2 IR-Kr (k_v=0,7)	0,92	1,00	1,12	1,10
Rahmenmaterial der Gruppe 1 nach DIN 4108 Teil 4: Holz oder Kunststoff oder anderes Material mit $k_R \leq 2,0$ W/(m^2K)				
Glasanteil der Fensterfläche	0,68	0,57	0,39	0,44
Verglasungstyp	k-Wert des Fensters in W/(m^2K)			
2 IV-IR-Ar (k_v=1,3)	1,52	1,60	1,72	1,70
3 IV-2 IR-Kr (k_v=0,7)	1,11	1,26	1,49	1,43
Rahmenmaterial der Gruppe 2.1 nach DIN 4108 Teil 4: wärmegedämmte Metall- oder Betonprofile mit $2,0 < k_R \leq 2,8$ W/(m^2K)				
Glasanteil der Fensterfläche	0,74	0,65	0,49	0,53
Verglasungstyp	k-Wert des Fensters in W/(m^2K)			
2 IV-IR-Ar (k_v=1,3)	1,69	1,83	2,06	2,01
3 IV-2 IR-Kr (k_v=0,7)	1,24	1,44	1,76	1,69
Die der Berechnung des Gesamt-Fenster-k-Wertes zugrundeliegenden Rahmen-k-Werte entsprechen der jeweils angegebenen Obergrenze der Klasse.				

2-IV-IR-AR = 2 WSA; 3-IV-2IR-Kr = 3 WSK

Wärmeverluste durch solare Gewinne erfolgt (vgl. Kap. 6.4).

Gegenüber der sehr dynamischen Entwicklung bei der Verbesserung der Gläser stellen die konventionellen Rahmenkonstruktionen derzeit die entscheidende Fortschrittsbremse bei Verbesserung des Gesamtwärmeschutzes von Fenstern dar. Prototypen gedämmter **Rahmenprofile** (Gruppe Super), die auch den Glasrandverbund um etwa 20 mm überdecken, sind im Zusammenhang der Entwicklung von Passivhäusern entstanden und haben ihre Effizienz bewiesen [Feist u. a. 1994b]. Eine industrielle Fertigung steht allerdings bislang noch aus.

Ein Rahmentyp, der zum Niedrigenergie-Standard paßt, sollte ein k_R unter 1,4 W/m²K **(Gruppe NE-Rahmen)** aufweisen. Damit befänden sich Rahmen und Wärmeschutzverglasung auf etwa gleichem Niveau des Wärmeschutzes. Technisch ist dies am ehesten im Blendrahmenbereich möglich (dämmende Mittellage, Verwendung von (Holz-)Werkstoffen mit $\lambda < 0{,}1$ W/mK). Aber auch solche Rahmentypen sind noch nicht am Markt verfügbar. In etwa können diese Werte allerdings auch heute schon durch geschickte Planung der Anschlußdetails erreicht werden: Am einfachsten und wirksamsten ist eine wärmedämmende Überdeckung von ca. 50 % des Blendrahmens (vgl. Abb. 4-8) bei gleichzeitiger Minimierung der öffenbaren Fensteranteile. Letzteres ist hierbei von mehrfacher Bedeutung: Fensterflügel vergrößern den Rahmenanteil deutlich, die Metallbeschläge stellen zusätzliche Wärmebrücken dar und eine Verbesserung ihrer Dämmung, die vergleichbar einfach ist wie am Blendrahmen, ist konstruktiv kaum möglich.

Für ein Fenster mit dem Rohbaumaß A_F und dem k-Wert k_F wird der Jahreswärmeverlust Q_F analog zu Abschnitt 3.2. mit dem Gradstundenfaktor Θ_F (in Deutschland im Mittel 84 kKh/a) nach folgender Gleichung ermittelt:

$$Q_F = k_F \, A_F \, \Theta_F \quad [\text{kWh/a}] \qquad [6'1]$$

So kann die Summe aller Fensterwärmeverluste zu den anderen **Transmissionswärmeverlusten** des Hauses addiert werden. Die Bedeutung der Optimierung der Fensterkonstruktionen läßt sich durch folgenden Vergleich veranschaulichen. Bei heute üblichen Fensteranteilen ($A_F/A_{Wohnfl.}$ = 28 %) wirkt sich eine Änderung des k_F-Werts um 0,3 W/(m²K) auf den Energiekennwert Heizwärme mit etwa 7 kWh/(m²a) aus. Unter den oben beschriebenen, *aktuell möglichen* Detailverbesserungen am Fenster gibt es einige Maßnahmen, die alleine oder in Kombination mit anderen Sparpotentiale in dieser Größenordnung eröffnen. Die „Liebe zum Detail" kann hier also genauso viel erreichen wie z. B. eine Senkung des k-Werts von 120 m² EFH-Dach von 0,25 auf 0,15 W/(m²K) (= 12 bis 14 cm mehr Dämmung)!

6.3 Der Gesamtenergiedurchlaßgrad (g)

Mit dem Licht gelangt durch Fenster auch Energie in den Raum. Gleichgültig, ob es sich um direkte oder diffuse Sonnenstrahlung oder um reflektiertes Licht handelt: Durch „passive Solarenergienutzung", die Aufnahme der Strahlungsenergie an den Oberflächen, wird der Raum erwärmt.

Der Energietransport in den Raum findet auf zwei unterschiedlichen Wegen statt:

- Transmission von Strahlung durch das Fenster (Strahlungsdurchgang, „primärer Sonnenwärmeeintrag")
- Absorption von Strahlung in den Scheiben und anschließender Wärmetransport in den Raum (Scheibenerwärmung, „sekundärer Sonnenwärmeeintrag").

Für genaue Untersuchungen müssen diese beiden Wege unterschieden werden, da die transmittierte Strahlung an den Innenoberflächen im Raum, oft erst nach mehrfacher Reflexion und teilweiser Rückstrahlung nach außen, absorbiert und dort in Wärme umgesetzt wird, während die erwärmte Scheibe Energie durch Wärmestrahlung und Konvektion an den Raum abgibt. Auch zeigt es sich, daß beide Wege für den Durchlaß vom Einfallswinkel der Solareinstrahlung abhängen. Dies ist insbesondere wichtig, wenn saisonale Effekte eine Rolle spielen – im Sommer ist der Einfallswinkel auf Südverglasungen z. B. sehr viel größer als im Winter [Feist 1994a].

Für einfache Abschätzungen genügt es, die Summe aus primärem und sekundärem Sonnenwärmeeintrag zu betrachten; diese wird durch den Gesamtenergiedurchlaßgrad oder g-Wert beschrieben: Der g-Wert gibt an, welcher Anteil einer senkrecht einfallenden Sonneneinstrahlung durch die Verglasung in den Raum gelassen wird. Bei senkrechtem Einfall ist der Energiedurchlaß am höchsten – schon hier sei deshalb darauf hingewiesen, daß in der Regel ungünstigere Einfallswinkel vorliegen und der Energiedurchlaß dann geringer ist. Typische g-Werte sind bereits in Tabelle 6-1 enthalten. Es ist erkennbar, daß mit besserer thermischer Qualität (k-Wert) leider auch etwas geringere g-Werte einhergehen. Allerdings wird sich bei der Behandlung der Gesamtbilanzen (vgl. 6.7) herausstellen, daß die Verbesserung der k-Werte bei Standorten in Mitteleuropa und bei allen Orientierungen weit bedeutsamer ist als die damit verbundene Verringerung der g-Werte.

6.4 Einfallswinkel, Rahmenanteil, Verschattung und Verschmutzung

Abminderung durch ungünstigere Einfallswinkel

Der im letzten Abschnitt eingeführte Gesamtenergiedurchlaßgrad g wird hier – wie allgemein üblich – auf einen senkrechten Strahlungsdurchgang (Einfallswinkel 0°) bezogen. Üblicherweise trifft die Stahlung aber nicht senkrecht, sondern mit einem Einfallswinkel $\varphi > 0$ auf. Dadurch wird der reflektierte Anteil der Strahlung erhöht: Transmission und Absorption nehmen ab, und damit auch der Gesamtenergiedurchlaßgrad. Diese Winkelabhängigkeit hat zwei wichtige Folgen:

- Es ergibt sich eine Richtungs- und Jahreszeitabhängigkeit des Gesamtenergiedurchlaßgrades. Solche Veränderungen könnten bereits bei monatlichen Wärmebilanzrechnungen berücksichtigt werden; bei dynamischen Simulationsrechnungen muß die Winkelabhängigkeit zutreffend berücksichtigt werden.
- Für die Heizperiode ergibt sich durchschnittlich in Mitteleuropa ein **Reduktionsfaktor für die Winkelabhängigkeit** des Gesamtenergiedurchlaßgrades von $\mathbf{f_\varphi = 85\,\%}$ auf den in 6.3 eingeführten Wert für senkrechten Einfall. Herstellerangaben, Bundesanzeigerwerte und Tabellenwerte in Fachpublikationen zum g-Wert müssen also für die Kalkulation von Energiebilanzen um 15 % gemindert werden.

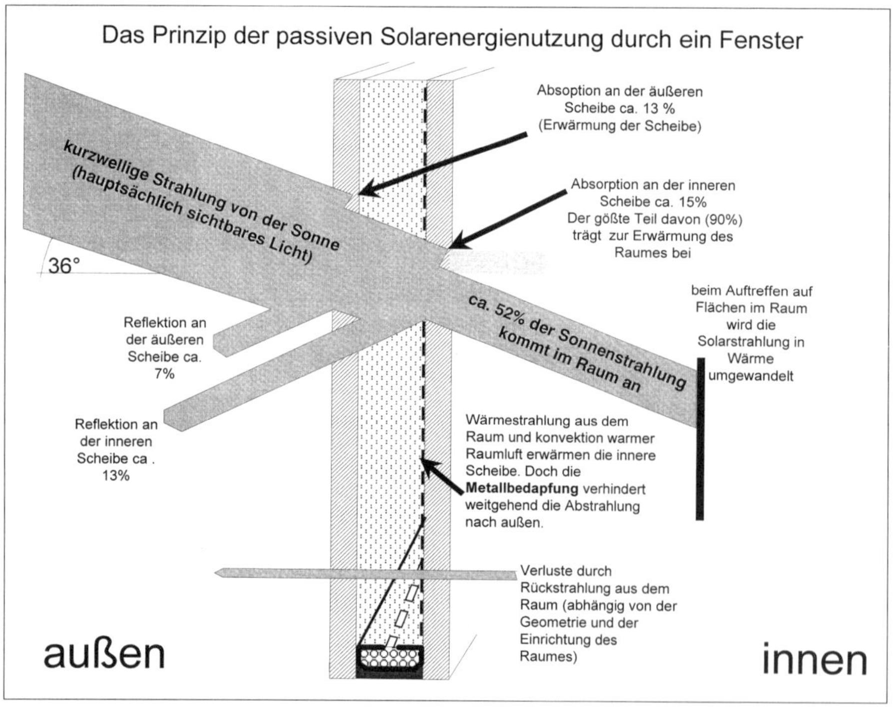

Abb. 6-2: Das Prinzip der passiven Solarenergienutzung durch Fenster

Abminderung durch den Rahmenanteil

Für die Berechnung des solaren Angebotes wird – wie in der Deutschen Normung üblich – das Fenster-Rohbaumaß verwendet (Fläche der lichten Maueröffnung). Transparent für den Energiedurchlaß ist aber nur der verglaste Anteil des Fensters f_{Glas}. Der Abminderungsfaktor für den Glasanteil f_{Glas} ermittelt sich als das Verhältnis zwischen transparenter Glasfläche und Fenster-Rohbaumaß: $f_{Glas} = A_{Glas}/A_{Fenster}$. Anhaltswerte für f_{Glas} in Abhängigkeit von der Rahmenbauart und der Fenstergröße wurden schon in Tab. 6-1 aufgeführt. Abb. 6-3 zeigt an zwei Beispielen, wie groß die Spannweite bei üblichen Fensterarten sein kann. Der gängige Kalkulationsansatz ($f_{Glas} = 0{,}7$) wird auch von einflügeligen Fenstern mit einer Bruttofläche < 1,5 m^2 längst nicht erreicht. Nur mit großflächigen Festverglasungen läßt sich der Rahmenanteil auf 15–20 % senken. Ist die Grundsatzentscheidung für ein Wärmeschutzglas gefallen, so stellt die Minimierung der Rahmenanteile den größten planerischen Einflußfaktor am Fenster dar.

Abminderung durch Verschattung und Verschmutzung

Im allgemeinen ist eine solarenergieempfangende Fläche nicht verschattungsfrei. Durch die Umgebung und durch Gebäudeteile wird die verfügbare Solareinstrahlung reduziert. Eine genaue quantitative Behandlung setzt zeitabhängige Berechnungen für die direkte Strahlung (Sonnenstand), für diffuse und reflektierte Strahlung voraus [Feist 1994a] [Källblad 1986]. Für ein einfaches Bilanzverfahren ist dieser Aufwand zu groß. Für einige wichtige Verschattungselemente wird im folgenden eine Abschätzung von Verschattungsfaktoren nach einer in der europäischen Norm [DIN EN 832] vorgeschlagenen Methode dargestellt.

- *Verschattung des äußeren Horizonts*

Das Gesichtsfeld der Sammelfläche wird vertikal in 4 gleiche Winkelbereiche aufgeteilt (Abb. 6-4a). Für jeden Bereich wird der durchschnittliche Abschattungswinkel der Horizonthindernisse bestimmt. Damit werden die einzelnen Verschattungsfaktoren s_i ermittelt. Der gesamte Verschattungsfaktor der Fassade wird dann zu $s = s_1+s_2+s_3+s_4$, maximal jedoch 1, berechnet.

- *Verschattung durch herauskragende Elemente*

Erfolgt die Fensterbeschattung durch horizontale Vorsprünge, so sind Verschattungsfaktoren im wesentlichen abhängig von deren Tiefe (d) und ihrer relativen Breite (Abb. 6-4b). Die Fassadenorientierung ist hierbei von untergeordneter Bedeutung, da diese Verschattungsart im Wesentlichen die diffuse Himmelsstrahlung betrifft. Haben die auskragenden Elemente zusätzlich Seitenteile (Loggien, Schotten, Fassadenvor- und -rücksprünge), so kommt zusätzlich der Einfluß der Himmelsrichtung zum Tragen (Abb. 6-4c). Ausgehend von der Ost-West-Achse durch das Gebäude liegen die Korrekturfaktoren für südlich orientierte Fassaden um 5 bis 10 Prozent-Punkte günstiger als für nördlich ausgerichtete.

- *Zusammengesetzte Verschattung*

In der konkreten Situation eines Gebäudes liegen in der Regel verschiedene Verschattungssituationen gleichzeitig vor. Eine systematische Behandlung ist mit den anfangs erwähnten zeitabhängigen Berechnungen möglich; eine einfache Abschätzung kann jedoch für den Fall durchgeführt werden, daß die in den vorausgegangenen Abschnitten behandelten Verschattungstypen vorliegen. Unter der Annahme, daß die Verschattungselemente „voneinander unabhängig" sind, d. h. sich jeweils wechselseitig im gleichen Verhältnis verschatten wie die Empfängerfläche, kann die effektive Gesamtverschattung s_{ges} durch Multiplikation ermittelt werden:

$$f_{schatt} = (1-s_{ges}) = (1-s_1)(1-s_2)\ldots(1-s_n). \qquad [6'2]$$

- *Verschmutzung*

Im allgemeinen sind transparente Flächen (vor allem an der Außenoberfläche) verschmutzt. Eine zusätzliche Absorption bzw. Reflexion von 5 % muß im Durchschnitt selbst für häufig gründlich gereinigte Oberflächen angenommen werden, womit sich der Verschmutzungsfaktor $f_{Schmutz}$ (≤ 95 %) ergibt.

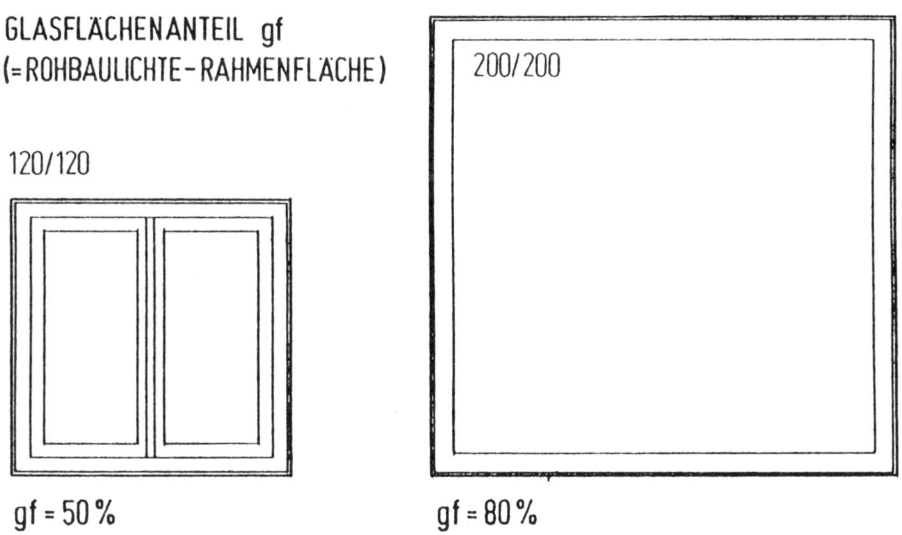

Abb. 6-3: Transparenter Anteil (Glasflächenanteil) in Abhängigkeit von Rahmenbauart und Fensterfläche (f_{glas} wird hier mit gf bezeichnet)

a)

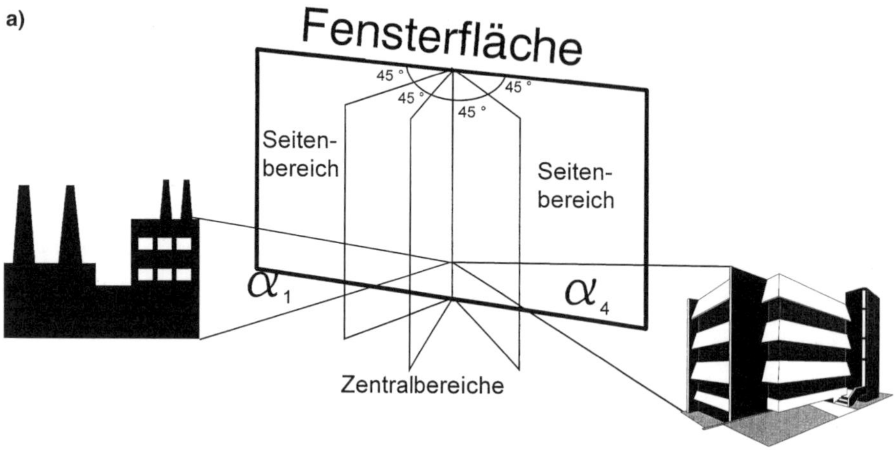

Abb. 6-4a Ausrichtung der Fassade		Süden (SO bis SW) oder Norden (NO bis NW)		Osten (SO bis NO) oder Westen (SW bis NW)		
Durchschnittlicher Abschattungswinkel durch Hindernisse in Grad von	bis	für beide Seitenbereiche	für beide Zentralbereiche	für Seitenbereich gegen Süden	für Zentralbereich gegen Süden	für Bereiche gegen Norden
0	9	0,00	0,05	0,05	0,10	0,05
10	14	0,05	0,10	0,10	0,15	0,05
15	17	0,05	0,15	0,10	0,20	0,10
18	19	0,05	0,15	0,15	0,20	0,10
20	22	0,05	0,20	0,20	0,25	0,10
23	24	0,10	0,25	0,20	0,25	0,10
25	29	0,10	0,25	0,25	0,30	0,10
30	34	0,10	0,30	0,25	0,35	0,15
35	44	0,15	0,35	0,30	0,40	0,20
45	90	0,15	0,40	0,30	0,45	0,25

Abb. 6-4 a-c Verschattungsfaktoren nach [E DIN EN 832]

b)

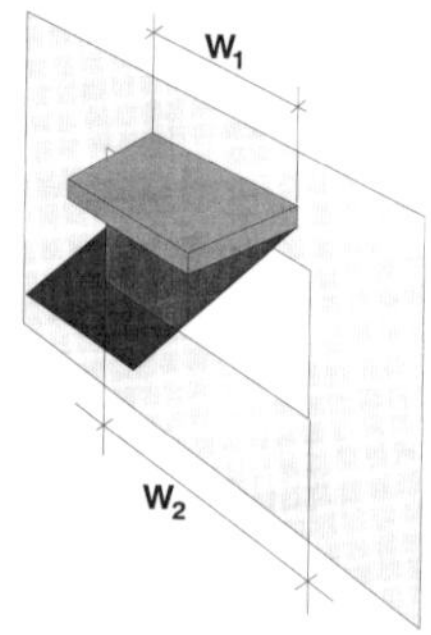

Abb. 6–4 b Tiefe (d) [m]	Verschattungsfaktor bei horizontalem Vorsprung in Abhängigkeit von W_1/W_2		
	<0,6	0,6 bis 0,8	>0,8
bis 0,49	0,05	0,1	0,15
0,5 bis 0,99	0,1	0,2	0,3
1 bis 1,49	0,2	0,3	0,4
1,5 bis 1,99	0,3	0,4	0,5
2 bis 2,99	0,4	0,5	0,6
3 und mehr	0,5	0,6	0,7

c)

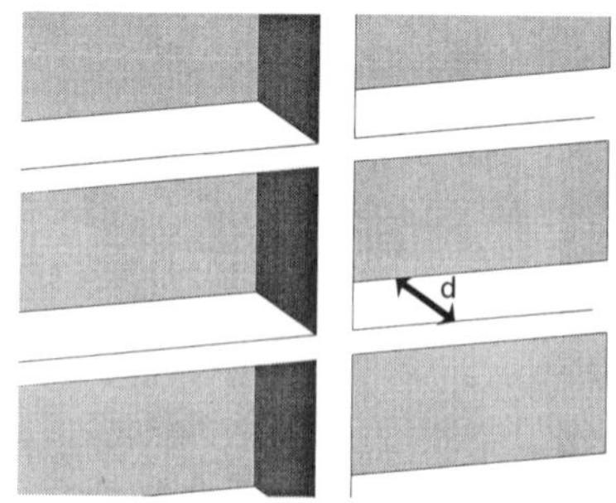

Abb. 6-4 c Tiefe der auskragenden Elemente	Minderung des Solarangebots bei Fassadenorientierung von West nach Ost über	
	Süden	Norden
unter 0,25	0,1	0,15
0,25 bis 0,49	0,25	0,3
0,5 bis 0,99	0,5	0,6
1 bis 1,99	0,6	0,7
2 bis 2,99	0,7	0,8
und mehr	0,8	0,9

- *Alternative: Einfache Abschätzung typischer Verschattungssituationen*

Liegen keine genaueren Angaben vor, so kann zumindest nach zwei Kategorien unterschieden werden:

- freie Lage (geringe Horizontverschattung, normale Leibungstiefen, keine großen Dach- oder Balkonüberstände), geringe Verschmutzung: $f_{Schatt,frei} = 0{,}85$.
- geschützte Lage (typisch städtische Verhältnisse, im Winter nur mäßige Besonnung der Südfassade bzw. Balkone und nichttransparente Brüstungen): $f_{Sch,geschützt} = 0{,}63$.

Will man bei Erstellung vereinfachter Heizwärmebilanzen auf der sicheren Seite liegen, sollte mit dem Wert für geschützte Situationen kalkuliert werden (vgl. Kap. 11). Nur wenn eine objektspezifische Verschattungsanalyse gem. Abb. 6-4 vorgenommen wird, sollte von diesem vorsichtigen Ansatz zugunsten eines höheren Solarangebots abgewichen werden. Hierbei sollten u. U. an Hand des Bebauungsplans evtl. später entstehende Verschattungssituationen bedacht werden. Auch aufgrund der überall zu beobachtenden Tatsache, daß Neubaugebiete im Laufe der Jahre „zuwachsen", sollten die solaren Gewinne insbesondere in Erdgeschoßwohnungen nicht zu optimistisch beurteilt werden.

- *Dic Bcrcchnung des solaren Wärmeangebots*

Von der gesamten Strahlung – diffus und direkt - wird im Raum am Ende nur der Anteil wirksam, der alle in den vorausgehenden Abschnitten beschriebenen „Hindernisse" überwunden hat. Das solare Wärmeangebot durch ein Fenster läßt sich dann nach der Formel

$$Q_{Solar} = f_{Schatt} \times f_{Schmutz} \times f_{Glas} \times f_{\varphi} \times g \times G \quad [6'3]$$

bestimmen, wobei f_{Schatt} der Reduktionsfaktor für Verschattung, $f_{Schmutz}$ der für Verschmutzung, f_{Glas} der Glasanteil der Rohbauöffnung, f_{φ} der Korrekturfaktor für nicht-senkrechten Einfall, g der Gesamtenergiedurchlaßgrad der Verglasung und G die Solareinstrahlung auf eine ungestörte Fläche der betreffenden Himmelsrichtung sind.

In sehr günstigen Fällen kann f_{Schatt} um 89 %, die Verschmutzung 5 %, der Glasanteil 75 % und die Korrektur für nicht-senkrechten Einfall 85 % betragen. Dann ist der Gesamtreduktionsfaktor 0,54 und das Produkt mit dem g-Wert (beispielsweise einer Zwei-Scheiben-Isolierverglasung mit g = 0,8) noch 41 %. Es wird erkennbar, daß **selbst unter sehr günstigen Annahmen deutlich weniger als die Hälfte der Solarenergie überhaupt in den Raum gelangt.** (Bei ungünstigen Fensteranordnungen, beispielsweise über Eck, kann es sogar einen direkten Strahlendurchgang „durchs andere Fenster wieder hinaus" geben, der hierbei noch nicht einmal berücksichtigt ist).

In ungünstigen Fällen (vor allem verursacht durch kleinteilige Fenster, Versprünge in der Fassade und Bebauungsdichte) kann der nutzbare Solaranteil auf 20 % des Angebots (bezogen auf das Rohbaumaß) sinken.

6.5 Innere Wärmequellen

Für das „innere Wärmeangebot" sind all jene im Raum energieumsetzenden Prozesse zu berücksichtigen, die nicht als Transmissions- oder Lüftungswärmeverlust bzw. Sonnenwärmegewinn behandelt werden. Dies sind (unabhängig vom Vorzeichen der Energiebilanz, es gibt auch „negative innere Wärmequellen" = „Wärmesenken"):

- die Abgabe von Körperwärme der Bewohner
- durch Stromeinsatz (zu Nichtheizzwecken) im Raum umgesetzte Energie
- durch die Warmwassernutzung freiwerdende Wärme
- durch Kaltwasserverbrauch entzogene Raumwärme („Abflußverluste")
- durch Verdunstung von Wasser entzogene Raumwärme.

Methodische Grundlage für die Ermittlung des inneren Wärmeangebots

Entgegen weitverbreiteter Ansicht sind die **quantitativen Bestimmungsstücke** für die oben genannten fünf, innere Wärme umsetzenden Prozesse **im statistischen Mittel** für die Bundesrepublik Deutschland recht gut bekannt. Methodisch ist dabei von den in den Statistiken der Strom- und Wasserversorgungsunternehmen mit hoher Genauigkeit angegebenen **Verbräuchen durchschnittlicher Haushalte** für Strom und Wasser auszugehen. Da diese Daten zuverlässig erhoben werden, bieten sie eine solide Grundlage für die Bestimmung der Wärmegewinne [VDEW 1992].

Als **inneres Wärmeangebot** kann jedoch nur die im Raum selbst netto zu **Nichtheizzwecken** freigesetzte Wärme wirksam werden. Bezogener Haushaltsstrom wird letztendlich vollständig in Wärme umgesetzt (bis auf einen verschwindenden Anteil chemischer Prozesse beim Kochen). Die freigesetzte Wärme verläßt jedoch in vielen Fällen den Raum über einen der folgenden **zusätzlichen Stoffströme,** die die Wärme ohne Wirksamwerden im Raum wieder unmittelbar nach außerhalb der Bilanzhülle abführen:

- **Warmwasserabfluß:** Kochwasser wird **in der Regel** heiß über das Küchenwaschbecken abgegossen; warmes Wasser aus Wasch- und Spülmaschinen sowie Dusch- und Badewasser läuft über den Abwasserschlauch unmittelbar in die Kanalisation. Die exakte meßtechnische Bestimmung des Wärmeinhalts abfließender Warmwassermengen **an der Systemgrenze** ist sehr aufwendig. Die verwendete Restverfügbarkeit der Wärme im Raum kann daher derzeit nur theoretisch ermittelt werden. Fest steht jedoch, daß bei normalem Nutzerverhalten der überwiegende Teil des Warmwasserinhalts **nicht im Raum** frei wird, sondern in der Kanalisation.
- **Kaltwasserabfluß:** im Haushalt genutztes kaltes Trinkwasser (z. B. für die Toilettenspülung) tritt in der Heizzeit mit Temperaturen zwischen 8 und 11 °C (Mittelwert Heizperiode: 10 °C) in die Bilanzhülle ein. Es verläßt die Bilanzhülle durch die Kanalisation mit Temperaturen zwischen 14 und 19 °C (Mittelwert: 16 °C). Diese Erwärmung von täglich 90 Liter Kaltwasser pro Person wird vollständig den betroffenen Räumen entzogen.
- **Wasserdampfstoffstrom** in der Abluft bzw. Exfiltration: Nach allen gebräuchlichen Rechenverfahren werden Enthalpieströme von Luftvolumenströmen an der Gebäudehülle **trocken** bilanziert. Austretende Luftströme sind in der Heizzeit jedoch immer absolut feuchter als eintretende (–3 bis –16 kg Wasserdampf pro Tag und Wohnung Feuchtebilanz). Die trockene Bilanzierung ist daher nur in dem Fall zulässig, wenn **konsequent** auch die Verdampfungsenthalpie am Ort der Verdunstung in die Bilanz aufgenommen wird. Bei allen wärmeumsetzenden Prozessen, die auch Wasserdampf aus flüssigem Wasser freisetzen, darf also die erforderliche Verdampfungsenthalpie nicht den internen Gewinnen zugerechnet werden (Kochen, Duschen, Trocknen, nur trockene Personenwärmeabgabe). Dies führt bei vielen mit Warmwasser zusammenhängenden Prozessen zu einer weiteren Verringerung der Verfügbarkeit interner Wärmequellen im Raum. Darüber hinausgehende Quellen von Wasserdampf (Blumenvasen und -töpfe (0,1 bis 0,5 kg Wasser pro Topf und Tag), Handtücher und Waschlappen im Bad; nicht jedoch Abtrocknen von Kondensat, da entsprechende Kondensationswärme zuvor freigesetzt wurde) müssen gesondert als Wärmesenken berücksichtigt werden.

Die Verluste durch im Abluftstrom gebundene Latentwärme sind durchaus bedeutend (vgl. Tab. 6-2, Zeile Verdunstung); sie reduzieren die verfügbaren internen Wärmegewinne um durchschnittlich fast 50 Watt (ein Sechstel des Gesamtbeitrags, entsprechend etwa der Wärmefreisetzung durch den Kühlschrank). Eine Rückgewinnung der latenten Wärme ist ohne technischen Aufwand (Abluftwärmepumpe) nicht möglich (Kondensat an und in Bauteilen unerwünscht, Kondensation in Wärmetauschern nur begrenzt erreichbar). Wird eine Latentwärmerückgewinnung mit technischen Systemen realisiert, sollte die Enthalpiebilanzierung beim betreffenden System erfolgen.

Um die Verfügbarkeit des elektrischen Energieumsatzes im Raum als internes Wärmeangebot zu bestimmen, wurden alle Haushaltsstromanwendungen getrennt untersucht. Das Verhältnis von Wärmefreisetzung **im Raum** und Stromeinsatz im Gerät (genannt: **Verfügbarkeit)** wurde dabei ohne weitere Diskussion aus [Rouvel 1984] übernommen (Ausnahmen: beim Kochen schätzt Rouvel die Verfügbarkeit auf 50 % (hier: 30 %), für Warmwasserwärme gibt Rouvel „höchstens 20 %" an – hier rechnen wir für gezapftes Warmwasser mit 5 %, dafür jedoch bei Zirkulationsverlusten mit 70 % (Rouvel: 50 %)).

Der Haushaltsstromverbrauch für Warmwasserbereitung und für Heizung wird nicht weiter verwendet: Die Wärmefreisetzung im Raum aus nichtelektrischen Systemen zur Warmwasserbereitung ist unbestritten höher. Der zugehörige Energieumsatz wird in Spalte 3 angegeben und mit der Verfügbarkeit aus Spalte 6 in Spalte 8 berücksichtigt.

Die durchschnittliche Haushaltsgröße bei der Kundenbefragung 1991 betrug 2,42 Personen/Haushalt. Die durchschnittliche Wohnfläche pro Kopf beträgt laut statistischem Bundesamt 36 m^2/Person. Damit ist die durchschnittliche Wohnfläche des 2,42-Personen-Haushaltes 87,1 m^2.

Ergebnisse für das innere Wärmeangebot

In Spalte 8 der Tab. 6-2 sind die verfügbaren inneren Wärmeangebote (falls negative Vorzeichen aus Senken) prozeßweise aufgeführt. Sie summieren sich für einen durchschnittlichen deutschen Haushalt auf 2554 kWh/a oder etwa 7 kWh/d. Spalte 9 enthält die zugehörigen Durchschnittsleistungen der internen Wärmefreisetzung (in Watt).

Die Höhe der internen Wärmegewinne in Wohngebäuden wird sich in Zukunft noch weiter reduzieren: Durch besseren Wärmeschutz bei Warmwasserspeichern und Zirkulationsleitungen wird der Wärmegewinn aus der Warmwasserversorgung abnehmen; neue elektrische Haushaltsgeräte haben deutlich geringere Verbrauchswerte als die Durchschnittswerte der Verbrauchsstatistik von 1991, die der hier vorgelegten Berechnung zugrunde liegen. Weitere Einsparungen beim Haushaltsstromverbrauch sind im Rahmen der Zielsetzungen zur CO_2-Reduktion

Tab. 6-2: Interne Wärmequellen

Durchschnittshaushalt mit 2,42 Personen								
1	2	3	4	5	6	7	8	9
Gerät	Anteil am HH-Strom laut VDEW 1992	Verbrauch Strom BESTAND (IST) Jahr kWh/a	zusätzl. Warmwasser kWh/a	sonstige kWh/a	Verfügbarkeit im Raum %	Gründe für reduzierte Verfügbarkeit	verfügbar INTERN Jahr kWh/a	Leistung **Watt**
Personen				1073,6	100 %		1074	123
Kühlschränke	9,2 %	387,7			100 %		388	44
Gefriergeräte	7,6 %	320,3			100 %		320	37
Spülmaschinen	2,5 %	105,4			25 %	WW-Ablauf	26	3
Waschmaschinen	4,4 %	185,4			10 %	WW-Ablauf	19	2
Wäschetrockner	2,1 %	88,5			10 %	WW-Ablauf & Latentwärme	9	1
Elektroherd	8,1 %	341,4			30 %	Latentwärme, Abschütten	102	12
Beleuchtung	8,5 %	358,2			100 %		358	41
Fernseher	5,9 %	248,7			100 %		249	28
Kleingeräte	6,7 %	282,4			100 %		282	32
Pumpen	3,3 %	139,1			30 %	nicht im Wohnbereich	42	5
Lüftung					75 %	nur über Wärmerückg.	0	0
WW-Zirkulation			826,0		70 %	nicht im Wohnbereich	578	66
WW-Zapfung	13,9 %	585,8[1]	1536,9		5 %	Ablauf, Latentwärme	77	9
Kaltwasser				–556,6	100 %	Aufwärmung im Raum	–557	–64
Verdunstung				–413,9	100 %	Handtücher und Blumen	–414	–47
Heizung	27,8 %	1171,6[2]			0 %	keine freie Wärme	0	0
Summe (kWh/a)	**100,0 %**	**4214,4**	**2363,0**	**–103,1**			**2553**	**292**
Ohne Heizung		3042,8						
(haushaltstypischer Tarifstrom)								W/m^2
Wohnfläche	36,00	m^2/Kopf	pro m^2 Wohnfläche			kWh/m^2a	30	3,36
			Heizzeit (200 d) gesamt			kWh/a	1399	
			Wärmeangebot „innere Quellen" pro m^2 Wohnfl.			kWh/m^2a)	16	

[1] *Der Warmwasserbeitrag des Stromverbrauchs ist geringer als die Wärmeeinträge bei nicht elektrischer Warmwasserbereitung. Nur letztere werden hier berücksichtigt (Spalte 4), die internen Wärmegewinne damit eher zu hoch ermittelt.*

[2] *Der Heizstromverbrauch dient explizit der Heizung und ist daher nicht den internen Wärmequellen zuzuordnen.*

unerläßlich. Die Meßergebnisse aus dem mit besonders sparsamen Geräten ausgestatteten Passivhaus zeigen, daß bereits heute Einsparungen von über 50 % erzielt werden können [Ebel 1995]. Entsprechend niedrig ist das innere Wärmeangebot im Passivhaus [Feist, u. a. 1997].

Die inneren Wärmeangebote werden bei herkömmlichen Berechnungen deutlich überschätzt. Dies führt zu einer (scheinbaren) Senkung beim rechnerischen Jahreswärmebedarf, die sich insbesondere bei Niedrigenergiehäusern merklich auswirkt. Dadurch wird eine sinnvolle Optimierung der baulichen Energiesparmaßnahmen verhindert, was in der Folge zu Enttäuschungen wegen nicht eintreffender (weil nur rechnerisch geringer) Energiekennwerte führt. Ein realistischerer Ansatz führt im **Durchschnitt bei heutiger Nutzung** auf etwa **Q_I = 16 kWh/(m^2a)** (vgl. [LEG 1996], Kap. 11 und Anhang 1).

6.6 Die Ausnutzbarkeit des solaren und des inneren Wärmeangebots

In den vorausgehenden Abschnitten wurde die Bestimmung der Wärmeströme dargestellt, die durch

- solare Einstrahlung
- innere Wärmequellen

im Gebäude wirksam werden. Diese Wärmeströme tragen in beträchtlichem Umfang zum „Warmhalten" der Räume bei, dies um so mehr, je besser das betroffene Haus wärmegedämmt ist. Der Anfall dieses **freien Wärmeangebots,** der Summe aus dem passiv solaren und dem inneren Wärmeangebot, orientiert sich jedoch leider nicht am Wärmeverlust des Hauses. Vielmehr fällt die freie Wärme räumlich und zeitlich eben gerade dort an, wo sich Fenster, Personen oder elektrische Verbraucher befinden und wirksam werden. Aus diesem Grund ist es nicht selbstverständlich, daß die angebotene freie Wärme auch als Reduktion des Heizwärmebedarfs **nutzbar** wird. Vielmehr kann auch der Fall eintreten, daß die solaren und die internen Wärmeangebote zu einer Überheizung des Raumes führen: Die Raumtemperaturen liegen dann zeitweise über den gewünschten Solltemperaturen. In einem solchen Fall sind die Wärmeverluste erhöht: Allein durch die höhere Temperaturdifferenz zwischen Raum- und Außenluft ergeben sich höhere Transmissions- und Lüftungswärmeverluste. Wird das Überangebot von freier Wärme sehr groß, so können die Raumtemperaturen zeitweilig sogar aus dem Behaglichkeitsbereich herausfallen. In einem solchen Fall werden die Bewohner überschüssige Energie durch zusätzliches Lüften nach außen abführen. Auch das führt zu einer Erhöhung der Wärmeverluste.

Damit wird erkennbar, daß nur ein Teil des freien Wärmeangebots als **Wärmegewinn** wirksam wird. Wie hoch dieser Anteil ist, wird durch den **solaren Ausnutzungsgrad** η angegeben. Der solare Ausnutzungsgrad hängt nach den vorausgegangenen Überlegungen vor allem vom Verhältnis des freien Wärmeangebots $Q_f = Q_{Solar} + Q_{P\&G}$ zu den gesamten Verlusten $Q_V = Q_T + Q_L$ ab. Dieses Verhältnis

$$\gamma = Q_f/Q_V = (Q_{Solar} + Q_{P\&G})/(Q_T + Q_L) \quad [6'4]$$

wird auch **„Solar-Last-Verhältnis"** genannt, weil das solare Energieangebot im allgemeinen den bedeutenderen Anteil stellt.

Überheizungseffekte sind vor allem dann zu erwarten, wenn hohe freie Wärmeangebote geringen Wärmeverlusten gegenüberstehen, d. h. wenn das Solar-Last-Verhältnis groß ist. Bei nur geringem Solarangebot wird die freie Wärme dagegen mit einem solaren Ausnutzungsgrad nahe bei 100 % wirksam. Wird das Solar-Last-Verhältnis größer, so nimmt die Ausnutzbarkeit immer mehr ab, weil es immer häufiger und immer ausgeprägter zu Überheizungseffekten kommt. Glücklicherweise stellte sich heraus, daß es eine sehr einfache Faustformel für den solaren Ausnutzungsgrad gibt, die sich zumindest in Mitteleuropa sehr gut bewährt hat: Danach bestimmt sich der solare Ausnutzungsgrad η für Solar-Last-Verhältnisse γ kleiner als 1,6 zu

$$\eta = 1 - 0{,}3\,\gamma \quad [6'5]$$

Dies ist ein sehr einfacher Zusammenhang, nach dem die Nutzbarkeit der solaren und inneren Wärmeangebote linear mit zunehmendem Anteil der Angebote abnimmt.
Der hierdurch gegebene Sachverhalt wird durch die Behandlung der Fensterflächen-Abhängigkeit im nächsten Abschnitt illustriert: Während das freie Wärmeangebot, solange es „klein" bleibt, praktisch vollständig „nutzbar" wird, wird bei größer werdenden solaren Energieeinträgen immer mehr überflüssige freie Wärme angeboten: Der Ausnutzungsgrad sinkt dementsprechend ab und der Wärmebedarf nimmt zwar immer noch ab, jedoch nur noch in gedämpftem Maß.

Der solare Ausnutzungsgrad ist eine vom Klima, von den Nutzungsanforderungen und vom Gebäude abhängige Größe. Entscheidend ist dabei die Abhängigkeit vom Gebäude: Wieviel von der freien Wärme ausgenutzt werden kann, hängt nicht nur vom Fenster und seinen Eigenschaften, sondern von einer ganzen Reihe weiterer Größen ab, die in das Solar-Last-Verhältnis eingehen:

- den Bauteilgrößen und -eigenschaften, die den Transmissionswärmeverlust Q_T bestimmen (Flächen und k-Werte)
- den Komponenten, die den Lüftungswärmeverlust Q_L bestimmen,
- den inneren Wärmequellen und dem Solarangebot.

Von diesen Abhängigkeiten her ist es einleuchtend, daß die Ausnutzbarkeit der solaren Gewinne keinesfalls als eine alleinige Eigenschaft der Fenster formuliert werden kann, wie dies beispielsweise mit dem sogenannten „äquivalenten k-Wert" versucht wird: Dabei werden die Solargewinne eines einzelnen Fensters diesem Fenster quasi als negative Wärmeverluste zugerechnet und der Wärmedurchgangskoeffizient dementsprechend „äquivalent" zum Wärmegewinn abgemindert. Nun sind die nutzbaren Solargewinne eines Fensters aber von Eigenschaften des jeweiligen Gebäudes abhängig (beispielsweise von den Wärmeangeboten der anderen Fenster); der „äquivalente k-Wert" kann daher nur eine sehr grobe Näherung für die Berücksichtigung von Solargewinnen sein.

Die Tatsache, daß das solare Wärmeangebot nicht immer zu 100 % nutzbar ist, führt zu einer weiteren, diesmal vom jeweiligen Gebäude abhängigen, Reduktion der solaren Gewinne. Die **nutzbaren Wärmegewinne** bestimmen sich nämlich zu

$$Q_G = \eta\, Q_f = \eta\, (Q_{Solar} + Q_{P\&G}) \qquad [6'6]$$

Der solare Ausnutzungsgrad ist vom jeweiligen Gebäude abhängig und kann – bei realistischen Gebäuden – im Bereich zwischen 40 und 100 % variieren. Bei „normal" gebauten Niedrigenergiehäusern liegen die Werte für den Ausnutzungsgrad zwischen 85 % und 95 %. Die solaren Wärmegewinne sind damit in Niedrigenergiehäusern noch einmal um ca. 10 % geringer als das solare Angebot. Dieses war nach Formel [6'3] als Produkt aus den Reduktionsfaktoren für Verschattung und Verschmutzung, für den Glasanteil, für den nichtsenkrechten Einfall und dem g-Wert der Verglasung mal der Solareinstrahlung bestimmt worden. Die nutzbaren solaren Gewinne sind nun noch weiter reduziert, und zwar um den Faktor „solarer Ausnutzungsgrad" η:

$$Q_{Gewinn} = \eta\, f_b\, f_{Glas}\, f_\varphi\, g\, G \qquad [6'7]$$

Unter sehr günstigen Annahmen war ein solares Angebot im Raum von maximal 41 % bestimmt worden; die nutzbaren Solargewinne sind typischerweise noch einmal um den solaren Ausnutzungsgrad (~90 %) verringert, so daß am Ende maximal Gewinne in der Größenordnung von 37 % der außen auftreffenden Solareinstrahlung wirksam werden.

6.7 Der Einfluß von Fenstergröße und Fensterqualität

Die mit passiver Solarenergienutzung erzielbaren Energieeinsparungen in Gebäuden sind vielfach diskutiert worden; die Einschätzungen gehen hier weit auseinander. Während manche Architekten noch der Meinung sind, allein eine genügend große südverglaste Fläche mit gewöhnlicher Wärmeschutzverglasung könne beträchtlich zur Energieeinsparung beitragen, wird von seiten mancher Haustechniker der Solargewinn immer noch vollständig ignoriert.

Die in den letzten Abschnitten behandelten Grundlagen erlauben es, den Einfluß der passiven Solarenergienutzung einigermaßen zuverlässig zu bestimmen. Die Behandlung der Fragestellung muß rechnerisch erfolgen, da durch vergleichende Feldmessungen mit vertretbarem Aufwand eine ausreichende Genauigkeit nicht erzielt werden kann.

Aus Abb. 6-5 ist erkennbar, wie sich die Jahreswärmebilanz eines Hauses verändert, wenn zunehmend größere Südfenster eingebaut werden. Wenn die Südfensterfläche sehr klein ist, kommt es kaum zu solaren Überschüssen und der solare Ausnutzungsgrad ist hoch. Wird nun die Südfensterfläche vergrößert, so steigen

- sowohl die Wärmeverluste (wegen des im Vergleich zur Außenwand höheren k-Wertes der Fenster),
- als auch das freie Wärmeangebot (wegen der größeren transparenten Fläche) linear an.

Allerdings ist vom freien Wärmeangebot ein zunehmend höherer Anteil nicht mehr nutzbar: Die solaren Überschüsse steigen. Dementsprechend nimmt der Jahresheizwärmebedarf nicht linear ab, sondern bewegt sich mit zunehmendem Fensterflächenanteil immer weniger nach unten. Es kann sogar vorkommen, daß unter bestimmten Randbedingungen der Heizwärmebedarf bei weiter vergrößerter Fensterfläche wieder ansteigt.

Für drei Verglasungsarten ist in Abb. 6-6 die Abhängigkeit des Energiekennwertes Heizwärme vom Südfensterflächenanteil in einem typischen Niedrigenergie-Reihenhaus dargestellt:

- für Standard-Zweischeibenisolierverglasung (2-Iso): Für diese Verglasung mit hohen Wärmeverlusten er-

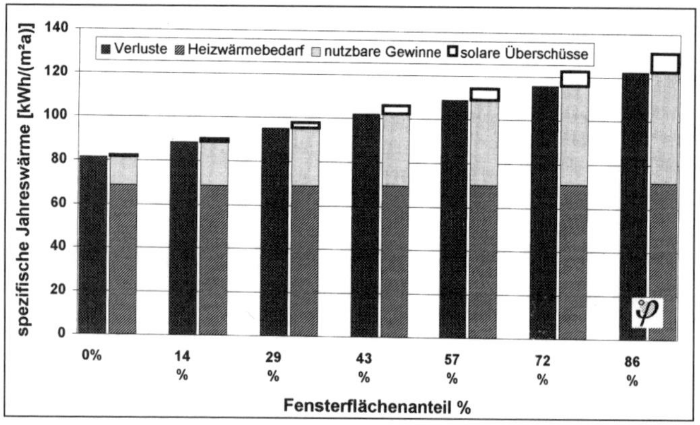

Abb. 6-5: Die Entwicklung der Jahresheizwärmebilanz mit zunehmendem Südfensterflächenanteil; Beispiel: Niedrigenergiehaus mit Wärmeschutzverglasung

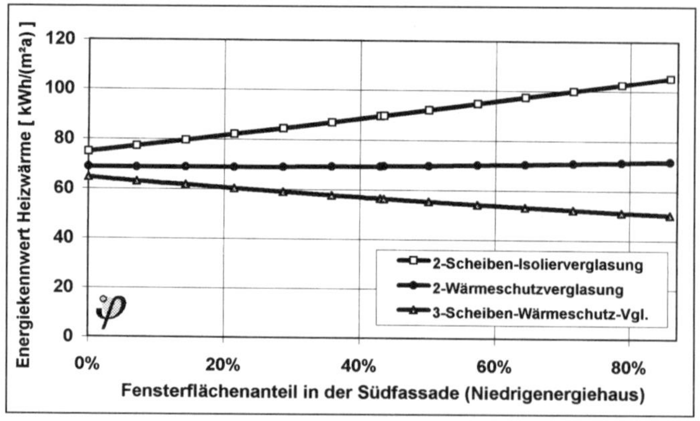

Abb. 6-6: Die Abhängigkeit des Energiekennwertes Heizwärme vom Verglasungsanteil der Südfassade im Niedrigenergiehaus

gibt sich für das Niedrigenergiehaus bei Vergrößerung der Südfensterfläche in jedem Fall ein Anstieg des Wärmebedarfs. Es ist also nicht möglich, durch größere Verglasungsflächen mit nur schlechter Qualität der Zweischeibenverglasung Energie einzusparen.

- für Zweischeiben-Wärmeschutzverglasung (2-WS): Hier ergibt sich für das Niedrigenergie-Reihenhaus eine weitgehende Unabhängigkeit des Heizwärmebedarfs vom Südfensterflächenanteil: Bei Verwendung dieser Verglasungsqualität kann daher die Größe der Südfenster nach anderen als energietechnischen Gesichtspunkten (z. B. Tageslichtnutzung, Investitionskosten) ausgewählt werden.
- für Dreischeiben-Wärmeschutzverglasung (3-WSK): In der (weitgehend unverschatteten) Südfassade eines Niedrigenergiehauses weisen Dreischeiben-Wärmeschutzverglasungen im Superrahmen eine positive Energiebilanz auf; der restliche Heizwärmebedarf nimmt bei Vergrößerung der Südfensterfläche mit dieser Verglasungsqualität ab, wegen des zurückgehenden solaren Ausnutzungsgrades wird die Einsparung aber bei größeren Fensterflächen flacher.

6.8 Der Einfluß der Orientierung

Die passive Nutzung der Sonnenenergie hängt entscheidend von der Orientierung der Hauptfensterflächen ab. Abb. 6-7 zeigt, wie sich der spezifische Jahresheizwärmebedarf des Niedrigenergie-Reihenhauses verändert, wenn die Hauptfassade mit 19,13 m^2 Verglasung aus der idealen Südrichtung herausgedreht wird. Es ist erkennbar, daß kleinere Südabweichungen im Bereich ± 20° den Heizwärmebedarf kaum beeinträchtigen. Der Energiekennwert bleibt bei etwa 70 kWh/(m^2a). Wird die Fassade jedoch nach Westen oder Osten (+90 bzw. –90°) herausgedreht, so steigt der Gesamtverbrauch um etwa 10 % spürbar an. Auffällig ist, daß die Orientierung der Hauptfassade nach Norden (dann liegen die kleineren Fenster der Hinterfront nach Süden) wärmetechnisch nicht schlechter abschneidet als eine West- oder Ostorientierung.

Abb. 6-8 zeigt den Jahresheizwärmebedarf bei unterschiedlichen Bau- und zugehörigen Verglasungsstandards – diesmal in Abhängigkeit von der Größe von Ost- bzw. Westfenstern. Im Vergleich zur Abb. 6-6 ergibt sich, daß durch vergrößerte Fensterflächen in Ost- oder Westrichtung in keinem Fall eine Verringerung des Heizwärmebedarfs erzielt werden kann. Winterliche passive Solarenergienutzung mit Netto-Heizbeiträgen beschränkt sich in unseren Breiten auf Fensterorientierungen nahe der Südrichtung (± 20°). Dies gewinnt noch an Bedeutung, wenn das im nächsten Abschnitt behandelte Sommerklima mit in die Orientierung einbezogen wird.

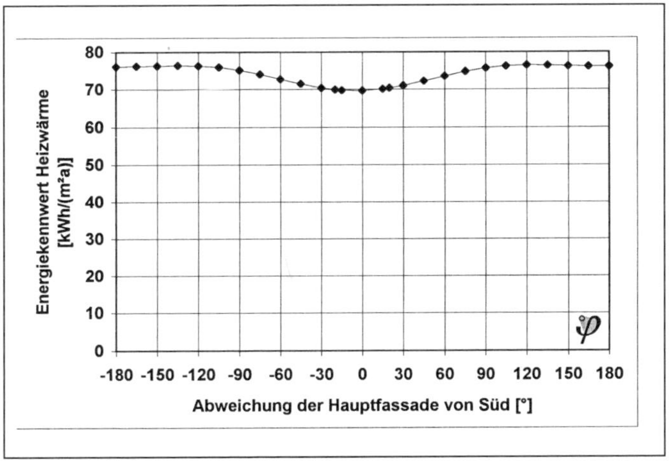

Abb. 6-7: Die Veränderung des Jahresheizwärmebedarfs mit der Orientierung der Hauptfassade

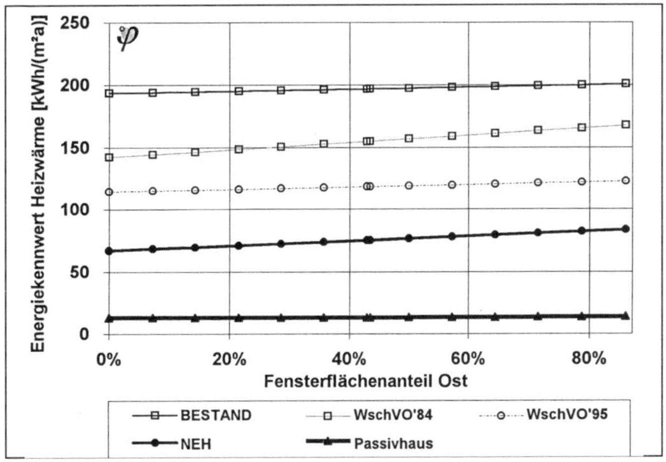

Abb. 6-8: Jahresheizwärmebedarf bei Ostfenstervariation

6.9 „Passiv solar" und Sommerklima – Südrichtung bevorzugt

Abb. 6-9 links zeigt die sommerlichen Temperaturen in einem Niedrigenergie-Reihenhaus mit vernünftigem Südfensterflächenanteil (19,1 m^2 Glasfläche) bei Wärmeschutzverglasung ohne temporäre Verschattung. Im oberen Bereich sind die tagesmittleren Raumlufttemperaturen im Dachgeschoß, im unteren die an einem sonnigen und einem trüben Augusttag dargestellt. Mit einem maximalen Tagesmittel von 29 °C ist das Innenklima in einem solchen Haus immer noch angenehm. Durch morgendliches Lüften und/oder temporäre Verschattung ließen sich die Temperaturen noch senken.

Werden die Südfenster vergrößert (38,3 m^2 Verglasungsfläche, vgl. Abb. 6-9 rechts), so verändert sich der Heizwärmebedarf gemäß Abb. 6-6 kaum. Dagegen steigen die sommerlichen Maximaltemperaturen bedeutend an – in diesem Fall bereits auf über 33 °C. Es entstehen längere Perioden mit Tagesmitteln nahe 30 °C. Doch auch diese Werte ließen sich durch Verschattung und morgendliche Lüftung reduzieren, aber infolge der erheblich höheren solaren Wärmelast nicht so effektiv wie in einem Haus mit „normalen" Fensterflächen. Während durch extrem große Fenster im Winter kaum etwas gewonnen wird, verschlechtert sich das Sommerklima merklich. Sehr große Südfensterflächen setzen daher temporäre Sonnenschutzmaßnahmen voraus.

Ein Wort zum „alternativen" **Sonnenschutz** durch feststehende Schirme über den Südfenstern (z. B. Balkon und Dachüberstände): Diese wurden häufig als „ideale Komponenten" dargestellt, weil sie die hochstehende Sommersonne verschatten (richtig), die tiefstehende Wintersonne aber ungestört hereinlassen (auch richtig). Trotzdem ist die Wirkung der feststehenden Verschattung so ungünstig, daß wir diese Maßnahme nicht empfehlen: Im Winter ist der bedeutendste Teil der energetisch wirksamen Einstrahlung nämlich gar nicht direkte Sonnenstrahlung, sondern diffuses Himmelslicht. Und dieses wird durch die festen Schirme ebenfalls verschattet, so daß sich der passiv solare Gewinn spürbar reduziert. Dieser Effekt ist so stark, daß es sinnvoller wäre, die Fenster so zu verkleinern, daß die sommerliche Wärmelast ebenfalls erträglich wird, aber feste Sonnenschutzelemente verzichtbar sind. Die beste Lösung stellt ein verstellbarer Sonnenschutz dar: Im Winter verschattungsfrei, im Sommer oder zumindest in Hitzeperioden schattengebend.

Vollends unerträglich wird das Sommerklima, wenn die große Hauptverglasungsfläche aus der Südrichtung heraus nach Osten oder Westen gedreht wird: Das sommerliche Solarangebot auf Ost- und Westflächen ist nämlich höher als auf der Südseite! Dazu kommt, daß die Sonne im Osten oder Westen tief steht, so daß der Energie-

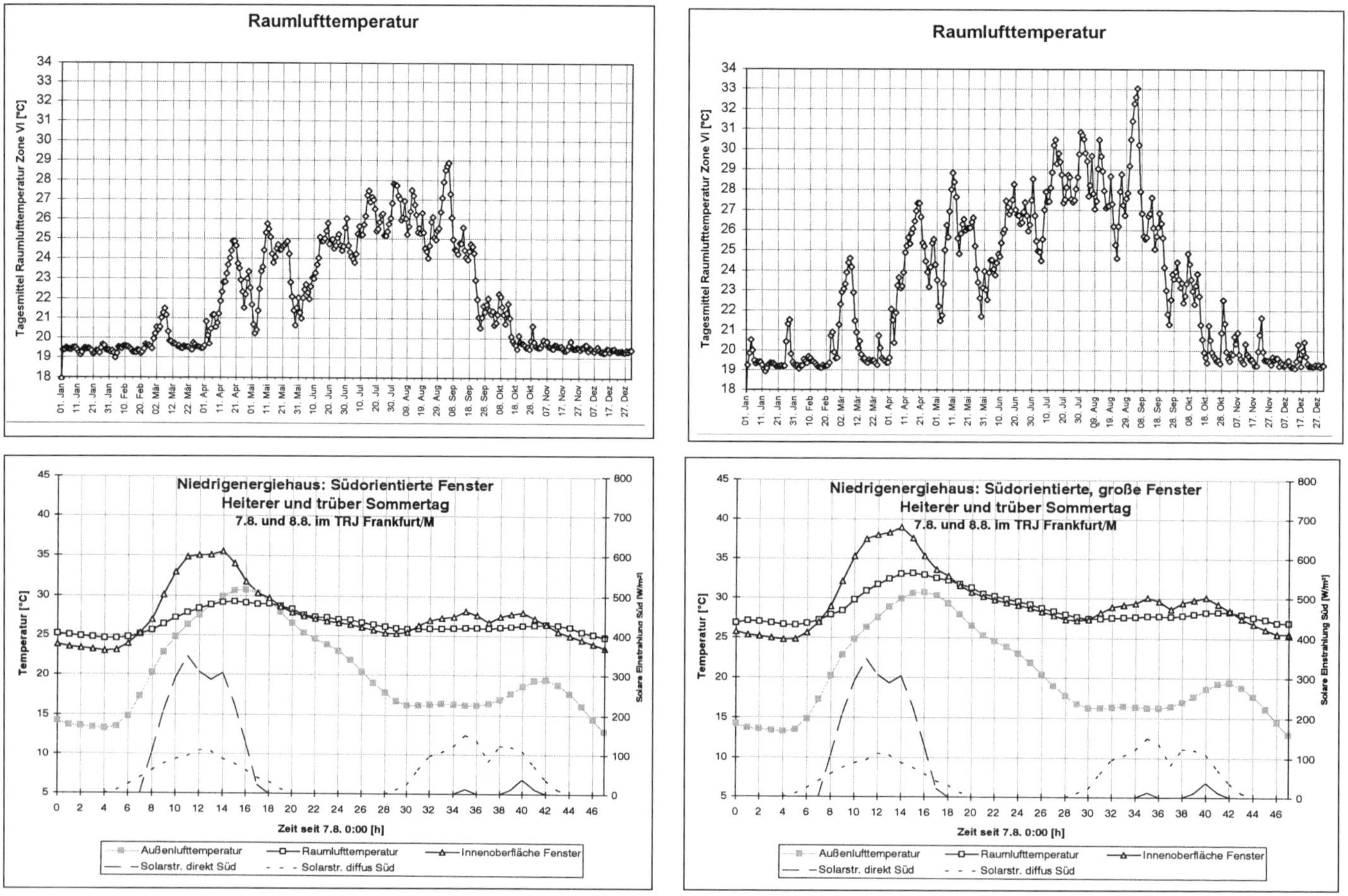

Abb. 6-9: Sommerklima im NEH in Abhängigkeit vom Verglasungsanteil der Südfassade;
oben: Tagesmittel der Raumlufttemperaturen im Dachgeschoß
unten: Temparaturverläufe und Strahlungsdaten an zwei Sommertagen
links: Glasanteil der Südfassade 34,1 % (19,1 m²)
rechts: Glasanteil der Südfassade 68,2 % (38,3 m²)

durchlaß (g^*f_φ) bei hochwertigen Verglasungen ebenfalls nennenswert vergrößert wird (im Süden liegt dagegen fast ein „streifender“ Einfall vor, dabei ist der Energiedurchlaß gering – einer der Gründe, weshalb Südverglasungen auch im Sommer relativ unkritisch sind). Abb. 6-10 zeigt, daß die Tagesmitteltemperaturen in einem NEH-Reihenhaus im Dachgeschoß bei großen ostorientierten Fenstern 34 °C erreichen können. Auch in einem Durchschnittsjahr werden an über 60 Tagen Spitzenwerte von 30°C und mehr erreicht. Auch mit Nacht- und Morgenlüftung ist da wenig zu erreichen, das Haus ist in Hitzeperioden heiß.

Die hier beschriebene Sommersituation ist der entscheidende Grund, weshalb große verglaste Flächen in Ost- oder Westrichtung vermieden werden sollten. Ungünstiges Sommerklima ist eine vermeidbare Zumutung für die Bewohner. Die Gefahr ist groß, daß in solchen Wohnungen am Ende Klimanlagen für die aktive Kühlung betrieben werden, deren Stromverbrauch weit höhere Umweltbelastungen bedeutet, als der in diesem Buch meist diskutierte Heizwärmebedarf. Gut geplante Niedrigenergie-Wohngebäude in Mitteleuropa benötigen keine aktive Kühlung und bieten ein angenehmes sommerliches Innenklima. Die Grundsätze hierfür lauten:

- große Ost- und Westverglasungen vermeiden,
- gute nächtliche und morgendliche freie Lüftung im Sommer ermöglichen,
- auch Südfenster nicht zu groß planen, dafür aber einen temporären Sonnenschutz vorsehen,
- Schräg- und Überkopfverglasungen vermeiden oder mit wirksamen Verschattungsmöglichkeiten ausstatten,
- mit stromsparenden Geräten die interne Wärmelast gering halten und gleichzeitig die Umwelt entlasten (vgl. Kapitel 10).

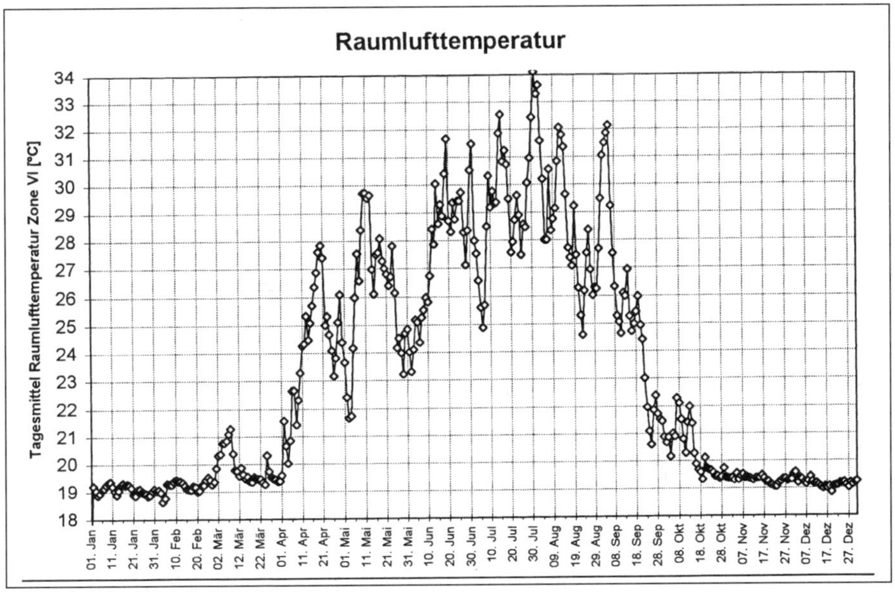

Abb. 6-10: Tagesmittel der Raumlufttemperatur im NEH bei großflächiger Verglasung der ostorientierten Fassade (38 m² Glasfläche)

7. Lüftung

7.1 Raumluftqualität und Luftwechsel

Angenehmes Raumklima und hygienisch unbedenkliche Raumluftqualität sind Grundlage für gesundes Wohnen und Wohlbefinden. Dies ist die vorrangige Aufgabe der Wohnungslüftung. Die Raumluft wird durch verschiedene Schadstoffquellen belastet. Zum einen gelangen die Schadstoffe mit der Außenluft ins Gebäude, zum anderen gibt es im Wohnbereich innere Emissionsquellen. Der Mensch selbst, aber auch Baumaterialien, Einrichtungsgegenstände, haustechnische Einrichtungen, Heiz- und Kochgeräte, Haustiere, Pflanzen, Textilien, Nahrungsmittel und Haushaltschemikalien emittieren eine Vielzahl von Stoffen. Zu den wichtigsten gehören:

- Kohlendioxid (CO_2), das beim menschlichen Stoffwechsel und bei Verbrennungsvorgängen (Gasherd, Kerzen, Rauchen) entsteht,
- Wasserdampf, der zum Teil durch den Menschen ausgeschieden wird, zum Teil bei der Verdunstung von Wasser durch Pflanzen, beim Kochen, Waschen, Duschen usw. entsteht,
- Geruchsstoffe aus menschlichen Ausdünstungen oder haushaltsüblichen Tätigkeiten,
- giftige Gase und Dämpfe (Stickoxide, Kohlenwasserstoffe, Aldehyde, Lösungsmittel), die aus Gegenständen und Materialien entweichen oder bei Verbrennungsprozessen entstehen,
- Mikroorganismen wie Bakterien, Viren, Schimmelpilzsporen oder Hausstaubmilben,
- Radioaktive Stoffe aus Baumaterialien und Erdreich.

Um eine gute Raumluftqualität zu erreichen, gibt es im wesentlichen folgende drei Möglichkeiten:

- Weitgehendes Vermeiden innerer Emissionsquellen oder gegebenenfalls deren dichter Einschluß,
- effiziente Abfuhr von lokalisierbaren Emissionen durch geeignete Luftführung,
- ausreichende Verdünnung nicht lokalisierbarer Emissionen durch Luftaustausch, gegebenenfalls unter Filterung der Außenluft.

Eine systematische Behandlung von Innenraumluftbelastungen und Luftqualitätsmaßstäben muß der Fachliteratur überlassen werden [Diel 1993], [BMU 1992]. Im folgenden kann nur schlaglichtartig auf einige der bedeutendsten Punkte eingegangen werden.

Kohlendioxid und Gerüche

Kohlendioxid (CO_2) ist ein ungiftiges, geruchloses Gas, das bei allen Verbrennungsprozessen von kohlenstoffhaltigem Material sowie bei Stoffwechselprozessen entsteht. Heute [DIN 1946-2] wie damals [Pettenkofer 1858] dient der CO_2-Gehalt der Raumluft als Indikator für die Luftqualität in Wohnräumen. CO_2 selbst ist auch in höheren Konzentrationen bis 0,5 % (MAK-Wert, zitiert nach [Witthauer 1993]) nicht schädlich. Ab 1 % ist mit Beeinträchtigungen (Müdigkeit, Kopfschmerzen) zu rechnen [Janssen 1984].

In der Außenluft beträgt die CO_2-Konzentration zwischen 0,03 und 0,05 % anteiliges Volumen (300 bis 500 ppm), wobei die Tendenz aufgrund der wachsenden Emission durch Energieumwandlung und Ressourcenverbrauch steigend ist.

Pettenkofer veröffentlichte schon 1858 Beobachtungen, nach denen sich Personen in Räumen mit CO_2-Konzentrationen unter 0,1 % behaglich, in Räumen mit CO_2-Konzentrationen über 0,2 %, in denen gleichzeitig geraucht wurde, unbehaglich fühlten. Er setzte daraufhin

Infobox 7-1: Raumluftqualität, Geruchsbelastung und Kohlendioxid

Zu diesem Thema schrieb Max von Pettenkofer vor fast 140 Jahren:
„Die wesentlichsten Ausscheidungsstoffe unserer Lungen und unserer Haut, so weit sie in die Luft übergehen, sind Kohlensäure und Wasser. Gleichzeitig mit diesen geht stets noch eine geringe Menge flüchtiger organischer Stoffe in die Luft über, die sich bei einiger Anhäufung durch den Geruch bemerkbar machen… Für empfindsame Geruchsnerven wird jedes bewohnte Zimmer mehr oder weniger Geruch haben, so dass wir uns nach einem Massstabe umsehen müssen, der uns genau gewisse Grade der Luftverderbniss ohne Mitwirkung subjektiver Empfindungen zu bestimmen erlaubt… Somit bleibt uns kein anderer Anhaltspunkt als die Kohlensäure, deren Gehalt in der freien Luft durchgehends nur gering ist, … Der Kohlensäuregehalt allein macht die Luftverderbniss nicht aus, wir benützen ihn bloss als Massstab, wornach wir auch noch auf den grössern oder geringern Gehalt an anderen Stoffen schließen, welche zur Menge der ausgeschiedenen Kohlensäure sich proportional verhalten.“ [Pettenkofer 1858]

den akzeptablen CO_2-Grenzwert als Kriterium für gute Innenluftqualität auf 0,1 % CO_2. Auch in aktuellen Regelwerken ist der CO_2-Gehalt der Raumluft ein anerkannter Maßstab für den Grad der Luftbelastung in Wohnungen. Eine Studie des Air Infiltration and Ventilation Center (AIVC) [TNAIVC 26] nennt Richtwerte der CO_2-Konzentration zwischen 0,1 und 0,15 %.

Abbildung 7-1 zeigt den Zusammenhang zwischen Außenluftvolumenstrom und CO_2-Innenluftkonzentration. Parameter ist die CO_2-Abgabe eines Menschen (12 l/h beim Schlafen, 23 l/h bei durchschnittlicher Haushaltstätigkeit, 18 l/h im Mittel [Witthauer 1993]). Mit 30 m³/h je Person wird die Pettenkoferzahl, ein CO_2-Pegel von 0,10 %, bei mittlerer CO_2-Abgabe eingehalten, beim schlafenden Menschen genügen dazu 20 m³/h. Bezüglich des Grenzwerts [DIN 1946-2] von 0,15 % genügt ein Volumenstrom von 20 m³/h je Person auch bei den in Wohnungen nur kurzzeitig vorkommenden Phasen höherer körperlicher Aktivität. Die Sauerstoffversorgung des menschlichen Stoffwechsels ist schon bei etwa 10 % des für die CO_2-Abfuhr notwendigen Volumenstroms gewährleistet [Krüger 1979].

Geruchsstoffe werden (subjektiv) oberhalb gewisser Konzentrationen als störend empfunden. Nach wie vor gibt es hier keine „objektivierenden" Meßverfahren, vielmehr ist man zur Beurteilung auf Testpersonen angewiesen. Auch die Beurteilung von Gerüchen und die Toleranz gegenüber diesen ist subjektiv stark unterschiedlich. Versuche, die Pettenkofer bereits um die Jahrhundertwende durchführte, zeigten, daß die von den Menschen ausgehende Geruchsbelästigung eng mit der (meßbaren) CO_2-Konzentration korreliert. Dies ist die Grundlage, in Wohnräumen den CO_2-Gehalt der Innenraumluft als Maßstab für die Luftqualität zu benutzen.

Luftfeuchte

Die Höhe der Feuchteproduktion in Wohnungen hängt stark von Anzahl und Verhalten der Bewohner ab. Die direkte Feuchteabgabe eines Menschen beträgt bei leichter Tätigkeit und Lufttemperaturen um 20 °C ca. 40 g/h [Recknagel 1990]. Aus haushaltsüblichen Tätigkeiten (Waschen, Kochen, Wäschetrocknen) sowie durch Zimmerpflanzen ist je Bewohner mit bis zu 100 g/h zu rechnen.

Gegen Emissionsspitzen wirkt in üblichen Wohnungen die Feuchtepufferung an offenporigen Oberflächen, die in Form von Bauteilen, Raumtextilien oder Einrichtungsgegenständen vorliegen können. Feuchteschwankungen der Raumluft nach oben wie nach unten werden dadurch abgepuffert [Künzel 1990]. Die Eindringtiefe kurzfristiger Feuchteschwankungen in sorptionsfähige Materialien beträgt nur wenige

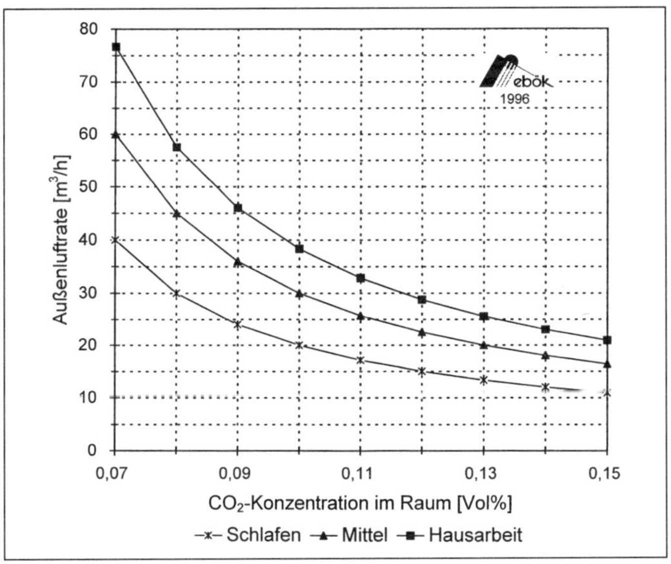

Abb. 7-1: Resultierende CO_2-Innenraumluftkonzentration

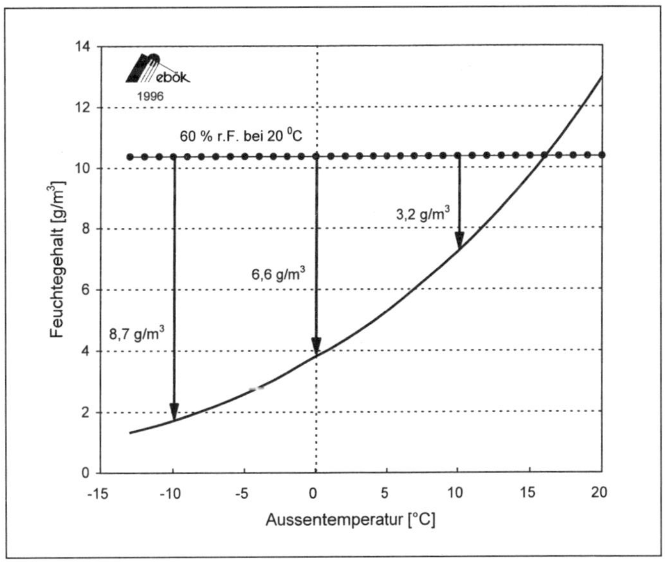

Abb. 7-2: Feuchteabfuhr je m³ Außenluft in Abhängigkeit von unterschiedlichen Außenlufttemperaturen bei Innenbedingungen von 20 °C und 60% r. F.

Millimeter. Zu beachten ist, daß auch der größte Teil der in Außenwänden gepufferten Feuchte wieder an die Raumluft abgegeben wird und durch den Außenluftwechsel abgeführt werden muß.

Im Winter ist die Temperatur an Innenoberflächen schlecht gedämmter Außenflächen oder an Wärmebrücken deutlich niedriger als die Raumlufttemperatur, was sich in einer Erhöhung der lokalen relativen Feuchte vor kalten Oberflächen auswirkt. Dies kann bekanntermaßen sogar zu Tauwasserausfall auf Bauteiloberflächen führen. Das Wachstum bestimmter Schimmelpilzarten kann schon bei Luftfeuchten von 80 % an Materialoberflächen beginnen. Aus bauphysikalischer und hygienischer Sicht müssen daher relative Innenluftfeuchtigkeiten größer als 60 % über längere Zeiträume während der Heizperiode verhindert werden.

Der Mensch selbst fühlt sich bei Raumlufttemperaturen um 20 °C in einem weiten Bereich der Raumluftfeuchte wohl. Aus wohnmedizinischen Gründen sollte die relative Feuchte der Raumluft in der Heizperiode letztendlich zwischen 30 % und 60 % liegen.

Im Gegensatz zum CO_2-Gehalt ändert sich der Feuchtegehalt der Außenluft stark. Der Zusammenhang zwischen Feuchtegehalt in g Wasserdampf je Kubikmeter Außenluft und der Außenlufttemperatur für typisches deutsches Klima [DIN 4710] ist in Abbildung 7-2 als durchgezogene Kurve dargestellt. Feuchteabfuhr durch Lüftung erfolgt, indem kalte Außenluft mit geringem Feuchtegehalt in der Wohnung aufgewärmt wird und dabei Feuchtigkeit aufnehmen kann. In der kalten Jahreszeit ist die entfeuchtende Wirkung des Außenluftwechsels wesentlich stärker als in der wärmeren Übergangsjahreszeit.

Bei einer Feuchteproduktion von insgesamt bis zu 140 g/h je Person sowie einer Raumlufttemperatur von 20 °C reicht ein kontinuierlicher Volumenstrom von etwa 30 m^3/h je Person aus, um während der Heizperiode die Entfeuchtung einer beheizten Wohnung zu gewährleisten. Bei Temperaturen um und unter 0 °C genügen dazu reduzierte Volumenströme.

Rauchen

Kein in Wohnungen realisierbares Lüftungskonzept kann die Belastungen durch das Rauchen auf ein hygienisch unschädliches Maß bringen. Ein qualmender Raucher belastet die Luft stärker als 20 nichtrauchende Personen – dies würde über 600 m^3/h Frischluft je Raucher erforderlich machen, wodurch die Luftgeschwindigkeiten nicht mehr im Komfortbereich einzustellen sind, ganz abgesehen von der Energieverschwendung. Allerdings wird bei mechanischer Lüftung die Luft in anderen Wohnräumen nicht belastet im Gegensatz zur Fensterlüftung, wo die Luftströmungen im Haus vom Wetter abhängen. Wird in einem Abluftraum geraucht, so bleibt die Luftbelastung auf diesen Raum beschränkt. Eine rein technische Lösung existiert zwar nicht, mechanische Lüftung hilft aber, die Probleme einzugrenzen.

Wieviel Luftwechsel ist nötig?

Wenn die Außenluftqualität gut und die Freisetzung gesundheitlich bedenklicher Stoffe in Innenräumen klein ist, kann der notwendige Außenluftvolumenstrom in Wohnungen in Hinblick auf den CO_2-Gehalt der Raumluft, (Körper-)Gerüche und Luftfeuchte bemessen werden. Dadurch werden gleichzeitig auch negative Auswirkungen durch andere Schad- oder Belastungsstoffe, die in geringem Umfang in jeder Wohnung auftreten können [Feist 1994c], verhindert.

Aus den Überlegungen zu Feuchte, CO_2 und Körpergerüchen lassen sich als **Richtwert für den hygienisch notwendigen Volumenstrom 30 m^3 Frischluft je Person und Stunde** ableiten. Je nach der Größe der Wohnfläche pro Person bedeutet dies Luftwechselraten zwischen 0,3 h^{-1} in schwach und 0,8 h^{-1} in dicht belegten Wohnungen. (Eine Luftwechselrate ist das Verhältnis zwischen Volumenstrom und Raumvolumen.)

Die Berücksichtigung des nicht vermeidbaren Anteils der Innenraumluftbelastung aus Baustoffen und Möblierung sowie der Pufferwirkung vieler Materialien für Wasserdampf und Geruchsstoffe erfordert die Bemessung eines Mindestvolumenstroms entsprechend der Wohnungsgröße. Benutzt man als Maßstab dafür das Luftvolumen einer Wohnung, sollte eine mittlere Luftwechselrate von 0,3 h^{-1} nicht unterschritten werden, die sich bei detaillierten Untersuchungen [Feist 1994c] im Passivhaus Kranichstein als ausreichend erwies.

In sommerlichen Hitzeperioden sind während der kühlen Nacht- und Morgenstunden zur Kühlung der Wohnung zwar höhere Luftwechselraten notwendig, diese können jedoch über geöffnete Fenster erzielt werden, ohne daß dies zu Heizenergieeinsatz oder Raumklimaproblemen führt.

7.2 Wie wird gelüftet?

Es lassen sich grundsätzlich folgende Lüftungsstrategien unterscheiden: Als sog. „Freie Lüftung" wird der durch Wind und Temperaturunterschiede angetriebene Luftaustausch bezeichnet. Hierbei strömt Luft durch Undichtheiten in der Gebäudehülle herein (dies nennt man Infiltration) oder heraus (Exfiltration). In Sonderfällen wird dies durch passive Systeme (z. B. Lüftungsschächte) unterstützt. Da in der Praxis auf diese Weise ein ausreichender Luftwechsel nicht erreicht werden kann, ist die gezielte Aufmerksamkeit und Aktivität der Bewohner durch Fensterlüftung erforderlich. Doch auch deren Stärke ist noch sehr von den Witterungsbedingungen abhängig. Wetterunabhängige und bedarfsgerecht kontrollierbare Lüftung erfordert den Einsatz mechanischer Lüftungsanlagen.

Fugenlüftung

Das Grundproblem der Fugenlüftung ist, daß diese je nach Witterungsverhältnissen sehr stark schwankt. Soll ein Gebäude durch Fugenlüftung ausreichend belüftet werden, so muß der Luftaustausch gerade auch in windstillen Zeiten und bei geringer Thermik noch gesichert sein. Würden Häuser so gebaut, daß auch in diesen ungünstigen Situationen die Fugenlüftung ausreicht, dann müßten sie extrem undicht sein. Abb. 7-3 zeigt den Jahresverlauf der freien Lüftung in einem solchen Gebäude. Im dargestellten gleitenden Zehntagesmittel wird eine Luftwechselrate von mindestens 0,4 h^{-1} eingehalten, an einzelnen Tagen wird jedoch nicht einmal 0,3 h^{-1} erreicht. Bei starkem Wind wird in einem derart undichten Haus (n_{50}-Wert ca. 20 h^{-1}, vgl. Kap. 5) allerdings ein extremer Durchzug auftreten, beispielsweise am 30. Dezember im Obergeschoß mit einem Luftwechsel von 11 h^{-1}, der einem Luftvolumenstrom von 2000 m^3/h entspricht. Zusätzlich führt ein solch hoher Luftwechsel in beheizten Räumen zu sehr trockener Luft.

Die Auswirkungen der Fugenlüftung sind in mehrfacher Hinsicht unbefriedigend.

- Bei Wind und kalten Außentemperaturen treten Zugerscheinungen auf, die von Bewohnern heute nicht mehr akzeptiert werden. Auch früher hat man versucht, sich in undichten Häusern gegen Zug zu schützen: Es wurden zusätzliche Vorhänge aufgehängt und erkennbare Fugen zeitweise ausgestopft. Heute ist eine Rückkehr zur Fugenlüftung mit Komforteinbußen verbunden, die Bewohner nicht mehr tolerieren.
- Da die Größe und Lage von Fugen im Gebäude nicht planbar ist, muß selbst ein ausreichend hoher Luftwechsel im Gebäude durch Fugen noch keine gesicherte Durchlüftung *aller* Räume bedeuten.
- Die Strömungsrichtung ist sehr häufig ungünstig: Im Erdgeschoß zieht es wegen des thermischen Auftriebs herein (die Haustüren sind meist sehr undicht; häufig steht auch das EG-Toilettenfenster auf). Die bereits belastete Luft steigt dann über das Treppenhaus auch in die Aufenthaltsräume des Dachgeschosses und strömt hier – feuchtebeladen – durch Fugen in der Dachkonstruktion nach außen.
- Der jahreszeitliche Verlauf der Fugenlüftung ist gleichfalls ungünstig: In der kalten Jahreszeit ist die Auftriebskraft am größten, wodurch der Luftwechsel ansteigt. (Ein erhöhter Luftwechsel wäre aber eher in den Übergangsjahreszeiten mit geringen Temperaturdifferenzen zur Entfeuchtung erforderlich, vgl. 7.1).
- Durchströmte Fugen bieten eine hohe Anfälligkeit für Bauschäden durch Kondensat (s. Kap. 5). Deshalb forderten Normen [DIN 4108] und Verordnungen [WVO 1982] auch schon in der Vergangenheit eine dichte Konstruktion der Gebäudehülle.

„Normale“ Neubauten sind schon heute bei weitem nicht undicht genug, um einen ausreichenden Luftwechsel über Fugen zu ermöglichen. Messungen von Luftwechselraten in der Schweiz [Sagelsdorff 1982] und in Österreich [Panz-

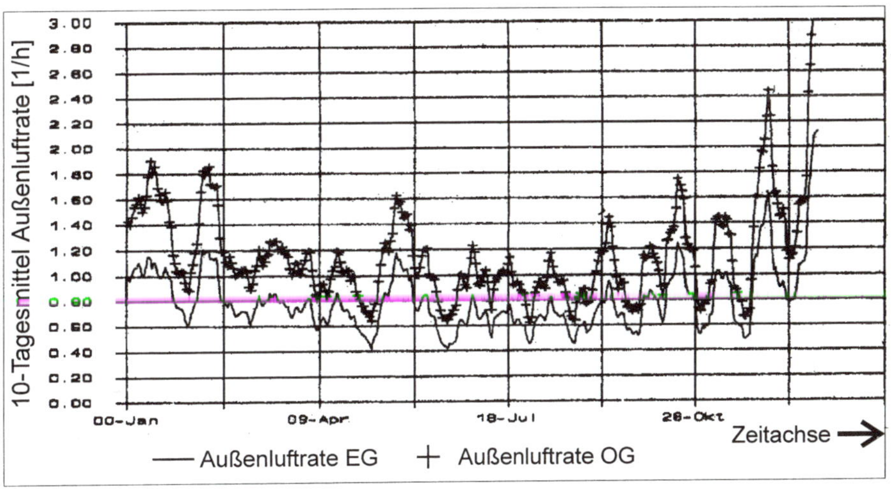

Abb. 7-3: Berechnung der gleitenden Zehntagesmittel der Infiltrationsrate in einem extrem undichten Gebäude (n_{50}=20 h^{-1}), welches nur durch Fugen gelüftet wird. [Feist 1993a]

hauser] zeigen dies: Der Fugenluftwechsel ist mit Werten zwischen 0,1- und 0,4-fach pro Stunde erschreckend gering (im Durchschnitt 0,2 h^{-1}). Diese Frischluftraten reichen – zumal bei meist ungünstiger Durchströmung – für hygienisch gute Innenraumluftqualität oft nicht aus.

Die Fugenlüftung ist aus diesen Gründen für einen hygienisch ausreichenden Luftaustausch ungeeignet. Dies wurde von verschiedenen Autoren schon vor einiger Zeit erkannt [Trümper 1979], [Daler 1983], [Shurcliff 1982]. Vielmehr soll die Gebäudehülle so dicht wie möglich errichtet werden [Zumoberhaus 1990], [Zeller u.a. 1995] und der Luftaustausch durch eine kontrollierbare Bedarfslüftung gewährleistet werden.

Fensterlüftung

Infolge unzureichender Lüftung in Wohngebäuden tauchten zunehmend Feuchteschäden auf: Durch den geringen Luftwechsel wird der in den Wohnungen erzeugte Wasserdampf nicht mehr ausreichend abgeführt; an schlecht wärmegedämmten Außenwänden mit zusätzlichen Wärmebrücken kommt es zur Tauwasserbildung, die Schimmelpilzwachstum ermöglicht. Diese Erscheinungen sind nur ein Indiz für unzureichende Lüftung: Auch andere Luftbelastungen in den Wohnungen steigen an.

Von der Bauforschung wurde daraufhin die Verantwortung für den Luftwechsel den Nutzern zugeschoben: Regelmäßiges Stoßlüften durch Öffnen der Fenster wurde als richtiges Nutzerverhalten gefordert. Einige Unternehmen der Wohnungswirtschaft verteilten Flugblätter an ihre Mieter mit dem Thema „Richtiges Heizen und Lüften" [Wohn 1985]. Tatsächlich läßt sich durch vollständiges Öffnen der Fenster ein sehr hoher Luftwechsel (je nach Wind und Temperatur jedoch schwankend) erzeugen. Tabelle 7-1 zeigt typische Luftwechsel in Abhängigkeit von der Fensterstellung. Die Tabelle verdeutlicht aber auch, daß es bei der Fensterstoßlüftung schwierig ist, den Luftwechsel „gerade richtig" einzustellen, zumal dem Nutzer im allgemeinen die jeweiligen Wind- und Temperaturverhältnisse und die daraus resultierenden Volumenströme nicht bekannt sind. Will man mit der Fensterstoßlüftung einen ausreichenden Luftwechsel erreichen, so wird man die Fensteröffnungszeiten eher etwas länger wählen, um auf der „sicheren Seite" zu bleiben: Dann ist der Luftwechsel schnell zu hoch, die Lüftungswärmeverluste werden unnötig groß.

Tab. 7-1: Luftwechsel in Abhängigkeit von der Fensterstellung (Quellen: [Sagelsdorff 1982], [Hauser 1979], [Gertis 1979])

Fensterstellung	**Luftwechsel pro Std.**
Fenster und Türen ganz zu	*0,1 bis 0,3*
Fenster gekippt, Rolladen zu	*0,3 bis 1,5*
Fenster gekippt, kein Rolladen	*0,8 bis 4,0*
Fenster halb offen	*5 bis 10*
Fenster ganz offen	*9 bis 15*
gegenüberliegende Fenster offen	*40 und mehr*

Wie sieht eine Stoßlüftungsstrategie konkret aus? Um im Resultat einen etwa 0,5- bis 1,0-fachen Luftwechsel pro Stunde zu erhalten, müssen in einem typischen Wohnhaus etwa alle zwei Stunden alle Fenster für 5 bis 10 Minuten ganz geöffnet werden; dies sollte Tag und Nacht geschehen! Hier wird das Dilemma der Fenster-Stoßlüftung erkennbar:

- Wer hält sich an die Lüftungsregel (alle zwei Stunden . . .)?
- Wer führt die Stoßlüftung tagsüber bei berufsbedingter Abwesenheit durch? Auch dann muß gelüftet werden, weil z.B. Wasserdampf im Bad von nassen Wandoberflächen und Handtüchern fortwährend freigesetzt wird.
- Wie führt man die Prozedur nachts im Schlafzimmer durch? Im Ernst wird niemand alle zwei Stunden aufstehen, um zu lüften. Die Alternative, das Fenster „gekippt" zu lassen, führt zwar zu einem hohen Luftwechsel, aber auch zu Lärm, Kälte, Zugerscheinungen und erhöhtem Energieverlust.

Die große Schwankungsbreite der Angaben in Tab. 7-1 zeigt, daß eine zuverlässige Einstellung des Luftwechsels auf den Bedarf nach dieser Methode nicht möglich ist.

Bleibt das Fenster im Schlafzimmer zu, so steigt schon nach wenigen Stunden die CO_2-Konzentration weit über die Pettenkofer-Grenze von 1000 ppm an. Dies wurde durch Messungen in konventionell gebauten Häusern bestätigt (vgl. Abb. 7-4, [Fehl 1993]).

Die Fensterstoßlüftung liegt ganz in der Verantwortung der Nutzer. Mit ihr ließe sich zwar ein ausreichender Luftwechsel herstellen, aber die Stoßlüftungsprozedur ist in bestimmten Räumen und zu bestimmten Zeiten nicht praktikabel. Daher kommt auch die Stoßlüftung als Lüftungsstrategie für Niedrigenergiehäuser nicht in Betracht.

Freie Lüftung durch passive Systeme

Lüftungsöffnungen mit gleichbleibendem Querschnitt kommen für eine Bedarfslüftung nicht in Frage, weil die

Schwankungen der Antriebskraft wegen der wechselnden Wind- und Temperaturverhältnisse zu groß sind. Eine bedarfsgerechte freie Dauerlüftung müßte daher mit einstellbaren, sich selbst regulierenden Zu- und Abluftöffnungen arbeiten. Der Regelbereich der Ventile müßte extrem groß sein. Solche Produkte sind für die Wohnungslüftung bis heute nicht erhältlich.

Im Prinzip kämen die in Kap. 7.3 beschriebenen Außenluftdurchlässe für die geregelte Belüftung in Frage. Die Verwendung solcher Ventile in den Außenwänden allein löst aber weder das Problem bei Windstille noch die Lüftung innenliegender Räume. Auch die Strömungsrichtung wäre windabhängig, so daß zu bestimmten Zeiten Luft aus Küche oder Sanitärräumen in Wohn- und Schlafräume einströmt.

Schachtlüftungssysteme mit Verwendung des Auftriebs als antreibende Kraft sind in der Bundesrepublik seit langem bekannt.

- Die konventionellen Schachtlüftungssysteme [Trümper 1989] sind alle ungeregelt, wodurch der Volumenstrom stark von den Wetterverhältnissen abhängt. Zudem führen sie teils zu Zugluftproblemen, teils funktionieren sie in luftdichten Gebäuden nicht.
- Verbesserte Schachtlüftungssysteme, wie beispielsweise das in [Mansson 1993] untersuchte System, kombinieren Außenluftdurchlässe in Wohn- und Schlafräumen mit feuchtegeregelten Abluftschächten in Sanitärräumen. Dies kann zwar unnötig hohe Luftwechselraten unter harten Klimabedingungen vermeiden, jedoch in der Übergangsjahreszeit keine verläßliche Grundlüftung sicherstellen.

Die vorliegenden Erfahrungen legen es nahe, ein solches System nicht allein als freie Lüftung zu betreiben, sondern durch einen Abluftventilator zu ergänzen.

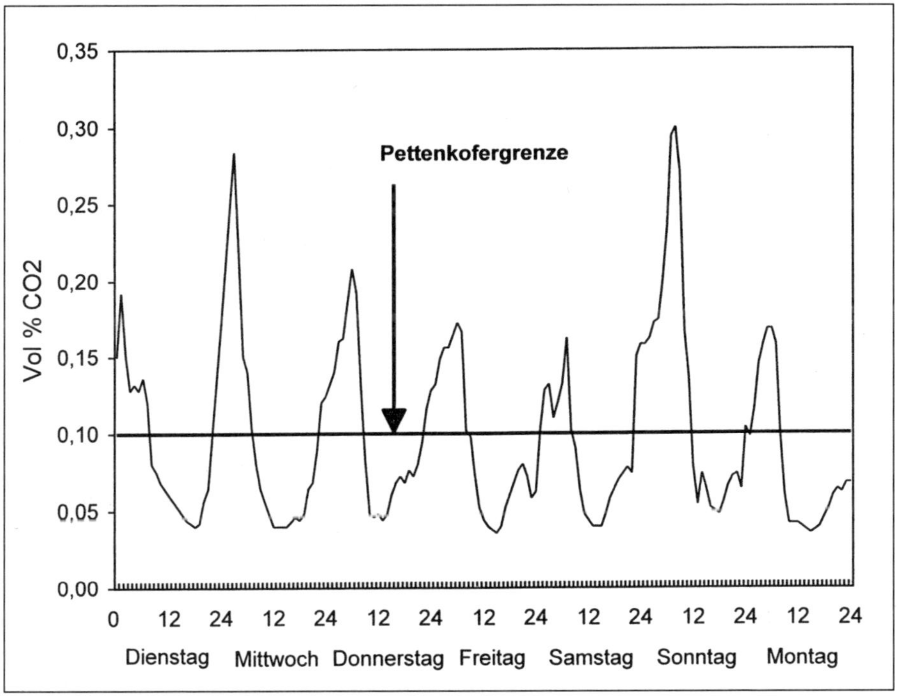

Abb. 7-4: Gemessener Kohlendioxid-Konzentrationsverlauf über eine Woche im Schlafzimmer eines Wohnhauses [Mack 1989]

Mechanische Wohnungslüftung

Nach den vorausgehenden Abschnitten kommt für die Sicherstellung eines hygienisch ausreichenden Luftwechsels nur eine kontrollierte Lüftung in Betracht. Da gute Luftqualität eine Grundvoraussetzung für gesundes Wohnen ist, gilt dies für jeden Wohnungsneubau oder renovierten Altbau, der heutigen Baustandards entspricht. Insbesondere für Niedrigenergiehäuser ist die kontrollierte Wohnungslüftung unverzichtbar: Sie ist integraler Bestandteil des NEH-Konzeptes, denn Niedrigenergiehäuser müssen gesunden und guten Wohnkomfort für ihre Bewohner bieten. Die (aus bauphysikalischen Gründen unumgängliche) Forderung nach einer dichten Gebäudehülle verlangt angesichts der mannigfachen möglichen Belastungen der Raumluft (vgl. Kap. 7.1) ein Lüftungskonzept. Andererseits ist gerade eine luftdichte Gebäudehülle eine zwingende Voraussetzung, um die Luftströmung in der Wohnung durch eine Anlage bedarfsgerecht steuern zu können.

Das wesentliche Ziel der Raumlüftung ist die Sicherung der Luftqualität. Hierfür wird die Anlage konzipiert, und nicht etwa zum Energiesparen, Heizen oder zur internen Wärmeverteilung zwischen verschiedenen Gebäudezonen. Dies ist nur zulässig, soweit die Lüftungsfunktion nicht beeinträchtigt wird.

Auf Vorrichtungen zur Kühlung sowie Be- und Entfeuchtung sollte verzichtet werden. Diese Luftbehandlungsarten sind immer mit hohen Luftfeuchtigkeiten in Teilen der Anlage verbunden. Ohne fachgerechte Wartung bestände dann das Risiko einer Verkeimung. Im übrigen sind diese Luftbehandlungsarten in einem richtig konzipierten Wohnhaus unter mitteleuropäischen Klimabedingungen zur Sicherstellung eines guten Raumklimas unnötig.

Bei der kontrollierten Wohnungslüftung sorgt ein Lüfter für einen wetterunabhängigen und dosierbaren Luftdurchsatz in der Wohnung. Die Lüftungssysteme unterteilen sich in zentrale und dezentrale Anlagen und unterscheiden sich in erster Linie durch die Art der Luftführung und die Möglichkeiten der Wärmerückgewinnung. [VEW 1995a] enthält eine Gliederung der verschiedenen Anlagentypen sowie ein Verzeichnis der Anlagen- und Komponentenhersteller. Hier werden im folgenden die zwei wichtigsten Anlagentypen detaillierter vorgestellt.

Abluftanlagen mit dezentraler Zuluft

Eine einfache und zuverlässige Lösung für die kontrollierte Wohnungslüftung stellen Abluftanlagen dar. Bei ihnen wird die Luft mit Hilfe eines zentralen oder mehrerer dezentraler Ventilatoren aus Küche, Bad und Toiletten abgezogen und meist über Dach ausgeblasen (Abb. 7-5). Die Außenluft strömt über Wanddurchlässe in Wohn- und Schlafräume sowie über noch vorhandene Undichtigkeiten in der Gebäudehülle nach. Die Wohnung wird dauerhaft von den Wohn- und Schlafräumen hin zu den Feuchträumen durchströmt (Querlüftung, s. Kap 7.3).

Gute Luftqualität kann hier mit vertretbarem Energieaufwand erreicht werden, gute zentrale Anlagen haben pro Wohnung eine typische elektrische Leistungsaufnahme um 20 W. Erhöhte Lüftungseffizienz durch gerichtete Luftführung, weitgehende Wetterunabhängigkeit und gute Regelbarkeit des Volumenstroms ermöglichen zudem eine Reduzierung der Lüftungswärmeverluste gegenüber regelmäßiger Fensterlüftung und bedeuten für die Bewohner einen merklichen Komfort- und Qualitätsgewinn. Mit Kosten von ca. 30 DM/m^2 Wohnfläche, das sind rund 4 000 DM in einem Einfamilienhaus, stellen Abluftanlagen die kostengünstigste Form der mechanischen Wohnungslüftung dar.

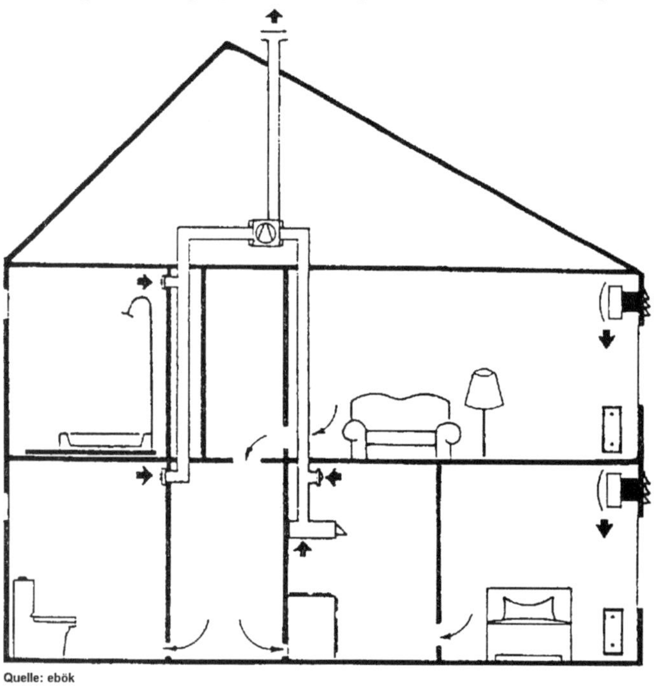

Abb. 7-5a: Schema einer Abluftanlage mit zentralem Abluftventilator, Überströmöffnungen und Außenluftdurchlässen

Abb. 7-5b: Ventilatorbox einer Abluftanlage für ein Einfamilien- oder Reihenhaus. Foto: ebök

Infobox 7-2a: Anforderungen an zentrale Abluftventilatoren

- *Detaillierte technische Daten angegeben (Kennlinienfeld mit Angabe von Druck, Volumenstrom, Antriebsspannung, elektrischer Leistungsaufnahme, Schallabgabe)*
- *Elektrische Leistungsaufnahme kleiner 0,25 Watt pro zu fördernder Luftmenge in (m³/h), Zielwert kleiner 0,12 W/(m³/h).*
- *Leicht montierbar/demontierbar und gut zu reinigen*

Infobox 7-2b: Anforderungen an Zentralgeräte von Wärmerückgewinnungsanlagen

- *Detaillierte technische Daten angegeben (Kennlinienfeld mit Angabe von Druck, Volumenstrom, Antriebsspannung, elektrischer Leistungsaufnahme, Rückwärmzahl, Schallabgabe).*
- *Gute Wärmedämmung des Gehäuses.*
- *Leichte Zugänglichkeit zu Gehäuse, Filter, Lüfter und Wärmetauscher zwecks Inspektion, Reinigung und Wartung.*
- *Hohe Rückwärmzahl bei geringer elektrischer Leistungsaufnahme, bei 60 % Rückwärmzahl luftmengenspezifische elektrische Leistungsaufnahme kleiner 0,5 W/(m³/h), Zielwert 0,25 W/(m³/h).*
- *Luftdichte Gerätekonstruktion um hygienisch problematischen Umluftanteil zu vermeiden*

Zentrale Zu-/Abluftanlage mit Wärmerückgewinnung über Wärmetauscher

Bei zentralen Zu-/Abluftanlagen wird die Abluft ebenfalls aus den Feuchträumen abgesaugt und mittels Ventilator nach außen befördert. Im Gegensatz zu Abluftanlagen wird auch die Außenluft zentral angesaugt und über ein Kanalnetz auf die Wohn- und Schlafräume verteilt. Ebenso wie bei Abluftanlagen erhöht die gerichtete Luftströmung von diesen Räumen hin zu den Feuchträumen die Effizienz der Lüftung.

Zu-/Abluftanlagen ermöglichen durch Wärmeübertragung von der Abluft an die Zuluft deutliche Einsparungen bei den Lüftungswärmeverlusten. Die energetisch effizienteste Lösung ist die Übertragung der Wärme durch Wärmetauscher. Ein Plattenwärmetauscher (Abb. 7-7) besteht aus einer Anordnung

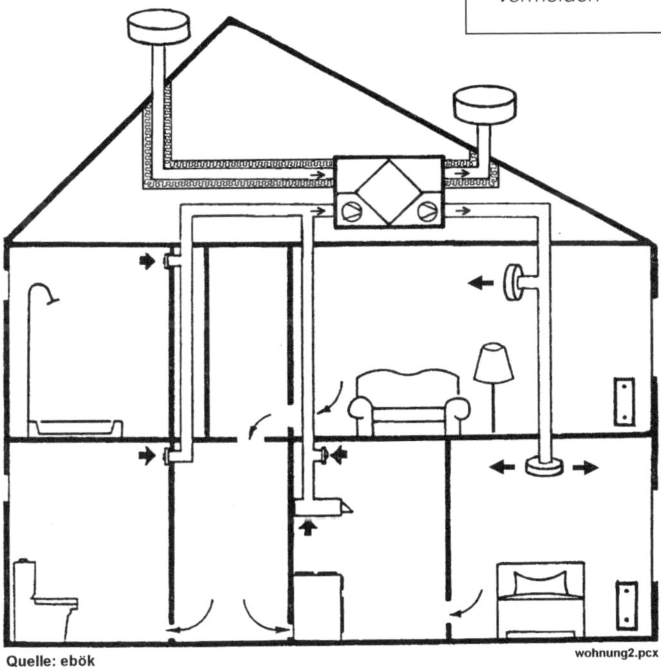

Abb. 7-6a: Schema einer zentralen Zu-/Abluftanlage mit Wärmerückgewinnung über Wärmetauscher

Abb. 7-6b: Zentralgerät einer Zu-/Abluftanlage mit Wärmetauscher. Mit abgenommener Frontplatte sind Filter und Kreuzstrom-Plattenwärmetauscher sichtbar. Foto: ebök

paralleler dünner Platten. Nebeneinanderliegende Plattenzwischenräume werden von warmer Abluft bzw. kalter Außenluft durchströmt. Durch Wärmeleitung über die Trennplatten gleicht sich die Temperaturdifferenz zwischen Abluft und Außenluft teilweise aus. Ein dichter Einbau des Wärmetauschers ist notwendig, um eine Mischung von Abluft und Zuluft zu verhindern.

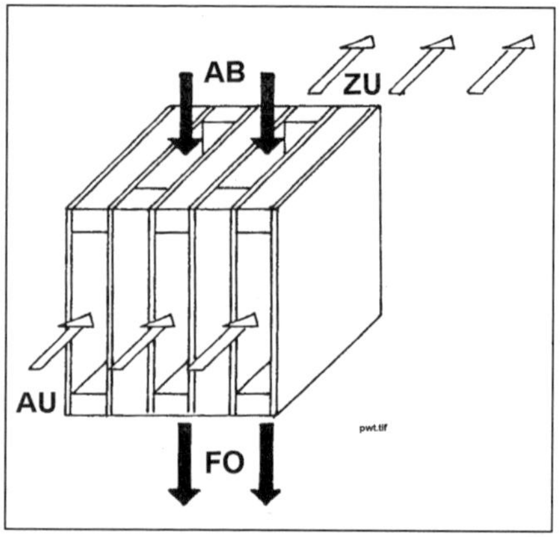

Abb. 7-7: Konstruktionsweise eines Kreuzstrom-Plattenwärmetauschers (AU: Außenluft, ZU: Zuluft zu Wohnräumen, AB: Abluft aus Funktionsräumen, FO: Fortluft nach außen)

Die Rückwärmzahl [VDI 2071] gibt an, um welchen Prozentsatz der bestehenden Temperaturdifferenz zwischen Außen und Innen die kalte Außenluft tatsächlich vorgewärmt wird (vgl. Kap. 7.4). Angegebene Rückwärmzahlen sind nur direkt vergleichbar, wenn sie unter vergleichbaren Bedingungen ermittelt wurden (z. B. Mengenverhältnis von Zu- und Abluft, ohne Kondenswasserbildung, Motorabwärme, Dichtheit). Die Rückwärmzahlen von Kreuzstrom-Plattenwärmetauschern betragen bis zu 66 %, bei Gegenstrom-Plattenwärmetauschern sind 80 % und mehr erreichbar.

Zusätzlich zum Wärmetauscher könnte über eine elektrische Kleinwärmepumpe der Fortluft noch weitere Wärme entzogen und die Zuluft damit aufgeheizt werden. Dies ist jedoch nur dann sinnvoll, wenn die Wärmepumpe eine Jahresarbeitszahl > 4 erreicht (s. Kap. 7.4), was heute oft nicht der Fall ist.

Zu-/Abluftanlagen benötigen im Gegensatz zu Abluftanlagen ein zweites Kanalnetz für die Zuluft (höherer Installationsaufwand) und einen zweiten Ventilator. Die Investitionskosten sind mit ca. 100 DM/m² Wohnfläche deutlich höher, bei einem Einfamilienhaus liegen sie um 15.000 DM. Die elektrische Leistungsaufnahme ist höher, gute Anlagen in einem Einfamilienhaus benötigen um 50 W. Darüber hinaus erfordern sie besondere Sorgfalt bei Planung und Ausführung. Eine regelmäßige Wartung ist unbedingt erforderlich, um vor allem Verschmutzungen der Zuluftkanäle zu vermeiden.

Vorteile der Anlagen mit Wärmerückgewinnung sind neben der Energieeinsparung erhöhter Komfort, verbesserter Schallschutz nach außen und die Möglichkeit zur Verbesserung der Zuluftqualität durch hochwertige Filter. Während bei reinen Abluftanlagen die Belüftung der Zuluftzone bei mangelhafter Dichtheit der Gebäudehülle beeinträchtigt wird, ist das bei Zu-/Abluftanlagen nicht der Fall. Eine Amortisation der erhöhten Investitionskosten gegenüber Abluftanlagen ist bei derzeitigen Preisen nicht möglich. Jedoch erzielen energieeffiziente Anlagen reale Betriebskosteneinsparungen.

7.3 Planungsprinzipien für effiziente Wohnungslüftungsanlagen

Das Querlüftungskonzept

Die zuvor darstellten mechanischen Lüftungssysteme haben ein Grundprinzip gemeinsam: die gerichtete Luftströmung von den Wohn- und Schlafräumen hin zu den Feucht- und Funktionsräumen (vgl. Abb. 7-8 oben). Mit dieser sog. „Querlüftung“ wird eine besonders effiziente Lüftung erreicht:

- Gerüche und Feuchtigkeit werden von dort abgeführt, wo ihre Konzentration naturgemäß am größten ist. Dies erfordert zur Abfuhr wesentlich geringere Luftmengen, als wenn sich die Störstoffe zunächst in der Wohnung ausbreiten und verdünnen.
- Da die Ablufträume bei diesem Konzept nicht mehr mit kalter Außenluft

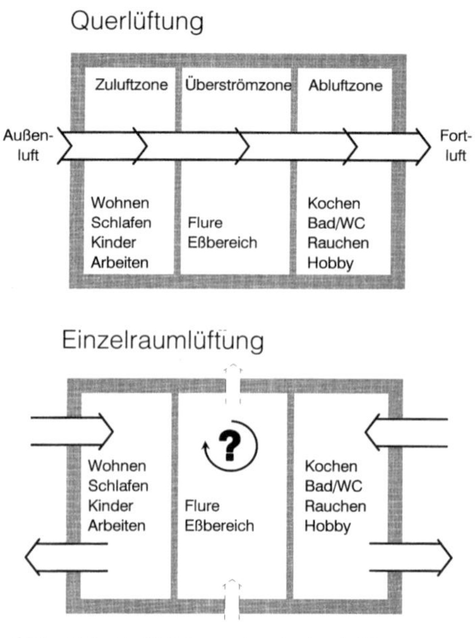

Abb. 7-8: Flußbild mechanische Lüftungsstrategien

gelüftet werden, steigt der Komfort (Bäder und WC kühlen nicht aus), die dort zu installierende Heizleistung sinkt erheblich.

- Für die Luftqualität in den Wohnräumen verbleiben damit als Belastungsquellen i. w. nur noch die Abgaben von sich dort aufhaltenden Personen, Pflanzen und Einrichtungsgegenständen.
- Die hauptsächlichen Aufenthaltszonen (Wohnen, Kinder, Schlafen) werden direkt mit frischer Außenluft versorgt.
- Durch den relativ geringen aber kontinuierlichen Luftstrom können Zugerscheinungen zuverlässig vermieden werden.

Andere Lüftungskonzepte, bei denen jeder einzelne Raum einer Wohnung z. B. durch je ein Kompaktgerät be- und entlüftet wird, erfordern insgesamt einen höheren Außenluftvolumenstrom, da auch Räume, die sonst zur *Abluft- oder Überströmzone* gehören, jetzt eine direkte Außenluftzufuhr benötigen (vgl. Abb. 7-8 unten). Dies kompensiert den energetischen Vorteil einer eventuellen Wärmerückgewinnung dieser Geräte zumindest teilweise. Weitere Vor- und Nachteile sind abzuwägen: beispielsweise bessere raumweise Regelbarkeit der Volumenströme, stärkere Ausbreitung von Luftinhaltsstoffen innerhalb der Wohnung, erhöhter Geräuschpegel durch Lüfter in Wohn- und Schlafräumen. Die Anwendungsfälle der Einzelraumlüftung liegen insgesamt eher bei Nachrüstungen oder zur Problemlösung in Sonderfällen, in denen das Querlüftungsprinzip nicht realisiert werden kann.

Die Planung einer Lüftungsanlage nach dem Querlüftungsprinzip beginnt damit, daß jeder zu lüftende Raum einer der drei Raumkategorien Zuluft-, Über-

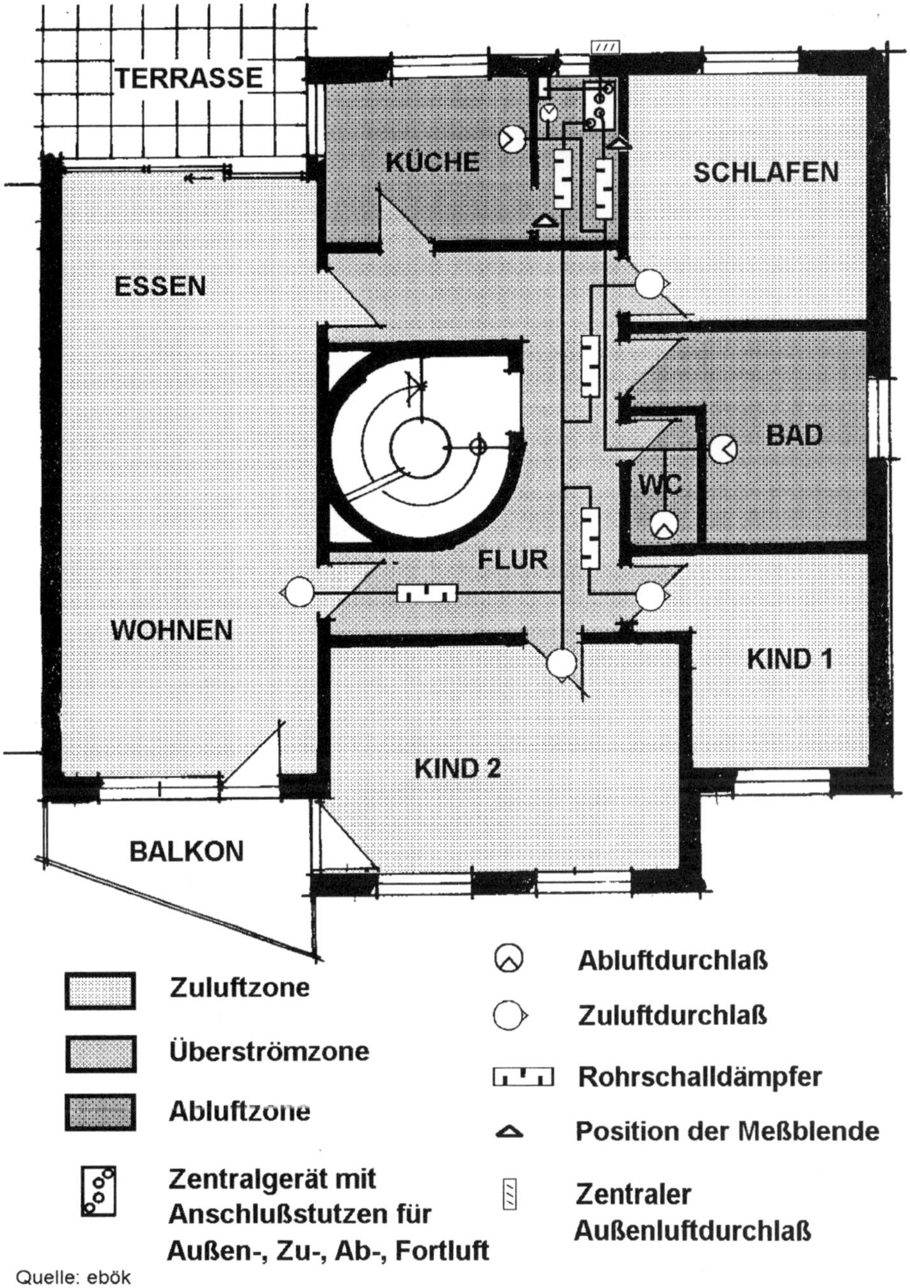

Abb. 7-9: Zonierung einer Etagenwohnung mit Zu-/Abluftanlage mit Wärmerückgewinnung

ström- oder Abluftzone zugeordnet wird. Abbildung 7-9 zeigt die Zoneneinteilung einer Wohnung mit eingebauter Zu-/Abluftanlage mit Wärmerückgewinnung.

- Wohn- und Schlafräume bilden die **Zuluftzone,** in der schwerpunktmäßig Außenluft zugeführt wird. In Räumen der Zuluftzone sollten in der Regel außer den anwesenden Personen keine wesentlichen Belastungsquellen vorhanden sein, damit die Luftqualität in der Überströmzone nicht unzulässig verschlechtert wird.
- Der **Abluftzone** werden alle Räume mit spezifisch hoher Feuchte-, Geruchs- oder Schadstofffreisetzung zugeordnet. Dies sind Küche, Bad, WC, aber auch Haustechnikräume, in denen Wäsche getrocknet wird. Dort wird Raumluft entnommen und nach außen abgeführt.
- Flure, aber z. B. auch die Eßbereiche von Wohnküchen sind oft so gelegen, daß sie durch die Luft, die von der Zuluft- zur Abluftzone strömt, durchlüftet werden können. Diese Räume bilden die **Überströmzone** ohne eigene Außen-, Zu- oder Abluftdurchlässe.

In Einzelfällen müssen Vor- und Nachteile unterschiedlicher Raumgruppenzuordnung gegeneinander abgewogen werden:

- So würden z. B. bei Zuordnung eines Hobbyraums zur Zuluftzone dort freigesetzte Stoffe (z. B. Lösemittel) über die Überströmzone zur Abluftzone transportiert; er sollte deshalb der Abluftzone zugeordnet werden.
- Die Auslegung eines Wohnraums als spezielles Raucherzimmer ist erwägenswert. Es wird dann der Abluftzone zugeordnet, oder sowohl mit Zu- als auch Abluftdurchlaß ausgestattet.
- Speisekammern und Abstellräume können je nach konkreter Situation zugeordnet werden. Auf jeden Fall sollten sie zumindest über Lüftungsgitter in der Tür an den aktiv belüfteten Bereich angeschlossen werden.

Nur luftdicht und thermisch von der Wohnung abgetrennte Nebenräume mit Fenstern, z. B. selten genutzte Kellerräume, müssen nicht mechanisch gelüftet werden.

Der innere Luftstrom muß auch bei geschlossenen Türen funktionieren. Je nach Konstruktion und Ausführung haben Raumtrennwände und Türen unterschiedlich hohe Luftdurchlässigkeiten. Deshalb müssen ggf. richtig dimensionierte Überströmöffnungen eingebaut werden. Bekannt sind beispielsweise Überströmgitter in den Türen mechanisch entlüfteter fensterloser Bäder und Toiletten. Auch Schlitze an der Unterkante von Türblättern sowie Fugen zwischen Zarge und Wand wirken als Überströmöffnung.

Wieviel Luft muß die Anlage fördern?

Im allgemeinen kann bei der Dimensionierung von Wohnungslüftungsanlagen von den Anforderungen während der Heizperiode ausgegangen werden (s. Kap. 7.1). In Sonderfällen, in denen z. B. keine sommerliche Fensterlüftung möglich ist oder höhere Luftschadstoffquellstärken im oder vor dem Gebäude nicht vermeidbar sind, muß die Auslegung der Anlage entsprechend der besonderen Situation erfolgen. Es können dann deutlich höhere Volumenströme als unten angegeben erforderlich sein.

Der **Nennvolumenstrom** der Lüftungsanlage ist für eine übliche Nutzung bei *Anwesenheit* der Bewohner zu bemessen. Auf diesen typischen Betriebszustand während der Heizperiode muß die Anlage optimiert werden. Die Bestimmung des Nennvolumenstroms erfolgt in mehreren Schritten.

- Ein personenbezogener Außenluftvolumenstrom von 30 m³/h reicht üblicherweise für eine gute Raumluftqualität in Wohnungen aus. Die Zuluftbedingung berechnet sich somit in der Regel aus einem personenbezogenen Volumenstrom von 30 m³/h multipliziert mit der möglichen Bewohnerzahl.
- Die Summe der für eine ausreichend schnelle Entlüftung der Feuchträume notwendigen Abluftvolumenströme ergibt die Abluftbedingung. Als Richtwert für die einzelnen Ablufträume kann von den in Tabelle 7-2 aufgelisteten Volumenströmen ausgegangen werden.
- Ergeben sich wesentliche Differenzen zwischen Zu- und Abluftbedingung, soll untersucht werden, ob die höhere Anforderung durch kompensierende Maßnahmen reduziert werden kann.
- Um eine personen- und nutzungsunabhängige unspezifische Luftbelastung zu berücksichtigen, sollte eine Mindestluftwechselrate von 0,3 h^{-1} in der gesamten belüfteten Zone eingehalten werden.

Tab. 7-2: Grundwerte für die Dimensionierung der Volumenströme in Ablufträumen

Raum	Volumenstrom pro Std.
Küchen	*60 m³/h*
Bäder	*40 m³/h*
WC, Vorrat o. ä.	*20 m³/h*

Der **Nennvolumenstrom** ergibt sich aus dem Maximum von Zuluftbedingung, Abluftbedingung und Mindestluftwechselrate. Der Auslegevolumenstrom ist der größtmögliche Volumenstrom, den die Anlage laut Planungsvorgaben zu fördern hat. Er wird in der Regel dem Nennvolumenstrom entsprechen. In Sonderfällen (z. B. einer integrierten Dunstabzugshaube) kann es erforderlich sein, daß die Anlage zeitweise höhere Volumenströme fördert. Ein solches Konzept sollte aber nur dann verfolgt werden, wenn die Funktion und Stromeffizienz der Anlage bei Nennvolumenstrom dadurch nicht wesentlich verschlechtert wird.

Bei der hier vorgeschlagenen Dimensionierung wird vorausgesetzt, daß sämtliche Räume der Zuluftzone ebenso wie die Küche bei Bedarf zusätzlich über Fenster gelüftet werden können. D. h. in Küchen ohne Möglichkeit zur Fensterlüftung muß eine zusätzliche maschinelle Bedarfslüftung vorgesehen werden. Die [DIN 1946-6] fordert dafür 200 m^3/h (Zu- und Abluft). Für die Entlüftung fensterloser Bäder und Toiletten in Wohnungen reichen die angegebenen Volumenströme aus. Sie genügen auch den verbindlichen Anforderungen [DIN 18017-3].

Je nach Personendichte in der Wohnung ergeben sich unter Nennbedingungen Luftwechselraten bis zu 0,8 h^{-1}. Höhere Werte sind nur unter besonderen Rand- oder Nutzungsbedingungen notwendig und sollten im Einzelfall begründet werden. Der Mindestwert, eine Luftwechselrate 0,3 h^{-1}, wird in der Regel nur bei sehr großzügig bemessenen Wohnungen zum Zuge kommen. Es ist in diesem Fall zu prüfen, ob auf Dauer mit einer geringen Bewohnerzahl zu rechnen ist.

Wieviel Luft in welchem Raum ?

Unverzichtbare Voraussetzung einer bedarfsgerechten Lüftung ist die korrekte Verteilung der Volumenströme auf die einzelnen Räume. Die Luftmenge in den einzelnen Räumen der **Zuluftzone** sollte so dimensioniert werden, daß sich **in einem Zimmer zwei Personen** bei geschlossenen Innentüren ohne unterstützende Fensterlüftung über einen längeren Zeitraum aufhalten können. Da ein Teil der personenbezogenen Feuchteabgabe unabhängig vom Aufenthaltsort einer Person immer in Räumen der Abluft- und Überströmzone (Bad, Küche) stattfindet, kann für die Verteilung der Zuluftmengen allein das CO_2-Kriterium zur Dimensionierung verwendet werden. Nach Abbildung 7-1 wird mit 20 m^3/h je Person der Grenzwert von 0,15 Vol.-% CO_2 auch dann noch eingehalten, wenn die Person bei Hausarbeit aktiv ist. **Je Zuluftraum** können daher als Richtwert 40 m^3/h angesetzt werden. Dieser Erfahrungswert berücksichtigt Situationen, wie sie beispielsweise in Schlaf- und Arbeitszimmern typisch vorkommen.

Der lange Aufenthalt vieler Personen in einem Zimmer bei dauerhaft geschlossener Zimmertür ist selten und sollte damit nicht über die Dimensionierung der Anlage bestimmen. Die Nutzer können in diesem Fall über geöffnete Innentüren zu unbelegten Nachbarräumen die Luftqualität des belegten Raums deutlich verbessern [Fehlmann 1993]. Bei Betrachtung spezieller Situationen können Abweichungen nach unten oder oben sinnvoll sein. Nicht ratsam ist es jedoch, die Zuluftströme nach Ausnahmesituationen (z. B. Gäste im Haus, Geburtstagsparty) auszulegen.

Reicht der nach Kap. 7.3 bestimmte *Nenn*volumenstrom nicht aus, um die Summe der hier bestimmten raumweisen Zuluftmengen abzudecken, sollte untersucht werden, ob mittels variabler Zuluftverteilung eine ausreichende Belüftung der gerade genutzten Räume erreicht werden kann. Da im Regelfall nie gleichzeitig alle Räume mit zwei Personen belegt sind, kann die Luftmenge in der nur schwach belegten Zone auf einen Mindestluftwechsel verringert werden (z. B. nachts im Wohn- und Arbeitszimmer, tagsüber in Schlafräumen). Dies entspricht dann dem üblichen Vorgehen bei Fensterlüftung, wo insbesondere die genutzten Räume gelüftet werden.

- Bei Abluftanlagen läßt sich diese Verlagerung der Zuluftströme einfach durch Schließen von einzelnen Außenluftdurchlässen erreichen. Eine Anhebung des Nennvolumenstroms ist hier unnötig.
- In Zu-/Abluftanlagen müssen dazu Regelklappen im Zuluftstrang eingebaut werden. Allerdings muß beachtet werden, daß die Luftmengenbalance zwischen Zu- und Abluftströmen erhalten bleibt, um keine zusätzliche Luftinfiltration zu erzeugen. Da die Anlage durch solche Maßnahmen teurer wird und der Aufwand für Inbetriebnahme und Wartung steigt, sollten Vor- und Nachteile sorgfältig abgewogen werden.

Die **Verteilung des Abluftvolumenstroms** auf die Ablufträume ergibt sich in der Regel aus den Grundwerten nach Tabelle 7-2. Ist die Abluftbedingung deutlich höher als die Zuluftbedingung, kann in vielen Fällen die Abluftmenge verkleinert werden. Der Volumenstrom eines Abluftraums kann reduziert werden, solange die **lokale Luftwechselrate nicht unter 2 h^{-1}** sinkt. Eine andere Möglichkeit ist eine variable Abluftmengenverteilung zwischen zwei Raumgruppen (z. B. Küche – Bad/WC), wie dies oben für die Zuluft erläutert wurde. Bei Zu-/Abluftanlagen müssen in jedem Fall gleiche Zu- wie Abluftmengen erreicht werden (balancierte Lüftung).

Luftdurchlässe und Luftkanäle

Im Gegensatz zur Lüftung über Fugen oder Fenster erfolgt die kontrollierte Wohnungslüftung über definierte Öffnungen, deren Größe und Lage notwendiger Teil der Planung ist. Die Menge und Qualität der durchströmenden Zu- oder Abluft ist weitgehend im voraus ermittelbar. Eine Anpassung an das real gebaute Gebäude oder sich ändernde Nutzungsstrukturen sollte jedoch möglich sein.

- *Außenluftdurchlässe bei Abluftanlagen*

Bei **Abluftanlagen** werden alle Räume der Zuluftzone mit **Außenluftdurchlässen** ausgestattet. Frischluft strömt durch diese Luftdurchlässe in der Außenhülle direkt als (kalte) Außenluft ein. Im Gegensatz zu Bauteilundichtigkeiten, deren Größe und Position von Konstruktionsart und Ausführung des Baukörpers abhängig sind, können Außenluftdurchlässe nach Wunsch dimensioniert und plaziert werden. In einem luftdichten Gebäude läßt sich so die einströmende Außenluft auf die Wohn- und Schlafräume konzentrieren. Ein Außenluftdurchlaß ist letztendlich ein bauphysikalisch und strömungstechnisch qualifiziertes Loch an der richtigen Stelle. Da die Frischluftzufuhr immer auch abhängig von den verbliebenen Restundichtigkeiten der Außenhülle im jeweiligen Raum ist, sollte die Möglichkeit bestehen, die Durchlässe auf die vorgefundene Situation einzustellen.

Abbildung 7-10a zeigt den Querschnitt durch einen hochwertigen, schallgedämmten Außenluftdurchlaß zum Wandeinbau. Je nach Anforderungen und Randbedingungen im speziellen Fall können Zubehörteile weggelassen werden oder auch einfachere Durchlässe (z. B. Schlitzdurchlaß wie Abb. 7-10b zum Einbau im Fensterrahmen oder Rolladenkasten) eingesetzt werden.

- *Außenluftzufuhr und -filterung bei Zu-/Abluftanlage*

Bei Zu-/Abluftanlagen mit Wärmerückgewinnung wird die Außenluft zentral angesaugt. Der Außenlufteinlaß sollte deutlich über Erdniveau (2 m) liegen, damit keine stärker belastete bodennahe Luft angesaugt wird. Von lokalen Belastungsquellen (verkehrsreichen Straßen, Autoabstellplätzen, Mülltonnen und Komposthaufen) ist Abstand zu halten. Auch zum Fortluftauslaß der Anlage sollte ein Mindestabstand eingehalten werden, damit ein Ansaugen von Fortluft vermieden wird.

Die angesaugte Außenluft kann und sollte gefiltert werden. Die Filterung dient in erster Linie dazu, das Luftkanalnetz vor Verschmutzung zu schützen, weil eine Reinigung zwar technisch möglich, aber sehr teuer ist. Der Luftfilter sollte möglichst am Anfang des Kanalnetzes montiert sein und mindestens der Klasse F6 [DIN EN 779] entsprechen. Bei speziellen Ansprüchen (z. B. schlechte Außenluftqualität, Pollenallergie) sind Filter mit speziellen Eigenschaften (Adsorptionsfilter, elektrostatische Filter) erhältlich. Filter können nur dann wirksam sein, wenn sie richtig ins Gesamtsystem integriert sind.

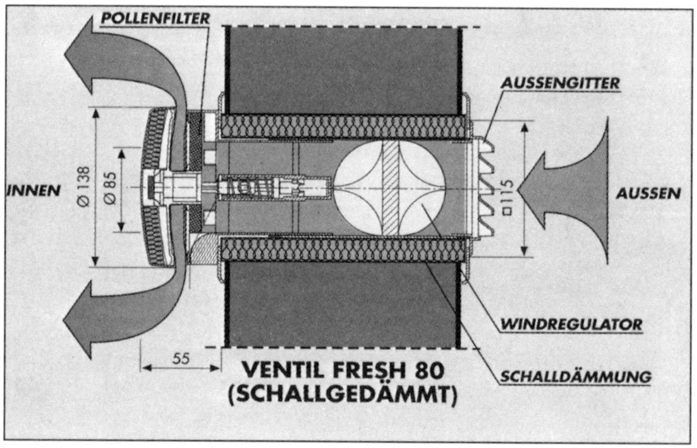

Abb. 7-10a: *Querschnitt eines Außenluftdurchlasses zum Wandeinbau mit Regenschutz, schallgedämpfter Wanddurchführung, Sturmsicherung, Grobfilter und schwitzwassergeschützter Abdeckung (Quelle: Fresh)*

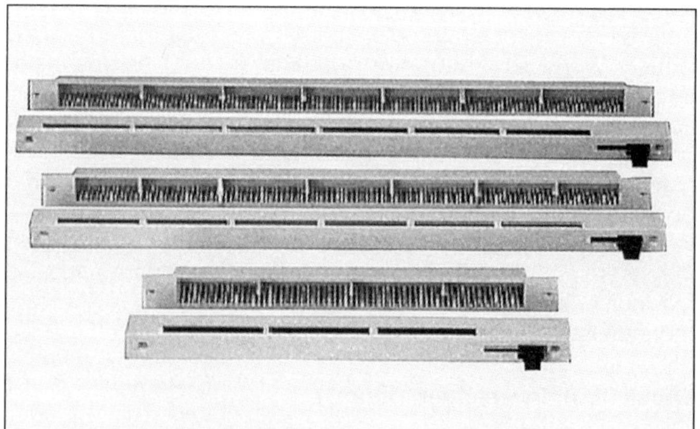

Abb. 7-10b: *Innenteile und Wetterschutzgitter von Schlitzdurchlässen zum Einbau in Fensterrahmen oder Rolladenkasten mit einsetzbarem Distanzstück zur Sicherstellung einer Mindestöffnung (Quelle: Fresh)*

Infobox 7-3a:
Außenluftdurchlässe – Anforderungen

- *Herstellerangabe zu Differenzdruck-Volumenstromkennlinie*
- *eventuell abgleichbar oder einstellbare Mindestöffnung, dicht verschließbar nach Maßgabe von [WSVO 1995].*
- *Grobfilter gegen Schmutz und Insekten (beim Einbau höherwertiger Filter ist ein verringerter Luftstrom aufgrund des höheren Strömungswiderstands zu berücksichtigen).*
- *Vom Nutzer zur Regelung manuell verstellbar oder automatisch regelnd anhand einer geeigneten Führungsgröße (z. B. Feuchte der Innenluft, nicht Außentemperatur).*
- *Regenschutz serienmäßig, bei Bedarf auch Sturmsicherungsklappe und Luftstromrichter.*
- *Leicht vom Nutzer zu reinigen.*
- *Kondenswasserschutz an raumseitigen Flächen.*
- *Luftschallschutz entsprechend der äußeren Schallbelastung.*

Infobox 7-3b:
Montagehinweise zu Außenluftdurchlässen

- *Frischluft strömt durch Luftdurchlässe in der Außenhülle direkt als Außenluft ein. Sie können nach Wunsch dimensioniert und plaziert werden. Es gibt Außenluftdurchlässe zum Einbau in Wände, Fenster oder Rolladenkästen.*
- *Die kalte Außenluft darf nicht direkt in die Aufenthaltszone gelangen. Empfehlung zur Montageposition: oberhalb der Kopfhöhe mit darunter- oder danebenliegendem Heizkörper. Ein Einbau unter der Fensterbank oder unten im Fensterrahmen birgt größeres Zugluftrisiko, wenn der Heizkörper unter dem Fenster fehlt oder aus ist.*
- *Je nach Luftaustrittsrichtung der einzelnen Typen müssen Mindestabstände zu Fensterlaibung, Vorhängen oder Möblierung eingehalten werden.*

- Dazu gehört insbesondere die Dichtheit der Luftkanäle (mindestens Klasse II [DINV 24194-2]), um ungefilterte Nebenluftanteile zu minimieren. Dies gilt insbesondere beim Einsatz hochwertiger Filter.
- Jeder Filter stellt einen zusätzlichen Strömungswiderstand dar und vergrößert daher die notwendige elektrische Aufnahmeleistung des Lüfters. Filter müssen auch unter diesem Aspekt sorgfältig ausgewählt und dimensioniert werden. Knappe Dimensionierung führt zu kurzen Standzeiten und verschlechtert die Energieeffizienz.
- Filter müssen regelmäßig gereinigt und/oder getauscht werden, sie sind daher gut zugänglich zu montieren.

Am anderen Ende des Kanalnetzes erhalten alle Räume der Zuluftzone **Zuluftdurchlässe.** Auch Zuluftdurchlässe sind mit unterschiedlichen technischen Spezifikationen erhältlich. Allgemeine Anforderungen sind in Infobox 7-3a/b zusammengestellt.

Infobox 7-4:
Luftdurchlässe des Kanalnetzes

Anforderungen

- *Abgleichbar anhand einer Differenzdruck-Volumenstromkennlinie.*
- *Angaben über Schalldämpfung und Eigengeräuscherzeugung.*
- *Meßvorschrift zum Volumenstromabgleich angegeben.*
- *Leicht montierbar/demontierbar und gut zu reinigen.*
- *Besonderheiten: Angaben über die Luftausbreitung im Raum (bei Zuluftdurchlässen); bei Bedarf.*
- *Einbau von druckverlustarmem Fettfilter (bei Abluftdurchlässen).*

Positionierung von Abluftdurchlässen

- *nicht über Heizkörpern montieren.*
- *Kurzschlußströmung mit Überströmöffnung vermeiden.*
- *im oberen Raumbereich montieren.*
- *Zugänglichkeit für Inspektion und Einregulierung beachten.*

Auch wenn die Zuluft wegen der Wärmerückgewinnung immer wesentlich wärmer als die Außenluft in die Räume eintritt, ist eine sorgfältige Auswahl und Plazierung des Luftdurchlasses wesentlich, um Zugerscheinungen zu vermeiden [Werner, J. u. a. 1995]. Bei richtiger Anordnung kann auf eine Nachheizung der Zuluft verzichtet werden. Bei der Planung ist außerdem darauf zu achten, keine direkte Kurzschlußströmung vom Zuluftdurchlaß zur Überströmöffnung zu erzeugen.

- *Abluftdurchlässe*

Alle Räume der Abluftzone erhalten in beiden behandelten Systemen einen Anschluß an einen Abluftkanal, der zum Ventilator führt. Der Lufteintritt erfolgt über einen Abluftdurchlaß. Als Beispiel hierfür zeigt Abb. 7-11 ein übliches Tellerventil. Allgemeine technische Anforderungen an Abluftdurchlässe sind in Infobox 7-4 zusammengestellt, ebenso Hinweise zur Positionierung.

Im Abluftkanalnetz sind Filter vor dem Abluftventilator sinnvoll bzw. vor dem

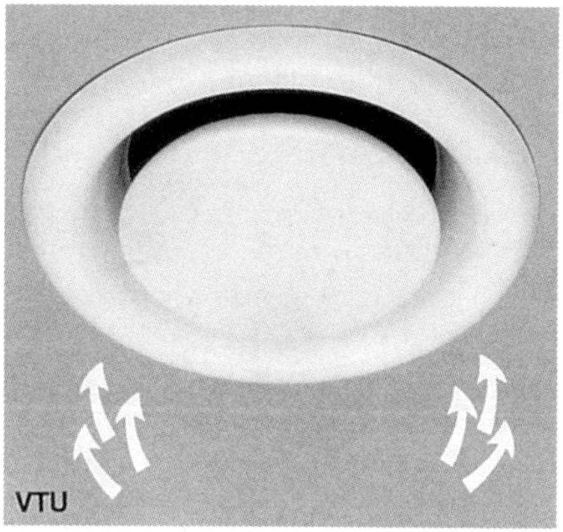

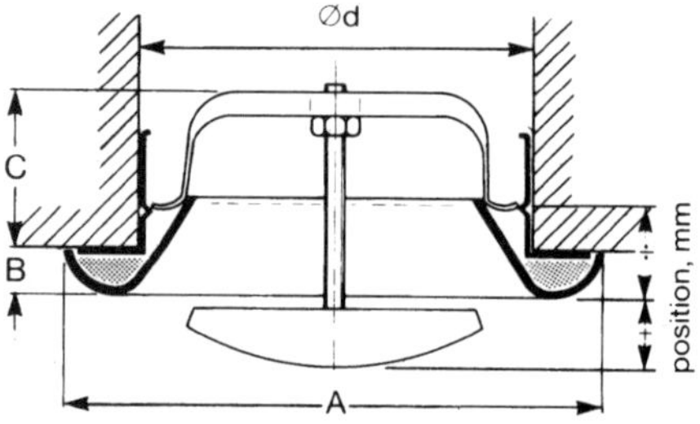

Abb. 7-11: Handelsübliches Tellerventil
Quelle: Exhausto

Wärmetauscher einer WRG-Anlage notwendig. Zusätzliche Filter an Abluftdurchlässen sind in fettbelasteten Räumen empfehlenswert. Auch für diese Filter gelten die zuvor gemachten Anmerkungen.

Im Geschoßwohnungsbau sind Einzelraumlüfter für Küche und Bad eine Alternative zu einem zentralen System. Sie enthalten i. d. R. Filter, Schalldämmschutz und Rückschlagklappe.

Eine besondere Form des Abluftdurchlasses ist die Dunstabzughaube. Insbesondere Hauben mit einem hohen Auffanggrad verringern die Luftbelastung der Küche [Mürmann 1994] und auch die Fettverschmutzung der Möblierung. Eine Dunstabzugshaube kann zusätzlich zum regulären Abluftdurchlaß als separate Fortlufthaube mit Fettfilter direkt nach außen (dann mit Rückschlagklappe) oder als Umlufthaube (mit zusätzlichem Aktivkohlefilter) betrieben werden.

In Einfamilienhäusern oder wohnungsweisen Abluftanlagen kann sie auch *anstelle* eines anderen Abluftdurchlasses in die Anlage integriert werden. (Bei zentralen Anlagen im Geschoßwohnungsbau ist dies aus Brandschutzgründen nicht zulässig.) Vor allem wegen einer möglichen starken Fettverschmutzung im Abluftstrang ist die Einbindung in die Lüftungsanlage nur bei entsprechenden Filterkonzepten erwägenswert. Gute Hauben verfügen über einen Metall-Gewebefilter, der mit einem Handgriff herauszunehmen ist und zur Reinigung einfach in die Spülmaschine gestellt wird. Bei Mietwohnungen ist eine direkte Fortluftführung nach außen oder eine Umlufthaube sicherer.

• *Luftkanäle und Einbauteile*
Die Luftkanäle müssen sorgfältig geplant werden, da sie ähnlich wie Hei-

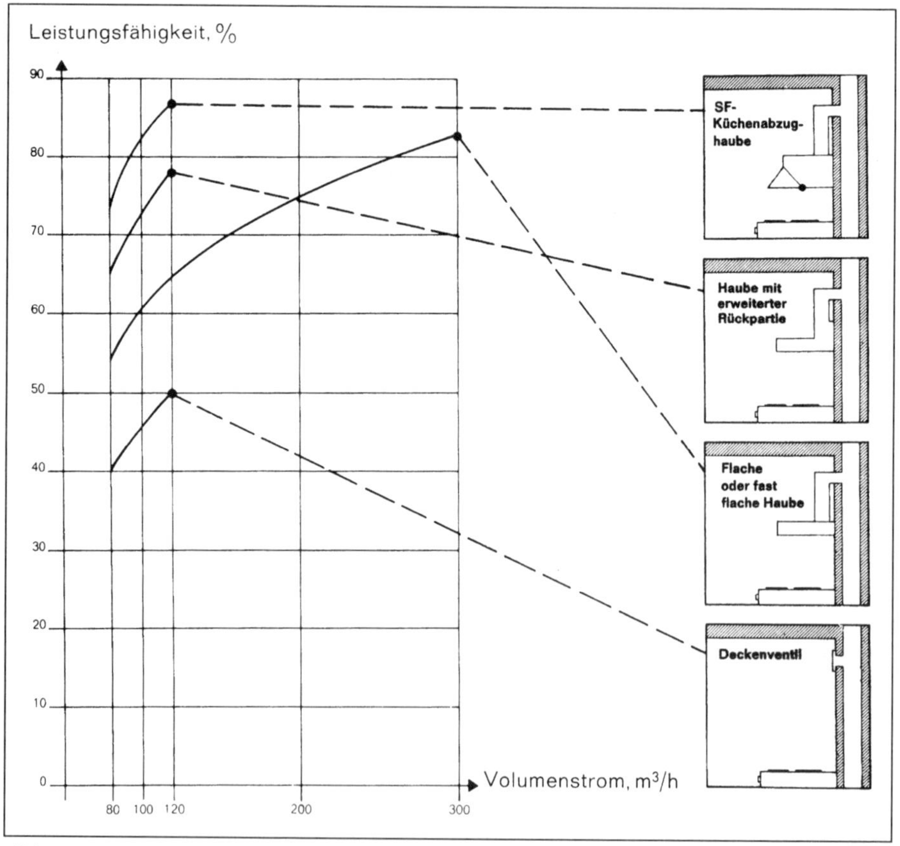

Abb. 7-12: Leistungsfähigkeit (Auffanggrad) von Küchen-Dunstabzugshauben in Abhängigkeit von der Haubenausführung. Quelle: [Mürmann 1994]

zungs- und Sanitärinstallationen langfristig funktionstüchtig sein müssen. Elektrischer Leistungsbedarf der Ventilatoren, Lufthygiene und Geräuschpegel der Anlage hängen wesentlich vom Kanalnetz ab.

Kanäle müssen glattwandig und möglichst kurz und gradlinig verlegt werden. Die Führung von Luftkanälen hat Priorität gegenüber Wasser- oder Heizleitungen. Gut geeignet sind Wickelfalzrohre mit dazugehörigen Formteilen (s. Abb. 7-13). Flexible Aluminiumrohre sollten möglichst wenig eingesetzt, dann jedoch nie gequetscht oder geknickt eingebaut werden. Gänzlich ungeeignet sind Kunststoffspiralrohre.

Abb. 7-13: Lüftungskanal und Formteile aus Wickelfalzrohr mit Dichtung [Foto: Lindab]

Luftkanäle müssen luftdicht verlegt werden. Sicher und verarbeitungsfreundlich sind Rohrsysteme mit Lippendichtungen wie in Abb. 7-13 dargestellt. Inspektions- und Reinigungsöffnungen und eine körperschallentkoppelte Verlegung sind empfehlenswert.

Zur Vermeidung von Schallübertragung von Lüfter zu Räumen oder Geräuschübertragung zwischen Räumen müssen sie nötigenfalls mit Schalldämpfern ausgestattet werden. Die Schallübertragung über die Kanäle muß so gering sein, daß der Luftschallschutz über die Trennwände nicht beeinträchtigt wird ([DIN 4109], vgl. Abb. 7-9 und 7-19)

Probleme mit der Energieeffizienz oder mit Eigenschallerzeugung in Wohnungslüftungsanlagen werden vermieden, wenn Kanäle auf Luftgeschwindigkeiten unter 3 m/s im Nennbetrieb ausgelegt werden.

Auch sonstige Kanaleinbauteile wie Filter oder Fortluftauslaß müssen bezüglich Funktionalität, Wartung und Auswirkungen auf die Energieeffizienz sorgfältig ausgewählt werden.

Regelung, Bedienung und Wartung

Durch eine bedarfsabhängige Regelung, die einfach zu bedienen und u. U. selbstregelnd sein kann, können Lüftungswärmeverluste und Stromeinsatz reduziert werden. Eine gleichzeitige Optimierung von Lufthygiene und Lüftungswärmeverlusten erfordert es, den Betriebszustand den zeitlich wechselnden Erfordernissen anpassen zu können. Weiterhin ist zu bedenken, daß Anlagen ohne ausreichende Einflußmöglichkeiten der Nutzer von diesen häufig manipuliert oder stillgelegt werden. Aus technischen wie auch aus psychologischen Gründen darf eine mechanische Lüftung daher keine Zwangslüftung sein. Dieser Aspekt sollte auch beim Einsatz von vollständig selbstregelnden Anlagen bedacht werden.

Die Regelung von Wohnungslüftungsanlagen sollte folgenden Kriterien entsprechen:

- Die Regelung muß sehr einfach und leicht verständlich sein. Die Luftmengen sollten wohnungsweise verstellbar sein. Die notwendige Akzeptanz und somit der Nutzen einer bedarfsabhängigen Regelung wird sonst nicht erreicht.
- Solange der Luftwechsel nicht unter den Mindestwert von 0,3 h^{-1} absinkt, sollte der Volumenstrom in jeder Wohneinheit mindestens zwischen 100 % und 50 % des Nennvolumenstroms variiert werden können, entweder automatisch anhand einer geeigneten Führungsgröße oder manuell. Der Betriebszustand der Anlage muß für die Nutzer deutlich erkennbar sein.
- Besteht die Möglichkeit einer erhöhten Lüftungsstufe (Stoßlüftung), so sollte die Rückstellung in den Nennbetrieb automatisch erfolgen (von der Zeit oder der Luftqualität abhängig).

Vor- und Nachteile verschiedener Regelkonzepte müssen abgewogen werden:

- Viele Sensoren, Regler und Stellantriebe benötigen elektrische Energie, zusätzliche Regelklappen im Kanalnetz erzeugen höhere Druckverluste und damit höheren Stromverbrauch. Andererseits kann aufgrund der verbesserten Regelmöglichkeiten der erforderliche Volumenstrom gesenkt werden; damit werden Lüfterantriebsleistung und Lüftungswärmeverluste eingespart. Der elektrische Energieaufwand muß bilanziert und mit den erwarteten wärmeseitigen Energieeinsparungen verglichen werden.
- Zusätzliche Baukosten, höherer Aufwand beim Abgleich der Anlage und höhere Stromkosten, müssen mit der zu erwartenden wärmeseitigen Betriebskosteneinsparung verglichen werden.

In Zweifelsfällen sollte eher das einfachere Konzept realisiert werden.

• *Regelkonzepte*

Ein einfaches und bewährtes Regelkonzept ist die manuelle Einstellung des Volumenstroms über einen einfachen Stufenschalter. (z. B. 0 = Aus = Sommer; 1 = Grundlüftung = niemand zu Hause; 2 = klein = nicht alle da; 3 = normal = alle zu Hause; 4 = stark = Kochen/ Besuch). Geregelt wird hier also nach dem Prinzip der Anwesenheit. Der Schalter muß an zentraler Stelle in der Wohnung, z. B. neben der Eingangstür, montiert sein.

Neben einer Änderung des Gesamtvolumenstroms sind unter Umständen auch weitergehende Regeleinrichtungen sinnvoll.

- Lokale Bedarfsschalter in Räumen wie Bad, WC oder Küche, um den Volumenstrom zeitweise auf „STARK" anzuheben (z. B. beim Kochen) oder bei abgeschalteter Anlage im Sommer kurzzeitig einzuschalten. Dies kann beispielsweise als Taster mit Nachlaufrelais oder als elektrische Kopplung mit der Raumbeleuchtung (in fensterlosen Sanitärräumen) realisiert werden. Die Anhebung sollte nach einstellbarer Zeit selbsttätig zurückgenommen werden.
- Änderung der Volumenstromverteilung zwischen verschiedenen Raumgruppen. Bei Abluftanlagen kann durch zeitweiliges Schließen von Außenluftdurchlässen der Schwerpunkt der Außenluftzufuhr auf bestimmte Räume gelenkt werden. Bei Zu-/Abluftanlagen kann mittels Handschalter oder manuell betätigter Verteilklappe die Zuluft tagsüber schwerpunktmäßig in die Wohnräume, nachts in die Schlafräume gelenkt werden. Eine Grundlüftung aller Räume muß durchgehend gesichert sein.

Abb. 7-14:
Vierstufiger Regler für Abluftanlage – verständlich und bedienungsfreundlich

Bei einer automatischen Regelung wird die Höhe des Volumenstroms oder die Luftmengenverteilung ohne Nutzereingriff anhand einer geeigneten Führungsgröße variiert. Die wesentlichen Beurteilungsgrößen sind die in Kap. 7.1 dargestellten Luftqualitätskriterien. Der Vorteil einer automatischen Regelung liegt darin, daß die Anpassung kontinuierlich erfolgt. Erfaßt die Regelung tatsächlich alle wesentlichen Führungsgrößen, kann der Luftwechsel niedriger als bei anderen Regelkonzepten gehalten werden. Zusätzlich wird der Nutzer entlastet.

Die Regelung nach Raumluftfeuchte ist heute bei Wohnungslüftungsanlagen am verbreitetsten. Dabei wird beispielsweise über einen feuchteempfindlichen Sensor und eine Steuerungselektronik die Drehzahl des Ventilators geändert oder über Klappen, die von hygroskopischen Bändern im Luftdurchlaß verstellt werden, der Volumenstrom mehr oder weniger gedrosselt. Verfügbar sind jedoch auch Steuerungen mit Hilfe von CO_2- oder Mischgasfühlern.

Bei automatischer Regelung ist zu beachten, daß die Luftqualität einer Wohnung weder allein an einer Führungsgröße noch an einem einzelnen Meßpunkt vollständig erfaßt werden kann.

- So reagiert beispielsweise eine feuchtegeregelte Anlage nicht auf Tabakrauch, eine CO_2-geregelte Anlage nicht auf Luftfeuchtigkeit oder Geruchsstoffe z. B. im Schlafzimmer, die morgens auch bei Abwesenheit der Bewohner abgelüftet werden müssen.
- Hohe CO_2-Konzentrationen im Schlafzimmer verändern den in der zentralen Abluft gemessenen Pegel nur wenig, wenn gleichzeitig die Konzentration in den restlichen Räumen niedrig ist.
- Der Feuchtezustand im Bad ist nur sehr bedingt geeignet, die Luftqualität im Wohn- und Schlafbereich zu beschreiben. Insbesondere bei geringen Außenluftfeuchten besteht die Gefahr, daß der Luftwechsel bezüglich anderer Kriterien zu gering ist.
- Ungeeignet sind Regelungen, die zu taktendem Betrieb des Lüfters führen.

Beim gegenwärtigen Stand der Meß- und Regeltechnik sind Einzelraumregelungen für Wohnunglüftungsanlagen, die mehrere Parameter berücksichtigen, noch nicht sinnvoll. Beispielsweise sind die Kosten von erprobten und langzeitstabilen CO_2-Sensoren beim relativ geringen Luftdurchsatz in Wohnungen deutlich zu hoch, ebenso die zusätzlich erforderlichen Kosten für Stellmotoren und Drosselklappen.

Wünschenswert ist generell ein fehlernegatives Verhalten der Regelung, bei dem die Nutzer auf möglicherweise falsche Nutzungsarten oder den Ausfall der Regelung aufmerksam gemacht werden.

Bei vereinfachten automatischen Regelkonzepten ist sicherzustellen, daß die

Mindestanforderungen der Luftqualität auch bezüglich der nicht erfaßten Parameter und in den nicht mit Meßwertaufnehmern bestückten Räumen eingehalten werden. Dazu ist ein gesicherter Mindestluftwechsel einzuhalten. Eine unbedingte automatische Regelung, wie dies in der [WVO 1995] gefordert wird, ist funktionell nicht gerechtfertigt.

Bei Zu-/Abluftanlagen mit Wärmerückgewinnung ist in jedem Fall zu beachten, daß die Massenströme mindestens in den Dauerbetriebsstellungen der Anlage ausbalanciert sein müssen. Eventuelle Differenzen werden in- bzw. exfiltriert und tragen ohne Wärmerückgewinnung zum Lüftungswärmeverlust bei.

• *Stellglieder: Drehzahländerung oder Drosselung*

Die Änderung des Luftvolumenstroms in Wohnungslüftungsanlagen kann über die Variation der Ventilatorantriebsspannung oder durch Drosselung des Volumenstroms erfolgen.

- Die Änderung der Antriebsspannung führt über die Drehzahländerung zu einer veränderten Förderleistung des Ventilators. Sie kann mittels eines Stufentransformators, eines Frequenzumrichters oder einer Phasenanschnittssteuerung erfolgen. Die elektrische Antriebsleistung verringert sich bei Teillastbetrieb deutlich.
- Bei der Drosselregelung wird der Luftwiderstand im Kanalnetz bei Teillast erhöht. Dadurch ändert sich der Volumenstrom entsprechend der Druck-Volumenstrom-Kennlinie des Ventilators. Hierbei geht die elektrische Antriebsleistung nur geringfügig zurück.

Im Teillastbereich ist deshalb eine Drehzahlregelung stromsparender als eine Drosselung (Abbildung 7-15). Zur Stoßlüftung kann dagegen durchaus eine zeitweise Reduzierung des Luftwiderstands eines Teilstrangs, z. B. durch Öffnung von zusätzlichen Luftdurchlässen oder Regelklappen, sinnvoll sein.

Bei Anlagen mit **wohnungsweisen Ventilatoren** oder im Einfamilienhaus soll die Regelung des Volumenstroms wegen des reduzierten Stromverbrauchs elektrisch über Änderung der Ventilatordrehzahl erfolgen. Außerhalb der Heizperiode können diese Anlagen abgeschaltet werden, soweit eine ausreichende Fensterlüftung möglich ist.

Bei Anlagen mit einem **zentralen Ventilator für mehrere Wohneinheiten** kann die Regelung des Volumenstroms nicht mehr über die Drehzahl des zentralen Ventilators von der Einzelwohnung aus erfolgen. Die Regelung erfolgt dann über Drosselelemente beispielsweise in den Abluftdurchlässen. Diese können manuell oder auch automatisch feuchteabhängig verstellt werden. Um eine gute Funktion der Drosselregelung zu gewährleisten und zusätzlich bei Teillastbetrieb elektrische Antriebsleistung einzusparen, sollte ein Druckregler eingebaut werden, der die Drehzahl des Ventilators variiert, aber den Förderdruck konstant hält. Der Einsatz von speziellen Lüftern mit flacher Kennlinie ist zwar billiger jedoch technisch nicht gleichwertig. In [Werner 1996] ist das Prinzip einer solchen Anlage näher dargestellt.

• *Betrieb und Wartung*

Lüftungsanlagen müssen in Wohngebäuden von den Bewohnern nicht nur bedient, sondern teilweise auch gewar-

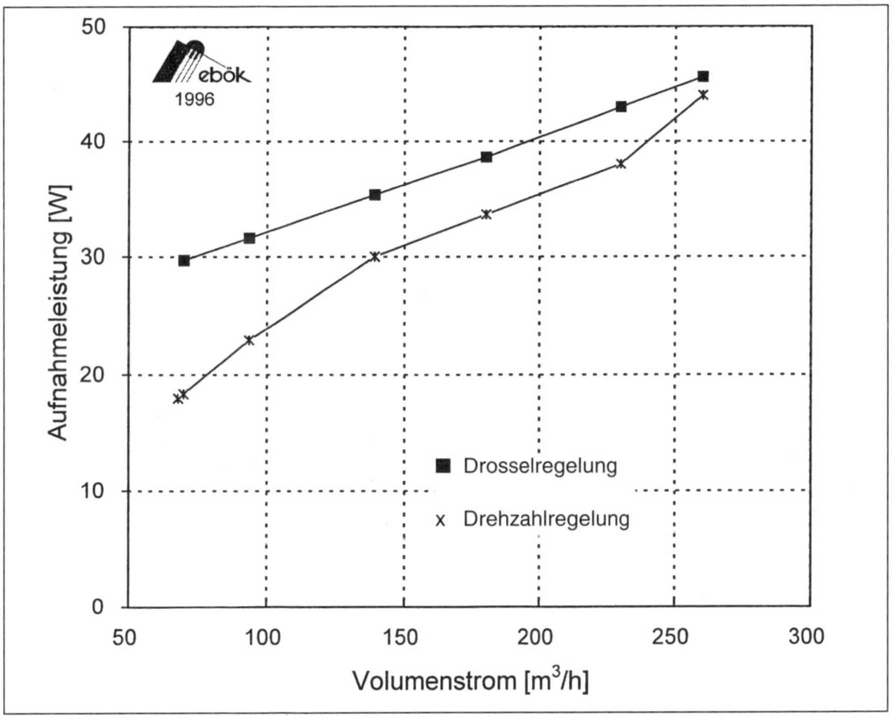

Abb. 7-15: Verlauf der elektrischen Aufnahmeleistung in Abhängigkeit vom Volumenstrom bei Drossel- und Drehzahlregelung

tet werden. Dies bedingt besonders einfache Systeme mit wartungsfreundlichen Komponenten.

- Die Bedienung der Anlage muß daher in einer gut lesbaren Anleitung dargestellt sein, die den Nutzern auch vorliegt. Für Probleme sollte auch ein zuständiger Fachmann genannt sein. Bei Mieterwechsel ist eine Demonstration der Bedienungselemente empfehlenswert.
- Notwendige Inspektions- und Wartungsmaßnahmen müssen in einer schriftlichen Anleitung festgehalten sein und zwar so, daß ersichtlich ist, WER WANN WAS WO durchzuführen hat.
- Konstruktion der Lüftungsanlage und Datenblätter der eingesetzten Komponenten müssen in einer technischen Anleitung objektbezogen zusammengestellt sein, um sie bei Störungen dem Servicefachmann ggf. aushändigen zu können.

Die Wartung und Pflege einer Lüftungsanlage sollte sich für den Nutzer im wesentlichen auf Reinigungsarbeiten beschränken. Dies betrifft vor allem das regelmäßige Säubern oder Wechseln von Filtern in Luftdurchlässen und Kanalnetz. Geschieht dies nicht, ergeben sich effizienzmindernde Verschmutzungen des Ventilators, wie in Abb. 7-16 dargestellt. Lediglich Filter in fettbelasteten Räumen bedürfen einer häufigeren Reinigung (ca. 4mal pro Jahr). In Einfamilienhäusern oder eigengenutzten Eigentumswohnungen sollte davon ausgegangen werden, daß diese Inspektions- und Pflegeintervalle vom Bewohner selber eingehalten werden. Im Mietwohnungsbau gehören entsprechende Maßnahmen ins Pflichtenheft für den Hausmeister.

Abb. 7-16: Die Lüfterbox muß gut zugänglich sein, damit sie leicht zu inspizieren und ggf. zu reinigen ist.

Foto: ebök

7.4 Energieeffizienz mechanischer Lüftungsanlagen

Aus Gründen der rationellen Energienutzung sollten Wohnungslüftungsanlagen bezogen auf ihre Dienstleistung (den Luftdurchsatz in der Wohnung) einen möglichst geringen Stromverbrauch haben. Denn was nützt z. B. eine Wärmerückgewinnung aus der Abluft, wenn der Primärenergieverbrauch für Lüfterstrom und Regeleinrichtungen höher ist als der Spareffekt. Gute Energieeffizienz ist aus ökonomischen und ökologischen Gründen unverzichtbar.

Das Effizienzkriterium: Elektrische Leistungsaufnahme pro geförderter Luftmenge

Am einfachsten und klarsten ist die Energieeffizienz einer Anlage mit Wärmerückgewinnung über Wärmetauscher zu definieren. Sie läßt sich aus dem Vergleich von Aufwand und Nutzen ableiten.

- Aufwand: Bei Lüftungsanlagen wird elektrische Energie zum Betrieb der Lüfter sowie anderer Hilfskomponenten wie Regelung, Stellmotoren, Enteisung etc. benötigt.
- Nutzen: Durch die Wärmerückgewinnung werden die Lüftungswärmeverluste reduziert.

Das Verhältnis aus rückgewonnener nutzbarer Wärme und der elektrischen Jahresarbeit der Anlage einschließlich Hilfskomponenten wird, wie bei Wärmepumpenanlagen üblich [Baumgärtner 1993], als Jahresarbeitszahl (JAZ) bezeichnet.

Für den Betrieb von Wohnungslüftungsanlagen mit Wärmerückgewinnung über Wärmetauscher fordert die Wärmeschutzverordnung 1995 ein Verhältnis zwischen nutzbarer rückgewonnener Wärme und Stromeinsatz von mindestens 5:1.

Berücksichtigt man den unterschiedlich hohen Primärenergieeinsatz von Stromerzeugung und der Wärmebereitstellung aus einer Gas- oder Ölheizung, so wird von Lüftungsanlagen ein merklich positiver Beitrag zur Umweltbilanz erst bei einer Jahresarbeitszahl größer 3 erreicht. Bei Haushaltsstromtarifen von derzeit etwa 0,26 DM/kWh und Heizwärmepreisen von 0,06 DM/kWh wird eine Senkung der resultierenden Betriebskosten erst bei einer Jahresarbeitszahl größer 4 erreicht. Soll darüber hinaus auch noch ein Beitrag zur Deckung der Investitionskosten sowie der zur *Herstellung* des Systems benötigte Energieaufwand erwirtschaftet werden, so erweisen sich die in der Wärmeschutzverordnung genannten Kriterien als *Mindestanforderungen* an die Energieeffizienz.

Mit einer elektrischen Leistungsaufnahme von 0,5 W pro einer geförderten Luftmenge von 1 m^3/h und einer gängigen Rückwärmzahl des Wärmetauscher von 60 % wird eine Jahresarbeitszahl von 5 gerade erreicht (vgl. Tab. 7-3). Für eine Wohnungslüftung bei drei bis fünf Personen ergibt sich also bei einem Nennvolumenstrom von 100 bis 150 m^3/h eine maximale Nennleistung der Anlage von 50 bis 75 Watt. Dies kann als Anhaltswert für eine Planung dienen. Jedoch können auch Anlagen mit höheren luftmengenspezifischen Leistungsaufnahmen Jahresarbeitszahlen größer 5 erreichen, wenn die Rückwärmzahl ebenfalls höher liegt. Dies kann beispielsweise bei zwei hintereinander geschalteten Kreuzstrom-Plattenwärmetauschern oder einem Gegenstrom-Plattenwärmetauscher der Fall sein. Mit technisch optimierten Anlagen können sogar Jahresarbeitszahlen um 10 erreicht werden [Werner, J. 1995].

Tab. 7-3: Maximal zulässige luftmengenspezifische elektrische Leistungsaufnahme P_{spez} in Abhängigkeit von der Rückwärmzahl (η_{WRG}) n. WSVO '95

η_{WRG}	P_{spez}
60 %	*0,52 W/(m^3/h)*
70 %	*0,61 W/(m^3/h)*
80 %	*0,69 W/(m^3/h)*

Abluftanlagen dienen vorrangig der Lüftung und nicht der Energieeinsparung. Doch auch ihr Betrieb sollte aus Gründen des Klimaschutzes und akzeptabler Betriebskosten mit einem möglichst geringen Stromverbrauch verbunden sein. Einen direkten Maßstab der Energieeffizienz in Form der Jahresarbeitszahl gibt es hierbei nicht. Vereinfacht können Abluftanlagen jedoch als halbe Zu-/Abluftanlagen be-

Infobox 7-5: Energiebilanz einer Zu-/Abluftanlage mit Wärmerückgewinnung

Bisher gibt es keine allgemein gültige Festlegung für den rechnerischen Nachweis einer Jahresarbeitszahl für Lüftungsanlagen im Sinne der Wärmeschutzverordnung '95. Als mögliche Vorgehensweise wird im folgenden das in [Werner, J. u. a. 1995] vorgeschlagene Verfahren dargestellt.

Berechnung der rückgewonnenen Wärme

Die Lüftungswärmeverluste werden nach WVO mit folgender Formel ermittelt:.

$$Q_L\ [kWh/a] = c_L \times n \times V \times 84$$

Dabei bedeutet n [h^{-1}] die Luftwechselrate und V [m^3] das Luftvolumen im Raum, die spezifische Wärmekapazität der Luft c_L beträgt 0,34 Wh/(m^3K), der Faktor 84 enthält die Heizgradstunden.

Für Wärmetauscher ist die Rückwärmzahl η_{WRG} nach [VDI 2071] eine gebräuchliche Kenngröße. Sie gibt an, zu welchem Prozentsatz der Wärmetauscher den Temperaturunterschied zwischen Innen und Außen auf der Zuluftseite ausgleichen kann. Bei gleichen Massenströmen auf der Zu- und Abluftseite ist dies ein zutreffendes Maß für die Verringerung der Lüftungswärmeverluste. Die Wärmeabgabe der Lüftermotoren darf hierzu in den Meßwerten enthalten sein.

$$\eta_{WRG} = [T(\text{Zuluft})-T(\text{Außenluft})]\ /\ [T(\text{Abluft})-T(\text{Außenluft})]$$

Die in einem Jahr rückgewonnene nutzbare Wärme läßt sich also berechnen als:

$$Q_R\ [kWh/a] = Q_L \times \eta_{WRG}$$

Berechnung des Stromeinsatzes

Die benötigte elektrische Arbeit W_{el} berechnet sich als Produkt aus der Betriebszeit t_B [h] und der elektrischen Leistungsaufnahme der Anlage P_{el} [kW].

$$W_{el} = t_B \times P_{el}$$

Als Anlagenlaufzeit wird eine Heizperiode vom 1. September bis zum 31. Mai mit 6552 h zugrunde gelegt.

Berechnung der Jahresarbeitszahl

Die Jahresarbeitszahl (JAZ) einer Anlage berechnet sich dann als

$$JAZ = Q_R\ /\ W_{el}$$

Luftmengenspezifische elektrische Leistungsaufnahme

Gibt man nun eine Jahresarbeitszahl als Mindestwert vor, läßt sich mit Hilfe obiger Gleichungen ausrechnen, welche elektrische Leistungsaufnahme die Lüftungsanlage dazu bei Förderung des Nennvolumentroms maximal haben darf. Dividiert man die so berechnete elektrische Leistungsaufnahme durch den Nennvolumenstrom, erhält man den Kennwert der luftmengenspezifischen elektrischen Leistungsaufnahme P_{Spez}.

$$P_{spez,max} = (c_L\ \eta_{WRG} \times 84)\ /\ (t_B \times JAZ)$$

trachtet werden, die nur einen Ventilator und in der Regel (höchstens) ein halb so langes Kanalnetz haben. Wird vom obigen technischen Anlagenstandard bei WRG-Anlagen ausgegangen, sollten Abluftanlagen maximal die Hälfte der luftmengenspezifischen elektrischen Leistungsaufnahme benötigen.

Abluftanlagen sollten daher weniger als 0,25 Watt pro Luftmenge in (m^3/h) benötigen, auch Werte unter 0,13 $W/(m^3/h)$ sind realisierbar. Für eine Durchschnittswohnung sollte die Nennleistung der Anlage inkl. Regelung also unter 40 Watt liegen. Das Auslegungsbeispiel in Kap. 7.5 zeigt, daß auch Werte von 15 Watt möglich sind.

Effizienzmindernde Faktoren

Neben der Energieeffizienz der Anlage selbst müssen bestimmte Rahmenbedingungen erfüllt werden, damit die möglichen Energieeinsparungen auch tatsächlich realisiert werden können.

• *Undichtigkeit der Gebäudehülle*
Neben dem Luftwechsel, den die Lüftungsanlage erzeugt, findet ein zusätzlicher Luftaustausch durch Undichtigkeiten in der Gebäudehülle statt, der durch Druckdifferenzen zwischen innen und außen angetrieben wird.

Bei Gebäuden mit Abluftanlagen strömt die Luft wegen des von der Anlage erzeugten Unterdrucks i. d. R. durch Undichtigkeiten und Außenluftdurchlässe nur von außen nach innen. Die Höhe des Gesamtluftwechsels ist durch den Volumenstrom der Anlage festgelegt, solange wetterbedingte Stördrücke kleiner als der Unterdruck im Gebäude sind. Erzeugt die Anlage jedoch aufgrund mangelnder Luftdichtigkeit des Gebäudes einen zu geringen Unterdruck, entsteht auch schon unter normalen Wetterbedingungen eine zusätzliche In- und Exfiltration. Unter diesen Umständen ergeben sich nicht nur erhöhte Lüftungswärmeverluste sondern es wird auch eine wetterunabhängige Belüftung der Zuluftzone behindert.

Ein Beispiel aus der meßtechnischen Überprüfung von 30 Wohnungslüftungsanlagen in hessischen Niedrigenergiehäusern [Werner, J. u. a. 1995]: Die Bewohner des nur relativ undichten Hauses (n_{50} = 5,6 h^{-1}) klagten über schlechte Luftqualität im Dachgeschoß-Schlafzimmer.

Die Öffnung des Außenluftdurchlasses (s. Abb. 7-17) offenbarte das Problem: Der Filtereinsatz war *innenseitig* stark

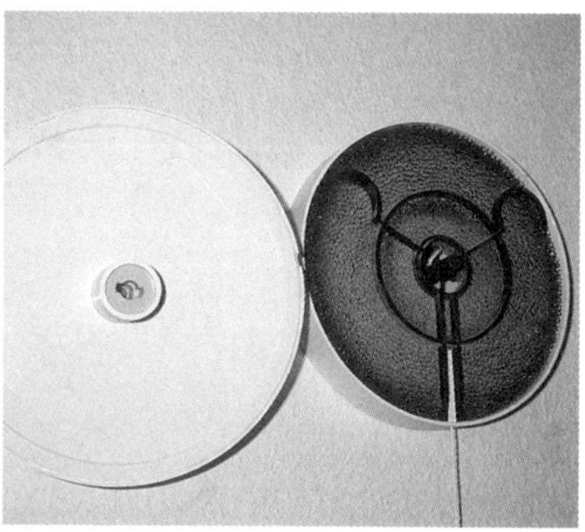

Abb. 7-17: Innenseitig verschmutzter Außenluftdurchlaß

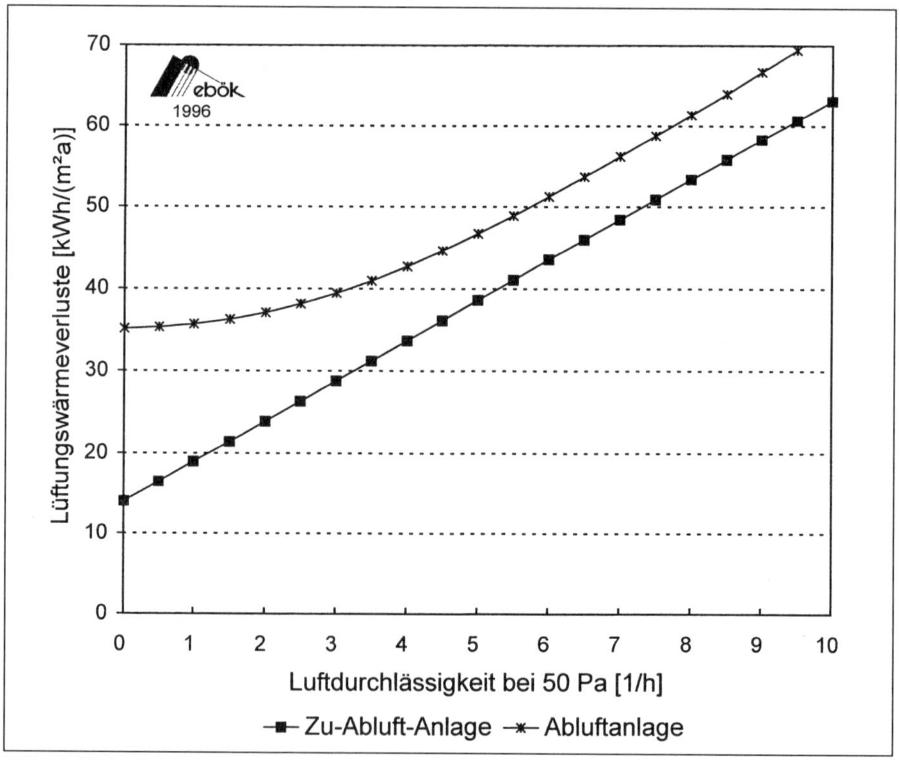

Abb. 7-18: Lüftungswärmeverluste einer Abluftanlage und einer Zu-/Abluftanlage mit Wärmerückgewinnung in Abhängigkeit von der Luftdurchlässigkeit n_{50} der Gebäudehülle (geschlossene Außenluftdurchlässe)

verschmutzt und außenseitig relativ sauber. Deshalb strömte durch die Öffnung zum überwiegenden Teil nicht Frischluft von außen nach innen, sondern in Folge der undichten Hülle per Thermik (belastete) Raumluft in das Schlafzimmer und von dort nach draußen.

Undichtigkeiten in den Hüllflächen von Abluft- und Überströmzone wirken sich besonders negativ aus, da die dort einströmende Außenluft direkt abgesaugt wird. Ein solcher „Lüftungskurzschluß" setzt das Querlüftungsprinzip außer Kraft und führt damit zur mangelhaften Belüftung der Zuluftzone.

Eine Zu-/Abluftanlage mit balancierten Volumenströmen erzeugt keine Druckdifferenz an der Gebäudehülle. Ein zusätzlicher Luftaustausch über Leckagen setzt damit schon bei sehr kleinen wetterbedingten Druckdifferenzen ein. Dieser Anlagentyp reagiert damit – energetisch gesehen – wesentlich empfindlicher auf Undichtigkeiten in der Gebäudehülle. Die Wirksamkeit der Wärmerückgewinnung wird drastisch reduziert.

Abbildung 7-18 zeigt die jährlichen Lüftungswärmeverluste eines Gebäudes, die durch die Lüftungsanlage mit Wärmerückgewinnung (Luftwechselrate 0,5 h^{-1}, Rückwärmzahl 60 %) bzw. die Abluftanlage (Luftwechselrate 0,5 h^{-1}) sowie die Infiltration verursacht werden (nach [E DIN EN 832]. Bei zunehmender Luftdurchlässigkeit der Gebäudehülle steigen die Lüftungswärmeverluste beider Varianten, aber der Unterschied wird geringer. Ab einem n_{50}-Wert von 4,5 h^{-1} haben die Lüftungswärmeverluste bei der Zu-/Abluftanlage mit Wärmerückgewinnung die gleiche Größenordnung wie bei einer Abluftanlage *ohne* Wärmerückgewinnung in einem dichten Gebäude.

Um den Anteil der unkontrollierten Lüftungsverluste klein zu halten und um die Funktion und die Energieeffizienz von mechanischen Lüftungsanlagen nicht zu beeinträchtigen, muß die Gebäudehülle gut dicht sein. Der beim Drucktest ermittelte n_{50}-Wert sollte laut [V DIN 4108 T.7] unter 1,0 h^{-1} liegen (vgl. auch Kap. 5.3).

Infobox 7-6: Elektrische Leistungsaufnahme – wovon hängt sie ab?

Die für den Lufttransport benötigte elektrische Aufnahmeleistung des Lüftungsgerätes hängt von dem geförderten Nennvolumenstrom V', dem Förderdruck ΔP, d. h. von den Druckverlusten der Lüftungsanlage, und dem Systemwirkungsgrad η_{Sys}. ab. Der Systemwirkungsgrad ist der Quotient aus der vom Lüftungsgerät an das Kanalnetz abgegebenen mechanischen Leistung und der elektrischen Aufnahmeleistung.

$$P_{el} = (V' \Delta P) / \eta_{Sys}$$

Durch die Dimensionierung des Kanalnetzes und der Einbauteile legt der Planer den erforderlichen Förderdruck beim gewünschten Volumenstrom fest und damit auch die mechanische Leistung im Luftkanal. Mit der Auswahl eines geeigneten Lüftungsgerätes hat er darüber hinaus Einfluß auf den Systemwirkungsgrad. Um eine luftmengenspezifische Aufnahmeleistung von 0,5 W/(m³/h) bei heute üblichen Systemwirkungsgraden von 10 bis 15 % zu erreichen, darf der je Ventilator benötigte Förderdruck im Nennbetriebspunkt ca. 100 Pa betragen.
Eine effizienzoptimierte Planung setzt daher zwingend die Angabe ausreichender Kenndaten für das Lüftungsgerät voraus (Kennlinienfelder Druck, Volumenstrom, Leistungsaufnahme als Funktion der Betriebsspannung, siehe z. B. Abbildung 7-23). Für eine Reihe von Geräten sind diese Angaben, zumindest auf Nachfrage beim Hersteller erhältlich.

- *Mangelhafte Überströmöffnungen*

In Gebäuden mit Zu-/Abluftanlagen, bei denen ausreichend große Überströmöffnungen fehlen, können merkliche Druckunterschiede zwischen Zuluft- und Abluftzone entstehen. Diese Druckdifferenzen führen dazu, daß in Räumen der Zuluftzone Luft über die Gebäudehülle ausströmt und in der Abluftzone einströmt. Mangelhafte Überströmöffnungen führen also zu erhöhter In- und Exfiltration über die Gebäudehülle, die keiner Wärmerückgewinnung unterliegt. In Gebäuden mit Abluftanlagen verringert sich die einströmende Außenluftmenge in der Zuluftzone. Hier bewirken zu kleine Überströmöffnungen eine mangelhafte Belüftung dieses Bereichs.

- *Nicht ausgeglichene Zuluft- und Abluftströme*

Bei Zu-/Abluftanlagen mit Wärmerückgewinnung ist der Anteil der rückgewonnenen Wärmemenge bei ausgeglichenen Zu- und Abluftströmen (balancierte Lüftung) am größten. Wird die Anlage mit Abluft- oder Zuluftüberschuß betrieben, so muß die Differenz zwischen Zuluft- und Abluftstrom über Undichtigkeiten in der Gebäudehülle ein- oder ausströmen. Dieser Volumenstrom unterliegt nicht der Wärmerückgewinnung und vergrößert so die Lüftungswärmeverluste.

- *Ungünstige Kanalführung und mangelnde Wärmedämmung*

Luftkanäle, die zu klein dimensioniert oder sehr lang sind bzw. viele Richtungsänderungen haben, verursachen erhöhte Druckverluste und führen so zu deutlich erhöhter Leistungsaufnahme.

Kalte Außen- und Fortluftkanäle von Zu-/Abluftanlagen mit Wärmerückgewinnung, die innerhalb der warmen Gebäudehülle verlegt sind, verursachen zusätzliche Transmissionswärmeverluste. Durch die Erwärmung des Außenluftkanals verringert sich die am Wärmetauscher wirksame Temperaturdifferenz zwischen Außenluft und Abluft und dadurch auch die Wärmeübertragung. Auch die abgekühlte Fortluft nimmt wieder Wärme auf. Deshalb sollte der Aufstellungsort des Zentralgerätes so gewählt werden, daß Außen- und Fortluftkanal nur möglichst kurz innerhalb der warmen Gebäudehülle verlaufen. Außerdem müssen sie sorgfältig gedämmt werden. Um die Bildung von Kondenswasser auf der kalten Kanaloberfläche zu verhindern, muß die Dämmung darüber hinaus auf der Außenseite dampfdicht sein.

Gleichgültig, ob das Zentralgerät in der kalten oder warmen Zone steht, muß das Gehäuse gut wärmegedämmt sein, da näherungsweise je die halbe Geräteoberfläche zum kalten bzw. warmen Bereich gehört. Bei der Bestimmung der Rückwärmzahl in einem warmen Labor spiegelt sich dieser Einfluß nicht im Meßergebnis wieder. Zentralgerät und Kanäle in anderen Temperaturzonen sollten mit mindestens 50 mm Dämmstoff versehen werden, zur reinen Schwitzwasserdämmung ist die Mindeststärke 20 mm erforderlich.

Die Verlegung **warmer Zu- oder Abluftleitungen** *außerhalb* der wärmegedämmten Zone (z. B. auf dem kalten Dachboden) muß nach Möglichkeit vermieden werden. Die Zuluft verliert sonst wieder einen Teil der aus der Abluft zurückgewonnen Wärme. Diese Wärmeverluste wären besonders gravierend bei Luftheizungen, die die Zuluft deutlich über Raumlufttemperatur erwärmen. Bei diesen Anlagen ist auch eine sehr gute Wärmedämmung zwischen warmem Zuluftkanal und dem Abluftkanal mit Raumtemperatur notwendig.

- *Zusätzliche Fensterlüftung während der Heizperiode bei laufender Lüftungsanlage*

Auch in Wohngebäuden mit mechanischen Lüftungsanlagen sollten die Bewohner immer die Möglichkeit haben, die Fenster zu öffnen. Bei der Beratung, der Einweisung und in der Betriebsanleitung der Lüftungsanlage sollten die Benutzer jedoch darauf hingewiesen werden, daß sich häufiges oder länger anhaltendes zusätzliches Lüften stark auf die Lüftungswärmeverluste auswirken kann. Wird das aus Wohnungen ohne Lüftungsanlage gewohnte Lüftungsverhalten in Verbindung mit einer Lüftungsanlage beibehalten, können die Heizkosten statt zu sinken, erheblich ansteigen (vgl. [Erhorn/Reiß 1994]). So erhöhen sich z. B. die Lüftungswärmeverluste um 46 %, wenn bei gleichbleibendem Fensterluftwechsel von durchschnittlich 0,6 h^{-1} zusätzlich eine Zu-/Abluftanlage mit Wärmerückgewinnung (mechanischer Luftwechsel 0,5 h^{-1}) in einem Haus mit n_{50} = 1,0 betrieben wird. Bei einer Abluftanlage beträgt die Steigerung sogar 87 %. Während der Heizperiode sollten die Fenster und Türen möglichst wenig und nur kurzzeitig zur Lüftung geöffnet werden. Voraussetzung für dieses erwünschte Nutzerverhalten ist natürlich eine im Regelfall ausreichende Durchlüftung der Wohnung durch die Lüftungsanlage.

7.5 Auslegungsbeispiel einer Abluftanlage

Solange bei Planern und ausführenden Firmen noch wenig Erfahrungen mit Wohnungslüftungsanlagen vorhanden sind, spielt die gründliche Planung eine entscheidende Rolle für eine effiziente und zufriedenstellende Funktion der Anlage. Das dem Gebäude und den Nutzeranforderungen am besten entsprechende Lüftungssystem und Lüftungskonzept muß ausgewählt werden, die Luftmengen entsprechend den Anforderungen festgelegt und die einzelnen Komponenten dimensioniert und aufeinander abgestimmt werden.

Planungsgrundlagen und Ergebnisse sollten in einem Pflichten- und Leistungsheft festgehalten werden. Teil der Anlagenplanung sind auch Vorrichtungen, die eine Abnahmemessung zur Einregulierung der Anlage und spätere Leistungskontrollen ermöglichen.

Im Zuge der Planungen ist auch die Notwendigkeit spezieller Sicherheitsmaßnahmen zu untersuchen. Folgende Punkte sind dabei beispielsweise zu beachten.

- Sicherheitsschalter für Revisionsarbeiten.
- Abschaltung von Abluftanlagen bei gleichzeitigem Betrieb von raumluftabhängigen Feuerstätten (Kamin, Kachelofen, Sicherstellung der notwendigen Verbrennungsluftzufuhr durch andere Maßnahmen).
- Berücksichtigung der brandschutztechnischen Anforderungen der Landesbauordnungen und anderer Vorschriften.

Im folgenden ist als Beispiel die Planung einer einfachen Abluftanlage beschrieben. Mehr Planungsbeispiele sind in [Werner/Laidig 1996] enthalten. Nähere Angaben zu Komponenten, Rohrnetzberechnungen etc. sind Fachbüchern (z. B. [Mürmann 1994], [Handbuch 1989]) und Herstellerunterlagen zu entnehmen. Die Resultate einer meßtechnischen Untersuchung von 30 ausgeführten Wohnungslüftungsanlagen sind in [Werner, J. u. a. 1995] dargestellt.

Abluftanlagen können je nach baulicher Situation in verschiedenen Varianten gebaut werden. Beispiele sind:

- Ein zentraler Lüfter je Wohneinheit mit Fortluftauslaß über Dach oder in der Außenwand
- ein Lüfter je Abluftraum mit Fortluftauslaß durch die Außenwand oder mit Schachtanschluß nach [DIN 18017-3]
- ein zentraler Lüfter im Dach mit Anschluß mehrerer Wohneinheiten.

Systembeschreibung

Die 4-Zimmer-Etagenwohnung (Abb. 7-19) befindet sich im Erdgeschoß eines Zweifamilienhauses. In den Ablufträumen Küche, Bad, WC und Speisekammer wird Luft abgesaugt. Außenluft strömt bei dichter Gebäudehülle in der Hauptsache durch die Außenluftdurchlässe in den Wohnräumen nach.

Das Abluftkanalnetz befindet sich zum größten Teil unter einer abgehängten Decken im Flur, im WC und in der teilweise abgehängten Decke im Bad. Im zentralen Strang der Anlage sind in Luftrichtung ein Filter, ein Rohrschalldämpfer, eine Volumenstrom-Meßeinrichtung, der körperschallentkoppelt montierte Abluftventilator und gegebenenfalls eine Rückschlagklappe (zur Verhinderung von Rückströmung bei abgeschalteter Anlage) angeordnet. Der zentrale Kanal wird in einem Schacht über Dach geführt und endet dort in einer Fortlufthaube. Prinzipiell könnte die Fortluft auch über einen Außenwanddurchlaß mit Regenschutzgitter abgeführt werden, was in mehrgeschossigen Gebäuden ratsam wäre. Der Abluftventilator ist ein hochwertiger Gleichspannungs-Axiallüfter, der über einen 4stufigen Drehzahlsteller im Wohnungseingangsbereich bedient wird. Der Einbau unter der Decke im Bad sichert gute Zugänglichkeit für Inspektion und Reinigung.

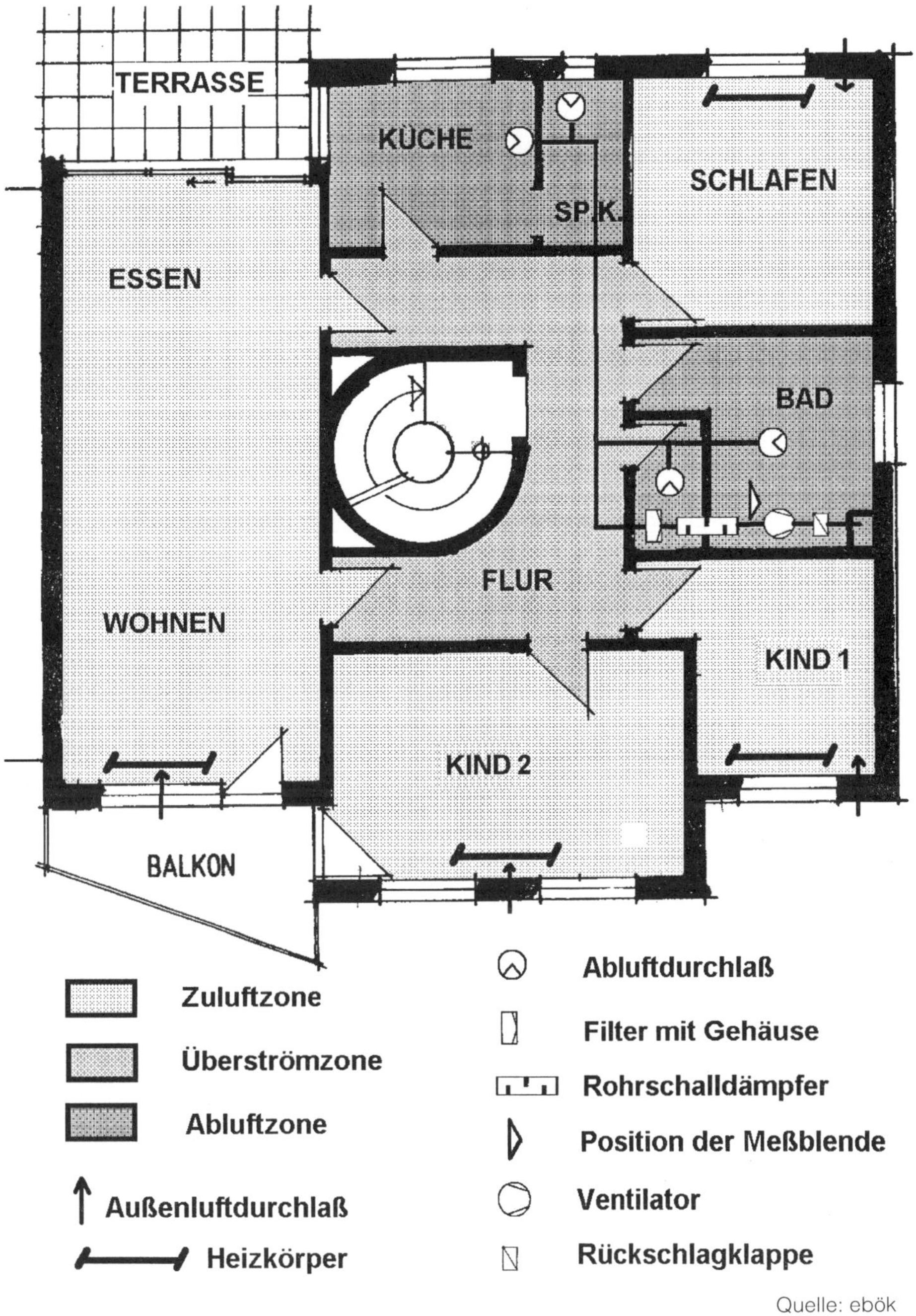

Quelle: ebök

Abb. 7-19: Etagenwohnung mit Abluftanlage

Infobox 7-7: Pflichtblatt für Wohnungslüftungsanlagen – Abluftanlage mit Dimensionierung der Außenluftdurchlässe

Planungsbüro: **Ing.-Büro ebök, Tübingen**
Projekt: **Musterplanung MFH** Bearbeiter: **ml**
Anlage: **Abluftanlage Etagenwohnung** Datum: **07.08.96**

1. Standardnutzung und besondere Anforderungen:
Auslegung der Anlage gemäß Standardnutzungsbedingungen

2. Auslegungskriterien für Luftvolumenströme

	Richtwerte		Anzahl				resultierende Startwerte	
Zuluftvolumenstrom:								
je Person:	30	m³/h *	**5**	=	150	m³/h	150	m³/h
Abluftvolumenstrom:								
Küchen:	60	m³/h *	**1**	=	60	m³/h		
Bäder, HWR u.ä.:	40	m³/h *	**1**	=	40	m³/h +		
WC, Vorrat u.ä.:	20	m³/h *	**2**	=	40	m³/h +		
				Summe:	140	m³/h	140	m³/h
Startwert Nennvolumenstrom:							150	m³/h
Zustände mit erhöhtem Volumenstrom:			**keine**					

3. Luftmengenverteilung Auslegedruck für ALD: **8** Pa

Raum	Fläche	Luftvolumen			Volumenstrom und Luftwechsel				Auslegung der ALD		
	A	B	C	D	E	F	G	H	I	J	K
		Zone			Nennbetrieb		Auslegung Raum		V'_{ALD}	V' bei Auslegedruck	
		ZU	AB	ÜBER	V'_{AB}	LW_{AB}	V'_{ZU}	LW_{ZU}	m³/h	**16**	**29**
	m²	m³	m³	m³	m³/h	1/h	m³/h	1/h		Anzahl der ALD	
Wohnen/Essen	**35,2**	**88**					**40**	0,5	30	**2**	**1**
Kind 2	**18,9**	**47**					**40**	0,8	30	**2**	**1**
Kind 1	**10,6**	**27**					**40**	1,5	30	**2**	**1**
Schlafen	**13,5**	**34**					**40**	1,2	30	**2**	**1**
Flur	**17,9**			**45**							
Küche	**8,0**		**20**		**60**	3,0					
Speisekammer	**3,0**		**8**		**20**	2,7					
Bad	**8,8**		**22**		**50**	2,3					
WC	**1,7**		**4**		**20**	4,7					
gesamt:	118	196	54	45	150		160		120	8	4

4. Abgestimmte Volumenströme

Nennvolumenstrom: **150** m³/h
Auslegungsvolumenstrom: **150** m³/h
belüftete Fläche: 118 m²
belüftetes Volumen: 294 m³
Nennluftwechsel gesamt: 0,5 1/h

5. Regelbereich

Regelbereich mindestens: 88 bis 150 m³/h

6. Stromeffizienz

Maximale Leistungsaufnahme bei Nennbetrieb: 37,5 W

7. Anforderungen an den Schallschutz

A-bewerteter Schalldruckpegel der Anlage im Aufenthaltsbereich maximal: 30 dB(A)

Anlagen-Pflichtblatt

Die Festlegung von Nennvolumenstrom, Luftmengenverteilung sowie die Auslegung der Außenluftdurchlässe erfolgt anhand eines Anlagen-Pflichtblatts (s. Infobox 7-7). Ein leeres Formblatt und die Legende befinden sich in Anhang A3.

Entsprechend des Wohnungszuschnitts für eine vier- bis fünfköpfige Familie ergibt sich eine Zuluftbedingung (2.1) von 150 m³/h (5 · 30 m³/h). Die Richtwerte für die Ablufträume führen zu einer Abluftbedingung (2.2) von 140 m³/h. Als Planungs-Startwert für den Nennvolumenstrom (2.3) wird der größere der beiden Werte gewählt, also 150 m³/h. Dies ist deshalb empfehlenswert, weil die „härteste" Randbedingung für die Funktionstüchtigkeit der Anlage erfahrungsgemäß die Abfuhr von Feuchtigkeit in der Übergangsjahreszeit ist. Dazu sind personenbezogen ebenfalls 30 m³/h erforderlich. Bei Nennbetrieb wird so in der Wohnung ein Luftwechsel von 0,5 h^{-1} erreicht.

- *Bestimmung der raumweisen Abluft-Volumenströme:*

Der gewählte Startwert für den Nennvolumenstrom liegt um 10 m³/h über dem Startwert für den Abluft-Volumenstrom, der sich aus den in (2.2) aufgeführten raumweisen Grundwerten der Abluftströme zusammensetzt. Da die Regel, daß ein Abluftraum mindestens einen zweifachen Luftwechsel aufweisen sollte, hier beim relativ kleinen Bad mit 40 m³/h knapp erfüllt ist, liegt es nahe, die fehlenden 10 m³/h dem Bad zuzuschlagen (s. Spalte 3.E). Im Rahmen dieser Regel ($n_{Abl.raum}>2$) sind auch andere Modifikationen zu den aufgeführten raumweisen Abluftströmen denkbar und je nach Benutzergewohnheiten sinnvoll. Die Planungswerte für die raumweisen Abluftströme werden in Spalte 3.E eingetragen.

- *Bestimmung der raumweisen Zuluft-Volumenströme.*

Der durch die Abluftanlage erzeugte Unterdruck läßt Außenluft durch geöffnete Außenluftdurchlässe sowie durch Undichtigkeiten in der Gebäudehülle nachströmen. Damit eine gezielte Belüftung der Zulufträume durch die Außenluftdurchlässe stattfinden kann, werden für die Planung eine Luftdurchlässigkeit der Gebäudehülle $n_{50} \leq 1\ h^{-1}$ sowie ein raumseitiger Unterdruck von 8 Pa zugrunde gelegt. Unter diesen Voraussetzungen müssen die Außenluft-Durchlässe auf etwa 75 % des je Raum gewünschten planmäßigen Außenluft-Volumenstroms ausgelegt werden. Bei 40 m³/h je Raum der Zuluftzone (Sp. 3.G, s.a. Kapitel 7.3.3) muß der Außenluftdurchlaß jeweils auf 30 m³/h (Sp. 3.I) dimensioniert werden.

Die Summe aller so ermittelten *raumweisen* Zuluft-Volumenströme liegt über dem Nennvolumenstrom. Dies ermöglicht dem Nutzer eine bedarfsorientierte Anpassung der Luftmengenverteilung auf die Räume, in dem die Außenluftdurchlässe in nicht genutzten Räumen bis auf eine Mindestöffnung verschlossen werden.

In diesem Beispiel wird je Zuluftraum

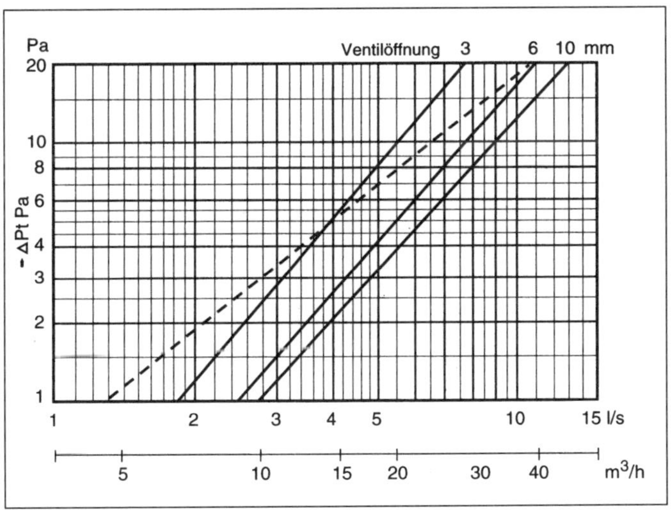

Abb. 7-20: Auslegungsdiagramm Außenluftdurchlaß. Quelle: Fresh

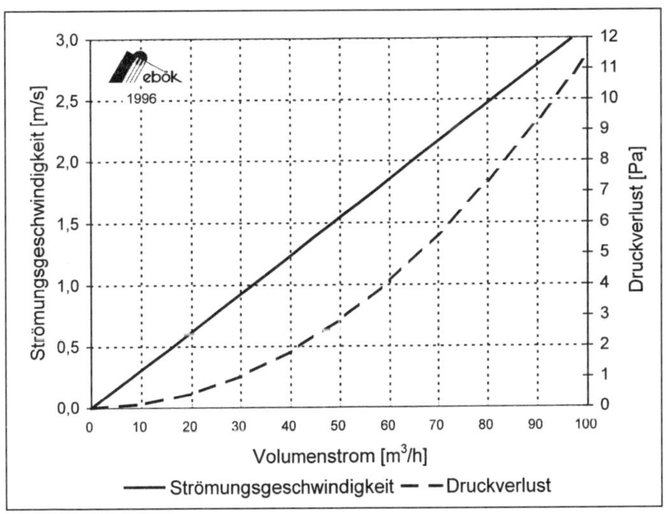

Abb. 7-21: Berechneter Druckabfall und Strömungsgeschwindigkeit an einem rechteckigen Türschlitz von 1 cm Höhe und 90 cm Breite

ein Außenluftdurchlaß gewählt, der laut Herstellerangaben bei einem raumseitigen Unterdruck von 8 Pa ca. 29 m^3/h fördert (s. Abb. 7-20). Dieser Außenluftdurchlaß ist bei erhöhten Schallschutzanforderungen auch mit einem Schalldämpfer erhältlich (Abbildung 7-10a). Alternativ wären auch zwei Außenluftdurchlässe eines kleineren Typs je Zuluftraum möglich (Sp. 3.J) von denen jeder unter den vorgenannten Voraussetzungen laut Herstellerangaben maximal 16 m^3/h fördert.

Unter Berücksichtigung der raumweisen Luftmengenverteilung werden endgültige Werte von

- Nenn- und Auslegungsvolumenstrom,
- der mindestens notwendige Regelbereich und
- die im Normalbetrieb maximal zulässige elektrische Leistungsaufnahme

festgelegt (4–6 des Pflichtblatts). Unter Punkt 7 wird die geforderte schalltechnische Qualität der Anlage festgeschrieben.

Überströmöffnungen

Der Druckverlust an einer Überströmöffnung sollte nicht größer als 1 Pa sein. Aus Abb. 7-21 ist zu ersehen, daß ein Türschlitz von 1 cm Höhe in einem 90 cm breiten Türblatt für einen planmäßigen Volumenstrom von 30 m^3/h ausreicht. Bei wohnungsüblichen Anforderungen an den Schallschutz ist diese Ausführung akzeptabel. Für höhere Schallschutzanforderungen gibt es schallgedämmte Überströmöffnungen, die meist in Wände oder abgehängte Decken montiert werden müssen.

Sie müssen so positioniert sein, daß keine Zuglufterscheinung auftritt (eventuell wichtig im Bad) und keine direkte Luftströmung (Kurzschlußströmung) vom Außenluftdurchlaß oder zum Abluftdurchlaß entsteht.

Für die Türen zu den Ablufträumen Küche und Bad sind Überströmgitter nach DIN 18017 Teil 3 (freier Querschnitt 150 cm^2) vorgesehen. Für alle anderen Wohn- und Schlafräume sowie für WC und Speisekammer ist ein ca. 1,5 cm breiter Spalt an der Türunterkante ausreichend. Sollte der Spalt schmäler sein, so müssen weitere Öffnungen vorgesehen werden (z. B. herausgenommene obere Lippendichtung, undichte Türzarge), so daß die gleiche Öffnungsfläche erreicht wird. Bei erhöhten Anforderungen an den Schallschutz müßten schallgedämmte Überströmöffnungen in die Wände eingesetzt werden.

Kanalnetz, Ventilator, Abluftventile

Entsprechend der Regel zur maximalen Strömungsgeschwindigkeit bei Nenn-Volumenstrom im Rohrnetz ($v_{Nenn} \leq 3$ m/s) werden die Durchmesser der Teilstränge festgelegt (vgl. Tab. 7-4). Für den Strang des Abluftkanalnetzes, für den der größte Druckverlust zu erwarten ist, dies ist im Beispiel der längste Strang aus der Küche, wird eine Rohrnetzberechnung (s. Fachbuch, z. B. [Mürmann 1994]) durchgeführt. Im *ungünstigsten* Strang ergibt sich die maximale Anforderung an die Lüfterkennlinie. Der Druckverlust beträgt 45 Pa (inkl. aller Einzelwiderstände jedoch ohne die Abluftventile). Zu diesem Wert muß noch der Druckabfall über die Außenluftdurchlässe (ca. 10 Pa) hinzugezählt werden. Somit ergibt sich ins-

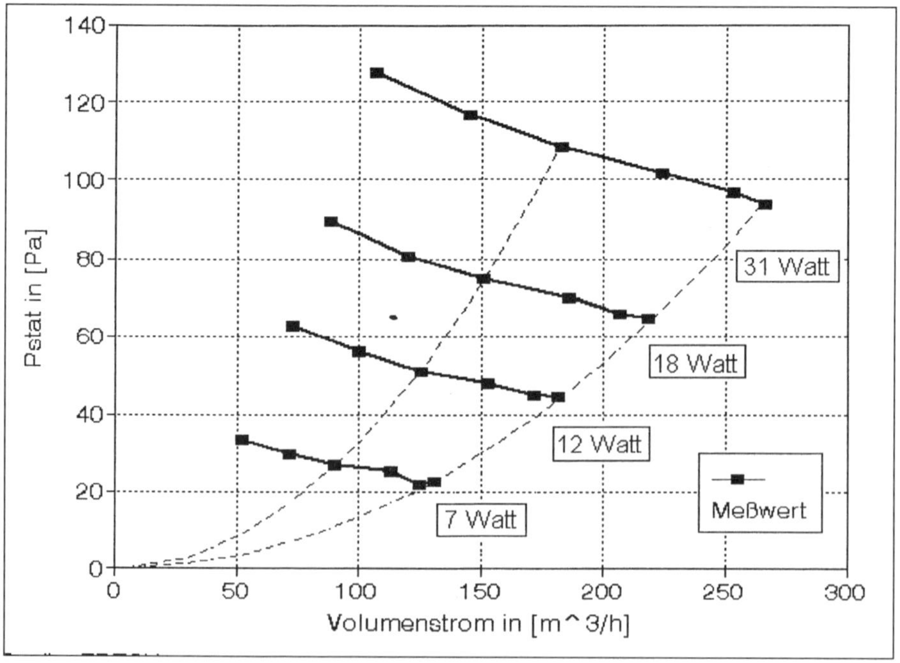

Abb. 7-22: Kennliniendiagramm des Abluftventilators. Die durchgezogenen Linien stellen die Ventilatorkennlinien für verschiedene Antriebsspannungen dar. Die gestrichelten Linien sind Beispiele möglicher Anlagenkennlinien Quelle: Fresh

Tab. 7-4: Volumenstrom und längenbezogener Druckabfall bei einer Luftgeschwindigkeit von 3 m/s in Wickelfalzrohren

Nenndurchmesser [mm]	**zulässiger Volumenstrom [m³/h]**	**Druckabfall pro Meter [Pa/m]**
DN 80	*54*	*1,9*
DN 100	*85*	*1,5*
DN 125	*133*	*1,1*
DN 150	*191*	*0,9*
DN 160	*217*	*0,8*
DN 180	*275*	*0,7*
DN 200	*339*	*0,6*

gesamt ein Druckabfall (ohne Abluftventil) von 55 Pa.

Mit diesem Wert geht man in das Kennliniendiagramm des Ventilators (Abbildung 7-22). Für den Nennvolumenstrom von 150 m³/h findet man dort einen möglichen Betriebspunkt des Ventilators bei einem Druck von ca. 75 Pa und einer elektrischen Aufnahmeleistung von 18 W. Der Druckabfall über das Küchenabluftventil muß bei der Wahl dieses Betriebspunktes 75 Pa – 55 Pa = 20 Pa betragen.

Aus dem Kennliniendiagramm des Abluftventils in Abbildung 7-23 ist ersichtlich, daß in Ventilstellung +6 bei einem Druckabfall von 20 Pa 16 l/s (ca. 60 m³/h) Luft über das Ventil strömen. Jeder andere Teilstrang aus Bad, WC und Speisekammer muß ebenfalls auf diesen Betriebspunkt des Ventilators abgeglichen werden. Da die Druckverluste im Kanalnetz wegen der kürzeren Stränge hier niedriger liegen werden, müssen deren Abluft-Tellerventile auf einen entsprechend größeren Druckabfall eingestellt werden. Da das gewählte Abluftventil über einen weiten Einstellbereich bei geringer Eigenschallerzeugung verfügt, ist es auch für die anderen Abluftdurchlässe geeignet.

Die obere gestrichelte Linie im Ventilatordiagramm stellt die so gefundene Anlagenkennlinie dar. Wo diese die Kennlinien des Ventilators für die verschiedenen Antriebsspannungen

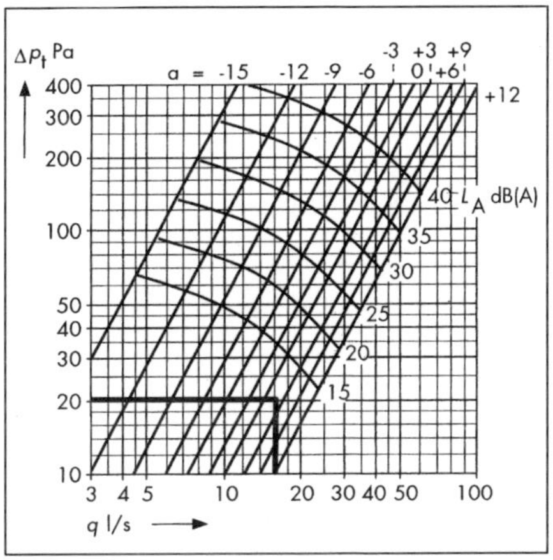

Abb. 7-23:
Kennliniendiagramm eines Abluft-Tellerventils. Neben den Druck/Volumenstrom-Kennlinien für verschiedene Ventiltellerstellungen sind auch Kennlinien zur Eigenschallerzeugung des Ventils in dB(A) eingetragen. Letztere beziehen sich auf eine Raumabsorptionsfläche von 10 m²

Quelle: ABB Fläkt

schneidet, liegen die Betriebspunkte der Anlage:

- Nennbetrieb 150 m³/h bei 18 W. Die volumenstromspezifische elektrische Aufnahmeleistung liegt mit 0,12 W/(m³/h) deutlich unter dem im Pflichtblatt geforderten Wert.
- Die kleinste Betriebsstellung liegt bei ca. 85 m³/h. Die Anforderung an die Regelbarkeit der Anlage nach Pflichtblatt ist somit erfüllt.
- Weitere Betriebspunkte der Anlage liegen bei ca. 125 und 180 m³/h. Letzterer ermöglicht auch eine erhöhte Lüftung z. B. beim Kochen oder bei erhöhter Personenzahl.

Damit die Anlage im praktischen Betrieb wunschgemäß funktioniert, muß sie nach ihrer Installation und nach Fertigstellung der dichten Gebäudehülle eingemessen werden. Dabei werden elektrische Leistungsaufnahme und zentraler Volumenstrom gemessen. Die Abluftdurchlässe werden auf die planerisch ermittelten Werte eingestellt. Hochwertige Außenluftdurchlässe können ebenfalls auf die im jeweiligen Raum vorgefundenen Verhältnisse angepaßt werden. Wenn im jeweiligen Raum überproportional starke Leckagen vorhanden (und diese auch nicht mehr nachzubessern) sind, kann die Nenn-Öffnung des Durchlasses also verkleinert werden. Die bei der Inbetriebnahme-Messung ermittelten und eingestellten Werte werden protokolliert und können so als Grundlage evtl. später notwendiger Überprüfungen und Änderungen dienen.

8. Heizung

Die Anforderungen an das Heizungssystem eines Niedrigenergiehauses unterscheiden sich nicht grundlegend von denen konventioneller Gebäude. Allerdings verlagern sich mit abnehmendem Heizwärmebedarf die Gewichte. Das Wirkprinzip, die Größe, Form und Anordnung des wärmeabgebenden Systems (Heizkörper, Flächenheizung, Luftheizung etc.) hat einen geringeren Einfluß auf die Behaglichkeit und spielt damit nur noch eine geringe Rolle. Wichtiger wird dagegen die Vermeidung unnötiger Wärmeverluste sowie die zielgerichtete, kontrollierte Wärmeabgabe in dem Raum und zu dem Zeitpunkt, in dem tatsächlich ein Heizwärmebedarf besteht.

Einige Besonderheiten resultieren aus dem geringeren Heizwärmebedarf und sind bei der Planung der Heizungsanlage für ein Niedrigenergiehaus zu beachten:

- Die geringere Wärmelast macht es möglich, die Heizflächen zu verkleinern, was zu Kosteneinsparungen führt. Andererseits kann auch die Temperatur des Heizmediums reduziert werden, wodurch sich – bei Einsatz von Brennwerttechnik oder anderen fortschrittlichen Heiztechniken – die Effizienz der Wärmeerzeugung steigern läßt.

- Durch die höheren Oberflächentemperaturen der raumumschließenden Flächen verbessert sich das Raumklima deutlich – auch die kritischen Zonen nahe den Außenwänden und Fenstern werden behaglicher. Heizflächen, die in der Vergangenheit den Strahlungswärmeentzug kompensieren mußten, können freier im Raum angeordnet und mit einem höheren Anteil der konvektiven Wärmeabgabe versehen werden.

- Als Folge der Verringerung der Wärmeverluste beeinflussen solare Einstrahlung und innere Wärmequellen stärker die erforderliche Heizlast. Da diese sich schneller ändern als die Außentemperatur, erhöhen sich die Anforderungen an die Regelbarkeit.

- Bei Verringerung des Bedarfs nimmt die relative Bedeutung der Wärmeverluste des Heizsystems zu. Ständig auf Temperatur gehaltene Rohre, Speicher und Kessel sollten nach Möglichkeit vermieden werden. Die unverzichtbaren Komponenten müssen hochwertig und lückenlos gedämmt werden und sollten darüber hinaus möglichst im beheizten Bereich aufgestellt bzw. verlegt werden. Die Kessel- und Heizmitteltemperatur sollte stets auf das gerade erforderliche Niveau begrenzt werden.

- Für die Dimensionierung des Heizkessels ist – insbesondere bei Häusern mit wenigen Wohneinheiten – nicht mehr die maximale Heizlast sondern der Warmwasserbedarf entscheidend. Da die Auslastung des Kessels dadurch sehr gering wird, gewinnt der Einsatz mehrstufiger oder modulierender Brenner an Bedeutung.

Infobox 8-1: Energieeffiziente Heizungstechnik im Niedrigenergiehaus

Sieben Grundregeln für den Planer

1. ***Schon im Gebäudeentwurf die Anforderungen an energieeffiziente Haustechnik berücksichtigen.***
   (Abstimmung mit dem Architekten: räumliche Zuordnung Küche, Bad, WC zwecks Minimierung von Leitungslängen, Standort Kessel/Speicher etc.)
2. ***Ein möglichst einfaches, transparentes Anlagenkonzept erstellen.***
3. ***Überprüfen, ob alle eingesetzten Komponenten tatsächlich unverzichtbar sind.***
   (Zirkulation, Pufferspeicher, Wärmetauscher etc.)
4. ***Ein Heizsystem mit schnellem Reaktionsvermögen wählen.***
   (geringe thermische Masse von Leitungen und Heizkörpern, flinke Heizungsregelung etc.)
5. ***Geräte (Kessel, Speicher) verwenden, die einen überdurchschnittlich guten Wärmeschutz und damit geringe Bereitschaftsverluste aufweisen.***
6. ***Effiziente, lückenlose Dämmung vorsehen und auf Baustelle überprüfen.***
   (Dämmung über HeizAnlV hinaus, inkl. Schellen, Armaturen etc.)
7. ***Minimierung des Hilfsenergieverbrauchs beachten.***
   (Rohrnetzberechnung, exakte Pumpendimensionierung etc.)

8.1 Die Wärmeabgabe im Raum

Die bei schlecht gedämmten Altbauten niedrigen Oberflächentemperaturen der Außenbauteile erzeugen - auch bei erhöhten Raumlufttemperaturen – ein unangenehmes Raumklima. Dies können Heizsysteme mit einem hohen Strahlungsanteil (Kachelofen, Plattenheizkörper, Wand-/Fußbodenheizung) ausgleichen. Sie machen das Klima behaglicher, da sie über den Strahlungsaustausch verstärkt die Bauteiloberflächen erwärmen.

Im Niedrigenergiehaus sorgt der Wärmeschutz für höhere Oberflächentemperaturen und somit für ein angenehmeres Raumklima – ein hoher Strahlungsanteil von Heizflächen ist damit nicht mehr erforderlich.

Da die räumliche Temperaturverteilung homogener ist, spielt auch der Aufstellungsort von Heizkörpern eine geringere Rolle. Während bei herkömmlichen Gebäuden der Strahlungsentzug im Bereich der Fenster (niedrige Oberflächentemperatur) durch Einbau von Heizkörpern unterhalb der Fenster kompensiert wird, können sie im Niedrigenergiehaus durchaus an Innenwänden aufgestellt werden. Dadurch verkürzen sich die Verteilleitungen (Investitionskosten!) und es werden Wärmeverluste (Aufheizung von Außenwänden hinter dem Heizkörper) sowie der Pumpstrombedarf reduziert.

Ausnahmen stellen Häuser mit Abluftanlagen dar, bei denen Frischluft durch Zuluftventile in Außenwand oder Fensterrahmen hereinströmt. Hier sollte der Heizkörper möglichst unter dem Zuluftventil angeordnet werden, so daß die vom Heizkörper erzeugte Konvektionswalze die einströmende Frischluft mit erfaßt und erwärmt (siehe Kapitel 7).

Auch bei Räumen mit großen Zweischeiben-Verglasungen dürfen generell Heizkörper nicht an Innenwänden aufgestellt werden. Der Einsatz von Dreifach-Wärmeschutzglas hilft in solchen Fällen, ein homogeneres Raumklima zu schaffen.

Flächenheizsysteme

Fußbodenheizungen bringen im Niedrigenergiehaus keine spürbaren Verbesserungen des Raumklimas. Einen erhöhten Komfort bieten sie allein bei direktem Hautkontakt mit Fliesenfußböden (Barfuß-Laufen im Bad, spielende Kinder).

Hingegen können sie aus mehreren Gründen eine Erhöhung des Heizenergieverbrauchs verursachen [Feist 1992]:

- Liegen die Heizflächen in Außenbauteilen, so werden die Transmissionswärmeverluste drastisch erhöht (bei einer 28 °C warmen Fußbodenheizung auf einer Kellerdecke z. B. eine Verdopplung!).
- Bei Ankopplung an massive Bauteile (z. B. in den Zementestrich eingegossene Heizschlangen) werden Flächenheizsysteme thermisch sehr träge, so daß sie auf die schwankenden Heizlasten nicht schnell genug reagieren können und überhöhte Raumtemperaturen auftreten. Der Beitrag solarer und innerer Gewinne zur Deckung der Heizlast sinkt. Allein Flächenheizungen mit geringer Speicherfähigkeit (z. B. in Verbindung mit einem Trockenestrich) bieten eine schnellere Anpassung der Heizlast.

Als Argument für die Fußbodenheizung wird mitunter der Effekt der „Selbstregulierung" ins Feld geführt: Demnach habe eine Erhöhung der Raumlufttemperatur z. B. durch Sonneneinstrahlung auch eine Verringerung der Temperaturdifferenz zur Heizfläche zur Folge, wodurch die Wärmeabgabe reduziert würde. Diese Argumentation geht jedoch von falschen Annahmen aus: Die solare Einstrahlung trifft zum großen Teil auf den Fußboden, wird dort absorbiert und bewirkt eine Temperaturerhöhung des Bauteils gegenüber der Raumluft und den anderen Raumumschließungsflächen – die Wärmeabgabe wird also erhöht.

Als energetischer Vorteil von Flächenheizsystemen verbleibt die sehr niedrige Rücklauftemperatur, die – insbesondere bei Einsatz von Brennwertkesseln oder Wärmepumpen – eine deutliche Steigerung des Wirkungsgrades bei der Wärmeerzeugung erlaubt. Der gleiche Effekt kann jedoch auch bei konventionellen Heizflächen durch großzügige Dimensionierung erreicht werden.

Als Alternative zu in der Wand verlegten Heizschlangen werden auch sogenannte Fußleistenheizungen angeboten. Die im Bereich der Fußleisten installierten Konvektoren erzeugen einen „Warmluftschleier" und erwärmen damit die Wandoberfläche, die ihrerseits Wärme in den Raum abstrahlt. Die so mögliche schnellere Anpassung der Heizleistung wird jedoch durch höhere Heizmitteltemperaturen erkauft. Da diese Systeme zudem – so wie andere Flächenheizungen – eine starke Erhöhung der Transmissionswärmeverluste verursachen können, sollten sie zumindest nicht an Außenwänden montiert werden.

Für das Niedrigenergiehaus generell gut geeignet sind Heizkörper mit geringem Wasserinhalt (z. B. Platten-, Kompaktheizkörper, Konvektoren), deren Heizleistung über Thermostatventile schnell gedrosselt werden kann. Sie sind kostengünstiger als Flächenhei-

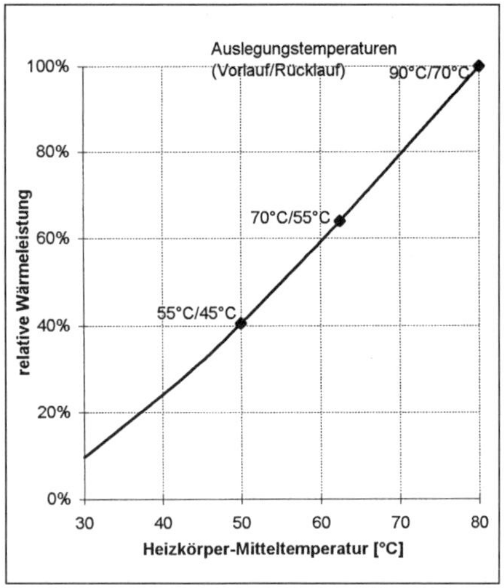

Abb. 8-1: Wärmeleistung von Heizkörpern in Abhängigkeit von der Heizmitteltemperatur (Heizleistung proportional zu Heizkörper-Übertemperatur $\Delta T^{1,3}$)

zungen und können darüber hinaus im Bedarfsfall wesentlich leichter erneuert bzw. ersetzt werden.

Auch mit diesen gängigen Heizkörpertypen ist ein Niedertemperaturbetrieb möglich. Da im Niedrigenergiehaus die maximale Heizlast gegenüber herkömmlichen Neubauten meist mehr als halbiert wird, müssen Niedertemperaturheizflächen nicht größer ausfallen als „normale" Heizflächen in schlecht gedämmten Gebäuden (Abb. 8-1).

Auslegung von Heizflächen

Nach den anerkannten Regeln der Technik werden Heizflächen „statisch" dimensioniert (DIN 4701): Bei festgelegten Temperaturen für die Außenluft am „kältesten Tag" (–10 bis –14 °C je nach Klimaregion) und für die Nachbarräume (Annahme eingeschränkter Nutzung) soll die im Raum abgegebene Wärme gleich den Wärmeverlusten durch Transmission und Lüftung sein. Die dynamische Heizlast, also der Aufheizvorgang einzelner Räume oder des gesamten Gebäudes, z. B. nach einer Phase der Nachtabsenkung, wird dabei nicht explizit berücksichtigt. Wegen der meist relativ hoch angesetzten „Sicherheitszuschläge" reichte in der Vergangenheit die stationär berechnete Heizleistung in der Regel auch zum Wiederanheizen aus.

Beim Niedrigenergiehaus trifft dies so ohne weiteres nicht zu. Statisch nach DIN 4701 ausgelegte Heizkörper können bei einem ausgekühlten Gebäude unter Umständen zu Anheizzeiten führen, die wesentlich länger sind als gewohnt. Problematisch sind insbesondere Gebäudenutzungen mit Wochenendabsenkung (Schulen, Bürogebäude, etc.), bei denen dann an kalten Tagen die Raumluft-Solltemperatur trotz stundenlangen Anheizvorgangs nicht erreicht wird. In diesen Fällen muß bei der Dimensionierung der Heizungsanlage (Wärmeerzeuger, Heizflächen) – evtl. unter Zuhilfenahme dynamischer Berechnungen – die Erwärmung der massiven Bauteile mitberücksichtigt werden. Die gängigen technischen Regeln lassen den Planer hier im Stich – eine Verbesserung scheint dringend geboten!

Die Berücksichtigung von Aufheizvorgängen bei der erforderlichen Raumheizlast führt zu größer dimensionierten Heizkörpern und damit zu einer Erhöhung von Kosten und Platzbedarf. Geeigneter scheint da eine regelungstechnische Lösung des Problems: Für die Dauer des Aufheizvorgangs wird die Vorlauftemperatur angehoben. Insbesondere bei einer Niedrigtemperaturauslegung haben gängige Kessel noch genügend „Temperatur-Reserve" (von „Leistungs-Reserve" gar nicht zu reden). Bisher sind lastabhängige Vorlauftemperatur-Regelungen leider noch nicht am Markt verfügbar (vgl. Kap. 8.3).

Luftheizung

Ist eine Lüftungsanlage mit balancierter Zu- und Abluft geplant, liegt der Gedanke nahe, auf statische Heizflächen zu verzichten und statt dessen die Heizwärme über die ohnehin vorhandenen Zuluftkanäle in die Wohnräume zu leiten und damit Kosten einzusparen. Aus der im Vergleich mit Wasser sehr geringen Wärmekapazität von Luft ergeben sich bei dieser Form der Wärmeverteilung allerdings eine Reihe von Problemen.

Da ab einer Oberflächentemperatur von 60 °C die Hausstaubpyrolyse einsetzt, sollte die Vorlauftemperatur eines Heizregisters unter diesem Wert bleiben. Um dennoch eine Heizleistung von 30 bis 50 W pro m^2 Wohnfläche zu erreichen, muß stündlich das 1,5- bis 3-fache des Raumluftvolumens auf dieses Temperaturniveau erwärmt werden. Hohe Lüftungswärmeverluste und trockene Raumluft können bei diesen Luftwechselzahlen nur durch Umluftbetrieb verhindert werden: Mittels eines zusätzlichen Lüfters wird aus einer Überströmzone (z. B. Treppenhaus) Luft abgesaugt und – mit der Frischluft vermischt – in einem Heizregister auf die gewünschte Temperatur gebracht.

Die Nachteile eines Luftheizungskonzepts mit Umluftbetrieb sind:

- Die hohen Luftvolumenströme und ein zusätzlicher Filter bedingen eine hohe elektrische Leistungsaufnahme der Lüfter;
- Größere Luftkanalquerschnitte und zusätzliche Dämmung der Kanäle (insbesondere zwischen Zu- und Ab-

luft) verursachen höhere Kosten und einen wesentlich größeren Raumbedarf;

- Eine raumweise Regelung der Heizleistung ist nur durch Volumenstromdrosselung möglich, wodurch u. U. eine ausreichende Frischluftzufuhr nicht mehr gewährleistet ist.

Insgesamt ist aus dieser Sicht die Luftheizung kein adäquates Heizsystem für Niedrigenergiehäuser. Ausnahmen sind u. U. Gebäudenutzungen mit hohem Frischluftbedarf zeitgleich zum Wärmebedarf (z. B. Schulen). Für Wohngebäude sind erst bei nochmals starker Senkung des Heizwärmebedarfs auf Werte unter 15 kWh pro m^2 Wohnfläche und Jahr (Passivhaus) sinnvolle Kombinationen von Heizungs- und Lüftungsanlage denkbar.

8.2 Die Wärmeverteilung im Haus

Grundsätzlich sollen alle Komponenten der Wärmeverteilung nur für den Zeitpunkt der Wärmenachfrage und maximal auf dem gerade erforderlichen Temperaturniveau betrieben werden. Nicht als Heizwärmebeitrag nutzbare Wärmeverluste der Verteilung müssen durch kurze Leitungen und eine möglichst effektive Wärmedämmung minimiert werden.

Oberster Planungsgrundsatz ist die Leitungsführung innerhalb der thermischen Hülle. Leitungen unter der Kellerdecke sind nur sinnvoll, wenn die Kellerdeckenunterseite nachträglich gedämmt wird und die Leitungen sich dann im oberen Bereich der Dämmung befinden. Dies macht die Verlegung der Kellerdeckendämmung allerdings nicht gerade einfacher. Besser ist in diesem Fall daher die Verlegung auf dem Rohfußboden des Erdgeschosses.

Liegt die Dämmebene oberhalb der Kellerdecke, scheidet die direkte Verlegung auf dem Rohfußboden dagegen aus. Denn auch wenn die Leitungen vorschriftsmäßig gedämmt sind (Heizungsanlagenverordnung), entstehen unnötig hohe Verluste. Damit die Wärmeverluste der Leitungen den Wohnräumen zugute kommen, müssen sie mindestens im oberen Drittel der Kellerdeckendämmung liegen. Eine Möglichkeit ist, zunächst die (z. B. 10 cm starken) Dämmplatten ungestört zu verlegen und sie dann mit Spanplatten o. ä. abzudecken. Auf dieser „Installationsebene“ werden Rohrleitungen dann innerhalb einer Trittschalldämmung verlegt.

Auch bei Verlegung auf Zwischendecken innerhalb der Trittschalldämmung sollte auf eine Minimaldämmung der Leitungen nicht verzichtet werden, da die sonst bestehende thermische Ankopplung an die Rohdecke die Wärme in andere Gebäudebereiche abführt. Vorteilhaft sind Rohrdämmhülsen mit speziell für die Fußbodenverlegung ausgebildetem Querschnitt.

Als energetisch günstig erweisen sich generell Zweirohrheizsysteme mit einer sternförmigen Verteilung in den jeweiligen Geschossen. Da die Heizkörper einzeln angebunden sind, werden nur die Leitungen durchströmt, die gerade einen Heizkörper versorgen. Werden die Versorgungsstränge dagegen ringförmig entlang den Außenwänden geführt, wird Wärme auch in anderen als den gerade beheizten Räumen ungeregelt abgegeben.

Dämmung von Rohrleitungen

Die Heizungsanlagenverordnung [HeizAnlV 94] regelt den Wärmeschutz von Heizleitungen im unbeheizten Bereich sowie in beheizten Räumen, wenn der Nutzer die Wärmeabgabe nicht durch Absperreinrichtungen beeinflussen kann. Die Dämmstärke muß danach mindestens dem Rohrdurchmesser entsprechen, darf jedoch nicht geringer als 20 mm sein. Im Niedrigenergiehaus sollte der Wärmeschutz der Rohrleitungen jedoch eine noch bessere Qualität aufweisen. Wird die Dämmung doppelt so dick ausgeführt, können die Verluste pro m Leitung jährlich um ca. 10 kWh reduziert werden (vgl. Abb. 8-2).

Vor allem ist auf eine lückenlose Dämmung zu achten, die alle Armaturen, Pumpen, Bögen, Schellen, Durchbrüche einschließt. Leider bietet der Markt meist noch nicht alle notwendigen Formteile, so daß u. U. Handarbeit notwendig ist. Fehlende Dämmung erhöht die Wärmeverluste an dieser Stelle um den Faktor 5 bis 10! Konvektionsströme zwischen Rohr und Umgebung werden durch eng anliegende Dämmschalen

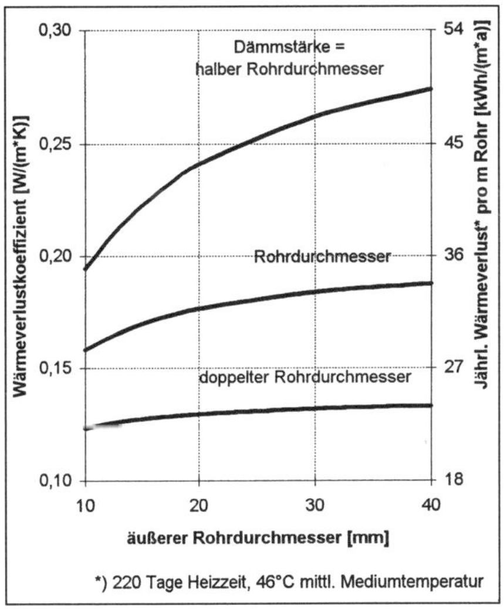

Abb. 8-2: Wärmeverlustkoeffizient und jährliche Wärmeverluste von Heizleitungen für verschiedene Dämmstärken

Abb. 8-3: Integriertes Dämm-Formteil für Thermometer, Schieber und Wärmemengenzähler. Foto: IWU

sowie durch Abdichtung der Anschlußfugen und der Längsschlitze verhindert. Rohrschellen sollten durch Dämmstoffeinlagen von Rohren thermisch getrennt werden (z. B. Dämmhülsen-Stücke).

Eine sorgfältige thermische Trennung von Vor- und Rücklauf verhindert thermische Kurzschlüsse und damit eine unnötige Anhebung der Rücklauftemperatur (Effizienzsteigerung des Wärmeerzeugers, insbesondere bei Brennwertkesseln).

Heizungspumpen

In der Praxis wird die Bedeutung der Heizungs-Umwälzpumpe auf die energetische Bilanz einer Heizungsanlage meist unterschätzt. Schon eine in einem Einfamilienhaus installierte 60-W-Pumpe hat über die Heizzeit einen Primärenergiebedarf von etwa 6 kWh pro m^2 Wohnfläche. Im Niedrigenergiehaus ist das bereits ein Zehntel des Heizwärmebedarfs!

Eine Untersuchung an einer Reihe von in Wohngebäuden installierten Pumpen ergab eine Überdimensionierung von 170 % (Ein-/Zweifamilienhäuser) bzw. 240 % (Mehrfamilienhäuser) gegenüber der rechnerisch ausreichenden Leistung [Bach u. a. 1992] (Abb. 8-4). Ausgereicht hätte eine Pumpenleistung von im Mittel 0,19 (EFH) bzw. 0,10 (MFH) W pro m^2 Wohnfläche. Die durch eine exakte Dimensionierung erzielbare Primärenergieeinsparung liegt damit in der Größenordnung des Einsparpotentials guter Brennwertkessel.

Bei der Neubauplanung steht an oberster Stelle die hydraulische Optimierung des Rohrnetzes und die Auswahl einer Pumpe mit angemessener Kennlinie. Durch eine Drehzahlregelung kann darüber hinaus die Senkung des Stromverbrauchs im Teillastbetrieb erreicht werden. Auch drehzahlgeregelte Pumpen sind jedoch exakt zu dimensionieren! Ein Betrieb am unteren Rand des Regelbereichs hat eine erhebliche Verschlechterung des Wirkungsgrads zur Folge. Ihr Einsatz ersetzt also nicht – wie vielfach angenommen – eine Rohrnetzberechnung! In einer Schweizer Feldstudie wurde der Strom-Mehrverbrauch der untersuchten Regelpumpen (die durchweg überdimensioniert waren) gegenüber exakt dimensionierten ungeregelten Pumpen mit 150 % beziffert [BEW 1996]!

Die Durchführung einer Rohrnetzberechnung stellt heute auch für einen qualifizierten Handwerksbetrieb kein Problem dar, da viele Anbieter von Heizungskomponenten dafür kostengün-

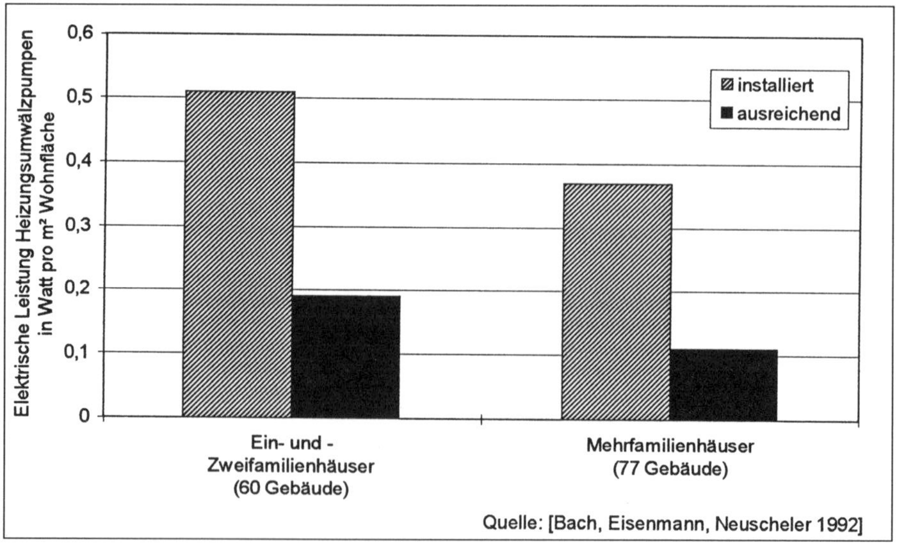

Abb. 8-4: Installierte und theoretisch ausreichende Anschlußwerte für Heizungspumpen (Quelle: [Bach u. a. 1992])

stige oder kostenlose Software anbieten. Um eine einwandfreie Funktion zu gewährleisten, darf nach Installation der Anlage nicht vergessen werden, den hydraulischen Abgleich (Voreinstellung der Heizkörperventile bzw. Rücklaufverschraubungen sowie Strangabgleich bei Mehrfamilienhäusern) gemäß der Rohrnetzberechnung auch tatsächlich durchzuführen.

8.3 Je einfacher, desto besser: die Regelung

Die Regelung besitzt innerhalb des Heizungssystems eine zentrale Funktion:

Sie sorgt für eine ausreichende Wärmeabgabe im betreffenden Raum genau zur Zeit eines auftretenden Bedarfs. Dabei orientiert sie sich an zonenweise unterschiedlichen und zeitlich veränderbaren Sollwerten der Raumtemperatur.

Sie reduziert die Temperatur von Wärmeerzeuger und Wärmeverteilung auf das gerade benötigte Maß und begrenzt damit die Wärmeverluste.

Die in der Heizungsanlagenverordnung vorgeschriebene Ausstattung ist in den meisten Fällen ausreichend. Diese besteht üblicherweise aus:

- einer witterungsgeführten Vorlauftemperatur-Regelung. Die Sollwerte der Vorlauftemperatur werden über die sogenannte „Heizkurve" in Abhängigkeit von der Außenlufttemperatur (gemessen mit Außenthermometer z. B. an der Nordfassade) festgelegt. Der Verlauf der Heizkurve kann über die beiden Größen „Steigung" und „Parallelverschiebung" beeinflußt werden. Die richtige Einstellung hängt vor al-

Infobox 8-2: Wärmeverluste der Heizungsverteilung: Berechnung und Beispiel

Jahresnutzungsgrad:

$$\eta_{a,\,HL} = \frac{q_H}{q_H + q_{HL}}\ .$$

Spezifische Wärmeverluste:

$$q_{HL} = L_{HL} \cdot k^* \cdot (\vartheta_N - \vartheta_u)\ t_{HT} \cdot 0{,}024\ kh/d\ /\ A_{EB} \qquad [kWh/(m^2a)]$$

$$\text{mit } \vartheta_N = 1/4 \cdot (\vartheta_{V,Max} + \vartheta_{R,Max} + 2 \cdot \vartheta_{N,Min}) \qquad [°C]$$

Berechnungsbeispiel Reihenhaus (Energiebezugsfläche 156 m²)		*Variante*	*1*	*2*
Heizungsverteilung			*„ungünstig" (Dämmung nach HeizAnlV, Verteilung EG unter Kellerdecke)*	*„effizient" (bessere Dämmung, Verteilung EG im beheizten Bereich)*
q_H	*spezifischer Heizwärmebedarf*	*kWh/(m²a)*	*55*	*55*
ϑ_u	*Temperatur unbeheizte Räume*	*°C*	*12*	*12*
$\vartheta_{V,Max}$	*max. Vorlauftemperatur (Auslegung)*	*°C*	*75*	*55*
$\vartheta_{R,Max}$	*max. Rücklauftemperatur (Auslegung)*	*°C*	*60*	*45*
$\vartheta_{N,Min}$	*tiefste Netztemperatur (Übergangszeiten)*	*°C*	*20*	*20*
ϑ_N	*mittlere Netztemperatur*	*°C*	*43,8*	*35*
	mittlere Temperaturdifferenz	*K*	*31,8*	*23*
L	*Länge Verteilleitungen im Keller (inkl. äquival. Länge der Armaturen)*	*m*	*32*	*9*
	Dicke Leitungsdämmung	*cm*	*2,0*	*4,0*
k^*	*Wärmeverlustkoeffizient Rohrleitung*	*W/(m·K)*	*0,20*	*0,15*
	mittlere Wärmeverlustleistung	*W*	*203,2*	*31,1*
q_{HL}	*spezifische Wärmeverluste Heizungsverteilung*	*kWh/(m²a)*	*6,8*	*1,0*
$\eta_{a,HL}$	*Nutzungsgrad Heizungsverteilung*		*88,9 %*	*98,1 %*

lem vom Wärmeschutz des Gebäudes und der Systemauslegung (Vorlauftemperatur) ab;

- einer zeitabhängigen Absenkung der Vorlauftemperatur oder Abschaltung von Wärmeerzeuger und Heizkreispumpe, möglichst als Tages- und Wochenprogramm einstellbar. Da die Raumtemperaturen im Niedrigenergiehaus bei Nichtbeheizung relativ langsam abklingen (große Zeitkonstante), ist in der Regel eine Nachtabschaltung der gesamten Anlage ohne Komfortverlust möglich (Einsparung Pumpstrom!);
- einer dezentralen, raumweisen Regelung der Wärmeabgabe in Abhängigkeit von der momentanen Raumlufttemperatur, die in der Regel von einfachen Thermostatventilen, seltener von elektronisch gesteuerten, programmierbaren Ventilen übernommen wird.

Der Einsatz von hochkomplexen, alle möglichen Einflußgrößen berücksichtigenden Regeleinrichtungen führt nicht zwangsläufig zu einem geringeren Heizenergieverbrauch. Mit der Komplexität steigt auch das Risiko von Fehlern, die bei der üblichen geringen Überwachung der Effizienz von Heizungssystemen meist zu spät oder gar nicht bemerkt werden. Der Nutzer wird normalerweise erst bei Komforteinbußen aktiv, die Reaktion ist meist eine ad hoc-Maßnahme (z. B. Höherdrehen der Heizkurve), mit einem höheren Verbrauch als Folge.

Bei der Ausstattung der Heizungsanlage mit Regelungstechnik sollte man sich daher an die Devise „weniger ist mehr" halten. Je einfacher die Technik ist, desto größer ist die Transparenz, der durchschnittliche Nutzer kommt leichter zurecht, die Betriebssicherheit steigt, die Kosten halten sich in Grenzen.

In der Praxis ist eine Reihe von Punkten zu beachten, um eine Verbrauchserhöhung oder Komforteinbuße aufgrund regelungstechnischer Probleme zu vermeiden:

- Die Heizkurve sollte entsprechend den vorliegenden Gegebenheiten (Gebäude, Systemtemperatur) eingestellt werden. Da die richtige Anpassung ein aufwendiges Verfahren ist, wird meist ein „Erfahrungswert" mit entsprechend großen Sicherheitszuschlägen eingestellt.

  Da beim Niedrigenergiehaus – stärker als bei Altbauten – der momentane Heizwärmebedarf von anderen Größen als der Außentemperatur abhängt (innere bzw. solare Wärmegewinne, Aufheizung nach Absenkung), muß – auch bei korrekter Einstellung – die von der Außentemperatur abhängige Heizkurve immer eine ausreichende Reserve beinhalten („worst case"). Interessant sind daher neue Ansätze, bei denen die Vorlauftemperatur entsprechend der gerade vorliegenden Auslastung des Brenners oder zusätzlicher Informationen eingestellt wird (vgl. [Kocher 1994], [Arend, Pfannstiel 1993]).
- In Mehrfamilienhäusern sollte jede Wohneinheit mit einer zentralen Regeleinheit ausgestattet werden, die die Einstellung eines individuellen Zeitprogramms (Nachtabschaltung) ermöglicht.
- Ist der Heizkörper konventionell unter dem Fenster angeordnet, so wird beim Lüften direkt „zum Fenster hinaus" geheizt. Die gängigen Thermostatventile verstärken diesen bekannten Effekt durch ihr Regelverhalten: Sie reagieren auf Raumtemperaturabsenkung durch Erhöhung der Heizleistung. Nur ein energiebewußter Bewohner vermeidet dies durch Abdrehen der Thermostatventile während des (Stoß-)Lüftens. Abhilfe schaffen elektronische Thermostatventile mit Abschaltung bei schnellem Temperaturabfall (funktioniert nicht bei länger gekipptem Fenster) oder mit Fensterkontakt. Durch Einbau einer Anlage zur kontrollierten Lüftung wird das Problem grundsätzlich gelöst.
- Elektronische Thermostatventile mit Zeitsteuerung ermöglichen eine raumweise Steuerung der Solltemperatur. Nutzer, die technisch nicht versiert oder nicht motiviert sind, haben jedoch erfahrungsgemäß Schwierigkeiten mit der Bedienung. Insbesondere bei Mietwohnungen ist daher von derartigen Reglern eher abzuraten.
- Insbesondere beim sparsamen Nutzer, der nur bedarfsweise Räume beheizt, findet man die Angewohnheit, nur wenige Heizkörper in der Wohnung zu bedienen und evtl. andere Räume „mitzuheizen". Zur Erzielung der benötigten Heizlast werden die betreffenden Heizkörperventile einfach höher gedreht. Dies führt jedoch zu einer nicht geplanten Erhöhung der Rücklauftemperatur und – insbesondere bei Brennwertkesseln – zu Einbußen beim Wirkungsgrad. Verhindert werden kann dieser unerwünschte Effekt durch den Einbau von thermostatischen Ventilen, die bei Temperaturerhöhung im Rücklauf den Durchfluß begrenzen („Rücklauftemperaturbegrenzer").

8.4 Warmes Wasser von der Heizungsanlage

Eine in der Öffentlichkeit viel diskutierte Frage ist die nach der ökonomisch und ökologisch optimalen Warmwasserbereitung. Wie in den anderen Bereichen gibt es auch hier keine Universallösung. Das Optimum hängt von den jeweiligen Randbedingungen ab:

- Art des vorliegenden Raumheizungssystems,
- Höhe des Warmwasserbedarfs,
- Anzahl und Lage der Zapfstellen,
- Komfortansprüche der Bewohner.

Wird der Raumwärmebedarf durch eine gewöhnliche Warmwasser-Zentralheizung gedeckt, so ist die Einbindung des vorhandenen Wärmeerzeugers in den allermeisten Fällen sinnvoll. Dezentrale elektrische Geräte weisen in der Regel einen schlechteren primärenergetischen Nutzungsgrad auf – besonders ineffizient sind dauernd betriebene elektrische Kleinspeicher. Einzig bei Gebäuden mit minimalem Warmwasserbedarf kann unter Umständen eine (bedarfsangepaßte) dezentrale elektrische Warmwasserbereitung günstiger sein. Wird z. B. in Bürogebäuden Warmwasser nur zum Putzen und für die Teeküche benötigt, kann auch ein Durchlauferhitzer oder ein Kochendwassergerät sinnvoll sein.

In Wohngebäuden sollte eine Anschlußmöglichkeit von Waschmaschine und Geschirrspüler an die zentrale Warmwasserbereitung vorgesehen werden, um den Stromverbrauch für die Wassererwärmung zu reduzieren (vgl. Kap. 10).

Die Gesamteffizienz verschiedener Systeme zur Warmwasserbereitung wird im Abschnitt 8.6 für ein Beispielgebäude vergleichend gegenübergestellt.

Werden große Warmwassermengen mit geringer Häufigkeit gezapft, stellt ein verbrauchernaher Gas-Durchlauferhitzer mit elektronischer Zündung eine Alternative dar. Zwar ist der Wirkungsgrad geringer als der eines Brennwertkessels, auf der anderen Seite entfallen Bereitschaftsverluste (Speicher, Kessel außerhalb der Heizzeit) und Verteilverluste. Der Nachteil ist das zusätzlich erforderliche Abgasrohr und der geringere Komfort (begrenzte Leistung bei gleichzeitiger Wasserentnahme an mehreren Zapfstellen).

Die Effizienz der zentralen Warmwasserbereitung kann für Einfamilienhäuser gegenüber heute üblichen Systemen merklich gesteigert werden. Mögliche Maßnahmen sind:

Verzicht auf eine Zirkulationsleitung

Die durch die Zirkulationsleitung (Dämmung nach HeizAnlV) im Einfamilienhaus entstehenden Wärmeverluste liegen bei 100 bis 300 W. Dies entspricht einer unkontrollierten Wärmeabgabe von 500 bis 1500 kWh/a, wovon maximal etwa die Hälfte als Heizwärmebeitrag wirken kann. Hinzu kommt oft ein bedeutsamer Pumpstromverbrauch. Die Nachteile eines Verzichts auf Zirkulationsleitungen – zusätzliche Wasserverluste und geringerer Komfort – können bei guter Planung in Grenzen gehalten werden: Bei einer Kunststoff-Warmwasserleitung von 10 m Länge und geringem Querschnitt kann z. B. nach einem Wasserablauf von weniger als 1 Liter bereits warmes Wasser gezapft werden.

Verzicht auf einen Speicher

Die Verlustleistung von Speichern mit 80 bis 120 Liter Inhalt liegt zwischen 40 und 80 W. Die Wärmeverluste können durch Verzicht also um 300 bis 700 kWh/a reduziert werden, was durchaus dem Warmwasserbedarf einer Person entsprechen kann. Bei Kombi-Umlaufwasserheizern leistet dann die Warmwasserbereitung ein zusätzlicher Wärmetauscher. Eine Komforteinbuße ist allenfalls bei der (seltenen) gleichzeitigen Nutzung zweier Warmwasserzapfstellen möglich. Da gleitend betriebene Kessel zu träge sind, um nur mit Wärmetauscher auszukommen, stellt ein integrierter kleiner Speicher, der die Aufwärmzeit des Kessels abpuffert, eine mögliche Alternative zu einem separaten Warmwasser-Vorratsspeicher dar. Erwägenswert ist auch der Konstant-Temperatur-Betrieb eines sehr gut gedämmten Kessels mit integriertem Brauchwasser-Wärmetauscher.

Bei Mehrfamilienhäusern kann in der Regel auf Speicher und Zirkulation nicht verzichtet werden. Allerdings wird zumindest eine Nutzung der entstehenden Abwärme als Heizwärmebeitrag ermöglicht, wenn die Komponenten (zusammen mit dem raumluftunabhängig betriebenen Kessel) innerhalb der thermischen Hülle angeordnet werden. Eine über die Heizungsanlagenverordnung hinausgehende Dämmstärke ist sehr empfehlenswert (Dicke der Dämmung = doppelter Rohrdurchmesser). Auch Stichleitungen zu den einzelnen Zapfstellen müssen gemäß HeizAnlV gedämmt werden. Elektrische Begleitheizungen stellen wegen des wesentlich geringeren primärenergetischen Nutzungsgrades keine sinnvolle Alternative zu Zirkulationsleitungen dar.

Der Reduktion des Stromverbrauchs für die Zirkulation können folgende Maßnahmen dienen:

- eine möglichst klein gewählte Pumpe (bei Einfamilienhäuser < 25 W, bei Mehrfamilienhäuser Rohrnetzberechnung erforderlich),
- Zeitschaltuhr zur Abschaltung außerhalb der Nutzungszeit,
- thermostatische Regelung der Pumpe,

- alternativ: eine bedarfsweise kurzzeitige Zirkulation durch Taster an den Zapfstellen.

Der Warmwasserspeicher sollte mindestens 10 cm stark gedämmt sein. Zur Verhinderung von Konvektion muß die Dämmung eng anliegen und darf keine Fugen aufweisen. Alle Anschlüsse, Thermometer und sonstige Armaturen müssen lückenlos gedämmt werden. Dazu ist leider meist Handarbeit erforderlich.

Bei Einsatz von Brennwertkesseln und thermischen Solaranlagen sollten grundsätzlich stehende Speicher verwendet werden, die die Ausbildung einer thermischen Schichtung erlauben. Die sich ergebenden niedrigeren Rücklauftemperaturen erlauben eine Steigerung der Anlageneffizienz. Wärmetauscher und Wassereinlauf dürfen dabei die Schichtung möglichst wenig stören. Insbesondere die Rückführung einer evtl. vorhandenen Zirkulationsleitung bereitet wegen der (bei Zeitsteuerung) schwankenden Temperatur Probleme. Eine optimale Steuerung der Speicherbeladung durch den Kessel kann nur mit zwei Thermostaten erreicht werden, die im Speicher oben und unten angeordnet werden.

Solaranlagen

Solaranlagen besitzen bei umweltbewußten Zeitgenossen ein positives Image: Während man mit dem Begriff (Energie-)„Sparen“ eher Verzicht und Komforteinschränkung assoziiert, liefert eine Solaranlage Energie quasi „umsonst“, ohne Ressourcenverbrauch und Umweltbelastung. Die Solaranlage spart also nicht nur Energie, sie dokumentiert dies auch nach außen und sorgt – ähnlich wie die Lüftungsanlage – für ein Stück neuartiger Lebensqualität: Auch ein eingefleischter Energiesparer wird unter der Solardusche schwach – hier kann er (ausnahmsweise) mal so richtig Energie verprassen.

Doch nicht nur zu Image und Lebensqualität trägt eine Solaranlage bei, sie sorgt auch für nennenswerte Energieeinsparungen: ca. 40 bis 60 % des Energiebedarfs für die Warmwasserbereitung können gedeckt werden. Bei einem Vier-Personen-Haushalt entspricht dies einer Einsparung von ca. 2000 kWh/a (vgl. Beispiel im Abschnitt 8.6). Hatten sich diese Einsparungen in der Energiebilanz eines schlecht gedämmten Altbaus bisher kaum bemerk-

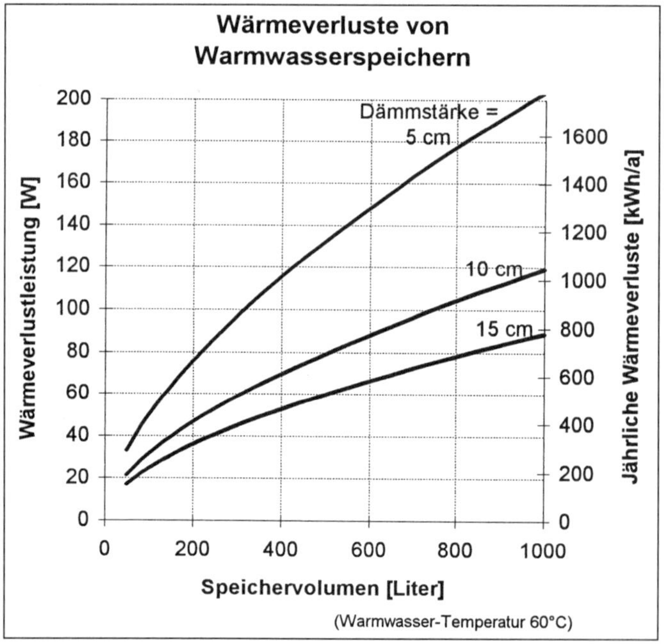

Abb. 8-5: Wärmeverlustleistung und jährliche Wärmeverluste von Warmwasserspeichern

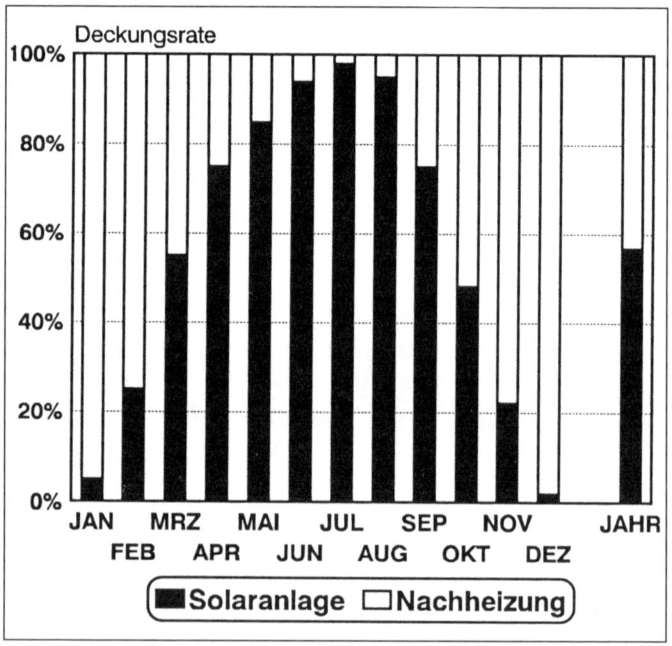

Abb. 8-6: Monatliche Deckungsraten einer üblich dimensionierten Solaranlage

Infobox 8-3: Wärmeverluste der Warmwasserverteilung und -speicherung: Berechnung und Beispiel

Jahresnutzungsgrad:

$$\eta_{a,WL} = \frac{q_W}{q_W + q_{WL}}$$

Spezifische Wärmeverluste:

$$q_{WL} = (\dot{Q}_{WS} + \dot{Q}_{WZ} + \dot{Q}_{WE}) \cdot t_{WL} \cdot 0{,}024\ \text{kh/d} / A_{EB} \qquad [\text{kWh/(m}^2\text{a)}]$$

mit

$$\dot{Q}_{WS} = 1{,}5 \cdot A_S \cdot k_S \cdot (\vartheta_W - \vartheta_{RS}) \qquad [\text{W}]$$

$$\dot{Q}_{WZ} = L_Z \cdot k'' \cdot (\vartheta_W - \vartheta_{RZ}) \cdot t_Z \cdot 1/(24\ \text{h/d}) \qquad [\text{W}]$$

$$\dot{Q}_{WE} = L_E \cdot W \cdot \eta_a \cdot (\vartheta_W - \vartheta_{RE}) \cdot P \cdot 1/(Z_W \cdot 24\ \text{h/d}) \qquad [\text{W}]$$

Berechnungsbeispiel *Reihenhaus (Energiebezugsfläche = 156 m²)*		Variante	1	2
ganzjährige zentrale Warmwasserbereitung			„ungünstig" (schlechte Speicherdämmung, Zirkulation)	„effizient" (gute Speicherdämmung, keine Zirkulation)
q_W	spezifischer Nutzwärmebedarf Warmwasser	kWh/(m²a)	15,6	15,6
ϑ_W	mittlere Warmwassertemperatur	°C	60	60
Speicher				
	Aufstellungsort		unbeheizter Bereich	beheizter Bereich
ϑ_{RS}	Umgebungstemperatur Speicher	°C	12	20
	Speicherinhalt	l	80	80
A_S	äußere Speicheroberfläche	m²	1,2	1,4
	Dicke Speicherdämmung	cm	6	10
k_S	k-Wert Speicherdämmung	W/(m²K)	0,61	0,38
$\dot{Q}_{WS}$	mittlere Wärmeverlustleistung Speicher	W	52,6	31,7
Zirkulation				
ϑ_{RZ}	Umgebungstemperatur Zirkulation			
	– unbeheizter Bereich	°C	12	–
	– beheizter Bereich	°C	20	–
L_{ZU}	Länge Zirkulation unbeheizter Bereich	m	9	0
L_{ZA}	Länge Zirkulation beheizter Bereich	m	14	0
k''	Wärmeverlustkoeffizient Rohrleitung	W/(m · K)	0,20	–
t_Z	tägliche Betriebszeit Zirkulationspumpe	h/d	16	0
$\dot{Q}_Z$	mittlere Wärmeverlustleistung Zirkulation	W	132,3	0
Einzelleitungen				
ϑ_{RE}	Umgebungstemperatur Einzelleitungen	°C	20	20
L_E	Länge Einzelleitungen (beheizter Ber.)	m	8	8
Z_W	Anzahl der Warmwasserzapfstellen	–	3	3
W	spezifische Speicherfähigkeit Rohrleitung	Wh/(m · K)	0,12	0,12
η_a	Anzahl der Zapfungen pro Person und Tag	1/(P · d)	5	5
P	Anzahl Personen	P	3,5	3,5
$\dot{Q}_E$	mittlere Wärmeverlustleistung Einzelleit.	W	9,2	9,2
Warmwasserverteilung und -speicherung gesamt				
	mittlere Wärmeverlustleistung	W	194,1	41,0
q_{WL}	spezif. Wärmeverluste Warmwasserverteilung/-speicherung	kWh/(m²a)	10,9	2,3
	(davon als innere Wärmequelle in der Heizzeit wirksam)	kWh/(m²a)	(2,9)	(1,4)
η_{aWL}	Nutzungsgrad Warmwasserverteilung und -speicherung		58,8 %	87,1 %

bar gemacht, so entspricht dies im Niedrigenergiehaus einer Reduktion des Brennstoffverbrauchs von mehr als 20 %!

Voraussetzung für solare Beiträge in dieser Höhe ist eine sorgfältige Abstimmung der Systemkomponenten, die Minimierung von Rohrleitungslängen, eine lückenlose Dämmung von Leitungen und Speicher sowie eine regelmäßige Wartung. Das Konzept der Solaranlage sollte möglichst einfach sein, um die Betriebssicherheit zu erhöhen und eine Funktions- und Effizienzkontrolle zu erleichtern.

Bei der Kollektorwahl ist der Wirkungsgrad (bzw. die Wirkungsgrad-Kennlinie) nur eines von mehreren Kriterien. Wenn die zur Verfügung stehende Dachfläche groß genug ist, kann ein schlechterer Wirkungsgrad leicht durch mehr Kollektorfläche ausgeglichen werden – bei u. U. spürbar niedrigeren Kosten. Auch Lebensdauer (Hersteller-Garantie), Verarbeitung, Temperaturbeständigkeit, Wartungsfreundlichkeit sind wichtige Kriterien. Hinsichtlich ihres Preis-Leistungsverhältnisses bewährt haben sich Flachkollektoren mit einer Abdeckung und einer selektiven Beschichtung des Absorbers [Öko-Institut 1992].

Die Nachheizung erfolgt über einen im Speicher integrierten, an den Kessel angeschlossenen Wärmetauscher. Ein elektrischer Heizstab kommt nicht in Frage, da er die Energiesparwirkung der Solaranlage wieder aufhebt: Der Primärenergieaufwand für die Nachheizung verdreifacht sich, so daß insgesamt keine Energiesparwirkung gegenüber einem konventionellen System erzielt wird (siehe Systemvergleich Abschnitt 8.6).

Wenn bei einem Neubauvorhaben der Einbau einer thermischen Solaranlage aus Kostengründen zunächst hinten angestellt wird, kann mit wenig Aufwand ein späterer Einbau erleichtert werden. So empfiehlt es sich, Leerrohre für den zukünftigen Solarkreis zwischen Dach und Aufstellungsort der Heizungsanlage zu verlegen und statt eines konventionellen Warmwasserspeichers einen ausreichend großen Solarspeicher (EFH: 300–400 Liter) einzubauen.

8.5 Rationelle Wärmeerzeugung

Ziel der Optimierung der Wärmeerzeugung ist, den gegebenen Bedarf an Nutzwärme mit einem möglichst geringen Aufwand an Primärenergie und einer minimalen Belastung der Umwelt zu decken. Hierzu gibt es drei grundsätzliche Ansätze:

- maximale Ausnutzung des Energiegehalts des verwendeten Energieträgers (Brennwertnutzung, effiziente Pumpen etc.);
- Nutzung der bei der Stromproduktion oder industriellen Prozessen entstehenden Abwärme ((Block-)Heizkraftwerk etc.);
- Nutzung solarer Einstrahlung oder anderer regenerativer Energiequellen (thermische Solaranlagen etc.).

Die Ansätze unterscheiden sich hinsichtlich ihres Energiesparpotentials und des erforderlichen Aufwands.

Heizkessel

Die Abgas- und Stillstandsverluste moderner Wärmeerzeuger werden durch die sogenannte „Niedertemperatur"-Betriebsweise minimiert: Die Kesselwassertemperaturen werden an die jeweils geforderte Heizlast gleitend angepaßt. Sie liegen während der Heizperiode im Mittel nur noch bei etwa 40 bis 50 °C, bei älteren Konstant-Temperatur-Kesseln waren Werte zwischen 70 und 90 °C üblich. Nur noch an extrem kalten Tagen steigt die Vorlauftemperatur auf ihren Maximalwert von z. B. 75 °C.

Bei Wärmeerzeugern auf Erdgas- oder Flüssiggas-Basis ist die Brennwertnutzung heute Stand der Technik. Der im Abgas enthaltene Wasserdampf kondensiert an einer durch den Heizungsrücklauf gekühlten Wärmetauscherfläche und setzt dort Kondensationswärme frei. Da bei der Definition des Kesselwirkungsgrades aus historischen Gründen der untere Heizwert (d. h. der Energiegehalt ohne Berücksichtigung der Kondensationswärme) Bezugspunkt ist, kann durch Brennwertnutzung der Wirkungsgrad nominal über 100 % steigen. Auch bei Heizöl ist eine Brennwertnutzung möglich, allerdings ist die erzielbare Wirkungsgradverbesserung kleiner (maximal 6 statt 11 %). Weiterhin bereitet das sehr saure Kondensat (Schwefelsäure) Probleme.

Die erzielbaren Jahresnutzungsgrade moderner Wärmeerzeuger liegen bei 90 bis 95 % (Niedertemperaturkessel) und 95 bis 105 % (Gas-Brennwertkessel) – je nach Heizsystemtemperatur. Aufgrund der gleitenden Kesseltemperatur steigen die Nutzungsgrade bei geringerer Auslastung tendenziell an. Bei Brennwertkesseln ergibt sich sogar ein stark ausgeprägtes Maximum (vgl. Abb. 8-7): In der Übergangszeit arbeitet der Kessel hauptsächlich im Kondensationsbetrieb. Außer der Heizmitteltemperatur ist für die Brennwertnutzung auch die Abstimmung von Brenner und Gebläse entscheidend: Ein hoher Luftüberschuß führt zwar tendenziell zu niedrigen NOx- und CO-Werten, verdünnt jedoch die Abgase und führt damit zu einer geringeren relativen Feuchte: die Taupunkttemperatur steigt und die Kondensatmenge sinkt.

Abb. 8-7 könnte leicht zu dem Fehlschluß führen, daß eine Überdimensionierung des Kessels automatisch eine Erhöhung des Nutzungsgrades mit sich bringt. Der Anstieg des Nutzungsgrades wird jedoch allein durch die Absenkung der Kesseltemperatur bei kleinerer Auslastung verursacht. Die Verschlechterung des Jahresnutzungsgrades durch Überdimensionierung ist bei modernen Wärmeerzeugern allerdings weit weniger drastisch als bei älteren Konstant-Temperatur-Kesseln.

Weitere Verbesserungen der Kesselnutzungsgrade sind zukünftig nur in sehr kleinen Schritten zu erwarten. Schwerpunkte möglicher Entwicklungen liegen im Bereich der Brenneroptimierung (Reduktion Schadstoff-Emissionen) sowie der Anlagensteuerung. Da die auf Prüfständen ermittelten Nutzungsgrade in der Praxis vielfach nicht erreicht werden, sollte in Zukunft dem fachgerechten Einbau, der optimalen Einstellung von Brenner und Regelung sowie der Effizienzüberwachung im Betrieb besondere Beachtung geschenkt werden. Konventionelle Brenner von Kesseln kleinerer Leistung besitzen nur eine Leistungsstufe. In der Übergangszeit laufen sie somit immer nur kurzzeitig. Da Brennerstarts wegen der noch unvollständigen Verbrennung hohe Schadstoffemissionen verursachen, ist eine taktende Betriebsweise mit einer hohen Umweltbelastung verbunden. Dieses Problem läßt sich durch Verwendung mehrstufig oder stufenlos („modulierend“) betriebener Brenner beheben,

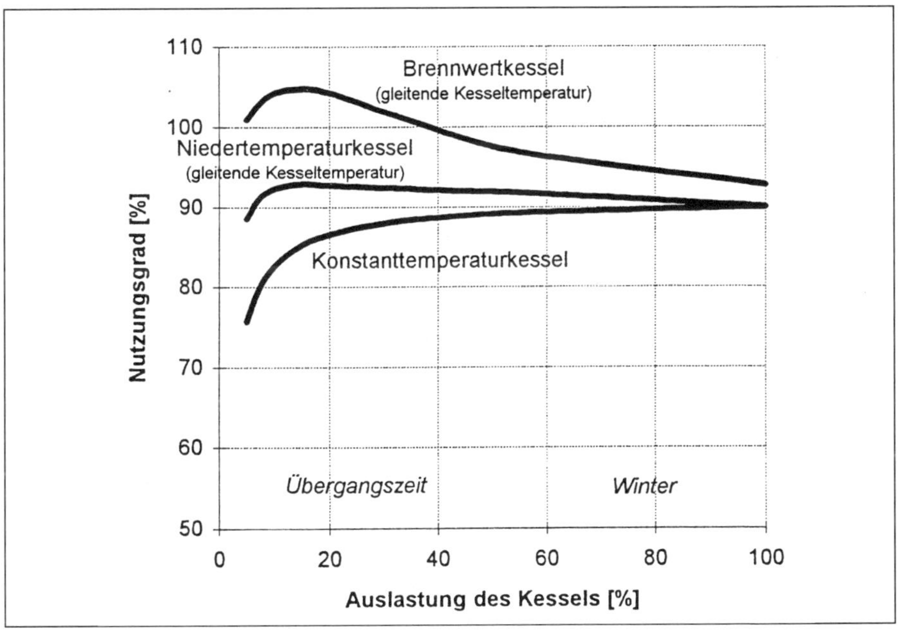

Abb. 8-7: Nutzungsgrade verschiedener Kesseltypen bei jahreszeitlich unterschiedlicher Auslastung

die auch für den unteren Leistungsbereich zunehmend am Markt verfügbar sind.

Bei zweistufig arbeitenden Brennern läuft der Brenner in der Übergangszeit auf der Teillaststufe und schaltet erst auf die Vollaststufe, wenn die Leistung für den geforderten Wärmebedarf nicht mehr ausreicht. Modulierende Brenner arbeiten innerhalb von festen Intervallen stufenlos und können somit ihre Leistung noch besser an die momentane Heizlast anpassen. Durch die niedrigere Abgastemperatur steigt – insbesondere bei Brennwertkesseln – der Wirkungsgrad gegenüber Kesseln mit einstufig betriebenen Brennern an. Die Leistung des Gebläses muß der modulierenden Betriebsweise angepaßt werden, um einen höheren Stromverbrauch und einen zu hohen Luftüberschuß zu vermeiden.

Ob aus energetischer Sicht ein Kessel oder eine Therme günstiger sind, kann nicht allgemeingültig beantwortet werden. Beide Bauarten unterscheiden sich grundsätzlich durch ihren Wasserinhalt, der bei Kesseln etwa 10 mal größer ist als bei Thermen.

Die Therme bietet den Vorteil, daß sie – aufgrund ihrer geringen Masse – sehr schnell die gewünschte Betriebstemperatur erreicht. Bei Nachtabschaltung und im Sommerbetrieb entstehen damit praktisch keine Bereitschaftsverluste. Da bei Zapfung sofort die eingestellte Warmwassertemperatur erreicht wird, kann auf einen zusätzlichen Speicher verzichtet werden. Dies reduziert die Investitionskosten und die Wärmeverluste.

Wegen der geringen thermischen Trägheit muß jedoch während des Brennerbetriebs eine Mindestmenge an Wasserumlauf aufrechterhalten werden, um die Gefahr einer Überhitzung auszuschließen. Aus diesem Grund wird in der Regel ein druckgeregelter Bypass eingebaut, der bei zu geringem Heizmitteldurchsatz im Verteilnetz (geringe Heizlast / gedrosselte Thermostatventile) einen thermischen Kurzschluß zwischen Vor- und Rücklauf herstellt. Dies führt insbesondere in den Übergangszeiten zu häufigerem Takten des Brenners und zu einer Anhebung der Rücklauftemperatur. In der Folge sinkt der Nutzungsgrad und die Emissionen steigen. Einige Hersteller behelfen sich durch einen zusätzlichen Heiz-Pufferspeicher mit einer guten Schichtung, womit dauerhaft tiefe Rücklauftemperaturen und lange Brennerlaufzeiten erreicht werden. Nachteile dieser Konzeption sind – außer den höheren Kosten – die zusätzlichen Speicherwärmeverluste (die durch Aufstellung im beheizten Bereich vermieden werden können) und der höhere Stromverbrauch durch die zusätzlich erforderliche Umwälzpumpe.

Bessere Ergebnisse werden auch hier durch mehrstufige oder modulierende Brenner erzielt, die eine Absenkung der Mindestumlaufwassermenge bei geringerer Auslastung und damit einen eher kontinuierlichen Betrieb ermöglichen. Ebenso wie Kessel sollten auch Thermen eine ausreichende Wärmedäm-

Infobox 8-4: Endenergiebedarf für Heizung und Warmwasser: Berechnung und Beispiel

Spezifischer Endenergiebedarf:

$$e_{H+W} = \frac{q_H}{\eta_{a,H}} + \frac{q_W}{\eta_{a,W}} \quad [kWh/(m^2a)]$$

Systemnutzungsgrad Raumheizung:

$$\eta_{a,H} = \eta_{a,HL} \cdot \eta_{a,HE}$$

Systemnutzungsgrad Warmwasserbereitung:

$$\eta_{a,W} = \frac{\eta_{a,WL} \cdot \eta_{a,WE}}{1 - s_W}$$

Berechnungsbeispiel *Reihenhaus, 156 m² Wohnfläche*	*Variante*	*1*	*2a*	*2b*
Wärmeverteilung und -speicherung entsprechend Infobox 8-2 und 8-3		*„ungünstig" Niedertemperaturkessel*	*„effizient" Brennwertkessel in Niedertemperatur-Heizsystem ohne Solaranlage*	*mit Solaranlage*
Raumheizung				
q_H *jährlicher Heizwärmebedarf pro m² Energiebezugsfläche*	*kWh/(m²a)*	*55,0*	*55,0*	
$\eta_{a,HL}$ *Jahresnutzungsgrad Heizwärmeverteilung (siehe Infobox 8-2)*		*88,9 %*	*98,1 %*	
$\eta_{a,HE}$ *Jahresnutzungsgrad Wärmeerzeugung Heizwärme (siehe Tabellen im Anhang A1)*		*91,0 %*	*100,0 %*	
$\eta_{a,H}$ *Systemnutzungsgrad Raumheizung*		*80,9 %*	*98,1 %*	
Warmwasserbereitung				
q_W *jährlicher Nutzwärmebedarf Warmwasser pro m² Energiebezugsfläche*	*kWh/(m²a)*	*15,6*	*15,6*	
$\eta_{a,WL}$ *Jahresnutzungsgrad Warmwasserverteilung und -speicherung (siehe Infobox 8-3)*		*58,8 %*	*87,1 %*	*75,6 %*
$\eta_{a,HE}$ *Jahresnutzungsgrad Wärmeerzeugung Warmwasser (siehe Tabellen im Anhang A1)*		*91,0 %*	*97,0 %*	
s_W *solarer Deckungsgrad Warmwasserbereitung*		*0 %*	*0 %*	*67 %*
$\eta_{a,H}$ *Systemnutzungsgrad Warmwasserbereitung*		*53,5 %*	*84,5 %*	*222 %*
Gesamtsystem				
e_{H+W} *jährlicher Endenergiebedarf pro m²*	*kWh/(m²a)*	*97,1*	*74,4*	*63,0*

mung (mindestens 5 cm) aufweisen, da sie während des Heizbetriebs ständig auf Heiztemperatur liegen und häufig im unbeheizten Bereich aufgestellt werden.

Anders als Thermen benötigen Kessel immer einen zusätzlichen Warmwasserspeicher, da sie bei einem Zapfvorgang erst mit zeitlicher Verzögerung die Warmwassertemperatur erreichen.

Kraft-Wärme-Kopplung

Gegenüber der gegenwärtig in Deutschland vorherrschenden getrennten Erzeugung von Wärme und Strom kann durch Kraft-Wärme-Kopplung die Primärenergie erheblich effizienter genutzt werden. Die Versorgung mit Wärme aus einem Heizkraftwerk oder einer sonstigen Abwärmequelle hat daher Priorität. Auch wenn das Nah- oder Fernwärmenetz bisher nur mit einem Heizwerk betrieben wird, ist ein Anschluß sinnvoll, da die zentrale Wärmeversorgung die entscheidende Voraussetzung für den späteren Einsatz rationeller Techniken (Kraft-Wärme-Kopplung, verbrennungsmotorischer Wärmepumpe, Biomasse, Solarenergie) darstellt.

Bei Neubausiedlungen mit mehr als 20 Wohneinheiten sollte daher stets die Möglichkeit der Realisierung einer zentralen Wärmeversorgung geprüft werden. Durch den reduzierten Wärmebedarf erhöhen sich bei Niedrigenergiehäusern zwar die Kosten pro gelieferter kWh Wärme – dies gilt jedoch für alle Versorgungsvarianten. Die Nah-/Fernwärme mit Kraft-Wärme-Kopplung ist somit grundsätzlich auch in Neubausiedlungen betriebswirtschaftlich konkurrenzfähig. Für die Kraft-Wärme-Kopplung ergeben sich durch die Niedrigenergiebauweise sogar deutlich verbesserte Bedingungen, da das Verhältnis von Grundlast (ganzjährige Warmwasserbereitung) zu Spitzenlast (Heizwärmebedarf) steigt – die KWK-Module werden besser ausgelastet. (vgl. [Klien 91], [Witt 95], [Menje, Loga 92]).

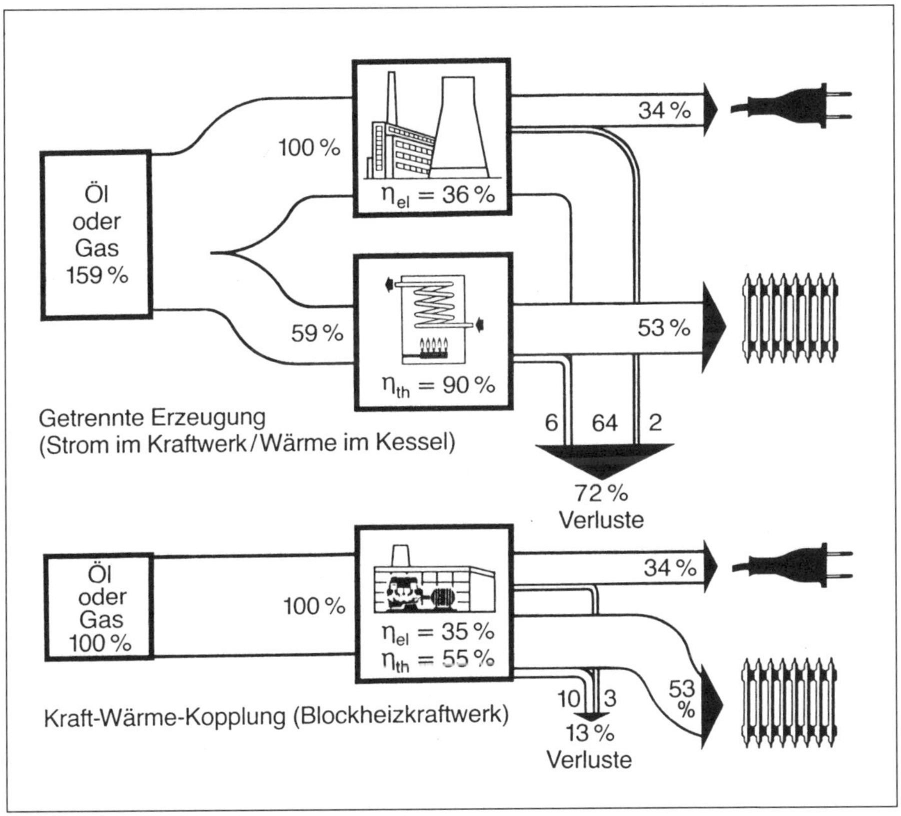

Abb. 8-8: Brennstoffausnutzung bei getrennter und bei gekoppelter Erzeugung von Wärme und Strom (aus: [ASUE 1994])

Abb. 8-9: Blockheizkraftwerk für eine Niedrigenergiehaus-Siedlung in Niedernhausen/Taunus (Foto: IWU)

Entscheidend für die betriebswirtschaftliche Attraktivität ist der Wert des durch die Heizkraftanlage erzeugten Stroms. Günstige Bedingungen ergeben sich bei Betrieb durch einen lokalen Stromversorger, der den Einkaufspreis seines Vorlieferanten ansetzen kann. Wird die gesamte Erschließung des Baugebietes durch einen privaten Betreiber (Bauträger, Eigentümergemeinschaft etc.) in eigener Regie durchgeführt, kann er auch die Stromversorgung innerhalb der Siedlung übernehmen (sofern er als Energieversorgungsunternehmen nach § 5 Energiewirtschaftsgesetz zugelassen wird). Bei günstigen Konditionen für Rest- und Reservestrombezug steigt der anrechenbare Preis für den erzeugten Strom dann auf Werte, die nahe am üblichen Haushaltskundentarif liegen. Dann können mit der BHKW-Nahwärmeversorgung Überschüsse erwirtschaftet werden.

Wärmepumpen

Bevor elektrische Wärmepumpen für die Beheizung von Niedrigenergiehäusern sinnvoll eingesetzt werden können, muß noch erheblicher Entwicklungsaufwand geleistet werden. In der Praxis ergeben sich folgende Probleme:

- Wegen der geringen Brennstoffausnutzung in deutschen Kraftwerken ist der Einsatz elektrischer Wärmepumpen erst sinnvoll, wenn die Arbeitszahl – also das Verhältnis Nutzwärme zu Stromverbrauch – größer als 3 ist. Die unter realen Randbedingungen in der Praxis erreichten Werte liegen dagegen meist im Bereich von 2,5. Eine Verbesserung der Effizienz ist physikalisch durchaus möglich.
- Die Leistungsziffer hängt stark von der erforderlichen Heizmitteltemperatur ab. Sinnvoll sind allein Heizsysteme mit Vorlauftemperaturen unter 50 °C.
- Entscheidenden Einfluß auf die Effizienz hat die Art der genutzten Wärmequelle. Kostengünstig sind Luft/Wasser-Wärmetauscher, deren Leistungsziffer allerdings stark von der Witterung abhängt. An besonders kalten Tagen besteht zudem Vereisungsgefahr. Daher werden sie in der Regel mit einem zusätzlichen Wärmeerzeuger kombiniert („bivalentes System"). Aus Kostengründen wird oft nur ein elektrischer Heizstab eingebaut (von der Stromwirtschaft gern als „monoenergetisches System" bezeichnet). Für einen echten „monovalenten" Betrieb geeignet sind Erdreichsonden, denen ein Wärmereservoir mit ganzjährig etwa gleichem Temperaturniveau zur Verfügung steht. Sie können jedoch nicht bei jedem Untergrund realisiert werden und weisen zudem wesentlich höhere Investitionskosten auf.
- Elektrische Wärmepumpen liegen im Grenzbereich zwischen Heizungs- und Elektrotechnik. Für Planung und Einbau qualifizierte Fachleute sind daher noch rar.
- Der Reparatur- und Wartungsaufwand ist noch vergleichsweise groß.
- Die Investitionskosten liegen bei dem Zwei- bis Vierfachen eines Kessels.

Gegenwärtig stellen elektrische Wärmepumpen also noch keine sinnvolle Alternative zu konventionellen Wärmeerzeugern dar. Primärenergetisch sinnvoll sind demgegenüber auch heute schon verbrennungsmotorisch getriebene Wärmepumpen. Die Jahresheizzahlen liegen bei ca. 1,5. Sie sind bisher allerdings nur im größeren Leistungsbereich auf dem Markt und in Anschaffung und Betrieb (reparatur- und wartungsintensiv) noch relativ teuer.

Aktive Solarheizung

In unseren Breitengraden ist eine aktive Beheizung von Gebäuden mit Solartechnik nur mit erheblichem Aufwand zu realisieren. Die Potentiale zur Senkung des Heizwärmebedarfs durch Wärmeschutzmaßnahmen lassen sich erheblich leichter mobilisieren. Strahlt darüber hinaus direkte und diffuse Strahlung durch Verglasungen in die Wohnräume, verschiebt sich der Großteil des Wärmebedarfs auf besonders trübe Tage. Ohne Langzeitspeicherung von solarer Wärme über mindestens mehrere Wochen kann eine aktive Solarheizung in unseren Breitengraden also kaum einen relevanten Deckungsbeitrag liefern.

Bei verschiedenen Projekten wurden saisonale Speicher in Form von gedämmten Wassertanks innerhalb des Gebäudes realisiert [Hinz/Werner 1994]. Damit das Speichervolumen überhaupt ein praktikables Maß erreichen konnte, wurde der Heizenergieverbrauch durch Wärmeschutzmaßnahmen und Lüftungstechnik weit unter das des typischen Niedrigenergiehauses reduziert. (Um den Wärmebedarf eines typischen Niedrigenergie-Einfamilienhauses von 10 000 kWh nur zur Hälfte zu decken, wäre ein Speichervolumen von 50 m^3 erforderlich!) Aufgrund verschiedener technischer Probleme wurden allerdings die erwarteten Deckungsbeiträge nicht erreicht. Problematisch sind vor allem die erhöhten Wärmeverluste des Speichers durch Konvektion innerhalb der Dämmung, die damit auftretende Überheizung des Gebäudes, die technisch aufwendige und störanfällige Be-/Entladevorrichtung und Regelung sowie der Speichermediumverlust durch Leckagen. Nicht zuletzt die hohen Investitionskosten (für umbauten Raum und Anlagentechnik)

Infobox 8-5: Systemeffizienz / Primärenergie-Heizzahl: Berechnung und Beispiel

Emissionskennwert CO_2-Äquivalent:

$$U_{CO_2} = x_{CO_2}(T_1)\cdot e_{H+W}(T_1) + x_{CO_2}(T_2)\cdot e_{H+W}(T_2) + \dots \qquad [kg/(m^2a)]$$

Primärenergie-Kennwert

$$q_P = p(T_1)\cdot e_{H+W}(T_1) + p(T_2)\cdot e_{H+W}(T_2) + \dots \qquad [kWh/(m^2a)]$$

Primärenergie-Heizzahl:

$$\eta_{a,P} = \frac{q_H + q_W}{q_P}$$

Berechnungsbeispiel *Reihenhaus, 156 m² Wohnfläche*		*Variante*	*1*	*2a*	*2b*
Wärmeverteilung, -speicherung und -erzeugung entsprechend Infobox 8-2, 8-3, 8-4			*„ungünstig" Dämmung nach HeizAnlV Verteilung im Keller, Zirkulation, Niedertemperaturkessel*	*„effizient" bessere Dämmung, Verteilung im beheizten Bereich, keine Zirkulation, Brennwertkessel in Niedertemperatur-Heizsystem, ohne*	*mit Solaranlage*
Energiebedarf					
q_H	*jährlicher Heizwärmebedarf pro m² Energiebezugsfläche*	*kWh/(m²a)*	*55,0*	*55,0*	
q_W	*jährlicher Nutzwärmebedarf Warmwasser pro m² Energiebezugsfläche*	*kWh/(m²a)*	*15,6*	*15,6*	
e_S	*jährlicher Hilfsstrombedarf Heizung/Lüftung*				
	– Heizungsregelung (15 W, 1 W, 1 W)	*kWh/a*	*131*	*9*	*9*
	– Heizungspumpe (60 W, 30 W, 30 W)	*kWh/a*	*210*	*105*	*105*
	– Zirkulationspumpe (25 W)	*kWh/a*	*146*	*–*	*–*
	– Solarpumpe (40 W)	*kWh/a*	*–*	*–*	*40*
	– Lüftung (30 W, 15 W, 15 W)	*kWh/a*	*158*	*78*	*78*
e_{H+W}	*jährlicher Endenergiebedarf für Heizung und Warmwasser des Energieträgers T_1, T_2, ... pro m² Energiebezugsfläche*				
	– Erdgas (H_u)	*kWh/(m²a)*	*97,1*	*74,4*	*63,0*
	– Strom	*kWh/(m²a)*	*4,1*	*1,2*	*1,5*
CO_2-Emissionen					
x_{CO_2}	*Emissionsfaktor CO_2-Äquivalent des Energieträgers T_1, T_2, ...*	*kg/kWh*			
	– Erdgas (H_u)		*0,242*	*0,242*	
	– Strom (Strom-Mix)		*0,666*	*0,666*	
w_{CO_2}	*jährl. Emissionen CO_2-Äquivalent pro m² Energiebezugsfläche*	*kg/(m²a)*	*26,3*	*18,8*	*16,3*
Primärenergie					
p	*Primärenergiefaktor des Energieträgers T_1, T_2, ...*	*kWh/kWh*			
	– Erdgas (H_u)		*1,08*	*1,08*	
	– Strom (Strom-Mix)		*3,2*	*3,2*	
q_p	*jährl. Primärenergiebedarf pro m² Energiebezugsfläche*	*kWh/(m²a)*	*118,0*	*84,6*	*72,9*
$\eta_{a,P}$	**Primärenergie-Heizzahl**		**0,59**	**0,83**	**0,97**

lassen diese Konzeption für eine breite Realisierung als nicht geeignet erscheinen.

Erfolgversprechender ist der Ansatz, ganze Siedlungen aus solar gespeisten Großwärmespeichern zu versorgen, da Baukosten, regelungstechnischer Aufwand und Wärmeverluste sich, bezogen auf die nutzbare Wärme, stark reduzieren [Fisch u. a. 1994]. Eine 100 % solare Wärmebereitstellung ist denkbar. Da in Deutschland bisher noch keine Erfahrungen bezüglich abgerechneter Baukosten, technischer Funktion und tatsächlicher Energieeinsparung vorliegen, bleibt abzuwarten, ob dies eine für die breite Umsetzung in Neubausiedlungen geeignete Konzeption darstellt.

8.6 Der geeignete Energieträger

Auf dem Weg vom Energierohstoff zur Nutzenergie werden eine Reihe von Stufen der Energiewandlung und des Energietransports durchlaufen, die zwangsläufig Verluste mit sich bringen. Um die gängigen Heizsysteme untereinander vergleichen und bewerten zu können, muß über die Effizienz der im Gebäude installierten Technik hinaus auch die gesamte vorgelagerte Prozeßkette in die Betrachtung mit einbezogen werden. Ein allgemein anerkanntes Verfahren hierzu bietet GEMIS, mit dem für die folgende Analyse Primärenergieeinsatz und Treibhausgasemissionen (Kohlendioxid-Äquivalent) der jeweiligen Endenergieträger ermittelt wurden [GEMIS 2.0].

Zur Bewertung der Umweltwirkung werden Primärenergiebedarf und CO_2-Emissionen bestimmt und auf die Wohnfläche bezogen (Infobox 8-5). Grundlage dieser Berechnung ist der Endenergiebedarf, differenziert nach den verwendeten Energieträgern (Erdgas, Heizöl, Strom etc.), sowie die den Energieträgern jeweils zugeordneten Primärenergie- bzw. Emissionsfaktoren. Hier-

Tab. 8-1: Exemplarischer Vergleich der Primärenergiebilanz von Heizsystemen mit unterschiedlichen Energieträgern bzw. Wärmeerzeugern

Raumheizung für Reihenhaus in Niedrigenergiebauweise (A_{EB} = 156 m^2)	*Jährl. Energiebedarf für Raumheizung pro m^2 Wohnfläche [kWh/m^2a]*				*Nutzungsgrad*					*Emissionen*
		Endenergie			*vorgelagerte Prozeßkette*		*Heizungsanlage*			
Heizsystem	*Primärenergie*	*Wärmeerzeugung*	*Strom Hilfsgeräte* Heizg/Lüftg.	*Nutzenergie*	*Wärmeerzeugung*	*Strom Hilfsgeräte* Heizg/Lüftg.	*Wärmeerzeugung*	*Wärmeverteilung*	*Gesamt (Primärenergie-Heizzahl)*	*CO_2-Äquivalent [kg/m^2a]*
Zentralheizung (Niedertemperatur-Auslegung) mit Gas-Brennwert-Kessel	*64,7*	*56,3*	*1,2*		*0,93*		*1,00*	*0,98*	*0,85*	*14,4*
Zentralheizung (Niedertemperatur-Auslegung) mit Öl-Niedertemperatur-Kessel	*74,4*	*61,8*	*1,2*		*0,88*		*0,91*	*0,98*	*0,74*	*20,0*
dezentrale Elektro-Nachtspeicher-Öfen	*177,8*	*57,9*	*0,6*	*55,0*	*0,33*	*0,31*	*0,95*	*1,00*	*0,31*	*53,5*
Zentralheizung (Niedertemperatur-Auslegung) mit monoval. Elektro-Wärmepumpe mit Umgebungsluft Wärmetauscher	*81,7*	*25,6*	*1,2*		*0,33*		*2,20*	*0,98*	*0,67*	*24,3*
Zentralheizung mit Anschluß an Nahwärmenetz mit Erdgas-BHKW[1]	*45,3*	*57,4[2]*	*1,2*		*1,39*		*0,98*	*0,98*	*1,21*	*–4,6*

1) Anteil der KWK-Module an der jährlichen Wärmeerzeugung 70%
2) Wärmemenge in Haus-Übergabestation

bei wird auch der Strombedarf der für Heizung/Lüftung eingesetzten Hilfsgeräte (Regelung, Pumpen, Lüfter) mitberücksichtigt.

Um die Effizienz des Heizungssystems unabhängig vom baulichen Standard bewerten zu können, wird darüber hinaus die „Primärenergie-Heizzahl" bestimmt, die als das Verhältnis von Nutzwärmebedarf zu Primärenergieaufwand definiert ist.

Das Ergebnis der Beispielrechnung ist beeindruckend (Infobox 8-5): Werden die planerischen und technischen Möglichkeiten einer effizienten Wärmeversorgung genutzt (siehe Infobox 8-2 bis Infobox 8-4: Leitungen in thermischer Hülle, keine Zirkulation, Brennwertkessel, kleinere Pumpen etc.), läßt sich der Primärenergieaufwand des Niedrigenergiehauses um 30 % reduzieren. Wird darüber hinaus eine thermische Solaranlage für die Warmwasserbereitung genutzt, beträgt das Einsparpotential fast 40 % gegenüber einer „konventionellen" Planung!

Raumheizsysteme

Doch schon bei der Wahl des Energieträgers wird der künftige Primärenergieverbrauch entscheidend mitbeeinflußt. Sechs verschiedene Systemvarianten für die Beheizung des Niedrigenergie-Reihenhauses werden im folgenden exemplarisch gegenübergestellt. Der auf den Formeln von Infobox 8-5 beruhende Berechnungsgang wird detailliert im Anhang wiedergegeben. Tab. 8-1 zeigt zusammenfassend die Ergebnisse der Bilanzierung sowie die Systemkenngrößen, Abb. 8-10 veranschaulicht die Bedarfswerte auf den drei Stufen Nutz-, End- und Primärenergie.

Alle Heizsysteme müssen den gleichen Jahresbedarf an Heizwärme von 55 kWh/(m²a) decken. Den geringsten Endenergieeinsatz weist die Elektro-Wärmepumpe auf: Unter den zugrundegelegten Randbedingungen benötigt sie nur 25,6 kWh/(m²a). Allerdings gehen bei der Erzeugung des hochwertigen Energieträgers Strom etwa zwei Drittel der eingesetzten Primärenergie als Abwärme verloren. Entsprechend liegt der Primärenergiebedarf bei 81,7 kWh/(m²a).

Aus ökologischer Sicht ist ein Vergleich verschiedener Systeme allein auf der Stufe der Primärenergie sinnvoll. Mit einem Primärenergie-Kennwert von 45,3 kWh/(m²a) stellt sich die Versorgungsvariante „Nahwärmenetz mit BHKW" am besten dar. Der gleichzeitig mit der Wärme produzierte Strom verursacht zwar vor Ort einen leicht erhöhten Brennstoffeinsatz. Im deutschen Kraftwerkspark wäre die Erzeugung der gleichen Menge Strom jedoch mit einem wesentlich höheren Primärenergieeinsatz verbunden. Die in den konventionellen Kraftwerken erzielte Primärenergieeinsparung wird gemäß [GEMIS] als „Stromgutschrift" von dem Primärenergieeinsatz des BHKWs abgezogen.

Auch in bezug auf das Treibhauspotential stellt sich die BHKW-Nutzung als besonders günstig dar. Da nach [GEMIS] durch den BHKW-Betrieb vorwiegend mit Steinkohle betriebene Mittellast-Kraftwerke ersetzt werden, ist die Einsparung von Kohlendioxid-Äquivalenten höher als die beim Betrieb des Erdgas-BHKW insgesamt entstehenden Emissionen. Dies führt – unter den gegebenen Voraussetzungen – zu negativen Emissionswerten.*)

Ist der Anschluß an ein Nah- oder Fernwärmenetz nicht möglich, stellt der Einsatz des Energieträgers Erdgas in ei-

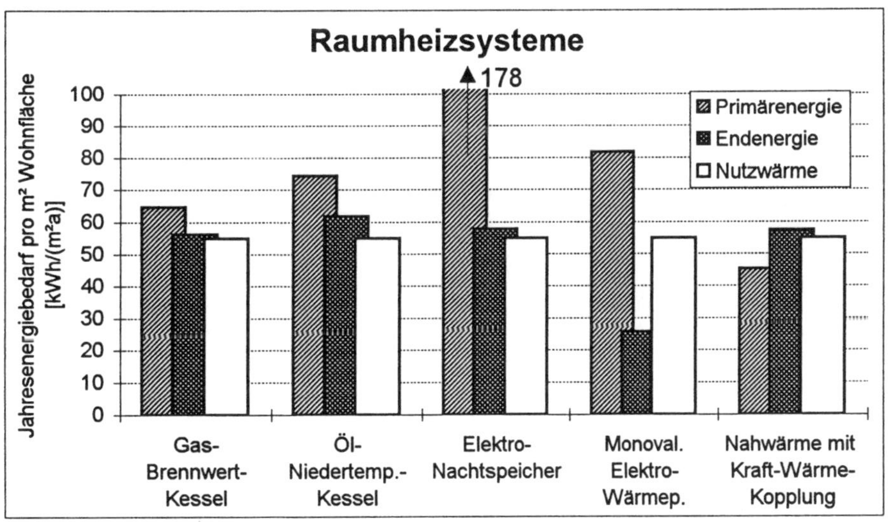

Abb. 8-10: End- und Primärenergieaufwand verschiedener Raumheizsysteme

*) Diese Betrachtungsweise gilt jedoch nur für den Vergleich von Heizsystemen. Aus Sicht der Stromversorger stehen BHKWs in Konkurrenz zu modernen Erdgas-GuD-Kraftwerken – negative Emissionswerte sind damit nicht möglich.

Tab. 8-2: Exemplarischer Vergleich der Primärenergiebilanz von unterschiedlichen Systemen zur Warmwasserbereitung

Warmwasserbereitung für NEH-Reihenhaus mit Gas-Zentralheizung (A_{EB} = 156 m^2)	*Jährl. Energiebedarf für Warmwasser pro m^2 Wohnfläche [kWh/m^2a]*				*Nutzungsgrad*					*Emissionen*
		Endenergie			*vorgelagerte Prozeßkette*		*Heizungsanlage*			
System	*Primärenergie*	*Wärmeerzeugung*	*Strom Hilfsgeräte Heizg/Lüftg.*	*Nutzenergie*	*Wärmeerzeugung*	*Strom Hilfsgeräte Heizg/Lüftg.*	*Wärmeerzeugung*	*Wärmeverteilung/-speichg.*	*Gesamt (Primärenergie-Heizzahl)*	*CO_2-Äquivalent [kg/m^2a]*
ganzjähriger Kombibetrieb Gas-Brennwert-Kessel[1]	*19,9*	*18,4*	*0,0*		*0,93*		*0,97*	*0,87*	*0,78*	*4,5*
Gas-Durchlauferhitzer mit elektron. Zündung	*20,0*	*18,5*	*0,0*		*0,93*		*0,84*	*1,00*	*0,78*	*4,5*
Elektro-Durchlauferhitzer	*50,3*	*15,7*	*0,0*	*15,6*	*0,31*	*0,31*	*0,99*	*1,00*	*0,31*	*10,5*
Solaranlage 6 m^2 Flachkoll., 67 % Deckungsgrad mit Elektroheizstab[1]	*21,8*	*6,5*	*0,3*		*0,31*		*1,00*	*0,78*	*0,71*	*4,5*
Solaranlage 6 m^2 Flachkoll., 67 % Deckungsgrad m. Nachheizung über Kessel[1]	*8,1*	*6,7*	*0,3*		*0,93*		*0,97*	*0,78*	*1,92*	*1,8*

1) zentrale Warmwasserbereitung ohne Zirkulation

nem Brennwertkessel die sinnvollste Lösung dar. Völlig inakzeptabel hinsichtlich Primärenergiebedarf und Emissionen sind Elektro-Direktheizungen.

Systeme zur Warmwasserbereitung

Auch für die Warmwasserbereitung kann die Frage nach dem geeigneten Energieträger durch Ermittlung der Primärenergie-Heizzahlen beantwortet werden. Ist der Anschluß an ein Heizkraftwerk möglich, stellt dieses sicherlich - analog der Betrachtung der Raumheizsysteme – auch die effizienteste Form der Warmwasserbereitung dar.

Ist für die Raumheizung eine Gas-Zentralheizung mit einem Brennwertkessel vorgesehen, ergibt sich für mögliche Alternativen der Warmwasserbereitung folgendes Bild (Tab. 8-2/Abb. 8-11):

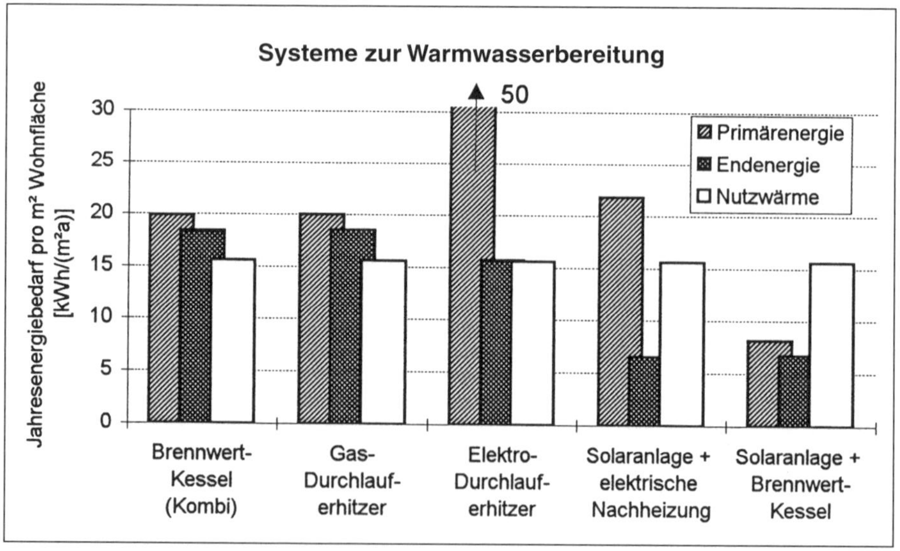

Abb. 8-11: End- und Primärenergieaufwand verschiedener Systeme zur Warmwasserbereitung

Die – in bezug auf Primärenergieverbrauch und Treibhausgas-Emissionen – bei weitem beste Variante stellt die Solaranlage mit Nachheizung über den Heizkessel dar. Der Primärenergieeinsatz liegt nur bei etwa der Hälfte des Nutzenergiebedarfs. Wird dagegen mit Strom nachgeheizt (Heizstab im Solarspeicher), ist die Umweltbilanz nicht besser als bei der Warmwasserbereitung mit Heizkessel. Der mit der Solaranlage erwirtschaftete ökologische Vorteil wird durch die elektrische Nachheizung also wieder zunichte gemacht.

Aus energetischer Sicht stellt ein Gas-Durchlauferhitzer eine Alternative zur zentralen Brauchwasserbereitung mit Kessel und Speicher dar – die Primärenergie-Heizzahlen liegen jeweils bei 0,78. Zwar ist der Wirkungsgrad der Wärmeerzeugung geringer, andererseits entfallen die Bereitschaftsverluste des Speichers (was sich insbesondere bei geringem Bedarf günstig auswirkt). Ein Elektro-Durchlauferhitzer erreicht die Effizienz einer modernen Zentralheizung bei weitem nicht: Nur 31 % der eingesetzten Primärenergie gibt er als Nutzwärme ab.

Ist der Warmwasserbedarf kleiner, sinkt bei einer Anlage mit Speicher die Effizienz, da ja ständige Bereitschaftsverluste entstehen. Aber erst unterhalb eines täglichen Bedarfs von 10 Litern unterschreitet die Primärenergie-Heizzahl des hier betrachteten zentralen Systems den Wert der dezentralen elektrischen Warmwasserbereitung (Abb. 8-12). Dies gilt jedoch nur bei einem im Zuge der Planung optimierten System: Wird statt des Brennwertgerätes ein gewöhnlicher Niedertemperatur-Kessel, statt eines Speichers mit 10 cm Dämmung einer mit 6 cm verwendet und wird darüber hinaus eine Zirkulationsrückleitung von 12 m Länge installiert, ergeben sich deutlich niedrigere Nutzungsgrade (Beispiel für „ineffizientes Heizungssystem" aus Abschnitt 8.4) – schon unterhalb eines Verbrauchs von 50 Litern pro Tag (sparsamer Zwei-Personen-Haushalt) ist die Primärenergie-Heizzahl kleiner als 0,3!

8.7 Zukünftige Entwicklungen

Zwar befindet sich die Qualität von Einzelkomponenten der Heizungstechnik heute bereits auf einem vergleichsweise hohen Niveau, die in der Praxis installierten Systeme sind oft jedoch noch weit von optimalen Lösungen entfernt. In der Regel fehlt bei Planern und Heizungsbauern die Motivation für eine energetische Optimierung, da sie aus einer gelungenen Lösung selbst keinen Nutzen ziehen. Bauherren sind andererseits kaum bereit, den planerischen Mehraufwand angemessen zu honorieren. Zum Teil erhebliche Energiesparpotentiale können durch Vereinfachung der Systeme und bessere Abstimmung der verbleibenden Komponenten, durch intelligentere ("selbst-adaptierende") Regelungskonzepte, durch Einsatz kompletter, werkseitig gedämmter Installationselemente, durch Reduktion des Hilfsenergieverbrauchs sowie durch Effizienzüberwachung im Zuge der Wartung erschlossen werden.

Die Hersteller sind gefordert, die Entwicklung von kompakten Geräten voranzutreiben, die die Funktionen Wärmeerzeugung und Warmwasserberei-

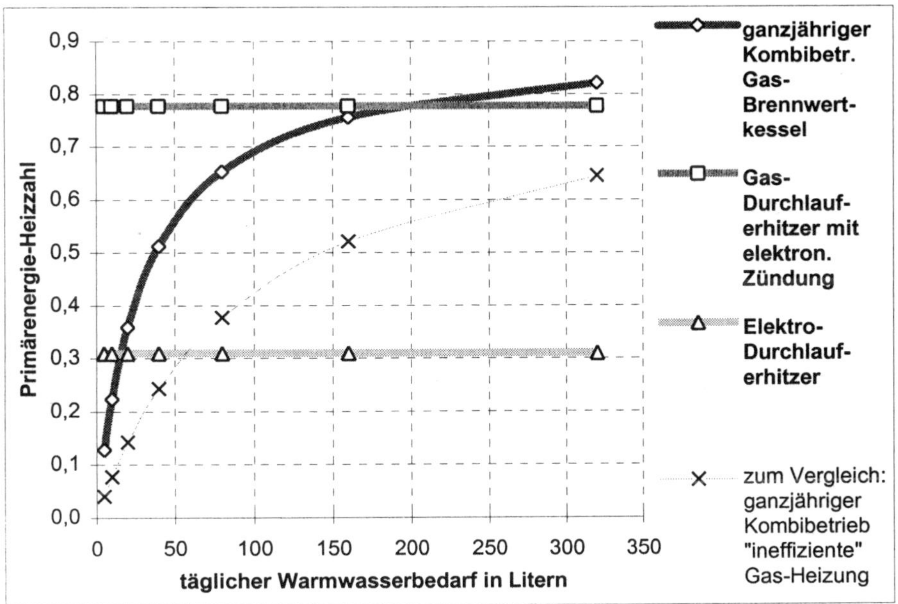

Abb. 8-12: Primärenergie-Heizzahlen bei Variation des Warmwasserbedarfs (Definition der Systeme 1 bis 3 entsprechend Tab. 8-2, Definition „ineffiziente Gas-Heizung" entsprechend Infobox 8-2, bei Zentralheizung: zusätzliche Berücksichtigung der Verluste eines täglichen Aufheizvorgangs für den Kessel im Sommer)

tung integrieren und gegenüber der heute gebräuchlichen Kombination aus Kessel und separatem Speicher eine deutliche Reduktion von Wärmeverlust und Hilfsstromverbrauch ermöglichen. Verschiedene Ansätze sind denkbar:

- (Brennwert-)Kessel mit integriertem Wärmetauscher für Warmwasserbereitung; die Kesseltemperatur wird stets mindestens auf Warmwassertemperatur gehalten; durch eine verbesserte Kesseldämmung werden die gegenüber der gleitenden Kesseltemperatur erhöhten Verluste kompensiert.
- (Brennwert-)Therme mit modulierendem Brenner und drehzahlgeregelter Pumpe (ohne feste Mindestumlaufwassermenge) und integriertem Wärmetauscher für die Warmwasserbereitung; eine gute Wärmedämmung reduziert auch hier die Oberflächenverluste im Heizbetrieb.

Die in der Praxis anzutreffenden Nutzungsgrade von Wärmeerzeugern liegen vielfach deutlich niedriger als die im Labor gemessenen. Ursache sind die ungünstigeren Betriebsbedingungen, insbesondere die meist zu hohen Temperaturen im Rücklauf. Eine Verringerung der Kessel- bzw. Rücklauftemperaturen kann erreicht werden durch:

- eine Rohrnetzberechnung im Zuge der Planung, einen hydraulischen Abgleich einzelner Stränge sowie der Ventilvoreinstellungen; der Bauherr sollte auf Durchführung und Nachweis (Protokoll) bestehen;
- Minimierung der Anzahl von Heizkörpern bzw. Thermostatventilen (pro Raum ein Thermostatventil!);
- angepaßtes Nutzerverhalten; die Bewohner sollten eine Information zur richtigen Bedienung der Regelelemente erhalten.
- Einbau von Rücklauftemperaturbegrenzern (optimal wäre Begrenzung an jedem Heizkörper);
- sorgfältige Anpassung der Heizkurve in den unterschiedlichen Betriebspunkten;
- Entwicklung neuartiger Regelungskonzepte (automatische Anpassung der Heizkurve, lastabhängige Vorlauftemperatur-Regelung etc.).

Die Wartung von Heizungssystemen sollte außer der Überprüfung der technischen Funktion auch die der Anlageneffizienz umfassen (Einstellung Heizkurve, Warmwasser-Solltemperatur, Nachtabsenkung/-abschaltung, Leistungsstufe Umwälzpumpe). Vorteilhaft ist ein Kennblatt, in dem die jeweils eingestellten Werte und das Datum der Änderung festgehalten werden.

Sinnvoll wären darüber hinaus gut zugängliche Kontrollanzeigen, die dem Nutzer den momentanen Betriebszustand transparent machen und Aufschluß über die Anlageneffizienz bestimmter Zeiträume (momentan, Tag, Monat, Jahr) geben.

9. Was sonst noch Einfluß hat ...

Die entscheidenden Merkmale von Niedrigenergiehäusern sind in der Infobox 1–1 dargestellt und in den Kapiteln 2 bis 8 dieses Buches behandelt worden. Werden diese Empfehlungen beachtet und „verhalten" sich die Nutzer im durchschnittlichen Rahmen (vgl. Kapitel 12), so sind die Energiekennwerte des Niedrigenergiehauses sicher zu erreichen. Es gibt jedoch eine ganze Reihe von weiteren Einflußgrößen, die darüber hinaus wirksam werden können. In diesem Kapitel sollen solche weiteren Einflüsse, die sehr oft in der Literatur diskutiert werden, kurz zusammengestellt und kommentiert werden.

9.1 Farbe und Emissionsvermögen der Außenoberflächen

Bereits im Kapitel 3.3 war der Einfluß der solaren Einstrahlung auf die Außenoberfläche von opaken Bauteilen diskutiert worden. Es stellte sich heraus, daß dieser Einfluß vom k-Wert des Bauteils unabhängig ist und durch einen Reduktionsfaktor zur Strahlungsenergiebilanz beschrieben werden kann.

Neben der Solarabsorption spielt auch die langwellige Abstrahlung von der Oberfläche eine wichtige Rolle: Wärme wird in den (kalten) Himmel abgestrahlt (die langwellige Strahlung wird auch „Temperaturstrahlung" genannt). Dadurch kühlen Oberflächen oft bis deutlich unter die Außenlufttemperatur ab, was durch Tauwasser- oder Reifbildung erkennbar wird.

Bei normalen Wandfarben heben sich der Solargewinneffekt und die langwellige Abstrahlung gerade etwa auf [Feist 1996a]. Mit heute verfügbaren Beschichtungen ist es jedoch möglich, den Absorptionsgrad für die Sonnenenergie zu erhöhen (z. B. auf 80 %) und die Emissivität der langwelligen Abstrahlung zu verringern (z. B. 50 %), damit ließe sich der Wärmeverlust um 15 bis 22 % verringern. Ein durchaus interessanter Effekt, sofern dieser Neuanstrich nicht wesentlich teurer wird als eine normale Farbe und seine Eigenschaften Bestand haben. Beachten muß man jedoch, daß sich möglicherweise der Wärmeeintrag auch im Sommer erhöht und daß verstärkt thermische Spannungen im Putz auftreten können.

9.2 Wärmeschutz durch Begrünung?

Gerade von umweltbewußten Bauherren und Architekten wird häufig die Dach- oder Wandbegrünung als wirksame Energiesparmaßnahme, manchmal sogar als „biologische Alternative" zur Wärmedämmung dargestellt. Hier gilt es aufzupassen: Ist das Grün nämlich erst einmal gewachsen, so wird ein wirksamer außenliegender Wärmeschutz nachträglich kaum mehr angebracht. Grundsätzlich bestehen keine Einwände gegen Wand- oder Dachbegrünung: beide haben positiv zu bewertende ökologische Wirkungen: Die **Begrünung dient jedoch nicht der**

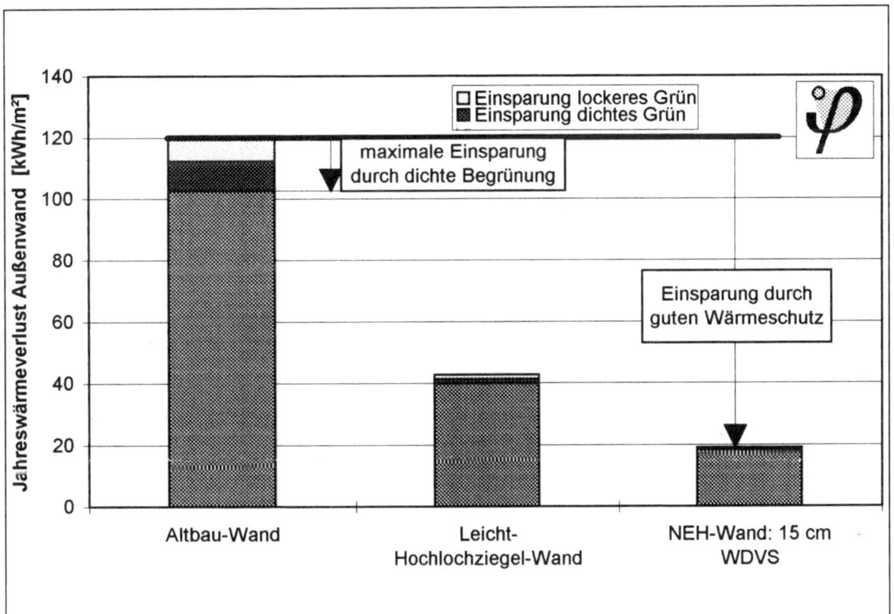

Abb. 9-1: Vergleich der Energieeinsparung durch Außenwandbegrünung und durch sehr gute Wärmedämmung

Energieeinsparung. Die Reihenfolge von wirklich energiesparenden und umweltbewußten Lösungen muß daher sein: *als erstes gut wärmedämmen – danach erst begrünen.*

Abb. 9-1 veranschaulicht die Verhältnisse: Durch eine Begrünung der Außenwand kann der äußere Wärmeübergang (Temperaturstrahlung und Konvektion) erschwert werden. Dadurch reduziert sich der Wärmeverlust der Wand aber nur geringfügig, weil der weit größere Wärmedurchgangswiderstand durch die Konstruktion gegeben ist. Die bedeutendste Einsparung ist bei einer ursprünglich sehr schlecht gedämmten Wand (k-Wert 1,4 W/(m^2K)) möglich, bis zu 15 % bei dichtem, dickem Grün. Durch einen vernünftigen Wärmeschutz der Wand (Dämmstoffstärke 15 cm wie beim Niedrigenergiehaus) lassen sich demgegenüber aber 84 % Einsparung erreichen. Eine zusätzliche Begrünung dieser, nach NEH-Standard gedämmten Wand, führt dann nur noch zu einer zusätzlichen Einsparung von ca. 4 %.

9.3 Farbe und Emissionsvermögen der Innenoberflächen

Auf den Innenoberflächen wird die Solarenergieeinstrahlung teilweise absorbiert, teilweise reflektiert. Nach mehrfacher Reflexion wird die Strahlung letztendlich absorbiert – bis auf einen gewissen Anteil, der durch die Fenster als Licht zurück nach außen gestrahlt wird. Wie hoch dieser Rückreflexionsanteil ist, hängt von folgenden Umständen ab:

- von der Größe der Fensterflächen
- von der Lage der Fenster zueinander (z. B. durchs Südfenster „rein" und über Eck durchs Ostfenster „raus").
- vom Absorptionsgrad der Innenoberflächen im Raum für die solare Einstrahlung (Farbe der Oberflächen).

Eine detaillierte Modellanalyse hat gezeigt, daß von den genannten Punkten die Farbauswahl der Oberflächen einen nur geringen Einfluß von unter 4 % auf den Jahresheizwärmebedarf hat, solange die Fensterflächen nicht sehr groß werden [Adamson/Eftring 1979]. Am bedeutendsten wirkt sich noch die Farbe der Bodenflächen aus. Bezüglich der Solarenergie-Absorption sind „dunkle" Farben mit hoher Absorption vorteilhaft. Für eine optimale Tageslichtnutzung und geringen Lichtstromverbrauch wären aber helle Farben günstiger. Die obengenannte Studie zeigt, daß solange die Fenster nicht sehr groß (> 50 %) werden, der Kompromiß stark zugunsten der für die Tageslichtnutzung günstigen hellen Farben neigt. Geringe Einbußen bei der passiven Solarenergienutzung müssen dann hingenommen werden.

Beschichtungen, die Temperaturstrahlung reflektieren, können einen Beitrag zur Heizwärmeeinsparung und gleichzeitig zur Verbesserung der thermischen Behaglichkeit im Raum leisten. Derzeit gibt es Bestrebungen, solche niedrig emittierenden Beschichtungen für die Anwendung wie eine gewöhnliche Wandfarbe anzubieten. Ihre besondere Eigenschaft ist, daß sie die Temperaturstrahlung im Raum reflektieren. Dadurch wird ein wesentlicher Teil des Wärmetransports im Raum geändert: Die warmen Oberflächen von Innenwänden und von Heizflächen strahlen in Räumen mit normalen Wandfarben einen bedeutenden Teil ihrer Wärmeenergie in Form von Temperaturstrahlung an die (in der Regel kälteren) Oberflächen von Außenbauteilen ab. Dieser Wärmetransport durch Temperaturausstrahlung ist im Raum sogar weit bedeutender als der Wärmetransport durch Konvektion (Luftbewegung).

Werden die Innenoberflächen von Außenbauteilen mit niedrig emittierenden Beschichtungen gestrichen, so wird die Wärmestrahlung von Innenbauteilen und Heizflächen an den beschichteten Oberflächen nun in höherem Maße reflektiert – anstelle der kalten Hüllflächenoberfläche „spürt" der Bewohner nun die reflektierte Strahlung der wärmeren Oberflächen der Innenbauteile. Dadurch steigt die thermische Behaglichkeit im Raum.

Beide Effekte – der reduzierte Wärmetransport zu den Außenflächen und die Verbesserung der Behaglichkeit – lassen sich sowohl messen, als auch mit Hilfe thermischer Simulationsmodelle berechnen. Eine Berechnung der Auswirkungen von niedrig emittierenden Beschichtungen kann allerdings nur mit einem Computermodell durchgeführt werden, welches die physikalischen Vorgänge des Wärmetransportes im Raum richtig widerspiegelt: Vereinfachte Modelle, wie sie heute immer noch in großem Umfang in Gebrauch sind, nach denen zwischen dem Wärmetransport durch Konvektion und jenem durch Temperaturstrahlung nicht unterschieden wird, sind für diese Aufgaben ungeeignet.

In einer Studie des Instituts Wohnen und Umwelt wurde festgestellt, daß sich durch die Beschichtung aller streichfähigen Innenoberflächen mit einer Farbe mit langwelligem Emissionsvermögen unter 50 % in einem typischen Altbau eine Heizwärmeeinsparung von etwa 8 % erzielen läßt [Feist 1996b]. Dies ist durchaus ein nennenswerter Beitrag zur Energieeinsparung und zum Schutz der Erdatmosphäre. Bemerkenswert ist, daß diese Einsparung allein durch eine entsprechende Auswahl der Beschichtung bei einem ohnehin fälligen Neuanstrich erschlossen werden kann – eine evtl. erhöhte Tauwassergefahr muß jedoch zuvor im Einzelfall geklärt werden. Bei Niedrigenergiehäusern ist der mit niedrig emittierenden Beschichtungen erreichbare zusätzliche Energiespareffekt geringer, er liegt nur noch bei etwa 4 % des Verbrauchs.

9.4 Einfluß der Speichermasse

Für den Verbrauch an Heizenergie eines Wohngebäudes bei normaler Nutzung ist in erster Linie der Wärmeschutz der Außenhülle und der Luftaustausch verantwortlich. In zweiter Linie spielt auch die direkte und indirekte Sonneneinstrahlung durch die Fenster eine gewisse Rolle als passiv solare Gratiswärme. Erst an dritter Stelle ergibt sich ein geringfügiger Energiegewinn durch die Einstrahlung auf Außenwandoberflächen, ein meist vernachlässigbarer Effekt. Dieser kann nur durch das Anbringen von transluzentem (lichtdurchlässigem) Dämmaterial erheblich verstärkt werden. Der Einfluß der Wärmespeicherfähigkeit der Außenwände ist sehr gering (weniger als 0,5 %) und führt infolge der dann schlechter wirksamen Nachtabsenkung bei mäßig wärmegedämmten Gebäuden sogar zu einem Mehrverbrauch an Heizenergie! Diese Tatsachen wurden in [Feist 1985a] genauer erläutert (s. auch Kap. 3.3).

Wesentlicher ist die *gesamte Masse im Innern* des Gebäudes – die Innenbauteile (Decken, Innenwände, Wohnungstrennwände aber auch Möbel) tragen insgesamt weit mehr zur Gesamtspeicherkapazität bei als die wenigen Elemente der Außenhülle.

Energiespeicherung hat zunächst nichts mit Energieeinsparung zu tun. Speicher sind allein in der Lage, Energie von einem Zeitpunkt zum anderen zu verlagern. Die zu speichernde Energie muß aber stets zunächst aufgebracht und in den Speicher geladen werden, bevor sie zu einem späteren Zeitpunkt wieder entnommen werden kann. Speicher dienen somit ausschließlich der zeitlichen Verschiebung der Energieströme. Speicher können dann tatsächlich Aufgaben bei der Energieeinsparung übernehmen, wenn sie sonst nicht nutzbare Energieangebote zeitlich richtig verschieben (z. B. von einem Sonnenkollektor erwärmtes Wasser von einem Nachmittag für die morgendliche Dusche).

Speichereffekte können den Energieverbrauch aber auch steigern. Bei der Erwärmung von Wasser in einem Topf auf der Kochplatte wird Wärmeenergie sowohl in der Kochplatte als auch im Topf gespeichert. Diese Wärmemenge ist für das eigentlich gewünschte Warmwasser nicht verfügbar, muß aber trotzdem aufgebracht werden. Eine geringere Wärmespeicherfähigkeit von Kochplatte und Topf würde hier zur Energieeinsparung führen. Auch die zeitliche Verschiebung, die durch die Speicherung erfolgt, ist in diesem Fall unerwünscht.

Im Fall der inneren Masse eines Gebäudes treten sowohl verbrauchsmindernde als auch verbrauchssteigernde Speicherwirkungen auf. Höhere innere Massen können den nutzbaren Anteil der eingestrahlten Sonnenenergie erhöhen, indem sie die Überheizung am Tag dämpfen und die Energie am Abend und in der Nacht verfügbar machen.

Wird im Gebäude auch eine Nachtabsenkung oder -abschaltung der Heizung betrieben (dies spart Heizenergie), so bewirkt eine hohe Gebäudemasse, daß trotz Nachtabsenkung die Temperaturen in der Nacht hoch und damit auch die Wärmeverluste hoch bleiben. Durch die Nachtabsenkung wird dann nicht soviel Energie eingespart wie bei einem leichten Gebäude. Welcher der beiden genannten Effekte im konkreten Fall überwiegt, hängt von vielen Rahmenbedingungen ab und muß im Einzelfall ermittelt werden.

- Wird z. B. in einem Altbau mit normalen Fensterflächen und üblicher Nachtabsenkung (acht Stunden, max. bis 15 °C) die innere Masse erhöht, so wird der Jahresheizwärmeverbrauch steigen. In diesem Fall ist nämlich die Ausnutzung des von der Sonne eingestrahlten Wärmeangebots während der Heizzeit ohnehin sehr hoch und kann durch größere Speichermassen kaum verbessert werden. Hingegen kühlt das Gebäude bei geringen inneren Massen in der Nacht noch deutlich aus, so daß eine Nachtabsenkung bis zu 10 % Energie einsparen kann. Eine höhere Speichermasse verringert die Energieeinsparung durch Nachtabsenkung.

- Anders sind die Verhältnisse bei einem Niedrigenergiehaus mit hohem Südfensterflächenanteil. Durch die sehr geringen Wärmeverluste sinkt die Temperatur auch bei Nachtabschaltung selbst bei geringstmöglicher innerer Speichermasse nur wenig ab. Die Energieeinsparung durch Nachtabsenkung ist hier ohnehin gering. Eine Vergrößerung der Speichermasse kann daher in diesem Fall auch die Energieeinsparung durch Nachtabsenkung nicht merklich verringern. Hingegen ist beim geringen Wärmebedarf des Niedrigenergiehauses die optimale Nutzung der von der Sonne eingestrahlten Wärmegewinne schwieriger. Bei geringen inneren Speichermassen tritt leicht eine kurzzeitige Überheizung ein, die zum Weglüften der Gratisenergie verleitet. Größere Speichermassen führen dann zu einer gewissen Energieeinsparung, die allerdings nur im Bereich von maximal 5 % liegt.

Beim mitteleuropäischen Klima ist der Einfluß der Speichermasse auf den Heizenergieverbrauch im Ganzen gesehen relativ gering [Hauser 1983] [Feist 1993]. Allerdings hat die Gebäudespeichermasse Einflüsse auf andere Größen, die es zu beachten gilt:

- In sommerlichen Hitzeperioden erwärmen sich Gebäude mit geringeren inneren Massen rascher als solche mit hohen Massen und die tägliche Temperaturschwankung ist höher. Dies ist i. a. für den Nutzer ungünstig. Das Sommerverhalten spricht damit für höhere innere Massen.
- Auch in der Übergangszeit und im Winter dämpft eine hohe innere Wärmespeicherfähigkeit Temperaturschwankungen deutlich. Dies führt zwar nicht direkt zu Energieeinsparungen, kann aber den thermischen Komfort verbessern und die Regelungsansprüche an die Heizanlage erleichtern.
- Sehr hohe innere Speichermassen können aber im Extremfall während sommerlicher Hitzeperioden auch zu kühl empfundenen Raumtemperaturen führen, weil das Gebäude u. U. einige Tage bei 21 bis 23° C Innentemperatur bei Außentemperaturen über 30° C verharrt. Die Temperatur dann durch Lüften anheben zu wollen, ist problematisch, weil mit der warmen Außenluft dann Feuchtigkeit ins Gebäude gelangt, welche an den kalten inneren Massen kondensieren kann.

Die ersten beiden Punkte sprechen für möglichst hohe innere Gebäudemassen, der letzte Punkt jedoch für eine gewisse Mäßigung. Wichtiger als die Gebäudemasse sind allerdings für das sommerliche Innenklima die Verschattung der Solarstrahlung und die Möglichkeit zur Nachtlüftung.

Gebäudemasse und Wärmedämmung wirken im Sommerfall in die gleiche Richtung, weil sie die „Aufheizzeitkonstante" verringern, vergleichbar mit der Dauer des Kühlhaltevermögens einer Kühltasche, welche durch mehr Speicher („Kühlakkus"), aber auch durch bessere Dämmung verlängert werden kann.

Bei den im Baubereich üblichen und realisierbaren Gebäudemassen kann die Energiespeicherung in der Baustruktur *bestenfalls ein paar Tage* wirksam überbrücken. Eine Wochenspeicherung (Überbrückung einer Schlechtwetterperiode) oder gar eine saisonale Speicherung (vom Sommer in den Winter) ist mit noch so massiver Bauweise nicht zu erreichen. Wird eine solche Speicherung angestrebt, so müssen dafür gesonderte Energiespeicher (z. B. Warmwasserspeicher, Erdreichwärmespeicher, Latentwärme- oder chemische Wärmespeicher) vorgesehen werden.

Für den Ausgleich täglicher Temperaturschwankungen sind die dem Innenraum zugeordneten Speichermassen entscheidend. Es sind dies die an der Innenoberfläche der raumumschließenden Hülle liegenden Flächen und evtl. Einbauten (auch Möbel) im Raum. Aus dynamischen Gründen des Eindringens von Temperaturwellen sind bei herkömmlichen schweren Baumaterialien (z. B. Ziegel, Naturstein, Kalksandstein, Beton) nur etwa die ersten raumseitig gelegenen 5 cm für den Speicher wirklich wirksam. Dicke massive Speicher führen für den täglichen Ausgleich kaum zu einer Verbesserung.

9.5 Zonierung

In der Literatur wird die Bedeutung einer thermischen Zonierung für das energiesparende Bauen immer wieder sehr betont: „Warm" zu haltende Räume (Wohnzimmer, Spielzimmer, Küche) sollen dabei möglichst im Kern des Hauses oder auf der besonnten Südseite, untergeordnete, eher „kühle" Räume darum herum und eher auf der Nordseite angeordnet werden. Nur der „Kernbereich" soll dann richtig beheizt, die „Pufferräume" (Geräteschuppen; Wäschetrockenraum; Lagerraum) evtl. nur temperiert werden. Auf diesem Weg, so die Vorstellung, wirken die untergeordneten Pufferräume als Schutzzonen um den eigentlich beheizten Wohnraum.

Wie nicht wenige Architekten und Energiefachleute halten wir es für problematisch, den thermischen Zonierungsgedanken zum *leitenden* architektonischen Planungsprinzip zu erheben (vgl. die unten folgenden Punkte). Wenn sich eine Anordnung von untergeordneten Pufferräumen um den Kern eines Hauses herum aus anderen Notwendigkeiten zwanglos ergibt, so ist dies nicht nachteilhaft – nach den heutigen Erkenntnissen muß eine solche Maßnahme aber nicht unbedingt erzwungen werden.

Der *Einfluß* abgesenkter Zonentemperaturen in einem Wohngebäude wurde in [Feist 1993a] genau untersucht. In einem mäßig gedämmten Haus (Standard gemäß WVO 1984) wären durch extreme Zonierungsmaßnahmen, die allerdings schon an die Grenze des „Unbehaglichen“ gehen, Einsparungen bis immerhin ca. 29 % erreichbar. Der Übergang zu einem rundum besseren Wärmeschutz (Niedrigenergiehaus) spart jedoch auch ohne Zonierung mehr als 50 % Heizwärme ein; offensichtlich kann die Zonierung eine gute Wärmedämmung nicht ersetzen. Dennoch mag das Einsparpotential der Zonierung manchen Planer durchaus Anregungen für die Grundrißplanung geben. Damit dieser Schuß nicht nach hinten losgeht, ist einiges zu bedenken:

- Ob sich die Bewohner (das können schon mittelfristig andere Nutzer als die Bauherren sein) eines Hauses an die geplante Zonierung und die vorgesehenen Temperaturabsenkungen halten werden, kann als keinesfalls sicher gelten (z. B. wachsende Familien).
- Wenn man es jedoch wegen der „Zonierung“ nicht für nötig hält, ein klares Konzept einer rundumlaufenden thermisch gedämmten Gebäudehülle (des beheizten Volumens) einzuhalten, stellt sich wegen meist bedeutender Wärmebrückeneffekte schnell ein deutlich höherer Verbrauch ein (z. B. wenn Wände und Decken der „Pufferräume“ die Dämmhülle des Kernbereichs durchstoßen).
- Im gut gedämmten Haus wird der Einfluß der Zonierung deutlich geringer: Nur 10 bis 15 % des nun ohnehin sehr kleinen Heizwärmebedarfs kann im extremsten Fall noch durch Absenken von Solltemperaturen erreicht werden. Das kann man sich leicht klarmachen, wenn man das Wirkungsprinzip der Temperaturzonen bedenkt: Wärmetechnisch betrachtet wirkt eine vorgelagerte Zone mit abgesenkter Temperatur (im Extremfall: ohne Heizung) wie ein zusätzlicher Wärmeschutz vor der Kernzone. Die „Dämmwirkung“ ist aber im Vergleich zu einem wirklich gut gedämmten Hüllflächenbauteil nur gering.

Ob sich das Raumprogramm einer Wohnung wirklich sehr stark an thermischen Prinzipien orientieren soll, wird auch von der Wohnforschung meist verneint. Gefragt sind vor allem für die Nutzung optimale und an veränderliche Bedingungen anpassungsfähige Grundrisse. Stehen diese (nichtenergetischen!) Anforderungen bei der Planung im Mittelpunkt, so läßt sich eine höhere Nutzerzufriedenheit und ein kostengünstigeres Haus erreichen. Da, wo sich Nutzungswünsche und thermische Zonierungsmöglichkeiten zwanglos treffen, spricht natürlich nichts gegen eine Ausnutzung dieser Möglichkeit.

Wenn schon Energiespar-Gesichtspunkte bei der Grundrißgestaltung berücksichtigt werden sollen, dann spricht vieles eher für eine funktionale Zonierung: Nicht unbedeutende Wärmeverluste spart man ein, wenn es gelingt, Räume mit Wasser- und Abwasserinstallationen in relativer Nähe zueinander anzuordnen: Es werden Wärmeverluste und Installationskosten für Warm- und Kaltwasserleitungen, für Abwasser und auch für die Abluft gespart. Auch für den Nutzungskomfort ergeben sich dadurch Vorteile.

9.6 Windschutz

Der Einfluß des Windes auf den Heizwärmeverbrauch ist viel beschrieben worden und städtebauliche und grünplanerische Empfehlungen für den Windschutz nehmen breiten Raum bei vielen Architekturleitfäden zum energiesparenden Bauen ein.

Bei Niedrigenergiehäusern, die die wesentlichen Detailempfehlungen dieses Buches beachten, spielt der Windeinfluß so gut wie keine Rolle mehr: Städtebau und Grünplanung gewinnen so an Freiheit und können sich an anderen Zielsetzungen (Verschattungsfreiheit, Lebensräume) orientieren.

- Niedrigenergiehäuser müssen aus vielen Gründen mit einer gut luftdichtenden Hülle gebaut werden (Kap. 5.1). Zusammen mit einer gut geplanten Lüftungsanlage ist der Windeinfluß auf die Lüftungswärmeverluste dann vernachlässigbar gering (Kap. 7).
- Der erhöhte konvektive Wärmeübergang an Außenoberflächen bei Windbelastung führt nicht zu einer Erhöhung, sondern zu einer geringfügigen Verringerung der Wärmeverluste (vgl. Kap. 9.1): Die Oberflächen strahlen Wärme nämlich vor allem als Temperaturstrahlung gegen den kalten Nachthimmel ab und kühlen sich dabei oft unter die Umgebungslufttemperatur ab. Stärkere Konvektion führt dann sogar zu einer Erwärmung der Oberflächen.

9.7 Topographische Lage – Mikroklima und Makroklima

Bedingt durch kälteres Klima haben Häuser in Hammerfest oder auf der Zugspitze höhere Wärmeverbräuche als solche im Rheinland. Von Extremstandorten abgesehen, zeigt eine umfassende Vergleichsstudie jedoch, daß im mitteleuropäischen Klima für die überwiegende Zahl der Standorte die Verbrauchsunterschiede nur im Bereich von ± 10 % liegen [Feist 1994a]. Auch die Einflüsse unterschiedlicher Baustandards auf den

Heizwärmebedarf differieren bei verschiedenen Standorten erstaunlicherweise bei weitem nicht so stark, wie das häufig angenommen wird. Das Niedrigenergiehaus bietet offenbar für ein breites Spektrum von Standorten in Mitteleuropa gutes Raumklima bei geringem Energieverbrauch.

Das Mikroklima wird zusätzlich durch die geographische Höhe, Temperaturausgleich durch Wassermassen, Verschattung durch die Topographie und Nebelhäufigkeit beeinflußt. Wenn lokal eine reduzierte solare Einstrahlung zu befürchten ist, so müßte man bei einem Niedrig-Energie-Konzept versuchen, diesen Einfluß durch noch bessere Wärmedämmung und kleinere Fenster auszugleichen.

Häufig hat der Bauherr, der Architekt, aber auch der Stadtplaner nur geringen Einfluß auf die mikroklimatische Standortwahl. Wenn es einen solchen Einfluß gibt, so wären vor allem eine gut besonnte Lage und die Orientierung der Hauptfassaden nach Süden (± 20°) zur Sonne als wichtige Kriterien zu nennen. Aber auch wenn dies aus topographischen Gründen oder wegen vorrangiger anderer stadtplanerischer Gesichtspunkte im Einzelfall nicht realisierbar ist, ist dies noch lange kein Grund, den Niedrigenergie-Standard nicht erreichen zu können: Ungünstige Lagen müssen gegebenenfalls durch etwas weitergehende Anstrengungen bei den in den Kapiteln 2 bis 8 genannten Prinzipien ausgeglichen werden.

In diesem Sinne macht das Niedrigenergiehaus das Bauen spürbar einfacher, weil es vom Außenklima weit mehr unabhängig ist als ein schlecht gedämmtes Gebäude. Natürlich sollte man andererseits nicht ohne Not auf die Vorteile klimatisch günstiger Standorte verzichten, wenn eine Wahlmöglichkeit besteht.

10. Elektrische Energie im Niedrigenergiehaus

10.1 Die Bedeutung des Stromverbrauchs im Haushalt

Der elektrische Beitrag zum Energieverbrauch

Der Energieverbrauch eines Haushalts setzt sich aus den Verbräuchen zusammen, die von jedem einzelnen unmittelbar beeinflußt werden. Dazu gehören

- die Heizenergie für die Raumheizung
- die Energie für die Warmwasserbereitung
- die elektrische Energie für den Betrieb von Haushaltsgeräten, Beleuchtung, Pumpen, Elektronik und Kleingeräten
- der Transport der Haushaltsmitglieder (Verkehr)

Der Heizenergieverbrauch macht in bestehenden Wohnungen den größten Anteil am Endenergieverbrauch (= Summe der Energieinhalte aller gelieferten Energieträger) aus. Der Stromverbrauch im Haushalt nimmt sich demgegenüber eher bescheiden aus: Im Durchschnitt der alten Bundesländer beträgt der Stromverbrauch eines Durchschnittshaushalts knapp 3600 kWh/Jahr. Rechnet man den darin enthaltenen Anteil für elektrische Heizung und Warmwasserbereitung heraus, so verbleiben 1320 kWh pro Person bzw. 31,6 kWh pro m^2 Wohnfläche und Jahr als Bezugsgröße für die typischen Stromanwendungen im Niedrigenergie-Haus.

Insgesamt macht der Stromverbrauch (einschl. Speicherheizung) nur etwa 18 % der Endenergie aller Haushalte aus. Der damit verbundene Primärenergieeinsatz und die Emissionen sind jedoch wesentlich höher:

Bei der Erzeugung im Kraftwerk gehen fast zwei Drittel der eingesetzten Primärenergie verloren, die dort für unerwünschte Abwärme und zusätzliche Emissionen verantwortlich sind. Allein ein westdeutscher Haushalt mit einem (durchschnittlichen) Jahresverbrauch von 3100 kWh Haushaltsstrom ist für den Ausstoß von 1,3 kg Schwefeldioxid und 2 Tonnen des Treibhausgases Kohlendioxid verantwortlich.

Der ökologische Aufwand ist der Preis dafür, daß elektrischer Strom vielseitig einsetzbar ist: Licht und Kraft können besonders wirkungsvoll mit Strom erzeugt werden, Elektronik läßt sich nur mit Strom betreiben. Strom läßt sich im Prinzip vollständig in jede andere Energieform umwandeln. Darum ist Strom hochwertige Energie. Daran ändert sich auch dann nichts, wenn die bei der Stromerzeugung anfallende Abwärme zum Heizen genutzt wird. Die Kraft-Wärme- Kopplung ist ein wichtiger Beitrag zur Energieeinsparung – mehr Strom kann aus den eingesetzten Brennstoffen auch dann nicht erzeugt werden. Wird Strom nur zur Erzeugung von Wärme verwendet, wird Energiequalität verschwendet. Der direkte Einsatz der Brennstoffe ist hier viel rationeller als der Umweg über den Strom. Dabei ist es vor allem die Verwendung von Strom für Niedertemperaturwärme, die den Stromverbrauch in die Höhe

Infobox 10-1: Energiewertigkeit

Die Wertigkeit (Arbeitsfähigkeit) einer Energieform ist der Anteil, der sich maximal in mechanische Energie unmwandeln läßt, die sogenannte Exergie. Strom ist reine Exergie und läßt sich auch in der Praxis fast verlustfrei in mechanische Energie überführen,

Wärme enthält nur einen Teil Exergie, der um so geringer ist, je geringer das Temperaturniveau über dem der Umgebung liegt. Auch die in den fossilen oder Kernbrennstoffen gespeicherte Energie wird zunächst in Wärme verwandelt und läßt sich nur zum Teil (in neuen Steinkohlekraftwerken bis zu 40 %, in Kernkraftwerken erheblich weniger) in mechanische Arbeit und daraus in Strom verwandeln.

Tabelle 10-1: Kennwerte Stromverbrauch

Stromverbrauch pro Person (kWh/(P·a))		1630
Stromverbrauch pro Haushalt (kWh/a)		3592
Stromkennwerte: Verbrauch bezogen auf Wohnfläche (kWh/(m^2a)	gesamter Haushaltsstromverbrauch	45,6
	– ohne Speicherheizung	37,5
	– ohne Speicherheizung und Warmwasserbereitung	31,6

Quellen: [StatBu-1], [VDEW-1], [Ebel 1989] und Fortschreibungen.
Bezugsjahr 1994, alte Bundesländer, Statistischer Durchschnitts-Haushalt: 2,23 Pers.

treiben kann. Dies gilt auch noch für Gebäude, deren Heizwärmebedarf dem Niedrigenergiehaus-Standard entspricht.

Im Niedrigenergiehaus nimmt die relative Bedeutung des Haushaltsstroms zu, insbesondere, wenn keine Maßnahmen zur Stromeinsparung ergriffen werden. In Tabelle 10–2 sind typische Fälle im Bestand und in einem Niedrigenergiehaus gegenübergestellt. Dabei werden gleiche Energiedienstleistungen unterstellt. Die im Bestand dominierende Heizenergie wird im Niedrigenergiehaus auf etwa 30 % reduziert.

Andererseits kommt zum Haushaltsstromverbrauch im Niedrigenergiehaus der Stromverbrauch für eine im Bestand nicht vorhandene Lüftungsanlage, i. d. R. als Abluftanlage, hinzu. Der Anteil des Haushaltstroms an der gesamten Endenergie beträgt im Bestand 10 %; im Niedrigenergiehaus steigt er auf 26 %. Die zugehörigen Primärenergieanteile sind wesentlich höher: Auch dann, wenn im Niedrigenergiehaus selbstverständlich auf Strom als Energieträger für Heizung und Warmwasser verzichtet wird, machen die normalen Stromanwendungen bereits die Hälfte der insgesamt im Gebäude eingesetzten Primärenergie aus.

Strom als innere Wärmequelle

Ein Teil des Stroms trägt als Abwärme zur Heizung bei und senkt damit den Wärmebedarf (vgl. Abschnitt 6.5). Ein geringerer Heizenergieverbrauch läßt sich durch überhöhten Stromverbrauch leichter realisieren. Dies kann jedoch nicht das Ziel sein: weil der Stromverbrauch mit besonders hohen Umweltauswirkungen verbunden ist, ist die effiziente Nutzung von Elektrizität vorrangig. Hinzu kommt, daß die „Gratis"-Energie aus der Abwärme nur zum Teil genutzt wird, und auch dies geschieht nur während der Heizperiode, die darüber hinaus im Niedrigenergiehaus besonders kurz ist. Während der übrigen Zeit ist die teuer erkaufte Abwärme nicht nur ungenutzt, sondern kann zudem zu unerwünschter Wärmelast im Sommer führen.

Je geringer der Heizwärmebedarf eines Gebäudes ist, desto größeren Einfluß haben die übrigen Verbräuche auf den tatsächlichen Heizenergiebedarf. Genaugenommen läßt sich der Standard allein über die Anforderung an die Heizwärme nicht mehr definieren. Dennoch ist es sinnvoll, bei der rein über den baulichen Standard festgelegten Norm zu bleiben. Die ergänzende Forderung lautet: **Ein Niedrigenergiehaus muß dies auch bei der effizienten Stromnutzung sein bzw. bleiben.** Das in Kapitel 11 vorgestellte Bilanzverfahren trägt dieser Forderung bereits Rechnung, indem dort eine vergleichsweise effiziente Stromnutzung unterstellt ist (vgl. [Ebel 1991]).

Tabelle 10-2: Strom-, Brennstoff- und Primärenergieverbrauch im Bestand und im Niedrigenergiehaus

Energiekennwerte (kWh/(m^{2}a))	**Endenergie**		**Primärenergie** (für Strom und Erdgas)	
	Bestand	NEH	Bestand	NEH
Heizung (Erdgas)	250	70	270	76
Warmwasser (Erdgas)	25	25	27	27
Strom (NEH: einschl. Lüftung)	31,5	34	101	109
Summe	306,5	129	398	212
Einsparung gegenüber dem Bestand		58 %		47 %

Handlungsfelder für das Niedrigenergiehaus

Die effiziente Nutzung von Elektrizität ist also auch und vor allem im NEH wichtig. Soweit Stromverbrauch in der Verantwortung der Bau- und Haustechnikplanung liegt, muß auf eine stromsparende Technik geachtet werden. Dies trifft insbesondere zu für

- die Heizungsanlage (Hilfsenergie für Pumpen), vgl. Kap. 8
- die Lüftungsanlage (Stromverbrauch für Ventilatoren), vgl. Kap 7

Außerdem können die Voraussetzungen geschaffen werden für weitere Stromeinsparungen durch

- Warmwasseranschluß für die Spülmaschine
- Kalt- und Warmwasseranschluß für die Waschmaschine
- Gasanschluß für den Herd
- Trockenraum für die Wäsche.

Beim Bau eines Niedrigenergiehauses wäre es zwar wünschenswert, auf die Ausstattung mit Haushaltsgeräten und Beleuchtungseinrichtungen entsprechenden Einfluß zu nehmen, jedoch kann dies nicht zwingend gefordert werden.

Der Begriff Niedrigenergiehaus bleibt zunächst eine Anforderung an das Gebäude. Damit ist er vom zufälligen Nutzer unabhängig, der oft nicht vorher feststeht, im Verlauf der Lebensdauer des Gebäudes häufig wechseln kann, andererseits aber einen großen Teil des Stromverbrauchs durch seine eigenen Entscheidungen determiniert. Schließlich haben die verwendeten Geräte selbst eine viel kürzere Lebensdauer als das Gebäude, so daß auch nachträglich die Möglichkeit besteht, ein Haus mit geringem Heizwärmebedarf mit energieeffizenten Stromanwendungen nachzurüsten.

10.2 Effiziente Nutzung von elektrischer Energie

Einsparpotentiale bei Haushaltsgeräten

Elektrischer Strom wird für verschiedenste Energiedienstleistungen eingesetzt – unter anderem zum Waschen, Spülen und Trocknen, Kochen, Kühlen und Gefrieren, zum Beleuchten, aber auch zum Erwärmen von Brauchwasser und Wohnräumen. Abbildung 10-1 zeigt die Aufteilung des gesamten Haushaltsstromverbrauchs. Wie bei der Heizwärme kann derselbe Nutzen je nach verwendeter Technologie mit viel oder wenig Energie erreicht werden.

Tabelle 10-3 gibt den durchschnittlichen Stromverbrauch für die üblichen Anwendungen wieder. Die angegebenen Verbräuche beziehen sich auf Haushalte, die die angegebenen Geräte besitzen. (Quelle: [Ebel 1989], Fortschreibungen).

Alle mit Strom erbrachten Dienstleistungen können wesentlich effizienter erbracht werden als derzeit üblich. Bei den meisten Anwendungen beträgt das Einsparpotential weit mehr als die Hälfte; und durch rationelle Nutzung kann der Stromverbrauch langfristig selbst dann um 50 % gesenkt werden, wenn zukünftig die Nachfrage nach Energiedienstleistungen steigt. In früheren Veröffentlichungen [Feist 1987, Ebel 1989] wurden theoretisch abgeleitete Zielwerte angegeben, die auf den wegweisenden Untersuchungen der Energy Group von J. Norgard an der Technischen Universität von Dänemark beruhen [Norgard]. Diese Zielwerte sind ebenfalls in Tabelle 10-3 dokumentiert.

Einsparung beim Neukauf

Vor allem bei alten Geräten ist der Stromverbrauch oft noch sehr hoch. Haushaltsgeräte sind in der Vergangenheit – vor allem im Zeitraum 1980 bis 1990 – immer sparsamer geworden. Darüber hinaus trifft bei jeder Neuanschaffung der Verbraucher die wesentliche Entscheidung über seinen zukünftigen Stromverbrauch: Denn je nach Gerät können 20–60 % Strom eingespart werden, wenn anstelle eines durchschnittlichen ein sparsames Gerät gekauft wird. Diese Einsparpotentiale sind i. d. R. weit höher als Einsparpotentiale durch Veränderungen im Nutzerverhalten. Vor allem aber sind sie dauerhaft über die Lebensdauer des Geräts garantiert. Wird umgekehrt dieses Einsparpotential zum Zeitpunkt des Neukaufs nicht realisiert, so ist die Chance auf viele Jahre vertan – bis zur nächsten Neuanschaffung.

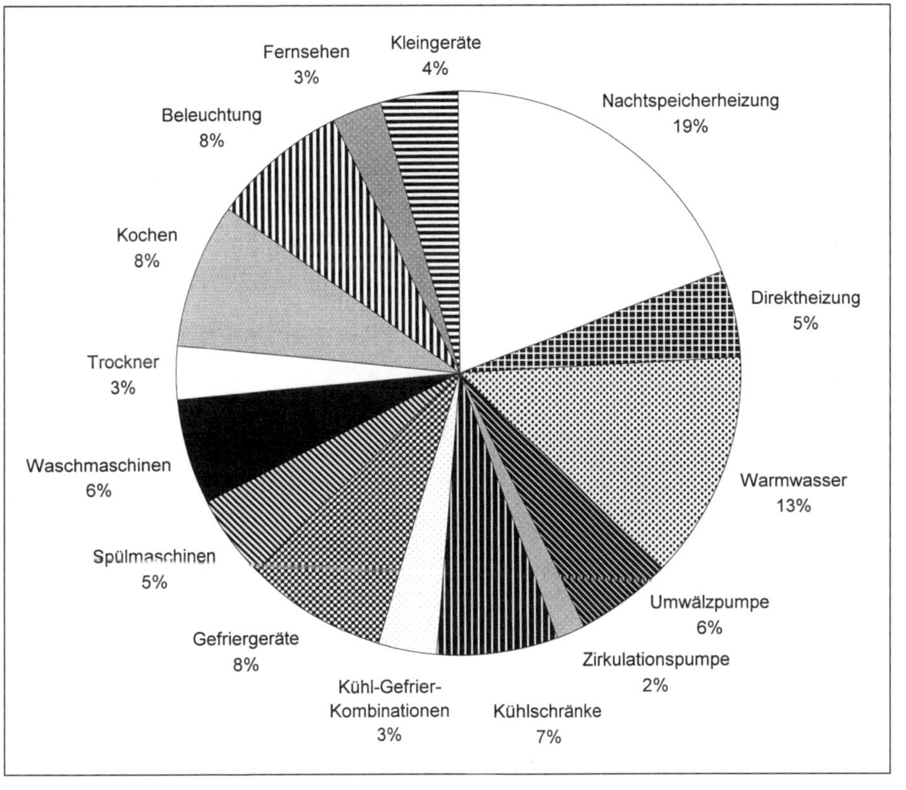

Abb. 10-1: Anteile am gesamten Haushaltsstromverbrauch in den alten Bundesländern

Tab. 10-3: Spezifischer Stromverbrauch, Sättigungen und Einsparpotentiale elektrischer Haushaltsanwendungen

Gerät/Anwendung	Sättigung	spezif. Verbrauch	Zielwert	Einsparpotential
Nachtspeicherheizung	8,6 %	8100	6070	25 %
Direktheizung	100 %	180	108	40 %
Warmwasser	36 %	1300	700	46 %
Umwälzpumpe	75 %	270	53	80 %
Zirkulationspumpe	35 %	170	21	88 %
Kühlschränke	81 %	300	90	70 %
Kühl-Gefrier-Kombinationen	24 %	500	214	57 %
Gefriergeräte	65 %	450	105	77 %
Spülmaschinen	39 %	430	292	32 %
Waschmaschinen	100 %	220	129	41 %
Trockner	25 %	440	219	50 %
Elektroherd	80 %	380	320	16 %
Beleuchtung	100 %	280	70	75 %
Fernsehen	96 %	100	21	79 %
Kleingeräte	100 %	160	160	0 %
Lüftung	0 %		370	
Einsparung				**47 %**
Einsparung für den Stromverbrauch ohne Speicherheizung und Warmwasserbereitung				**50 %**
Einsparung für den Stromverbrauch ohne Speicherheizung und Warmwasserbereitung und Elektroherd				**55 %**

Die spezifischen Verbräuche in [kWh/a] beziehen sich jeweils auf Haushalte, die mit dem entsprechenden Gerät ausgestattet sind. Bezugsgröße: Durchschnittshaushalt mit 2,3 Pers.

Eine wichtige Hilfe ist die Produktinformation. Sie informiert die Kunden beim Neukauf über die wichtigsten Daten. Insbesondere enthält sie eine Angabe zum Energie- und Wasserverbrauch (Normverbrauch). Eine Orientierungshilfe für den Neukauf ist in Tabelle 10-4 gegeben. Hinweise über die Zuverlässigkeit der Angaben können den Veröffentlichungen der Stiftung Warentest entnommen werden [test]. Aktualisierte Listen können derzeit vom Hessischen Umweltministerium [HMU] und dem Niedrig-Energie-Institut [NEI] angefordert werden.

Auch durch die Wahl eines günstigen **Gerätetyps** oder einer vorteilhaften **Aufstellsituation** kann der Verbrauch verringert werden:

- Gefriertruhen sind sparsamer als Gefrierschränke.
- Durch die Aufstellung des Gefriergeräts im unbeheizten Raum wird Strom gespart
- Kühl-Gefrier-Kombinationen sind nur dann zu empfehlen, wenn für getrennte Kühl- und Gefriergeräte kein Platz vorhanden ist und der Bedarf insgesamt gering ist. Sonst ist es günstiger, statt dessen die Dienstleistungen Kühlen und Gefrieren zu trennen: mit einem sparsamen Kühlschrank (ohne *) und einer Gefriertruhe.
- Sofern eine Gefriermöglichkeit vorhanden ist, kann auf *-Fächer beim Kühlschrank verzichtet werden.
- Unter den Standgeräten gibt es oft sparsamere Geräte als unter den Einbaugeräten. Dies sollte vor der Einrichtung einer neuen Küche überprüft werden und gegebenenfalls nach einer Lösung gesucht werden, ein sparsames Standgerät zu integrieren. Abb. 10-2 zeigt einen in die Einbauküche integrierten Standkühlschrank, der zum Zeitpunkt des Einbaus nur ein Drittel des Strom eines vergleichbaren sparsamen Einbaugeräts benötigte.

Abb. 10-2: Energiespar-Kühlschrank (Standgerät in Küchenzeile integriert)

Tab. 10-4: Orientierungshilfe beim Neukauf
In der folgenden Tabelle werden die Normverbräuche (gem. Produktinformation) miteinander verglichen: hoher Verbrauch – durchschnittlicher Verbrauch – geringer Verbrauch jeweils bezogen auf die am Markt angebotenen Geräte. Die Geräte im Bestand haben in der Regel noch höhere Verbräuche. Beim Neukauf sollten Geräte angeschafft werden, deren Verbrauch in der Größenordnung des in der rechten Spalte angegebenen Wertes liegt.

Gerätetyp	**Größe**	Normverbrauch [kWh pro Tag oder pro Normanwendung]		
		hoch	mittel	gering
Tischkühlschrank, 0*–**	ca. 140 l	0,8	0,6	0,3
Kühlschrank, Standgerät, 0*–**	ca. 200 l	0,9	0,6	0,28
Tischkühlschrank, ***	ca. 140 l	1,0	0,75	0,45
Kühl-Gefrier-, Kombination	190 l (K)	2,4	1,4	0,7
Gefrierschrank	ca. 160 l	1,6	1,0	0,7
Gefriertruhe	ca. 200 l	1,5	0,8	0,5
Spülmaschine	12 Maßg.	1,8	1,4	1,1
Waschmaschine	5 kg	2,3	1,9	1,7
Wäschetrockner (Abluft)	5 kg	3,7	3,3	2,7
Wäschetrockner (Kondensation)	5 kg	3,8	3,5	3,1
Lampe	600 Lumen	60 W		11 W

Vergleichswerte sind jeweils für übliche Gerätegrößen angegeben. Beim Vergleich mit anderen Geräten müssen die entsprechenden Dienstleistungen verglichen werden!

- Ein kühler Aufstellungsort verringert auch den Stromverbrauch des Kühlschranks. Umgekehrt verbraucht er erheblich mehr neben der Heizung, dem Herd oder an einem sonnigen Platz.
- Ein Abluft-Wäschetrockner benötigt weniger Strom als ein Kondensationstrockner.

Ein niedriger Stromverbrauch kann jedoch auch bei Berücksichtigung dieser Hinweise nur dann erreicht werden, wenn jeweils aus den sparsamsten Geräten ausgewählt wird.

Besonders hohe Einsparpotentiale gibt es bei der Beleuchtung: Gegenüber den herkömmlichen Glühlampen benötigen Kompaktleuchtstofflampen – bei gleicher Beleuchtungsstärke – nur ein Viertel oder ein Fünftel des Stroms. Besonders günstig sind Leuchtstofflampen mit elektronischen Vorschaltgeräten. Neben dem geringen Stromverbrauch schadet ihnen auch häufiges Ein- und Ausschalten nicht. Sie lassen sich also an jeder Stelle einsetzen und haben im Vergleich zu Glühlampen eine sechs- bis achtmal so lange Lebensdauer. Halogenlampen sind dagegen wie Glühlampen ebenfalls Temperaturstrahler. Die Stromeinsparung ist unbedeutend.

Wirtschaftlichkeit von Stromsparmaßnahmen

Der gesamte Ersatz eines noch funktionsfähigen Gerätes kann sich allein durch die Energieeinsparung nicht bezahlt machen; ein solches Vorgehen wäre nicht einmal ökologisch sinnvoll. Jede fällige Neuanschaffung kann aber genutzt werden, ein möglichst sparsames Gerät auszuwählen. In diesem Fall wird nicht der gesamte Anschaffungspreis für die Energieeinsparung fällig, sondern nur die eventuellen Mehrkosten für die stromsparende Technik.

Bei einer Analyse der Abhängigkeit der Gerätepreise vom Energieverbrauch fällt auf, daß es in den meisten Fällen entweder keinen signifikanten Zusammenhang zwischen Kaufpreis und Energieverbrauch gibt, oder die Korrelation ist positiv (d. h. sparsame Geräte sind – entgegen der Erwartung – billiger). Signifikante Mehrkosten für sparsame Geräte werden nur für wenige Gerätetypen ermittelt – je nach Zeitpunkt der Erhebung andere. In jedem Fall sind diese Mehrkosten so gering, daß sie über die Lebensdauer wieder eingespart werden: Die höchsten bisher ermittelten Kapitalkosten pro eingesparter Kilowattstunde Strom betrugen 14 Pf/kWh. Dies liegt weit unter den heute üblichen Arbeitspreisen (Haushaltstarif: ca. 29 Pf/kWh).

Ein deutlich höherer Anschaffungspreis läßt sich nur bei Energiesparlampen feststellen. Bei günstigem Einkauf amortisiert sich dieser bereits über die längere Haltbarkeit der Kompaktleuchtstofflampe: Während dieser Zeit müßten alternativ acht Glühlampen beschafft werden. Der Strom wird zusätzlich eingespart - immerhin 400 kWh über die Lebensdauer einer Energiesparlampe mit 600 Lumen.

Ersatz durch andere Energieträger?

Zusätzlich kann Haushaltsstrom eingespart werden, wenn er im wesentlichen für die Erzeugung von Wärme gebraucht wird und alternativ andere Energieträger (Brennstoffe und Solarenergie) zu Verfügung stehen. Dies trifft insbesondere zu für die Anwendungen Kochen, Geschirrspülen und Waschen.

- Kochen

Ein Elektroherd und ein Gasherd benötigen etwa gleich viel Endenergie zum Kochen. Der Einsatz von Primärenergie ist beim Kochen mit Strom jedoch dreimal so hoch. Dasselbe gilt für die Kohlendioxid-Emissionen.

- Geschirrspülen

Der größte Teil des Stroms wird bei der Geschirrspülmaschine für das Aufheizen von Spülwasser, Geschirr und Gerät verwendet. Dieser Strom läßt sich zum Teil einsparen, wenn gleich Warmwasser verwendet wird. Die meisten Geschirrspüler lassen sich anstatt an Kaltwasser auch an Warmwasser anschließen. Investitions-Mehrkosten entstehen nicht. Zwar werden dann alle Spülgänge mit warmem Wasser ausgeführt; dies ist jedoch vorteilhaft für das Geschirr. Die Umweltbilanz ist – eine günstige Warmwasserbereitung vorausgesetzt – dennoch positiv (vgl. Tabelle 10-5).

- Waschen

Die erforderliche mechanische Energie zur Bewegung der Trommel (einschl. Schleudern) ist nur gering. Auch hier wird der größte Teil des Stroms zum Aufwärmen des Waschwassers gebraucht. Die Lösung ist nicht ganz so einfach wie beim Geschirrspülen: Die gewünschten Waschtemperaturen sind unterschiedlich, die Spülgänge sollten auf jeden Fall kalt ablaufen. Um diesen Forderungen gerecht zu werden, sind zwei Anschlüsse erforderlich, wenn Warmwasser genutzt werden soll. Die Waschmaschine benötigt ferner eine Regelung, um Warm- und Kaltwasser entsprechend der eingestellten Temperatur zu mischen. Dies war in der Vergangenheit z. T. bei den wenigen angebotenen Maschinen mit zwei Anschlüssen unzureichend gelöst; sofern verfügbar, sollten vor dem Neukauf einer solchen Waschmaschine zusätzliche aktuelle Informationen beschafft werden, z. B. Ergebnisse der Stiftung Warentest [test]. Alternativ gibt es externe Vorschaltgeräte für Waschmaschinen mit nur einem Anschluß (Anbieteradressen z. B. [HMU] oder [NEI]). Bei einer vernünftigen Regelung lassen sich jedenfalls deutliche Primärenergie- und CO_2-Einsparungen erzielen (vgl. Tabelle 10-5).

10.3. Modellprojekt: Stromeinsparung im Passivhaus

Meßergebnisse aus vier Jahren

Treten die projektierten Stromeinsparungen ein, wenn Haushalte mit sparsamen Geräten ausgestattet werden? Daß dies der Fall ist, konnte mit einem Modellprojekt eindrucksvoll demonstriert werden [Ebel, Feist 1996]:

Im Passivhaus Darmstadt [Feist 1992] wurde neben der konsequenten Verringerung des Heizenergiebedarfs auch auf eine Ausstattung mit sparsamen Haushaltsgeräten geachtet. Als extremes Niedrigenergiehaus eignet sich das Passivhaus in besonderer Weise für die Demonstration der Tragweite stromsparender Techniken, da der Stromverbrauch in diesem Haus fast die Hälfte des verbleibenden gesamten Endenergieeinsatzes stellt und daher für den Gesamtverbrauch entscheidend ist.

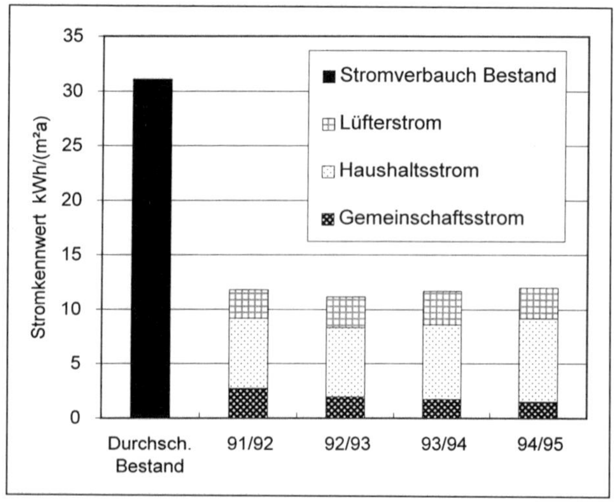

Abb. 10-3: Gemessener Stromverbrauch im Modellprojekt. Vier Meßperioden im Vergleich zum Haushaltsstromverbrauch (ohne Speicherheizung und Warmwasserbereitung) im Bestandsdurchschnitt

Die Einsparung wird allein durch Zusatzinvestitionen in besonders stromsparende Systeme erreicht, die Systeme werden unter normalen Nutzungsbedingungen getestet. Im Durchschnitt über die vier Wohnungen und vier Meßperioden ergibt sich ein Stromverbrauch von 1820 kWh pro Jahr und Wohnung. Der durchschnittliche Stromkennwert (Stromverbrauch bezogen auf die Wohnfläche) beträgt 11,65 kWh/(m²a). Die Einsparung gegenüber dem durchschnittlichen Stromverbrauch ohne Speicherheizung und Warmwasserbereitung beträgt 63 %. Die Einsparung erwies sich als dauerhaft (vgl. Abb. 10-3), da sie nicht auf meist nur kurzfristig wirksame besondere Anstrengungen der Nutzer zurückzuführen ist.

Im Modellhaus wurde zum Kochen ausschließlich Erdgas eingesetzt. Der gemessene durchschnittliche Kochgasverbrauch liegt bei 2,5 kWh pro m^2 Wohnfläche und Jahr. Der Erdgasverbrauch entspricht dem Stromverbrauch, der bei einem alternativ eingesetzten Elektroherd entstanden wäre; die Primärenergiebilanz wird jedoch wesentlich verbessert.

Nach Hausgerätetypen differenziert wurde der Stromverbrauch in einer der Wohnungen erfaßt. Es zeigt sich, daß die in Tabelle 10-3 theoretisch aufgrund der Normverbräuche ermittelten Einsparpotentiale durchweg bestätigt werden konnten. Höhere Stromeinsparungen ergaben sich für die Anwendungen Geschirrspülen und Waschen, was auf die zusätzlichen Warmwasseranschlüsse zurückzuführen ist.

Zusätzliche Anwendungen, insbesondere die Lüftungsanlage mit hocheffizienter Wärmerückgewinnung (Stromverbrauch 450 kWh oder 2,9 kWh/(m²a)), Pumpen für die Solaranlage und für die Regenwasseranlage sind – entsprechende Planung vorausgesetzt – relativ gering, so daß im Modellhaushalt insgesamt 65 % Strom eingespart wird. Der zusätzliche Gasverbrauch für das Kochen, Geschirrspülen und Waschen beträgt nur 10 %.

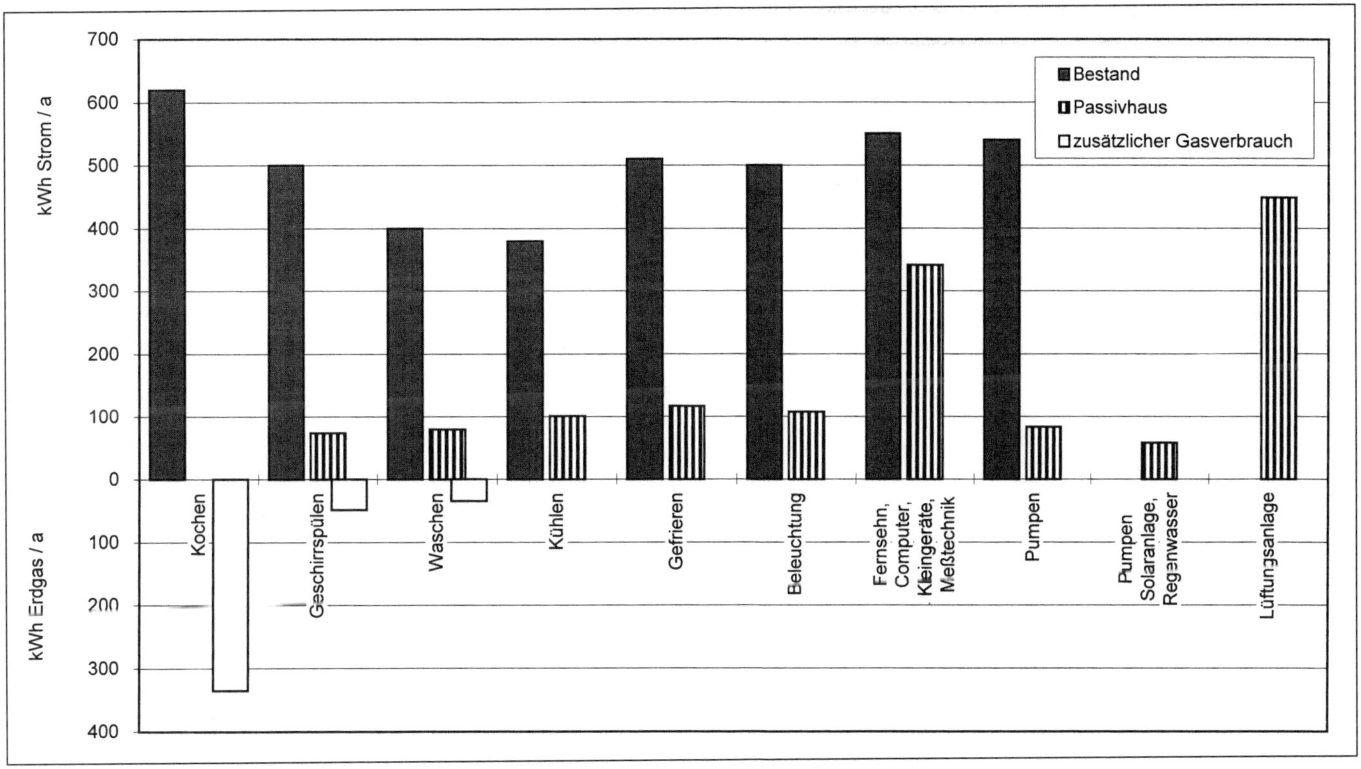

Abb. 10-4: Strom- und zusätzlicher Gasverbrauch im Modellhaushalt sowie Vergleich zum Bestand (Vier-Personen-Haushalt)

Tabelle 10-5: Strom- und Primärenergieeinsparung durch Warmwasseranschlüsse für Wasch- und Geschirrspülmaschinen

Einsparung durch Warmwasseranschluß	Spülmaschine	Waschmaschine
Endenergie Strom	50 %	45 %
Primärenergie bei Gasheizung	17 %	22 %
dto. bei Gasheizung und Sonnenkollektor	39 %	37 %

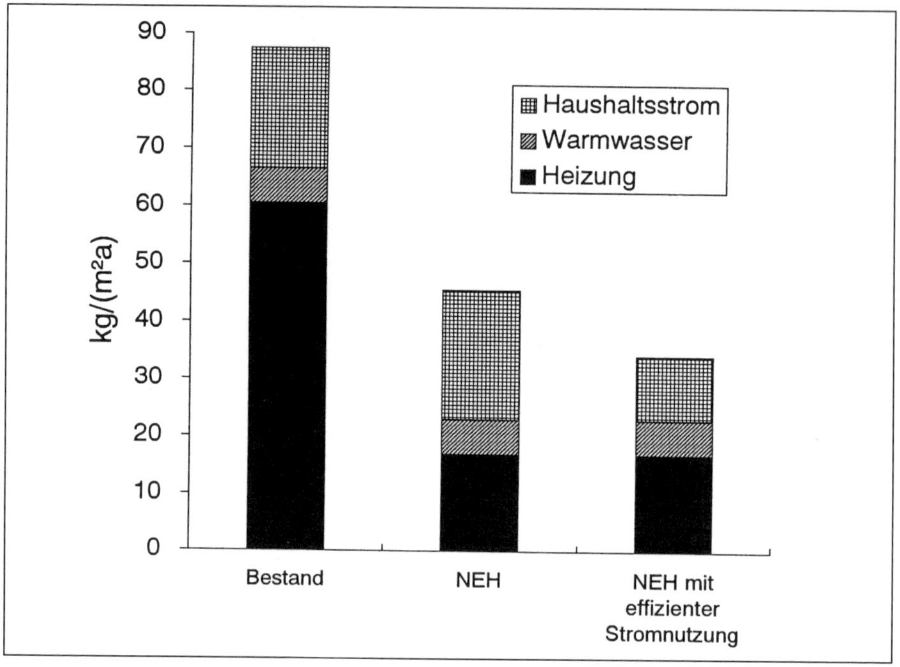

Abb. 10-5: Senkung der CO_2-Emissionen (kg pro m^2 Wohnfläche und Jahr) im Niedrigenergiehaus mit effizienter Stromnutzung

Schlußfolgerung für das Niedrigenergiehaus

Mit einer sorgfältigen Planung und Geräteauswahl werden hohe Stromeinsparpotentiale erschlossen, und trotz der zusätzlichen Lüftungsanlage kann ein geringer Stromverbrauch erreicht und langfristig gesichert werden.

Von seiten der Planung ist insbesondere darauf zu achten, daß der Stromverbrauch für die Lüftungsanlage sowie für die Heizungsanlage möglichst gering sind (vgl. Kap. 7 und 8). Zusätzlich sollten ein Warmwasseranschluß für die Spülmaschine, ein Kalt- und Warmwasseranschluß für die Waschmaschine sowie ein Erdgasanschluß für den Herd vorgesehen werden.

Der Nutzer hat dann die Möglichkeit, durch die Auswahl sparsamer Geräte seinen – wesentlichen – Beitrag zur Senkung des Stromverbrauchs zu leisten. Nach den vorliegenden Erfahrungen ist eine Halbierung des Stromverbrauchs auch dann erreichbar, wenn ein Erdgasanschluß zum Kochen nicht möglich ist. Der gesamte Primärenergiebedarf sowie die Kohlendioxid-Emissionen können dann im Niedrigenergiehaus mit effizienter Nutzung elektrischer Energie um 60 % gegenüber dem Bestand gesenkt werden (vgl. Abb. 10-5).

11. Energiebilanzen

Die energie- und kostenbewußte Planung eines Niedrigenergiehauses ist ohne die Zuhilfenahme eines Energiebilanzverfahrens kaum möglich. Schon im Entwurfsstadium können die wesentlichen Energieströme und damit auch der zukünftige Energieverbrauch rechnerisch bestimmt werden. Energiebilanzverfahren erlauben die Optimierung der thermischen Gebäudehülle und der zugehörigen Heizungstechnik unter den gegebenen ökonomischen Randbedingungen. Der rechnerische Energiebedarf pro m^2 Nutzfläche ist als „Energiekennwert" definiert: Er liefert den Maßstab für die vergleichende Beurteilung der energetischen Qualität von Gebäuden.

Die genauesten Aussagen über die Energiebilanz von Gebäuden liefern dynamische Simulationsprogramme. Die verwendeten Rechenmodelle liegen nahe an den tatsächlichen physikalischen Prozessen: Sie bilden den Zeitverlauf der thermischen Vorgänge innerhalb des Gebäudes ab. Sofern die Randbedingungen realistisch angesetzt wurden, sind dynamische Simulationsprogramme äußerst verläßlich [Feist 1994–1]. Allerdings ist der Aufwand für Datenaufnahme, -eingabe und Berechnung recht hoch, die Anschaffung darüber hinaus kostspielig.

Wenn keine Aussagen über dynamische Effekte erwartet werden (Aufheizzeit, sommerliche Kühllast etc.), kann auch auf einfache stationäre Bilanzverfahren zurückgegriffen werden. Über einen Monats- oder Jahreszeitraum wird – unter Zugrundelegung der Mittelwerte für Klima und Nutzung – eine statische (d. h. zeitunabhängige) Bilanz für die Wärmeströme erstellt. Weil sich in der Realität die dynamischen Effekte im Tagesverlauf größtenteils herausmitteln, können auch stationäre Verfahren den Heizwärmebedarf hinreichend genau berechnen [Feist 1989].

Die in der Praxis eingesetzten Verfahren liefern allerdings für gleiche Gebäude zum Teil erheblich unterschiedliche Energiekennwerte [Imkeller/Loga 1996]. Ursache sind z. T. Vereinfachungen in den physikalischen Modellen, insbesondere jedoch die Ansätze für die Nutzungsbedingungen (mittlere Raumtemperatur, innere Wärmequellen, Luftwechsel) aber auch die Bezugsflächen (Wohnflächen, Nutzflächen oder Bruttogrundflächen nach DIN 277, „Gebäudenutzflächen" nach der Wärmeschutzverordnung). Bei der Angabe von Energiekennwerten sollte daher immer die Bezugsfläche und das Verfahren ausdrücklich genannt werden.

11.1 Stationäre Bilanzen mit dem „Leitfaden Energiebewußte Gebäudeplanung"

In den Kapiteln 1, 3, 6, 7 und 8 werden einfache Formeln für die Berechnung der Wärmeverluste und Wärmegewinne eines Gebäudes verwendet, die für die Optimierung der einzelnen Komponenten (opake und transparente Hüllflächen, Lüftungsanlage, Heizungsanlage) geeignet sind. Diese Teilbilanzen können zu einem Abbild des kompletten Gebäudes zusammengefügt werden. Eine stationäre Energiebilanz für das System Gebäude + Heizung liefern die Kalkulationsblätter in Anhang A2 und A3. Das Verfahren basiert auf dem „Leitfaden Energiebewußte Gebäudeplanung" [LEG 1995]/[Ebel 1991] und ist eine gekürzte Fassung des „Energie-Passes Heizung/Warmwasser" [EPHW 1997], der auch für Altbauten angewendet wird. Es wird im folgenden mit „LEG" abgekürzt.

Der „Leitfaden Energiebewußte Gebäudeplanung" wurde 1989 im Auftrag des Hessischen Umweltministeriums entwickelt. Als Grundlage diente die Empfehlung SIA 380/1 des Schweizerischen Ingenieur- und Architektenvereins, die in der Schweiz schon seit mehr als zehn Jahren erfolgreich eingesetzt wird. Der LEG wurde seit 1993 verschiedenen Richtlinien hessischer Ministerien zugrundegelegt (Nachweis erhöhter Anforderungen für Bauten des Landes und für den sozialen Wohnungsbau), findet aber auch zunehmend in anderen Bundesländern (Schleswig-Holstein, Brandenburg), in Kommunen (Frankfurt/M., Freiburg i. Br., Fulda, Geisenheim, Goslar etc.) sowie bei Architekten-Wettbewerben Anwendung. Er ist in Methode und Ergebnissen weitgehend kompatibel zum Entwurf der europäischen Norm DIN EN 832 [Imkeller/Loga 1996].

11.2 Der Niedrigenergiehaus-Paß: Primärenergie- und CO_2-Kennwerte

Methodisch neu an dem im Anhang dargestellten Bilanzverfahren ist vor allem der allgemeinere Ansatz zur Bewertung von Heizsystemen. Während in [LEG 1995] bisher allein die Bilanzierung von Warmwasser-Zentralheizungen möglich war, können nun alle denkbaren Heizsysteme – und folglich auch neben Heizöl und Erdgas weitere Energieträger – betrachtet werden. Darüber hinaus erfolgt die Ausweisung von Energiekennwerten nicht mehr wie bisher auf der Endenergieebene, da bei unterschiedlichen Energieträgern diese weder ökologisch noch ökonomisch vergleichbar sind. Gemäß dem Ansatz von [GEMIS 1992] werden die den eingesetzten Energieträgern vorgelagerten Prozeßketten in die Betrachtung mit einbezogen: Die Bewertung des Gesamtsystems (Gebäude + Heizungstechnik) erfolgt auf der Ebene der Primärenergie (d. h. der in den Energierohstoffen enthaltenen physikalisch oder chemisch gewinnbaren Energie). Dabei werden regenerative Energien – im Gegensatz zur gebräuchlichen Definition – nicht als Primärenergieaufwand erfaßt. Folgende Effizienzmaße werden für Teil- und Gesamtsystem verwendet:

- Die geeignete Größe zur Beurteilung der energetischen Qualität des Baukörpers einschließlich Lüftung ist der „**Energiekennwert Heizwärme**" – also der auf die beheizte Wohn- bzw. Nutzfläche bezogene Heizwärmebedarf. Der Heizwärmebedarf beschreibt die für die Raumheizung erforderliche Nutzwärme und errechnet sich aus der Summe von Transmissions- und Lüftungswärmeverlusten abzüglich der nutzbaren solaren und inneren Gewinne.
- Die energetische Qualität des Heizsystems wird durch die „**Primärenergie-Heizzahl**" charakterisiert. Sie wird gebildet aus dem Verhältnis von Nutzwärme (für Raumheizung und Warmwasser) zum erforderlichen Primärenergieaufwand. Neben der direkt für die Wärmeerzeugung eingesetzten Energie wird auch der Stromverbrauch für Hilfsgeräte (Pumpen, Lüfter, Regelung etc.) mit einbezogen.
- Durch Berechnung des Primärenergiebedarfs pro m^2 Wohn- bzw. Nutzfläche, des „**Primärenergie-Kennwerts**", erfolgt die Beurteilung des Gebäudes in seiner Gesamtheit. Der Primärenergiebedarf ist ein Maß für den Aufwand an endlichen Ressourcen zur Erbringung der Energiedienstleistungen „Raumwärme" und „Warmwasser".
- Schließlich erlaubt die Berechnung von **CO_2-Emissionen pro m^2 Wohnfläche** eine Einschätzung der Auswirkung auf den Treibhauseffekt. Über Kohlendioxid hinaus werden im Emissionskennwert weitere klimawirksame Spurengase einbezogen (Angabe in „CO_2-Äquivalenten").

Der Niedrigenergiestandard wird für Wohngebäude nach dem LEG-Verfahren bei Einhaltung der in Tab. 11-1 genannten Anforderungen für den Baukörper und für die Heizungsanlage erreicht.

Infobox 11-1: Prinzip der energetischen Bilanzierung von Gebäude und Heizsystemen

	Transmissionswärmeverluste
+	Lüftungswärmeverluste
–	nutzbare solare und innere Gewinne
=	**Heizwärmebedarf**
+	Nutzenergiebedarf Warmwasser
=	**Nutzenergiebedarf Heizung/Warmwasser**
+	Verluste Wärmeverteilung und -speicherung
+	Verluste Wärmeerzeugung
=	**Endenergiebedarf**
+	Energieaufwand und -verlust der vorgelagerten Prozeßketten
=	**Primärenergiebedarf**

$$\textbf{Energiekennwert Heizwärme} = \frac{\text{Heizwärmebedarf}}{\text{Energiebezugsfläche}}$$

$$\textbf{Primärenergie-Kennwert} = \frac{\text{Primärenergiebedarf}}{\text{Energiebezugsfläche}}$$

$$\textbf{Primärenergie-Heizzahl} = \frac{\text{Nutzenergiebedarf Heizung/Warmwasser}}{\text{Primärenergiebedarf}}$$

Tab. 11-1: Anforderungen an Niedrigenergiehäuser

	freistehende Einfamilienhäuser	Doppelhäuser Reihenhäuser	Mehrfamilienhäuser
Energiekennwert Heizwärme [kWh/(m^2a)] (Heizwärmebedarf/Energiebezugsfläche)	≤70	≤65	≤55
Primärenergie-Heizzahl [–] (Nutzwärmebedarf Heizung + Warmwasser/Primärenergieaufwand)	≥0,75		

11.3 Mängel der Wärmeschutzverordnung

Die zum 1.1.1995 bundesweit in Kraft getretene neue Wärmeschutzverordnung stellt im Ansatz ebenfalls ein stationäres Energiebilanzverfahren dar. Auch hier ist die Nachweisgröße ein rechnerischer, auf die Nutzfläche bzw. auf das Gebäudevolumen bezogener Jahres-Heizwärmebedarf. Die Methode ähnelt – oberflächlich betrachtet – dem LEG. Sie weist im Detail jedoch erhebliche Schwächen auf, die die eigentliche Zielsetzung der Einführung eines Energiekennwertverfahrens konterkarieren. Dies betrifft sowohl die Bilanzierungsmethode als auch die Ansätze für die Nutzungsbedingungen [Feist 1993c] [Feist 1994b]. Die Mängel des Verfahrens der neuen Wärmeschutzverordnung führen – vor allem wegen der neuen Definition einer „Gebäudenutzfläche" (s.u., Abschnitt 11.5) – zu unrealistisch niedrigen Energiekennwerten. Beim künftigen Gebäudenutzer werden damit Erwartungen geweckt, die durch den tatsächlichen Verbrauch nicht erfüllt werden. Zu befürchten ist, daß in der Öffentlichkeit als Grund für diese Diskrepanz nicht die Rechenmethode, sondern die Wirksamkeit der Wärmeschutzmaßnahmen gesehen wird. Nicht weniger schwerwiegend ist die Gefahr, daß die Mängel des Verfahrens im Planungsprozeß zu Fehloptimierungen führen (Fensterart und -größe, Wärmerückgrad von Lüftungsanlagen, etc., vgl. Abschnitt 11.5).

Für Gebäude mit weniger als 3 Wohneinheiten läßt eine Ersatzregelung den Nachweis über Bauteil-k-Werte zu. Für einen wesentlichen Teil der Neubauaktivitäten greifen die Vorzüge des Energiekennwert-Nachweises damit nicht. Der neu vorgeschriebene „Wärmebedarfsausweis" kann die in ihn gesteckten Erwartungen so nicht erfüllen, da er für kleine Gebäude nur die jeweils gültigen gesetzlichen Grenzwerte wiedergibt.

In der Konsequenz bleibt auch die 3. Wärmeschutzverordnung – so wie ihre Vorgänger – ein reines Nachweisverfahren (vgl. [Werner 1994]). Für die energetische Optimierung muß auf geeignetere Verfahren zurückgegriffen werden.

11.4 Der LEG '96 und die WVO '95 im Vergleich

Tab. 11-2 gibt einen Überblick über die wesentlichen Elemente des Rechengangs des LEG (Fassung entsprechend [EPHW 1997]) und der Wärmeschutzverordnung. Die Unterschiede werden in der Gegenüberstellung transparent. Die wesentlichen Mängel der Wärmeschutzverordnung sind (vgl. [Feist 1993c]):

1. Die **Abminderung der Verluste durch Dachflächen** mit dem Faktor 0,8 wird mit Wärmegewinnen durch solare Einstrahlung auf Dachflächen begründet. Dem stehen jedoch erhöhte Verluste durch langwellige Wärmeabstrahlung gegen den Himmel entgegen, die die solaren Gewinne mehr als kompensieren können. Dies ist ausdrücklich im Entwurf zur europäischen Norm EN 832 vermerkt. Ferner ist die Pufferwirkung eines unbeheizten, nicht gedämmten Dachraumes (Boden, Spitzboden, Abseitenwand) bei einer gut gedämmten Geschoßdecke minimal, so daß auch dies kein Argument für eine Abschwächung der Transmissionswärmeverluste um 20 % darstellt.
2. Der für **freie** Lüftung angesetzte Luftwechsel von 0,8 h^{-1} wird in deutschen Wohnungen im Durchschnitt sicherlich nicht erreicht. Aus hygienischer Sicht sind in Wohngebäuden Werte zwischen 0,4 und 0,6 h^{-1} ausreichend (vgl. Kapitel 7). Die Bedeutung der Lüftungswärmeverluste wird somit überschätzt.
3. Die im LEG vorgenommene **Differenzierung nach mechanischem und Rest-Luftwechsel** durch Leckagen bei Lüftungsanlagen findet sich in der WVO nicht wieder. Die dort angegebene Formel für den energetisch

Tab. 11-2: Gegenüberstellung der Berechnungsverfahren des NEH-Energie-Passes mit dem der Wärmeschutzverordnung 1995

Nachweisverfahren	NEH-Energie-Paß auf Basis LEG	Wärmeschutzverordnung 1995
jährl. Heizwärmebedarf Q_H [kWh/a]	$Q_H = f_{Abs} \cdot (Q_T + Q_L) - \eta \cdot (Q_S + Q_I)$ mit f_{Abs} = Reduktionsfaktor Nacht-/Wochenendabsenkung, Tabellenwerte differenziert nach Speicherkapazität und Wärmeschutzstandard (Standardwert Neubau Wohngebäude = 1) $\eta = 1 - 0{,}3 \cdot (Q_S+Q_I)/(Q_T+Q_L)$ Ausnutzungsgrad Gewinne	$Q_H = 0{,}9 \cdot (Q_T + Q_L) - (Q_S + Q_I)$ kein objektabhängiger Reduktionsfaktor und Ausnutzungsgrad Gewinne
Transmissionswärmebedarf Q_T [kWh/a] k_i = k-Wert [W/(m²K)] A_i = Bauteilfläche [m²] f_i = Reduktionsfaktor	$Q_T = \Theta \cdot \Sigma_i f_i \cdot k_i \cdot A_i$ mit Θ = Gradstunden [kKh/a] entsprechend Standort und Heizgrenze (Tabellenwerte in LEG und DIN 4108, Teil 6; Standardwert 84 kKh/a)	$Q_T = 84 \cdot \Sigma_i f_i \cdot k_i \cdot A_i$
· *Außenwand, Fenster*	f_i *= 1,0*	f_i *= 1,0*
· *Dach*	f_i *= 1,0*	f_i *= 0,8*
· *Erdreich, unbeheizter Keller*	f_i *= 0,5*	f_i *= 0,5*
Lüftungswärmebedarf Q_L [kWh/a] V_L = Gebäude-Luftvolumen n = energetisch wirksamer Luftw. [h^{-1}]	$Q_L = 0{,}34 \cdot V_L \cdot n \cdot \Theta$	$Q_L = 0{,}34 \cdot V_L \cdot n \cdot 84$
· *freie Lüftung*	*n = 0,6*	*n = 0,8*
· *Abluftanlage*	$n = n_{Anlage} + n_{Rest}$	*n = 0,76*
· *Zu-/Abluft mit Wärmerückgewinnung*	$n = n_{Anlage} \cdot (1 - h_{WRG}) + n_{Rest}$ n_{Anlage} = mechan. Luftwechsel [h^{-1}] (Standardwert Wohnhaus: 0,4 h^{-1}) n_{Rest} = Restluftwert durch Undichtigkeit [h^{-1}] (Standardwert 0,2 h^{-1}, bei Nachweis ausreichender Luftdichtheit 0,1 h^{-1}) η_{WRG} = Wärmerückgrad	*n = 0,64* bzw. $0{,}416/\eta_{WRG}$ wenn $\eta_{WRG} > 0{,}65$ η_{WRG} = Wärmerückgrad
solare Wärmegewinne g_i = Gesamtenergiedurchlaßgrad des Fensters i für senkrechte Einstrahlung $A_{F,ij}$ = Fensterfläche i mit Orientierung j I_j = solare Einstr. an Heiztagen für Orientierung j [kWh/(m²a)]	Angebot solare Wärme Q_S [kWh/a] $Q_S = \Sigma_{i,j}\, r_i \cdot I_j \cdot g_i \cdot A_{F,ij}$ mit r_i = Reduktionsfaktor solare Einstrahlung, berücksichtigt Minderung durch Rahmen, Beschattung, Verschmutzung, nicht-senkrechten Strahlungseinfall; Tabellenwerte; Standardwert: 0,36, bei unverschatteter Lage: 0,48) solare Einstrahlung entsprechend Standort und Orientierung, Standardwerte:	nutzbare solare Wärmegewinne Q_S [kWh/a] $Q_S = \Sigma_{i,j}\, 0{,}46 \cdot I_j \cdot g_i \cdot A_{F,ij}$
· *Süd*	I_j *= 370*	I_j *= 400*
· *Ost/West*	I_j *= 220/230*	I_j *= 275*
· *Nord*	I_j *= 140*	I_j *= 160*

Tab. 11-2: Gegenüberstellung der Berechnungsverfahren des NEH-Energie-Passes mit dem der Wärmeschutzverordnung 1995 (Fortsetzung)

Nachweisverfahren	NEH-Energie-Paß auf Basis LEG	Wärmeschutzverordnung 1995
interne Wärmegewinne	Angebot interne Wärme Q_I [kWh/a] $\mathbf{Q_I = 0{,}024 \cdot q'_I \cdot t_H \cdot A_{EB}}$ mit q'_i = spezifische Leistung innerer Wärmequellen [W/m²] (berücksichtigt Abwärme Personen, elektr. Geräte und Warmwasserbereitung sowie Verluste durch Aufheizen von Kaltwasser und Verdunstung von Wasser; Standardwerte: EFH 2,5 W/m², MFH 3,2 W/m²) t_H = Länge Heizzeit [d/a] A_{EB} = Energiebezugsfläche (s.u.) [m²]	nutzbare interne Gewinne Q_I [kWh/a] $\mathbf{Q_I = 8{,}0 \cdot V}$ mit V = beheiztes Bauwerksvolumen [m³]
spezifischer Heizwärmebedarf (Nachweisgröße)	Energiekennwert Heizwärme q_H [kWh/(m²a)] $\mathbf{q_H = Q_H / A_{EB}}$ mit A_{EB} = Energiebezugsfläche [m²] · bei Wohngebäuden: beheizte Wohnfläche (2. Berechnungsverordnung) · bei sonstiger Nutzung: beheizte Nutz- und Verkehrsfläche (DIN 277)	bezogener Jahres-Heizwärmebedarf $\mathbf{Q'_H = Q_H / V}$ [kWh/(m³a)] (für alle Gebäude) $\mathbf{Q''_H = Q_H / A_N}$ [kWh/(m²a)] (nur für Gebäude mit lichten Raumhöhen < 2,60 m) mit $\mathbf{A_N = 0{,}32 \cdot V}$
Anforderungen	Anforderungen Niedrigenergiebauweise (abhängig vom Gebäudetyp): freistehende Einfamilienhäuser $\mathbf{q_H \leq 70}$ **kWh/(m²a)** Doppelhäuser, Reihenhäuser $\mathbf{q_H \leq 65}$ **kWh/(m²a)** Mehrfamilienhäuser, Verwaltungsgebäude etc. $\mathbf{q_H \leq 55}$ **kWh/(m²a)**	Gesetzliche Mindestanforderungen (abhängig von Gebäudekompaktheit) $\mathbf{Q'_H \leq 13{,}82 + 17{,}32 \cdot A / V}$ mit A = wärmeübertragende Umfassungsfläche [m²]

wirksamen Luftwechsel ist nicht transparent.

4. Die in Tab. 11-2 angegebenen **Abminderungsfaktoren für die solare Einstrahlung** setzen sich im einzelnen aus den in Tab. 11-2a aufgeführten Termen zusammen. Wesentliche Differenzen treten bei der Bewertung der Verschattung auf. Geringfügige Verschattungen durch Fensterleibungen treten immer auf. Somit ist der in der Wärmeschutzverordnung angesetzte Wert 0,9 praktisch nur bei einer völlig verschattungsfreien Lage des Gebäudes zu erreichen. Da zudem die Verschmutzung der Scheiben nicht berücksichtigt wird, liegt der Reduktionsfaktor insgesamt um 50 % über dem des LEG. Nimmt man noch hinzu, daß der Ansatz für die Einstrahlung bei der WVO vom überdurchschnittlich sonnigen Standort Würzburg ausgeht, dann kann man annehmen, daß aus Sicht der Praxis die möglichen solaren Gewinne viel zu optimistisch beurteilt werden.

5. Der **Ausnutzungsgrad für das Angebot solarer und interner Wärme** ist bei der WVO implizit im Rechenverfahren enthalten und stets konstant (0,85). In der Realität ist die Nutzbarkeit jedoch von Gebäude zu Gebäude verschieden. Je bedeutender das Wärmeangebot im Verhältnis

zu den auftretenden Wärmeverlusten ist, desto mehr Überschüsse treten auf, die nicht mehr als Heizwärmebeitrag nutzbar sind – die Heizzeit verkürzt sich, die Nutzbarkeit nimmt ab. Diese Abhängigkeit des Ausnutzungsgrades vom „Gewinn-Verlust-Verhältnis" wird im LEG durch eine einfache Formel wiedergegeben. Die Auswirkung der unterschiedlichen Vorgehensweise wird in Abb. 11-4 anschaulich dokumentiert (s. u.).

6. Die **nutzbaren internen Wärmequellen** werden in der Wärmeschutzverordnung zu hoch angesetzt. Die Ursache liegt einerseits in der falschen Annahme einer vollständigen Umsetzung des Haushaltsstromverbrauchs in nutzbare Wärme, zum anderen in der Vernachlässigung von Verlusten, die in der Praxis die internen Gewinne z. T. kompensieren (Verdunstungsenthalpie und Abwasser-Ablaufverluste: ca. 7 kWh/m^2 in der Heizzeit) (vgl. [Feist 1994 b]). Der realistischere Ansatz im LEG ergibt Werte zwischen 13 und 17 kWh/(m^{2}a) (vgl. [EPHW 1997]).

Tab. 11-2a: Ermittlung des Reduktionsfaktors für das Solarangebot

Standardwerte	**LEG**	**WVO**
Nicht-senkrechter Strahlungseinfall	0,85	0,85
Rahmenanteil	0,7	0,7
Verschattung	0,63*)	0,9
Verschmutzung	0,95	–
Reduktionsfaktor gesamt	**0,36*)**	**0,54**
Einbeziehung des Ausnutzungsgrades	gebäude-abhängig	0,85 · 0,54 = 0,46

*) bei völlig unverschatteter Lage 0,84 bzw. 0,47

7. Die Höhe der Anforderung wird in der WVO vom Verhältnis der Hüllfläche zum Gebäudevolumen **("A/V-Verhältnis")** abhängig gemacht: Je schlechter die Kompaktheit, desto höher der zulässige Heizwärmebedarf. Der Anreiz, Gebäude kompakter zu gestalten, geht damit verloren.

8. Die aus dem Gebäude-Bruttovolumen ermittelte **„Gebäudenutzfläche"** A_N nach WVO ist um etwa 10 bis 60 % größer als die Wohnfläche realer Gebäude (vgl. Abb. 11-1). Die Ursache für die starke Abweichung liegt darin, daß der Umrechnungsfaktor mit 0,32 viel zu hoch angesetzt ist. Bei einer lichten Raumhöhe von 2,6 m und einer Deckenstärke von 20 cm ergibt sich bereits für das Verhältnis Brutto-Grundfläche zu Brutto-Bauwerksvolumen ein Wert von 0,36. Nach VDI 3807 liegt das Verhältnis Nutzflächen bzw. Wohnfläche zu Bruttogrundflächen je nach Gebäudetyp zwischen 54 und 71 %. Damit müßte der Umrechnungsfaktor zwischen 0,19 und 0,26 liegen! Der Bezug des Heizwärmebedarfs auf die zu groß definierte „Gebäudenutzfläche" A_N führt zu einem nominal zu niedrigen Energiekennwert-Niveau.

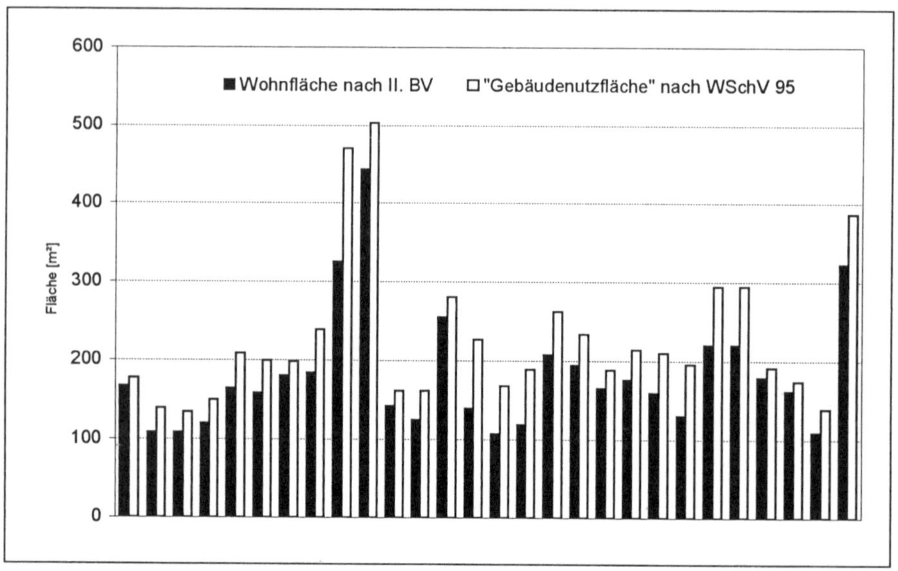

Abb. 11-1: Vergleich der „Gebäudenutzfläche" gemäß WSchV 95 mit den Wohnflächen nach der 2. Berechnungsverordnung für 28 Einfamilienhäuser des Hessischen Niedrigenergiehaus-Förderprogramms

11.5 Gebäudeoptimierung mit LEG und Wärmeschutzverordnung – Beispiel

Am Beispiel eines Mehrfamilienhauses mit 12 Wohneinheiten werden im folgenden die Problempunkte der neuen Wärmeschutzverordnung diskutiert. Es handelt sich um ein im Rahmen des sozialen Wohnungsbaus 1990 in Wiesbaden errichtetes Gebäude mit 12 Wohneinheiten und 759 m^2 beheizter Wohnfläche. In Tab. 11-3 sind exemplarisch

Tab. 11-3: Ausführungsbeispiel für verschiedene Wärmeschutzstandards

Mehrfamilienhaus

12 Wohneinheiten

759 m^2 beheizte Wohnfläche

Hlz = Hochlochziegel
TSD = Trittschalldämmung
Stbd = Stahlbetondecke
WDVS = Wärmedämmverbundsystem
MiWo = Mineralwolle
PS = Polystyrol-Hartschaum-Pl.

Wärmeschutz-standard	**WSchV 84**	**WSchV 95**	**Soz. Wohnungsbau Hessen (TWBR 93)**	**Niedrigenergiehaus-Standard**
Außenwand	36,5 cm Hlz *0,62 $W/(m^2K)$*	36,5 cm L-Hlz oder 30 cm KS + 4 cm WDVS *0,52 $W/(m^2K)$*	30 cm KS + 10 cm WDVS *0,29 $W/(m^2K)$*	24 cm KS + 18 cm WDVS *0,18 $W/(m^2K)$*
Dach	Stbd + 10 cm MiWo *0,35 $W/(m^2K)$*	Stbd + 20 cm MiWo *0,19 $W/(m^2K)$*	Stbd + 20 cm MiWo *0,19 $W/(m^2K)$*	Stbd + 25 cm MiWo *0,14 $W/(m^2K)$*
Kellerdecke	5 cm TSD *0,59 $W/(m^2K)$*	4 cm TSD + 5 cm PS *0,40 $W/(m^2K)$*	4 cm TSD + 10 cm PS *0,25 $W/(m^2K)$*	4 cm TSD + 10 cm PS *0,25 $W/(m^2K)$*
Fenster	Isolierverglasung *2,60 $W/(m^2K)$*	Wärmeschutzverglasung *1,60 $W/(m^2K)$*	Wärmeschutzverglasung *1,60 $W/(m^2K)$*	3-fach-Wärmeschutzvergl. *1,10 $W/(m^2K)$*
Lüftung	freie Lüftung	freie Lüftung	freie Lüftung	Abluftanlage
Energiekennwert Heizwärme nach LEG	***119 $kWh/(m^2a)$*** ***(131%)***	***91 $kWh/(m^2a)$*** ***(100%)***	***73 $kWh/(m^2a)$*** ***(80%)***	***50 $kWh/(m^2a)$*** ***(55%)***
nach WSV berechneter Wert	*95 $kWh/(m^2a)$*	*72 $kWh/(m^2a)$*	*57 $kWh/(m^2a)$*	*41 $kWh/(m^2a)$*

WSV = Verfahren der Wärmeschutzverordnung 1995;
LEG = Leitfaden Energiebewußte Gebäudeplanung, Berechnung für das Standortklima

baukonstruktive Merkmale für verschiedene energetische Standards dargestellt: Bauweise nach Wärmeschutzverordnung von 1984 und 1995, nach den Hessischen Technischen Wohnungsbaurichtlinien (TWBR 93) und als Niedrigenergiehaus. Die dargestellten Bauelemente sind als Beispiele zu verstehen. Die tatsächliche Ausführung des Wohnhauses entspricht den Angaben in der Spalte „Sozialer Wohnungsbau Hessen (TWBR 93)".

Im Vergleich zur alten Wärmeschutzverordnung reduzieren die seit 1995 geltenden gesetzlichen Bestimmungen den Heizwärmebedarf um ca. 24 %. Gegenüber dem heute geltenden Niveau wird durch die TWBR 93*) ein um 20 %, durch die Niedrigenergiebauweise ein um 45 % niedrigerer Heizwärmebedarf erreicht (vgl. Zeile "Energiekennwert Heizwärme nach LEG" in der Tabelle, berechnet für das Standortklima).

Deutlich niedrigere rechnerische Werte ergeben sich für alle Standards bei der Berechnung nach dem Verfahren der neuen Wärmeschutzverordnung (unterste Zeile der Tabelle). Die Gründe für die Abweichungen wurden oben genannt – insbesondere die unterschiedlichen Bezugsflächen haben einen starken Einfluß: Die beheizte Wohnfläche

**) Grenzwert nach LEG: 75 $kWh/(m^2a)$ (LEG)*

Tab. 11-4: Gegenüberstellung der Energiebilanz bei beiden Rechenverfahren

Wärmeschutzstandard		**WSchV 84**		**WSchV 95**		**Soz. Wohnungsbau Hessen (TWBR 93)**		**Niedrigenergiehaus-Standard**	
Nachweis-Verfahren*		WSV	LEG	WSV	LEG	WSV	LEG	WSV	LEG
Wärmeverluste in MWh/a	Transmission	85,6	80,7	60,7	57,0	45,5	42,9	31,2	29,5
	Lüftung	50,8	32,0	50,8	32,0	50,8	32,0	48,3	26,6
Wärmegewinne in MWh/a	durch solare Einstrahlung	16,0	15,4	13,7	13,1	13,7	12,9	12,6	11,5
	durch interne Wärmequellen	22,2	7,0	22,2	6,9	22,2	6,8	22,2	6,6
Heizwärmebedarf in MWh/a		**84,5**	**90,3**	**64,4**	**69,0**	**50,7**	**55,2**	**36,7**	**38,0**

WSV = Verfahren der Wärmeschutzverordnung 1995;
LEG = Leitfaden Energiebewußte Gebäudeplanung, Berechnung für das Standortklima

(berechnet nach der 2. Berechnungsverordnung) beträgt 759 m², die WVO 95 berechnet die „Gebäudenutzfläche" zu 890 m² (17 % größer).

Die Mängel des Verfahrens der 3. Wärmeschutzverordnung und die unrealistisch angesetzten Nutzungsbedingungen können zu Fehleinschätzungen bei der energetischen Optimierung der Gebäude führen. Beispielhaft ist für obiges Gebäude in den Abb. 11-2 und 11-3 der Einfluß der Lüftungsart und des An-

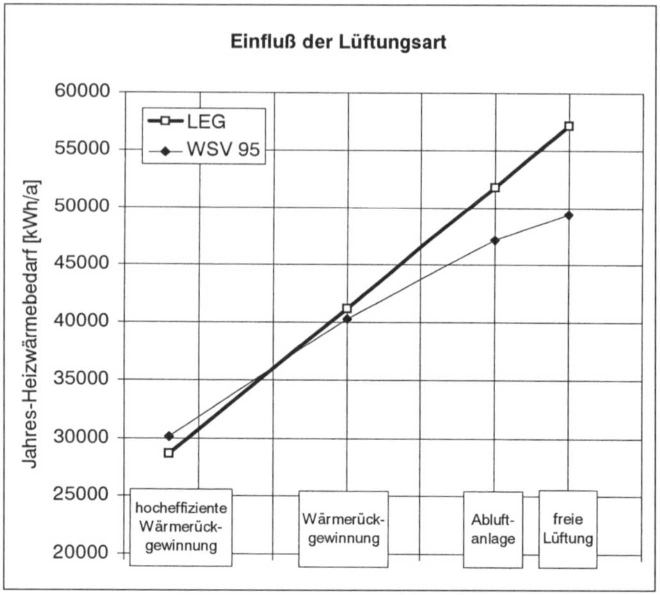

Abb. 11-2: Auswirkungen von Lüftungsanlagen mit und ohne Wärmerückgewinnung auf den Heizwärmebedarf

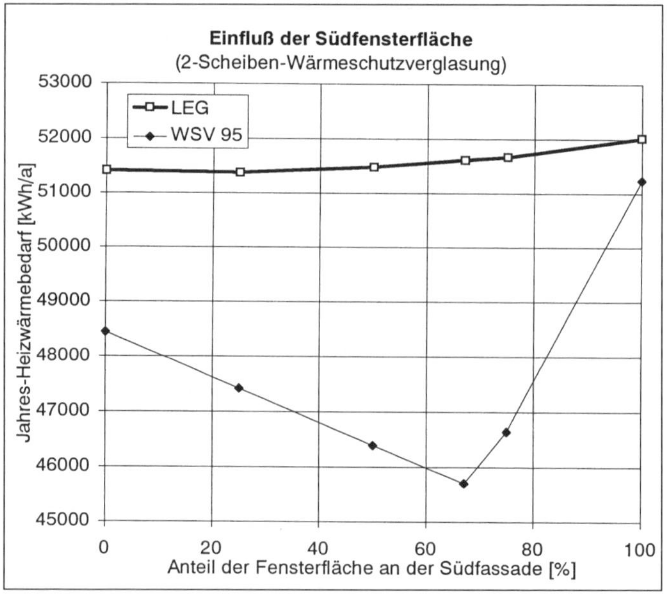

Abb. 11-3: Auswirkung einer Vergrößerung der Fensterfläche der Südfassade auf den Heizwärmebedarf

teils der Fensterflächen an der Südfassade auf den Heizwärmebedarf dargestellt.

Trotz des sehr hoch angesetzten Luftwechsels ist die Auswirkung des Einbaus von Lüftungsanlagen mit und ohne Wärmerückgewinnung auf den Energiebedarf bei der Wärmeschutzverordnung kleiner als beim LEG. Dies zeigt sich an der geringeren Steigung der Kurve.

Sehr optimistisch erscheint bei der Wärmeschutzverordnung dagegen die Vergrößerung der Südfensterfläche: Bis zu einem Fensterflächenanteil von 67 % an der Fassadenfläche kann der Heizwärmebedarf merklich gesenkt werden. Darüber zeigt sich ein drastischer Anstieg. Der Knick in der Kurve tritt an dieser Stelle unabhängig von Fenstertyp und sonstigen Gebäudemerkmalen auf. Er wird durch die Regelung in der Wärmeschutzverordnung verursacht, daß oberhalb eines Anteils von 2/3 der Fenster an der Fassadenfläche*) die zusätzlichen solaren Gewinne nicht mehr angesetzt werden dürfen. Bei Verwendung von Wärmeschutzverglasung bedeutet dies, daß dieser Fensterflächenanteil im Süden aus energetischer Sicht *immer* optimal ist. Die Optimierung mit LEG zeigt demgegenüber ein ganz anderes Ergebnis: Durch Vergrößerung der Südfensterflächen kann in diesem Gebäude trotz der vorliegenden geringen Verschattung keine Heizenergieeinsparung erzielt werden. Die Südfenstergröße kann nach anderen als energetischen Kriterien festgelegt werden. Der leichte Anstieg des Heizwärmebedarfs bei sehr hohen Fensterflächenanteilen ist auf die geringere Nutzbarkeit der solaren Einstrahlung zurückzuführen: In den Übergangszeiten übersteigt das solare Wärmeangebot die Verluste, so daß kein Heizwärmebedarf besteht (vgl. Kap. 6). Die durch LEG wiedergegebene Abhängigkeit stimmt sehr gut mit den Ergebnissen dynamischer Simulationsrechnungen überein [Feist 1991].

**) Der Verordnungstext spricht zwar von „Fensteranteilen von mehr als 2/3 der Wandfläche", gemeint ist jedoch die Fassadenfläche.*

12. Einfluß der Nutzer

Die Bewohner von Gebäuden haben entscheidenden Einfluß auf den Heizenergieverbrauch. Breit angelegte Felduntersuchungen haben gezeigt, daß auch in baugleichen und technisch gleich ausgestatteten Gebäuden der Heizwärmeverbrauch bei unterschiedlichen Nutzern um einen Faktor 1,75 über, aber auch um einen Faktor drei unter dem Durchschnitt liegen kann. Dabei ist der Unterschied im wesentlichen individuellen Verhaltensmustern zuzuschreiben. Die mittleren Verbrauchswerte geben jedoch die bautechnischen und heizungstechnischen Standards gut wieder. Hieraus ist vor allem zu schließen, daß vergleichende Untersuchungen über den Energieverbrauch bei unterschiedlichen Baustandards und Techniken nur in hinreichend großen Gesamtheiten oder bei genauer Angabe des zugehörigen Bewohnerverhaltens möglich sind.

Das Studium des Nutzerverhaltens kann Anregungen für eine geeignete bauliche und technische Ausgestaltung von Haus und Heizung geben, die Verhaltensmuster zum sparsamen Energieverbrauch erleichtern oder zumindest nicht erschweren. Vor allem die verbrauchsabhängige Abrechnung und die Information über energiebewußtes Heizen versprechen Erfolge bei der verhaltensbedingten Energieeinsparung.

Verhaltensbedingte Energiesparpotentiale vollständig ausschöpfen zu wollen ist andererseits eine Utopie und vielleicht sogar nicht uneingeschränkt wünschenswert (Vision des „Kalorienstaates"). Erst gute bauliche Energiespar-Standards eröffnen dem Nutzer jedoch die Möglichkeit, tatsächlich geringe Verbräuche zu erzielen.

12.1 Einflußgrößen in der Hand des Nutzers

Die mittlere Raumtemperatur

Abb. 12-1 zeigt den Einfluß, den eine Veränderung der mittleren Raumtemperatur auf den Jahresheizwärmebedarf hat. Eine Herabsetzung dieser Temperatur von z.B. 20°C auf 19°C spart beim Baustandard nach Wärmeschutzverordnung etwa 8%, in Niedrigenergiehäusern 10% Heizenergie und beim Passivhaus 15% ein. Das ist wesentlich mehr, als heute im allgemeinen angenommen wird. Daß der relative Einfluß der Innentemperatur bei besserem Standard höher wird, liegt an der dann größeren Bedeutung der Gratiswärmen (Sonneneinstrahlung und Abwärme von Personen und Geräten). Werden z.B. in einem Niedrigenergiehaus geringere Innentemperaturen zugelassen, so kann allein durch die Gratiswärmen ein noch höherer Verlustanteil gedeckt werden. Die Spanne möglicher vom Nutzer geforderter Innentemperaturen ist sehr groß. Bei nur leichter Bekleidung und Gewöhnung an

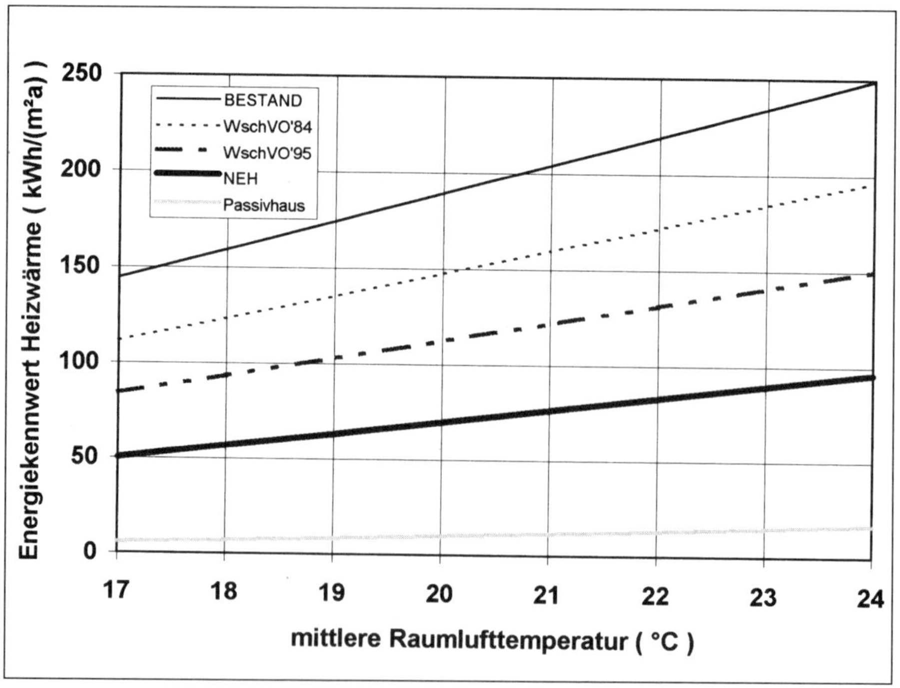

Abb. 12-1: Der Einfluß des Nutzerverhaltens auf den Heizwärmebedarf: Innentemperatur bei verschiedenen Dämmstandards

hohe Temperaturen können 23 °C als gerade ausreichend empfunden werden, bei Verwendung von warmer Wäsche, Pullover und angepaßter Tätigkeit (z. B. Stehpult statt Schreibtisch) kommen Nutzer mit weniger als 18 °C aus. Der Unterschied im Jahresheizwärmeverbrauch zwischen diesen beiden Werten ist 1,5:1 im Altbaubestand und 2:1 für Passivhäuser. Dennoch liegt der Verbrauch bei den jeweils höchsten Innentemperaturen des besseren Standards noch unter dem des schlechteren bei den geringsten Temperaturen.

Die Höhe der mittleren Innentemperatur wird vom Nutzer auf verschiedenen Wegen beeinflußt:

- *Toleranz gegenüber niedrigeren Temperaturen oder Wunsch nach „molliger Wärme"*

  Der Bereich der als angenehm empfundenen Raumtemperaturen ist von Mensch zu Mensch sehr unterschiedlich und hängt stark von der Tätigkeit (liegend, sitzend, stehend), der Kleidung (leicht, mittel, Pullover), der unmittelbaren Vorgeschichte (aus dem überheizten Auto kommend oder vom Spaziergang im Freien?) und der langfristigen Gewöhnung (Akklimatisierung) ab. Interessant ist in diesem Zusammenhang, daß z. B. in den USA und in Schweden im Durchschnitt deutlich höhere Raumtemperaturen im Winter gewünscht werden als in Deutschland und daß es eine historische Entwicklung zu immer höheren Raumtemperaturen gegeben hat.

- *Bedienung von Regelungseinrichtungen*

  Sind keine Thermostatventile vorhanden, so muß der Nutzer die Regelaufgabe selbst bewältigen. Dies führt im allgemeinen zu deutlich höheren Raumtemperaturen (Gewöhnungseffekte, Schwierigkeit der Einstellung überhaupt, Probleme der Nutzung von Gratiswärme . . .). Aber auch Thermostatventile müssen richtig bedient werden: Bei Stoßlüftung sollen sie geschlossen werden, weil sie sonst infolge des einfallenden kalten Luftstroms voll aufregeln.

- *Teilbeheizung oder zeitweise eingeschränkte Beheizung*

  In nicht benutzten Räumen kann die Raumtemperatur abgesenkt werden, indem bei längerem Verlassen der Thermostat zurückgedreht wird. Bei längerer Abwesenheit oder in der Nacht kann die Anlage insgesamt zurückgefahren werden. Unterschiedliche Bewohner nutzen die Möglichkeit zur Teilbeheizung und eingeschränkten Beheizung sehr unterschiedlich aus.

Die Luftwechselrate

Bis in die 70er Jahre war die Regelung der Raumtemperatur durch Öffnung der Fenster sehr verbreitet. Heute wird von vielen Nutzern zu wenig gelüftet. Der Einfluß des Luftwechsels auf den Heizwärmeverbrauch ist in Kapitel 7 schon diskutiert worden. Das Lüftungsverhalten gewinnt ebenfalls in Gebäuden mit sehr gutem Standard zunehmend höhere Bedeutung. Auch der Einsatz von kontrollierter Wohnungslüftung (mit oder ohne Wärmerückgewinnung) hindert den Nutzer nicht, am Ende doch Fenster oder Türen offenstehen zu lassen und dadurch Lüftungswärmeverluste um ein Vielfaches in die Höhe zu treiben.

Richtige Bedienung und Wartung haustechnischer Anlagen

Heizkörper müssen von Zeit zu Zeit entlüftet werden, Heizkörper und Regeleinrichtungen sollten nicht verdeckt werden, passive Sonnenenergie in der Heizzeit auch hereingelassen (und nicht durch Vorhänge abgehalten) werden, die Heizanlage muß regelmäßig gewartet werden, die Regeleinrichtungen wollen richtig bedient sein. Dies alles sind weitere Einflußgrößen, die von der Nutzung entscheidend bestimmt werden. Informationen über den „Energiegerechten Betrieb haustechnischer Anlagen“ finden sich z. B. in [Bund 1982], [BMBau 1980] und [Rohde 1984]. Die Erfolge der Energiebeauftragten von Kreisen und Gemeinden in Hessen, die in der ersten Zeit ihre Beratung stark auf den energiebewußten Umgang lenkten, zeigen das Einsparpotential auf [Kraft 1986].

12.2 Große nutzungsbedingte Schwankungen des Energieverbrauchs

Nach den im letzten Abschnitt offengelegten vielfältigen Einflußgrößen, die vom Nutzer bestimmt werden, ist es nicht weiter verwunderlich, daß auch bei vollständig baugleichen Gebäuden mit gleichen Heizanlagen am gleichen Ort stark unterschiedliche Heizenergieverbräuche anzutreffen sind. Systematische Feldstudien in der Schweiz [Wick 1981], in Schweden [Lundström 1986] [Lange 1990] und in Deutschland [ARENHA 1986] ergeben jeweils, daß die höchsten Verbräuche gegenüber dem „Sollwert“ um bis +75 %, die niedrigsten um −65 % abweichen.

Hier werden gemessene Heizwärmeverbrauchswerte von fünf verschiedenen Gebäudegruppen miteinander verglichen (s. Abb. 12-2):

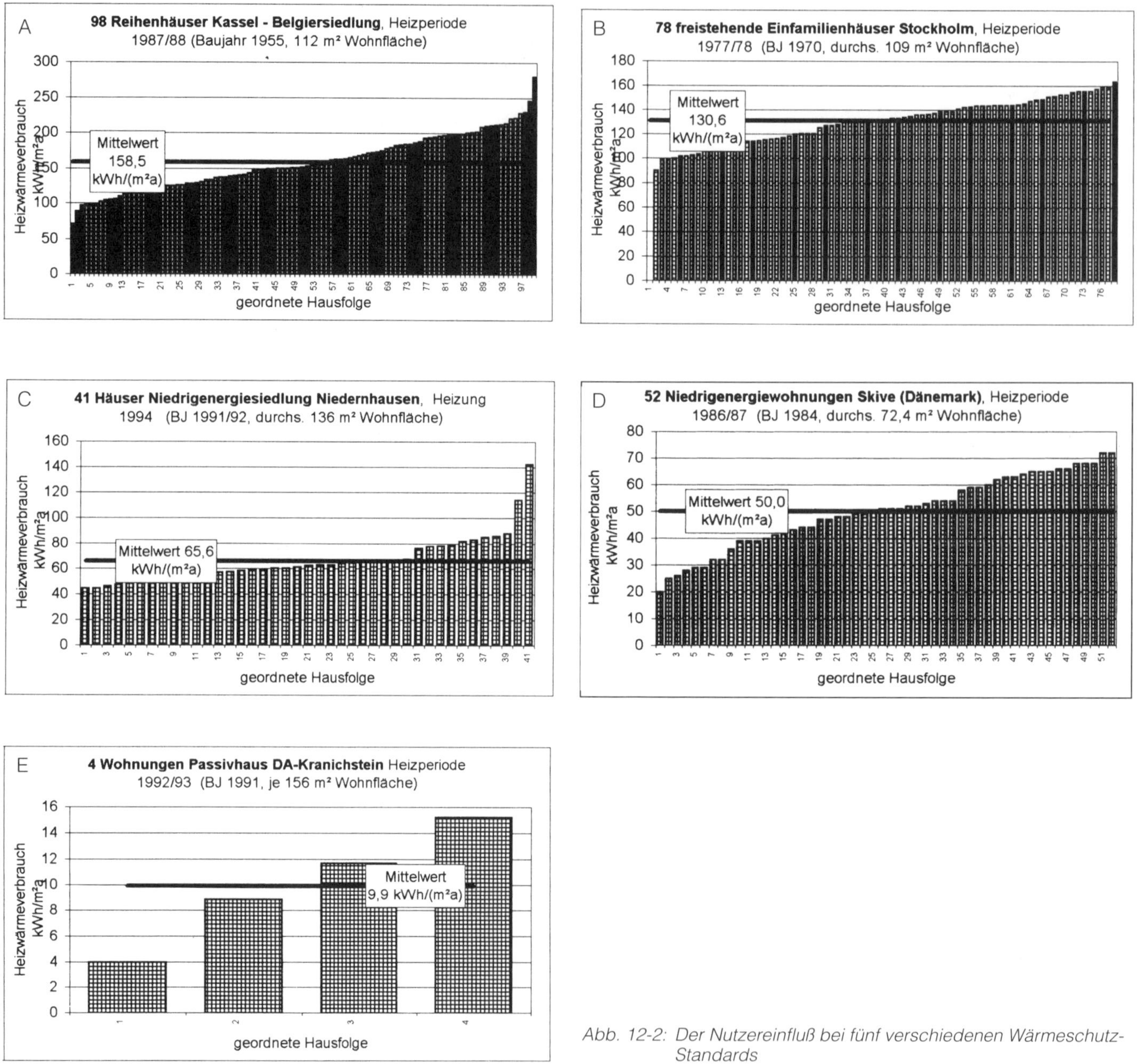

Abb. 12-2: Der Nutzereinfluß bei fünf verschiedenen Wärmeschutz-Standards

- **Gebäudegruppe A: deutscher Baubestand, Belgiersiedlung, Baujahr 1955, je 112 m^2 Wohnfläche.**

Diese 98 Reihenhäuser haben typische Konstruktionsdetails des deutschen Gebäudebestands, weisen gerade den Mindestwärmeschutz nach der damaligen DIN 4108 auf und kommen daher auf (gemessene) Heizwärmeverbrauchswerte zwischen 100 und 280 kWh/(m^2a). Der Mittelwert liegt mit etwa 160 kWh/(m^2a) etwa beim Durchschnitt des Gebäudebestandes [Ebel 1995]. Quelle der verwendeten Meßdaten: [Eicke-Hennig 1990].

- **Gebäudegruppe B: schwedischer Gebäudebestand, Einfamilienhäuser in der Nähe von Stockholm, Baujahr 1969/70, je 105 m^2 Wohnfläche.**

Diese 78 eingeschossigen freistehenden Einfamilienhäuser haben eine Wärmedämmung, die entsprechend der damaligen Schwedischen Norm bereits recht gut war (k-Werte Boden: 0,5 W/(m^2K), Wand 0,38 W/(m^2K), Fenster 2,8 W/(m^2K) und Dach 0,23 W/(m^2K)). Diese Häuser werden elektrisch beheizt und waren Gegenstand einer sehr sorgfältigen Felduntersuchung [Lundström 1986]. Dieser Untersuchung sind auch die Meßdaten zum Heizwärmeverbrauch im Jahr 1977/78 entnommen, der zwischen 90 und 164 kWh/(m^2a) lag. Der Mittelwert liegt mit etwa 130 kWh/(m^2a) deutlich unter dem für die Gebäudegruppe A, obwohl das Klima in Stockholm spürbar kälter als in Kassel ist. Der bessere Wärmeschutz macht dies mehr als wett.

- **Gebäudegruppe C: Niedrigenergiehaussiedlung „Distelweg" in Niedernhausen/Taunus: Architekten Gitter/Hamacher, Baufrösche, Brackrock), Baujahre 1991–1992, Durchschnitt 136 m^2 Wohnfläche**

Die 41 Häuser (2 Doppelhäuser, 5 Reihen) wurden unter der Betreuung durch Rasch und Partner von privaten Bauherren errichtet. Die Häuser haben Niedrigenergiestandard (k-Werte Boden 0,30 bis 0,44; Wand 0,24; Fenster 1,5 und Dach 0,15 bis 0,22 W/(m^2K)). Die Wohnungen haben Abluftanlagen. Die Häuser sind an eine kleine Heizzentrale angeschlossen, die hier dokumentierten Verbrauchswerte wurden hausweise über Wärmemengenzähler abgelesen. Die Meßwerte liegen zwischen 42 und 142 kWh/(m^2a) mit einem Mittelwert von 65,6 kWh/(m^2a). Der gemessene mittlere Verbrauch liegt um mehr als einen Faktor 2 unter dem der schlecht gedämmten Häuser aus Gruppe A. Quelle der verwendeten Meßdaten: [Loga 1996].

- **Gebäudegruppe D: Niedrigenergiewohnungen in Skive (Dänemark), Baujahr 1984, durchschnittliche 72,4 m^2 Wohnfläche.**

Diese 52 Wohnungen wurden im Rahmen einer Bauausstellung im Niedrigenergiestandard errichtet. Sie haben eine sehr gute Wärmedämmung (k-Werte Boden 0,17 W/(m^2K), Wand 0,17 W/(m^2K), Fenster 1,6 W/(m^2K) und Dach 0,13 W/(m^2K)) sowie eine balancierte Lüftungsanlage mit Wärmerückgewinnung. Alle Wohnungen werden mit Fernwärme versorgt, der hier dokumentierte Heizwärmeverbrauch wurde wohnungsweise an Wärmemengenzählern abgelesen und vom Technologischen Institut Dänemarks publiziert [TID 1988]. Die Verbrauchswerte liegen zwischen 20 und 72 kWh/(m^2a) mit einem Mittelwert von 50 kWh/(m^2a).

- **Gebäudegruppe E: Vier Wohnungen im Passivhaus Darmstadt Kranichstein, Baujahr 1990/91, je 156 m^2 Wohnfläche**

Das Passivhaus wurde 1990/91 von den Architekten Prof. Bott/Ridder/Westermeier errichtet. Die vier reihenhausähnlich angeordneten Wohnungen haben eine extrem gute Wärmedämmung (k-Werte Boden 0,12; Wand 0,13; Fenster 0,7; Dach 0,1 W/(m^2K)) sowie eine höchsteffiziente Wärmerückgewinnung (>80 %) aus der Abluft. Die Häuser werden von einer Heizzentrale aus versorgt, die Datenerhebung mit wohnungsweisen Wärmemengenzählern erfolgte durch das Ingenieurbüro ebök. Die Jahreswärmeverbräuche liegen zwischen 4 und 15 kWh/(m^2a) mit einem Mittelwert von 10 kWh/(m^2a). Dieser Mittelwert entspricht einer gemessenen Energieeinsparung von 94 % gegenüber der Gebäudegruppe A. Quelle der verwendeten Meßdaten: [Feist 1994].

Allen fünf hier beschriebenen Gebäudegruppen ist folgendes gemeinsam:

- Es handelt sich nicht um Einzelhäuser, sondern um Gesamtheiten von baugleichen Häusern mit jeweils gleichem Dämmstandard am gleichen Standort.
- Es sind gemessene Heizwärmeverbrauchswerte (Statistik über alle Gebäude dieser Bauart am Standort) vorhanden.
- Die gemessenen Verbrauchswerte streuen infolge des Nutzerverhaltens beträchtlich um den jeweiligen Mittelwert. Verbrauchsabweichungen um

65 % nach unten und um 75 % nach oben kommen vor.

- Der Durchschnittsverbrauch jeweils aller Wohnungen jeder der fünf Gebäudegruppen entspricht jedoch ziemlich gut dem rechnerisch mit dem „Leitfaden Energiebewußte Gebäudeplanung" bestimmten Wert.

Abb. 12-3 macht den fundamentalen Unterschied zwischen den fünf Gebäudegruppen deutlich: Trotz aller Gemeinsamkeiten sinkt der mittlere Wärmebedarf von den schlecht gedämmten Häusern im Bestand (160 kWh/(m^2a)) über die Niedrigenergiehäuser (bis 50 kWh/(m^2a)) bis zum Passivhaus (um 10 kWh/(m^2a)) um fast 94 % ab (vgl. Abb. 12-3). Die durch die Niedrigenergie-Technik projektierten Energieeinsparungen sind daher in der Praxis reproduzierbar eingehalten worden – auch die in jeder Gebäudegesamtheit vorhandene Streuung des Nutzerverhaltens ändert daran nichts. Ein verschwenderischer Nutzer im Niedrigenergiehaus verbraucht immer noch deutlich weniger Energie als ein sparsamer Bewohner in einem schlechtgedämmten Gebäude.

Eine andere Konsequenz aus den hier dokumentierten Meßwerten ist allerdings ebenso wichtig: Wegen der großen durch das Nutzerverhalten verursachten Schwankungen sind vergleichende Untersuchungen über den Energieverbrauch bei unterschiedlichen Bauweisen und Techniken nur in hinreichend großen Grundgesamtheiten möglich. Einzelne Gebäude taugen für solche Messungen nur, wenn sehr genaue Angaben bezüglich der zugehörigen Verbrauchsmuster gemacht werden, also mittlere Innentemperaturen und das Lüftungsverhalten ständig aufgezeichnet werden.

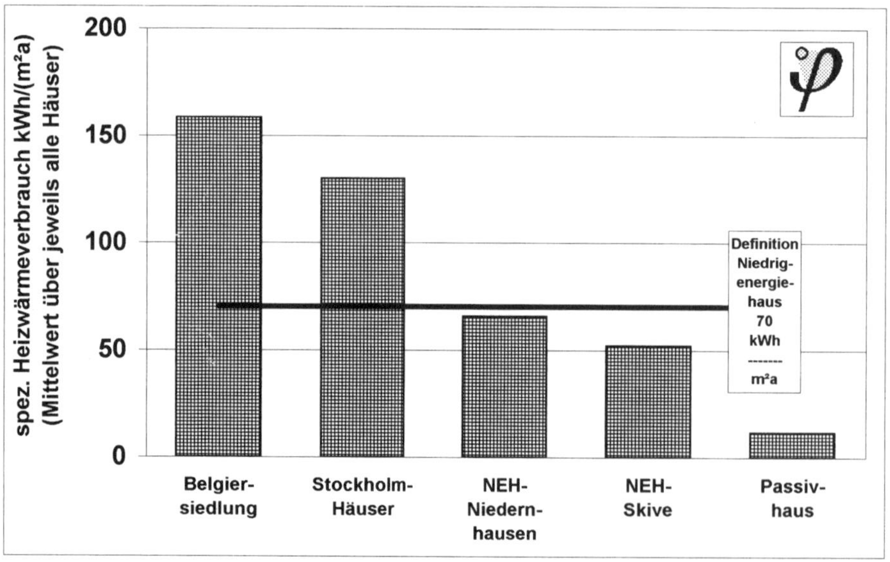

Abb. 12-3: Die Mittelwerte der Energieverbräuche der fünf meßtechnisch untersuchten Gebäudegruppen mit unterschiedlichem Gebäudestandard: Mit zunehmend verbessertem Wärmeschutz nehmen die Verbrauchsmittelwerte wie erwartet ab, der gemessene Energieverbrauch beträgt am Ende im Passivhaus nur noch ein Sechzehntel des Durchschnitts im Gebäudebestand.

12.3 Nutzerfreundliche Techniken

Der Bewohner nutzt ein Gebäude nicht in erster Linie, um Energie zu sparen. Ihm geht es vielmehr um ein seinen Bedürfnissen entsprechendes Raumklima und um vertretbare jährliche Heizkosten. Die Erwartung an den Nutzer, sich auf energiesparende Verhaltensweisen einzulassen, darf daher nicht zu hoch gesteckt werden. Mit großen Schwankungen bezüglich des individuellen Energieverbrauchs ist daher auch künftig zu rechnen.

- Bauweise und haustechnische Anlagen sollten daher so ausgelegt sein, daß sie dem Benutzer ein energiesparendes Verhalten erleichtern. Ein solches Verhalten darf nicht aufwendig sein und sollte gesunde und behagliche Wohnbedingungen nach sich ziehen. Gebäude und Heizanlage müssen einfach zu bedienen und leicht zu warten sein.
- Es sollten keine undurchschaubaren oder zeitraubenden Verhaltensregeln erforderlich werden, um gesund, behaglich und energiesparend zu wohnen. (Beispiele dafür sind die aufwendige „Stoßlüftungsprozedur", ein regelmäßiges Bedienen von zeitweise eingesetzten Fensterabdeckungen, ständiges Nachregeln der Heizanlage usw.)
- Es sollten keine Anlagen eingesetzt werden, die bei nicht energiebewußtem Verhalten zu extremen Mehrverbräuchen führen. Beispiel hierfür ist (leider!) der beheizbare Wintergar-

ten, der geradezu zur wohnraumähnlichen Nutzung verführt und dann zu weit höheren Energieverbräuchen Anlaß gibt.

- Die Regelung muß die Nutzung der Gratiswärme selbsttätig berücksichtigen, der Nutzer wäre hiermit überfordert. Die Sollwerteinstellung der Regelung muß jedoch für den Nutzer leicht zugänglich sein, damit er bei nicht mehr gegebenem Bedarf auf einfache Weise zurückregeln kann.
- Die Abrechnung sollte nach Verbrauch und in kurzen Zeitabschnitten erfolgen, damit der Zusammenhang zwischen Verbrauchswert und Kosten nachvollziehbar bleibt.
- Für das Gebäude und die haustechnischen Anlagen sollten kurz gefaßte, leicht verständliche „Gebrauchsanleitungen" beigegeben werden, um die Information über den Einfluß des Nutzerverhaltens an den Bewohner zu vermitteln.

12.4 Grenzen der Energieeinsparung durch Nutzerverhalten

Zwar sind die Schwankungsbreiten des Energieverbrauchs, die durch das Nutzerverhalten bedingt sind, sehr groß. Diese Schwankungen durch Aufstellung von Nutzeranleitungen, Informationen und Überzeugungsarbeit in Richtung auf die niedrigeren Verbräuche hin zu beeinflussen, hat jedoch seine Grenzen. Die wenig erfreuliche Vision eines „Kalorienstaates" drängt sich auf, wenn der Druck auf energiesparendes Verhalten zu stark getrieben wird.

Der Nutzereinfluß ist beim baulichen Konzept des Niedrigenergiehauses mit guter Regelung und hochwertiger Haustechnik prozentual etwa ähnlich wie bei schlechtem Standard. Auch bei ungünstigem Verhalten bleiben die Verbräuche jedoch unter denen von „normalen" Gebäuden.

Umgekehrt kann durch sehr sparsames Verhalten auch in schlecht gedämmten Häusern der Verbrauch stark gesenkt werden. Die Schmerzgrenze bezüglich noch behaglicher Raumtemperaturen ist aber irgendwann erreicht. Zu geringe Temperaturen sowie unzureichende Lüftung sind weder gesund noch günstig für die Baukonstruktion.

Erst eine gute Bauweise eröffnet dem Nutzer die Möglichkeit, tatsächlich geringe Verbräuche zu erzielen. Dabei wird die Reaktionsmöglichkeit auf Energiepreis und -knappheit deutlich verbessert. In Niedrigenergiehäusern sinkt die Temperatur (bedingt durch die inneren Wärmequellen und die passive Sonnenenergie) auch ohne Heizung im Winter nicht unter 8 bis 10 °C ab. Geben sich die Nutzer in Zeiten mit sehr teurer Energie mit durchschnittlich nicht unter 17 °C zufrieden, so reichen weniger als 4000 kWh (umgerechnet 400 Liter Heizöl) für die Heizung in einem vollen Jahr. **Der Bau von Niedrigenergiehäusern ist daher auch eine „Behaglichkeitsversicherung" für künftige Energiekrisen.**

13. Wirtschaftlichkeit

Wer über Energiesparmaßnahmen entscheidet, muß über geeignete Auswahlkriterien verfügen. Neben der Frage der technischen Effizienz steht bei wärme- oder heizungstechnischen Maßnahmen die Wirtschaftlichkeit im Vordergrund. Technisch effiziente Formen der Energieverwendung und Einsparpotentiale werden oft nicht realisiert, weil der Investor sich unsicher ist, ob sich diese Investitionen für ihn einzelwirtschaftlich lohnen. Das gilt im Neubaubereich insbesondere im Hinblick auf den Niedrigenergie-Standard. Deshalb werden wir uns in diesem Abschnitt zum einen den methodischen Grundlagen zur Kalkulation der Wirtschaftlichkeit über den Preis für die eingesparte Kilowattstunde bis hin zur Bestimmung der wirtschaftlich optimalen Dämmdicke widmen.

Im zweiten Abschnitt werden die Mehrkosten des Niedrigenergie-Standards an ausgewählten Haustypen aufgrund von Felduntersuchungen und aktuellen Hochrechnungen ermittelt. Zum guten Schluß wird im dritten Abschnitt aufgezeigt, daß eine Vielzahl von Maßnahmen des „kostensparenden Bauens" sich energetisch ebenfalls positiv auswirken.

13.1 Kalkulationsmethoden und ihre Anwendung

Wirtschaftliche Beurteilungskriterien

Im folgenden werden Fragen der Beurteilung der Vorteilhaftigkeit von Investitionen in rationelle Energienutzung und ihrer Finanzierung vornehmlich unter betriebswirtschaftlichen Aspekten behandelt: die einzelnen Verfahren beziehen sich nur auf diejenigen Kosten und Nutzen, die monetär bewertbar und dem Investitionsvorhaben verursachergerecht zurechenbar sind. Die Grenzen des Maßstabes „einzelwirtschaftliche Rentabilität" können kurz wie folgt zusammengefaßt werden:

- Wirtschaftlichkeitsrechnungen können – entgegen häufig anzutreffender Ansicht – keine exakten Werte für zukünftige Kosten und künftigen Nutzen von Investitionen liefern. Alle Aussagen sind mit Unsicherheiten behaftet, die auf der unvollständigen Kenntnis künftiger Entwicklungen (z.B. Zins, Energiepreise) beruhen. Nur innerhalb dieser „Bandbreite" – die im übrigen u. U. bis zu ± 15 % der ursprünglich bestimmten Kosten ausmachen kann – kann eine Wirtschaftlichkeitsrechnung überhaupt verläßliche Aussagen machen.
- Für die Bestimmung der Wirtschaftlichkeit gibt es unterschiedliche methodische Ansätze (Kapitalwertmethode, Methode des internen Zinssatzes, ...), die zu unterschiedlichen Rangfolgen bei der relativen Beurteilung verschiedener Investitionsvarianten führen können. Insbesondere entstehen durch unterschiedliche Nutzungsdauern der Investitionsalternativen Verzerrungen beim Vergleich der verschiedenen Methoden. Die Entscheidung für ein bestimmtes Wirtschaftlichkeitskriterium wird nach Zielsetzungen und Werthaltungen des Investors getroffen und kann zu unterschiedlichen Entscheidungen führen.
- Ansätze für die ökonomische Beurteilung von wärmetechnischen Maßnahmen werden auch häufig falsch, unvollständig oder methodisch unzureichend gemacht. Solche Fehler sind zwar prinzipiell vermeidbar, aber so weit verbreitet, daß Vorsicht bei der Betrachtung von Wirtschaftlichkeitsrechnungen geboten erscheint.
- Selbst bei methodisch einwandfreiem Vorgehen, realistischer Abschätzung aller eingehenden Parameter und sorgfältiger Analyse kann eine vergleichende Wirtschaftlichkeitsrechnung häufig keine Entscheidung zwischen unterschiedlichen Investitionsalternativen liefern. In vielen Fällen liegen nämlich die Ergebnisse der betriebswirtschaftlichen Rechnung für verschiedene Alternativen so nah nebeneinander, daß das Wirtschaftlichkeitskriterium allein keine vernünftige Entscheidung erlaubt. Insbesondere ist dies häufig bei der Bestimmung „optimaler" Investitionskennwerte, z. B. der „optimalen Dämmstoffdicke", der Fall: hier ergeben sich in sehr vielen Fällen extrem flach ausgebildete Kostenoptima, so daß angesichts der Unsicherheiten vieler Kalkulationsparameter von einem exakt bestimmbaren Optimum nicht die Rede sein kann. Vielmehr gibt es einen ganzen Bereich „relativ optimaler" Maßnahmen, unter denen nun eine Entscheidung nach anderen als wirtschaftlichen Kriterien vorzunehmen ist.
- Auch in der Praxis werden Investitionsentscheidungen häufig gerade nicht nach betriebswirtschaftlichen

Gesichtspunkten gefällt, sondern nach ganz anderen Kriterien. Fragen wie Finanzierbarkeit von Investitionen, ästhetische Gesichtspunkte, tradierte Verhaltensmuster oder Komfort- oder Repräsentationswünsche sind häufig entscheidende Motive für Investitionen. Für diese Gesichtspunkte ist es nicht oder nur schwer möglich, sie monetär auszudrücken, oder eine Monetarisierung wird gar nicht gewünscht.

- Volkswirtschaftliche Kriterien müssen nicht immer im Einklang mit der betriebswirtschaftlichen Rechnung stehen. Z. B. ist bei betriebswirtschaftlicher Kostengleichheit zwischen einer Variante mit hohen Energiekosten (z. B. durch Bezug von Erdöl) und einer Variante mit hohen Kapitalkosten (z. B. durch Erneuerung der Heizanlage) volkswirtschaftlich die letzte Alternative sehr viel wünschenswerter, da die entstehenden Kosten in diesem Fall vollständig der nationalen Wirtschaft zugute kommen, während sie im ersten Fall größtenteils für importierte Rohstoffe ausgegeben werden müssen. Dieser Zusammenhang hat wiederum Auswirkungen auf den Arbeitsmarkt – dies unterstreicht das volkswirtschaftliche Interesse an energetischen Sanierungsmaßnahmen über die einzelwirtschaftlichen Rentabilitätsgrenzen hinaus und macht u. a. deutlich, weshalb finanzielle Förderprogramme für Energiesparinvestitionen volkswirtschaftlich sinnvoll sein können und nicht als verlorene Subventionen aufgefaßt werden dürfen.

Dynamische Methoden zur Beurteilung der Wirtschaftlichkeit

Geeignete Methoden beruhen auf den Gesamtkosten, die während der Nutzungsdauer der betrachteten Gebäude oder Anlagen anfallen. Vor allem bei langen Nutzungsdauern ist es entscheidend, daß Kosten, die zu unterschiedlichen Zeitpunkten anfallen, ökonomisch nicht gleich zu bewerten sind. Dynamische Methoden beziehen das zeitliche Auseinanderfallen von Einnahmen und Ausgaben in die Berechnung der Vorteilhaftigkeit einer Investition ein.

Infobox 13-1: Dynamische Wirtschaftlichkeitsrechnung oder Amortisationszeit?

*Energiesparmaßnahmen sind **langfristig** wirksame Maßnahmen, von denen nicht erwartet werden kann, daß sie sich kurzfristig bezahlt machen.*

*Bei Wirtschaftlichkeitsrechnungen über einen langen Zeitraum müssen die **Zinsen** berücksichtigt werden. Dynamische Methoden beziehen diese ein – im Gegensatz zu statischen Wirtschaftlichkeitsberechnungen. Der **Kalkulationszinssatz** ist der Zinssatz für einen Hypothekenkredit oder bei Eigenfinanzierung der Zinssatz, der bei Anlage des Eigenkapitals hätte erzielt werden können.*

Ungeeignet zur Beurteilung der Wirtschaftlichkeit ist die Amortisationszeit: Die Einsparungen nach der Rückzahlung bleiben unberücksichtigt. Maßnahmen, die bei langen Amortisationszeiten viel Energie einsparen, können über die Nutzungsdauer weit mehr Kosten einsparen und eine höhere Wirtschaftlichkeit aufweisen als kleine Maßnahmen mit kurzer Amortisationszeit.

Infobox 13-2: Annuitätsfaktor

Die jährlichen Kapitalkosten K_I (Zins und Tilgung) für eine Investition I ergeben sich – bei über die Nutzungsdauer der Maßnahme konstanten Raten – als das Produkt aus dem Annuitätsfaktor a und der Investition I:

$$K_I = a \cdot I$$

$$a = \frac{p}{1 - (1 + p)^{-n}}$$

p = Zinssatz

n = Nutzungsdauer

Tabelle Annuitätsfaktoren

% p.a. Kalkulations-zinssatz	Nutzungsdauer (Jahre) 5	10	15	20	25	30	40	50
2%	21,2%	11,1%	7,8%	6,1%	5,1%	4,5%	3,7%	3,2%
3%	21,8%	11,7%	8,4%	6,7%	5,7%	5,1%	4,3%	3,9%
4%	22,5%	12,3%	9,0%	7,4%	6,4%	5,8%	5,1%	4,7%
5%	23,1%	13,0%	9,6%	8,0%	7,1%	6,5%	5,8%	5,5%
6%	23,7%	13,6%	10,3%	8,7%	7,8%	7,3%	6,6%	6,3%
7%	24,4%	14,2%	11,0%	9,4%	8,6%	8,1%	7,5%	7,2%
8%	25,0%	14,9%	11,7%	10,2%	9,4%	8,9%	8,4%	8,2%
9%	25,7%	15,6%	12,4%	11,0%	10,2%	9,7%	9,3%	9,1%
10%	26,4%	16,3%	13,1%	11,7%	11,0%	10,6%	10,2%	10,1%

Ungeeignet sind dagegen die Kosten- und Gewinnvergleichsrechnung, die die Zeitkomponente außer acht läßt, ebenso wie die Amortisationsrechnung, die den Zeitraum der Nutzung einer Investition lediglich bis zum Zeitpunkt des Kapitalrückflusses einbezieht.

Bei der **Kapitalwertmethode** ist das Kriterium der Kapitalwert einer Investition. Jede Zahlung oder Einnahme wird mit dem Kapitalzinssatz zurückgezinst auf den Bezugszeitpunkt.

Äquivalent zur Kapitalwertmethode ist die **dynamische Annuitätenmethode.** Dabei werden die durch die Sparmaßnahme entstehenden zusätzlichen Investitionskosten (Mehrkosten gegenüber der Standardlösung) auf jährliche Kapitalkosten umgelegt, die über die Nutzungsdauer der Maßnahme konstant sind. Sie entsprechen den jährlichen Raten, die für Zins und Tilgung an die Bank gezahlt werden.

Den Kosten für die Energiesparmaßnahme (Kapitalkosten sowie gegebenenfalls Zusatzkosten, z. B. Wartungskosten oder Hilfsenergie) stehen die eingesparten Energiekosten gegenüber. Die gesamten Jahreskosten ergeben sich zu:

$$K_s = a \cdot I + P \cdot E_s + Z$$

K_s = durchschnittliche Jahreskosten nach der Sparmaßnahme

a = Annuitätsfaktor (vgl. Infobox 13-2)

I = Investitionskosten für die Sparmaßnahmen (nur Mehrkosten)

P = Preis für die Energieeinheit im Durchschnitt über die Nutzungsdauer

E_s = jährlicher Energieverbrauch nach Durchführung der Maßnahme

Z = eventuelle jährliche Zusatzkosten

Ohne die Sparmaßnahme wären die Jahreskosten:

$$K_o = P \cdot E_o$$

K_o = durchschnittliche Jahreskosten ohne Maßnahmen

E_o = jährlicher Energieverbrauch ohne Maßnahmen

Die Maßnahme ist wirtschaftlich, wenn eine Kosteneinsparung erzielt wird, also

$$K_s < K_o.$$

Dies ist äquivalent zu

$$P > P_{Ein} = \frac{a \cdot I + Z}{E_{Ein}}$$

P_{Ein} hat die anschauliche Bedeutung des **„Preises für die eingesparte Einheit Energie".**

Eine Maßnahme ist also genau dann wirtschaftlich, wenn der Preis P_{Ein} für die eingesparte Kilowattstunde Energie geringer ist als der zukünftige über die Nutzungsdauer gemittelte Preis P für die bezogene Kilowattstunde Energie. Diese Darstellung hat folgende Vorteile:

- Als unmittelbarer Vergleichswert für einen tatsächlichen Energiepreis ist der „Preis für die eingesparte Kilowattstunde Energie" eine anschauliche Größe.
- In die Berechnung des Beurteilungswertes P_{Ein} gehen als Annahme über die zukünftige Entwicklung nur die Kapitalmarktzinsen ein (sowie gegebenenfalls Preissteigerungen für eventuelle Zusatzkosten Z), nicht dagegen die Energiepreissteigerung. Damit kann der „Preis für die eingesparte Energie" verläßlicher berechnet werden als Kapitalwerte bzw. mittlere jährliche Gesamtkosten.
Die unsichere zukünftige Energiepreisentwicklung steckt ausschließlich in der Vergleichsgröße P, dem mittleren zukünftigen Energiepreis. Die aus der Berechnung von P_{Ein} hergeleitete Aussage: „Die Maßnahme ist wirtschaftlich ab einem mittleren zukünftigen Energiepreis von $P = P_{Ein}$" ist damit vergleichsweise unempfindlich gegenüber Veränderungen bei den Annahmen.
- Der „Preis für die eingesparte Einheit Energie", P_{Ein}, ist ein Beurteilungskriterium für die Wirtschaftlichkeit einer Maßnahme, anhand dessen nicht nur alternative Maßnahmenlösungen, sondern auch völlig unterschiedliche Maßnahmen aus verschiedenen Bereichen miteinander verglichen werden können. Da P_{Ein} außerdem eine Vergleichsgröße für den Preis der bezogenen Energie ist, können anhand dieser Größe Einsparmaßnahmen mit

Tabelle 13-1: Mittlere zukünftige Energiepreise bei verschiedenen Energiepreissteigerungsraten (Ausgangswert: 5 Pf/kWh)

Nutzungsdauer (Jahre)	Annuität	Energiepreissteigerung							
		1%	2%	3%	4%	5%	6%	7%	8%
5	22,5%	5,1	5,3	5,5	5,6	5,8	5,9	6,1	6,3
10	12,3%	5,3	5,5	5,8	6,2	6,5	6,9	7,2	7,6
15	9,0%	5,4	5,8	6,2	6,7	7,3	7,9	8,5	9,2
20	7,4%	5,5	6,0	6,7	7,4	8,1	9,0	10,1	11,2
25	6,4%	5,6	6,3	7,1	8,0	9,1	10,3	11,8	13,6
30	5,8%	5,7	6,5	7,5	8,7	10,1	11,8	13,9	16,4
40	5,1%	5,9	7,0	8,3	10,1	12,4	15,3		
50	4,7%	6,0	7,4	9,2	11,6	15,0			

Annahme: Kapitalzins 4% p.a. gem. Vereinbarungen der Enquête-Kommission für reale Verzinsung verschiedenen Energieträgern und Versorgungstechnologien verglichen werden.

Auf diesem Wege ermittelte P_{Ein} – Werte für den Übergang zum Niedrigenergie-Standard sind für verschiedene Haustypen in Abb. 13-4 (Kapitel 13.2.) dokumentiert.

Der zukünftige Energiepreis

Bei der Berechnung der Wirtschaftlichkeit einer Maßnahme entsprechend dem vorhergehenden Abschnitt liegen in der Einschätzung des „mittleren zukünftigen Energiepreises" naturgemäß die größten Unsicherheiten.

Die Annahmen vor allem über die politischen Randbedingungen und deren Auswirkungen scheinen fast willkürlich. So ist es fast schon erstaunlich, daß es einer so heterogenen Gruppe wie den Beteiligten des Studienpakets (d. h. Mitgliedern der Kommission sowie Bearbeitern) der Enquete-Kommission „Vorsorge zum Schutz der Erdatmosphäre" gelang, sich auf einheitliche Rahmendaten zu einigen. Diese Vereinbarungen setzen einen Maßstab für eine realistische und abgestimmte Berechnungsgrundlage.

Infobox 13-3 Nominale und reale Zinsen

Der nominale Geldzuwachs wird zum Teil durch die Inflation wieder entwertet, es verbleibt ein realer Geldzuwachs (er entspricht der Inflationsrate i = 0). Für Wirtschaftlichkeitsvergleiche ist es oft praktisch, die unsichere Inflationsrate i zu eliminieren und statt mit nominalen mit realen Preissteigerungen und Zinsen zu rechnen. Ist $p_{nominal}$ der nominale Zinssatz, so ergibt sich der reale Zinssatz p_{real} zu

$$p_{real} = \frac{1 + p_{nominal}}{1 + i} - 1$$

Die entsprechende Beziehung gilt für Preissteigerungsraten.

Zweckmäßig ist es, von den Schwankungen der allgemeinen Inflation einmal abzusehen. Zu diesem Zweck empfiehlt es sich, mit realen Preisen zu rechnen. Wie nominale Zinsen und Preise umgerechnet werden, geht aus der Infobox hervor. Wenn Inflationsrate und Zinsen gering sind, ist in erster Näherung der reale Zinssatz die Differenz aus nominalem Zinssatz und der Inflationsrate. Der reale Kapitalzins kann dann mit 4 % p. a. angenommen werden.

Wird für zusätzlichen Wärmeschutz im Neubau (vorsichtig) eine wirtschaftliche Nutzungsdauer von 30 Jahren unterstellt, so beträgt der Annuitätsfaktor unter diesen Annahmen 5,8 %. (Wird für die Umrechnung auf nominale Verzinsungen eine Inflationsrate von 2,5 % p. a. angenommen, so ist der Annuitätsfaktor (nominal) 7,7 %.)

Gemäß den Vereinbarungen der Enquete-Kommission beträgt die Preissteigerung für Brennstoffe in einem unteren Preisszenario 1,6–1,8 % (real) bei Ausgangswerten (1990) ca. 50 Pf. pro Liter Heizöl bzw. 60 Pf. pro m^3 Erdgas. Der Energieinhalt beträgt jeweils 10 kWh pro l bzw. m^3. Wesentlich teurer ist Strom (Ausgangswerte 30 Pf./kWh für Tagstrom und 13 Pf./kWh für Nachtstrom).

In einem Sparszenario, in dem auch die externen Kosten der Energiebereitstellung durch Energiesteuern auf den Verbraucher umgelegt werden, können deutlich höhere Energiepreise unter-

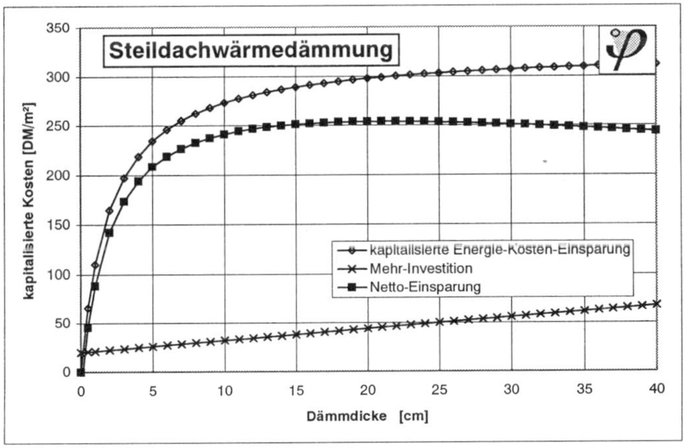

Abb. 13-1: Wirtschaftlichkeit einer Steildachdämmung mit Mineralwolle

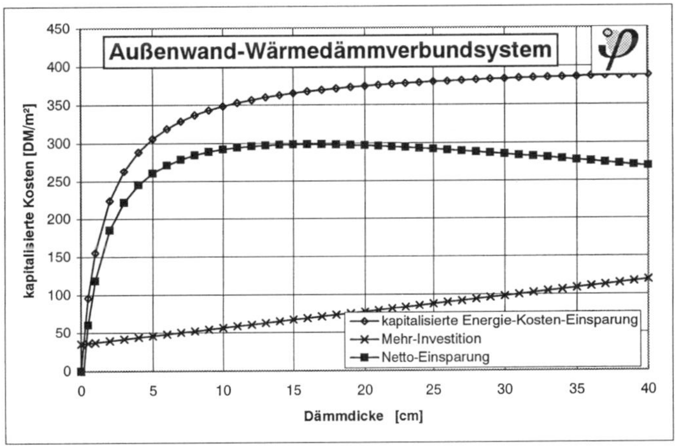

Abb. 13-2: Wirtschaftlichkeit einer Thermohaut aus Polystyrol

stellt werden. Die Enquete-Kommission „Vorsorge zum Schutz der Erdatmosphäre" ging von zukünftigen Brennstoffpreisen aus, die realen Preissteigerungsraten von 6–7% p. a. entsprechen.

Mittlere Energiepreise werden nun berechnet, indem die jährlichen Energiepreise auf den Zeitpunkt der Investition zurückgezinst werden (d. h. es wird der Kapitalwert der gesamten Kosten des jährlichen Verbrauchs einer Einheit Energie über die Nutzungsdauer berechnet) und anschließend in über die Nutzungsdauer gleichen Raten (d. h. Annuitäten) verteilt werden. Unter den obigen Annahmen wären bei der Trendentwicklung und einer Beheizung mit Brennstoff Energiesparmaßnahmen bis zu einem Preis von ca. 6,5 Pf. für die „eingesparte Kilowattstunde Energie" wirtschaftlich. Bei der für die Sparvariante unterstellten Entwicklung liegt die Wirtschaftlichkeitsgrenze bei 12–13 Pf./kWh (vgl. Tab 13-1).

Optimale Dämmstoffstärken im Neubau

Bei Wärmeschutzmaßnahmen tritt immer wieder das Problem auf, welche Dämmstoffstärken sinnvollerweise zu wählen sind. Hierzu wurden für verschiedene Dämmaßnahmen die Investitionskosten ermittelt sowie die Energieeinsparung berechnet, jeweils in Abhängigkeit von der Dämmstoffstärke. Die Investitionskosten setzen sich zusammen aus einem Fixkostenanteil sowie einem Anteil, der proportional zur Dämmschichtdicke ist. Die jährliche Energieeinsparung wird in Abhängigkeit von der Dämmstoffstärke berechnet.

In den Abbildungen 13-1 und 13-2 sind für verschiedene Maßnahmen die Kostenkurven für die Investition und die kapitalisierte Energiekosteneinsparung über der Dämmstoffdicke aufgetragen – und zwar jeweils unter den Annahmen des Sparszenarios der Enquete-Kommission für den billigsten Energieträger Heizöl. Als typische Maßnahmen werden dargestellt:

1. Steildachwärmedämmung mit Mineralwolle: Ein zusätzlicher cm Dämmstoffdicke kostet 1,20 DM pro m^2 Dachfläche (für den Dämmstoff und Zusatzkosten bei der Anbringung).
2. Außendämmung einer Wand mit einem Wärmedämmverbundsystem aus Styropor: Ein zusätzlicher cm Dämmstoff kostet 2,10 DM pro m^2 Wandfläche für den Dämmstoff und Zusatzkosten bei der Anbringung.

Die angegebenen Kosten orientieren sich im unteren Bereich der Bandbreite von ausgewerteten NE-Projekten (vgl. Kapitel 13.2). Da es sich hierbei meist um frühe Demonstrationsobjekte handelte, kann man davon ausgehen, daß aus heutiger Sicht eher günstigere Preise erzielt werden können.

Die Netto-Kosteneinsparung ergibt sich als Differenz aus den Einsparungen und der Investition. Diese Kurve ist ebenfalls in den Abbildungen dargestellt. Die Netto-Einsparung hat ein Maximum bei einer Dämmstoffstärke d_{opt}, dem betriebswirtschaftlichen Optimum. Die Lage dieses Optimums hängt bei gegebenen Rahmendaten im wesentlichen von den spezifischen Investitionskosten für eine zusätzliche Längeneinheit Dämmstoffdicke ab. Das Optimum hängt dagegen nicht von dem Fixkostenanteil ab, der die Kurve nur nach oben oder unten verschiebt. Die Abhängigkeit vom ursprünglichen k-Wert des ungedämmten Bauteils besteht in einer Verschiebung entlang der Dickenachse, denn der durch die Dämmaßnahme erzielbare wirtschaftlich optimale k-Wert ist von der Ausgangssituation unabhängig.

Die Kurve der Netto-Einsparung verläuft jeweils im Bereich des Optimums sehr flach. Vor dem Hintergrund der unsicheren Preisentwicklungen müssen Dämmstoffstärken, bei denen die gesamte Kosteneinsparung nur um wenige Prozent vom Optimum abweicht, aus betriebswirtschaftlicher Sicht als gleichwertig angesehen werden. Damit erhält man als Ergebnis nicht nur einen optimalen Punkt, sondern eine Spannbreite von Dämmstoffstärken, die wirtschaftlich sinnvoll sind. Bei einer tolerierten Abweichung von 4 % vom optimalen Betriebsergebnis gibt Tabelle 13-2 eine Übersicht über die Spannweite wirtschaftlich sinnvoller Dämmstoffstärken unter den verschiedenen Enquete-Preisszenarien.

Aus der Übersicht in Tabelle 13-2 ist zu erkennen, daß heute übliche Dämmstoffstärken sich im Bereich der aus betriebswirtschaftlicher Sicht minimal sinnvollen Dämmstoffstärken befinden. Die Orientierung an dieser Unter-

Tab. 13-2: Wirtschaftlich sinnvolle Dämmstoffstärken

Sinnvolle Dämmdicken in [cm]		Trend-szenario	Spar-szenario
Steildach dämmung mit Mineral-wolle	minimal sinnvoll	8	10
	optimal	15	**21**
	maximal sinnvoll	**27**	**40**
Außenwand mit Wärme-dämm-verbund-system	minimal sinnvoll	6	8
	optimal	**11**	**16**
	maximal sinnvoll	**20**	**30**

grenze ist jedoch nicht sinnvoll. Innerhalb der Spanne **betriebswirtschaftlich praktisch nicht unterscheidbarer Maßnahmen sollten die ökologisch sinnvollsten** ausgewählt werden.

Bei einer zur wirtschaftlichen Betrachtung analogen Erstellung der Primärenergiebilanz (während der Nutzungsdauer eingesparte Primärenergie abzüglich Primärenergieaufwand bei der Herstellung) ergibt sich für den energieaufwendigen Dämmstoff Styropor eine optimale Dämmstoffstärke von 33 cm. [Feist 1986a]. Bei anderen Dämmstoffen liegen diese Werte noch höher. Entsprechende Ergebnisse erhält man für die Emissionsbilanzen. Aus ökologischen Gründen sollte man sich daher an der aus betriebswirtschaftlicher Sicht maximal sinnvollen Dämmstoffstärke orientieren.

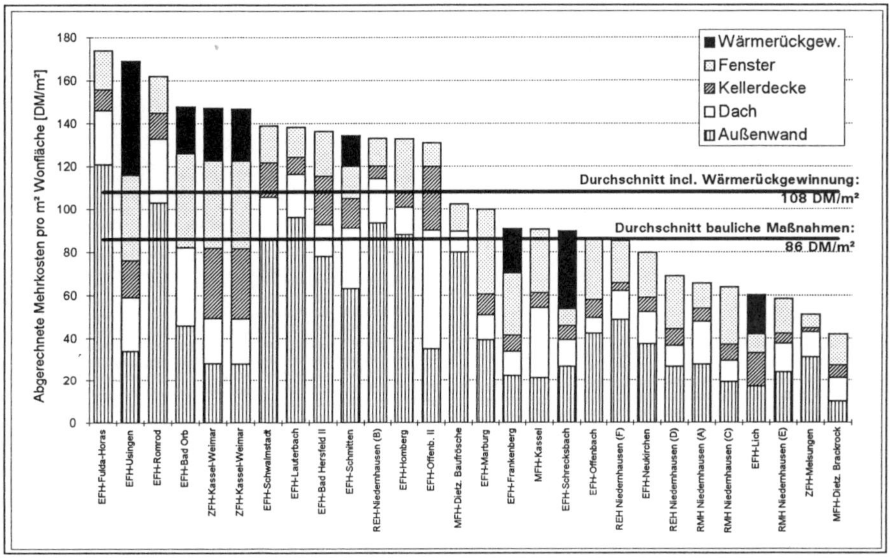

Abb. 13-3: Gebäudemehrkosten für NE-Standard gegenüber der WSchV 84
Quelle: [Feist u. a. 1994]

13.2 Mehrkosten des Niedrigenergiestandards

Die durch den Niedrigenergiestandard entstehenden Mehrkosten halten sich in einem sehr begrenzten Rahmen. Eine 1994 an 100 Wohneinheiten durchgeführte empirische Erhebung ergab Mehrkosten für den Wärmeschutz von 86 DM pro m² Wohnfläche – das sind etwa 4 % der Bauwerkskosten ([Feist u. a. 1994a], vgl. auch [Eicke-Hennig 1993a]). Als Referenzbauweise diente die zum damaligen Zeitpunkt geltende Wärmeschutzverordnung 1984. Trotz dieser rechnerischen Mehrinvestitionen für die einzelnen Bauteile wurde ein Teil der Gebäude zu durchschnittlichen Baukosten erstellt. Energiesparendes Bauen läßt sich also durchaus mit den Prinzipien des kostengünstigen Bauens vereinbaren. Auch die große Streuung der Mehrkosten (40 bis 180 DM/m², Abb. 13-3) zeigte, daß das Potential zur Kostenminderung bei vielen Gebäuden noch lange nicht ausgeschöpft war. Dies ist auch nicht weiter verwunderlich, da es sich bei den untersuchten Objekten um die Pionierprojekte aus dem ersten Landesförderprogramm (Hessen 1990/91) handelte. Dennoch konnte belegt werden, daß der Niedrigenergiestandard auch betriebswirtschaftlich vertretbar ist.

Seit der Verschärfung der gesetzlichen Anforderungen 1995 konnten noch keine neuen empirischen Erhebungen durchgeführt werden. Exemplarisch kann jedoch gezeigt werden, daß die damals gemachten Aussagen zur Wirtschaftlichkeit auch unter Zugrundelegung der Wärmeschutzverordnung '95 zutreffen [Knissel/Loga 1996].

Ausgehend vom Erfahrungswert über die bauteilbezogenen Mehrkosten von

Tab. 13-3: Kostenansätze für die baulichen Mehrkosten

Bauteil	**Maßnahme**	**Mehrkosten pro m²**
Außenwand	WDV-System Polystyrol-Hartschaum (WLG 040) [Eicke-Hennig et al. 1994a]	2,50 DM/cm
Dach	Zwischensparrendämmung Mineralfaser (WLG 035) [Born/Eicke-Hennig 1993]	1,50 DM/cm
Kellerdecke	Polystyrol-Hartschaum (WLG 035) [IRB 1993]	3,00 DM/cm
Fenster	k-Wert-Verbesserung von k = 1,8 W/(m²K) auf k = 1,3 W/(m²K) [IRB 1993]	40,00 DM

Maßnahmen zur Verbesserung des Wärmeschutzes (Tab. 13-3) werden folgende Haustypen untersucht: ein Einfamilienhaus (EFH), ein Reihenendhaus (REH), ein Reihenmittelhaus (RMH) und ein Mehrfamilienhaus (MFH) mit 12 Wohneinheiten. Die Referenzbauweise wird für die Einfamilien- und Reihenhäuser gemäß dem Bauteilverfahren der WSchV 95 definiert. Die k-Werte des Mehrfamilienhauses wurden so gewählt, daß die in der Verordnung vorgeschriebenen Energiekennwerte eingehalten wurden. Die hierfür erforderlichen k-Werte entsprechen ziemlich genau denen des Bauteilverfahrens, so daß für die vier Gebäudetypen mit einheitlichen baulichen Standards gerechnet werden kann.

Alle Gebäude werden in Massivbauweise errichtet und mit einem konventionellen Sparrendach versehen – beim Mehrfamilienhaus wird allerdings die massive oberste Geschoßdecke gedämmt. Die Ausführung der Bauelemente Außenwand, Dach, Kellerdecke, Fenster entspricht für beide Wärmeschutzstandards typischen Bauweisen.

Die berechneten Mehrkosten für Außenwand, Dach, Fenster und Kellerdecke sind in Tab. 13-4 für jeden Gebäudetyp dargestellt. Als Referenzvariante für die Außenwand wurde ein Kalksandsteinmauerwerk mit Wärmedämmverbundsystem (WDVS) aus Polystyrol-Hartschaumplatten angenommen. Diese Konstruktion ist bei 8 cm Dämmstoffstärke (trotz regionaler und temporärer Kostendifferenzen bei Einzelbauvorhaben) im Durchschnitt weitgehend kostengleich mit 36,5er Außenwänden aus Porensteinen. Da sich auch die k-Werte nur geringfügig unterscheiden, ist es unerheblich, welcher Wandaufbau für die Bauweise nach Wärmeschutzverordnung angenommen wird.

Um den hygienisch notwendigen Luftwechsel zu garantieren, wurde bei allen Gebäuden der Einbau von Abluftanlagen zur kontrollierten Lüftung vorgesehen. Der Niedrigenergiestandard kann bei den vorliegenden Beispielgebäuden auch ohne Wärmerückgewinnung aus der Abluft erreicht werden.

Der Heizwärmebedarf wurde mit dem Leitfaden Energiebewußte Gebäudeplanung [LEG] berechnet (vgl. Kap. 11). Auf die Wohnfläche bezogen ergeben sich die in Abb. 13-4 wiedergegebenen Energiekennwerte. Für den gesetzlich vorgeschriebenen Mindeststandard nach WSchV95 liegen sie zwischen 66 und 102 kWh/(m^{2}a), mit dem Niedrigenergiestandard werden Werte zwischen 50 und 69 kWh/(m^{2}a) erreicht, die Energieeinsparungen liegen im Mittel bei 30 %.

Die durch die unterschiedlichen Ausführungen der Gebäude bedingten baulichen Mehrkosten liegen für die Einfamilien-/Reihenhäuser zwischen 3800 und 7700 DM und für das Mehrfamilienhaus bei 2700 DM pro Wohneinheit (Tab. 13-4). Hinzu kommen aufgrund der höheren Baukosten nach HOAI erhöhte Planungsmehrkosten (EFH/RH: 12 %, MFH: 9 % der zusätzlichen Bauwerkskosten). Da bei den EFH/RH von selbstgenutztem Wohnungseigentum ausgegangen werden kann, wurde die im Rahmen der steuerlichen Förderung des Wohnungseigentums für Niedrigenergiehäuser gewährte „Ökozulage“ mit in die Betrachtung einbezogen. Für den Bauherrn von Mietwohnungen existieren andere Steuervorteile, die jedoch sehr stark von den finanziellen Verhältnissen des Investors abhängen. Sie müssen individuell berechnet werden und wurden daher in der vorliegenden Betrachtung nicht berücksichtigt.

Die auf diese Weise berechnete Mehrinvestition liegt für das Reihenmittelhaus wegen der relativ kleinen Hüllfläche mit 14 DM pro m^2 Wohnfläche

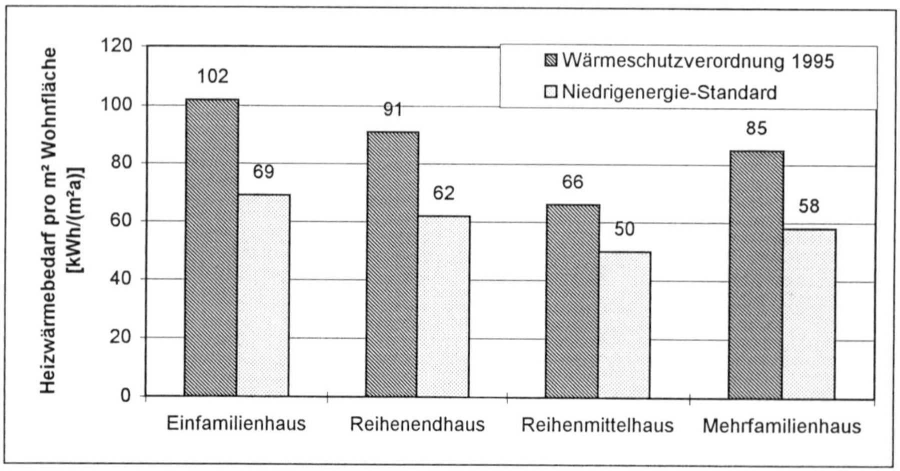

Abb. 13-4: Energiekennwerte für die untersuchten Gebäudetypen bei Einhaltung der gesetzlichen Mindestanforderungen und für den Niedrigenergie-Standard.
Quelle: [Imkeller/Loga 1996]

Tab. 13-4: Mehrkosten und Wirtschaftlichkeit des Niedrigenergiestandards am Beispiel von vier Wohngebäuden

Mehrkosten des Niedrigenergiestandards											
	Bauweise nach WSchV95 Heizwärmebedarf pro m² Wohnfläche [kWh/(m²a)] - Einfamilienhaus 102 - Reihenendhaus 91 - Reihenmittelhaus 66 - Mehrfamilienhaus 85	**Niedrigenergie-standard**	*Mehrkosten zu Bauweise nach WSchV95*	***Niedrigenergie-Einfamilienhaus*** 142 m² Wohnfläche 69 kWh/(m²a)		***Niedrigenergie-Reihenhaus Endhaus*** 128 m² Wohnfläche 62 kWh/(m²a)		***Mittelhaus*** 128 m² Wohnfläche 50 kWh/(m²a)		***Niedrigenergie-Mehrfamilienhaus*** *(12 Wohneinheiten)* 759 m² Wohnfläche 58 kWh/(m²a)	
				Bauteil-fläche	*Mehr-kosten*	Bauteil-fläche	*Mehr-kosten*	Bauteil-fläche	*Mehr-kosten*	Bauteil-fläche	*Mehr-kosten*
Außen-wand	Kalksandstein 17,5 cm + Polystyrol-Thermohaut 8 cm k = 0,43 W/(m²K) *alternativ: (etwa gleiche Kosten)* Leicht-Hochlochziegel 36,5cm k = 0,45 W/(m²K)	Kalksandstein 17,5 cm + Polystyrol-Thermohaut 18 cm k = 0,21 W/(m²K)	*25 DM/m²*	165 m²	*4124 DM*	129 m²	*3217 DM*	48 m²	*1191 DM*	698 m²	*17445 DM*
Dach	Zwischensparrendämmung 18 cm (WLG 035) k = 0,22 W/(m²K)* *) incl. Holzanteil des Sparrens	Zwischensparrendämmung 25 cm (WLG 035) k = 0,17 W/(m²K)*	*11 DM/m²*	107 m²	*1179 DM*	75 m²	*828 DM*	75 m²	*828 DM*	284 m²	*3121 DM*
Fenster	2-Scheiben-Wärmeschutz-Verglasung (Luft-Füllung pyrolyt. Beschichtung) k = 1,8 W/(m²K)	2-Scheiben-Wärmeschutz-Verglasung (Argon-Füllung, Silber-Beschichtung) k = 1,3 W/(m²K)	*40 DM/m²*	21 m²	*847 DM*	24 m²	*946 DM*	20 m²	*782 DM*	163 m²	*6512 DM*
Keller-decke	8 cm Dämmung (WLG 035) k = 0,35 W/(m²K)	12 cm Dämmung (WLG 035) k = 0,25 W/(m²K)	*16 DM/m²*	98 m²	*1575 DM*	62 m²	*985 DM*	62 m²	*985 DM*	284 m²	*4539 DM*
Summe bauliche Mehrkosten (netto)				*ca.*	*7700 DM*	*ca.*	*6000 DM*	*ca.*	*3800 DM*	*ca.*	*31600 DM*
bauliche Mehrkosten (brutto)				*ca.*	*8900 DM*	*ca.*	*6900 DM*	*ca.*	*4400 DM*	*ca.*	*36300 DM*
Planungsmehrkosten					*1068 DM*		*828 DM*		*528 DM*		*3267 DM*
"Ökozulage" der Wohnungseigentumsförderung des Bundes					*-3200 DM*		*-3200 DM*		*-3200 DM*		*nicht berücksichtigt*
Mehrkosten gesamt (brutto)		**absolut**			***6768 DM***		***4528 DM***		***1728 DM***		***39567 DM***
		je m² Wohnfläche		***ca. 48 DM/m²***		***ca. 35 DM/m²***		***ca. 14 DM/m²***		***ca. 52 DM/m²***	
		bezogen auf Bauwerkskosten		***ca.***	***2,0%***	***ca.***	***1,5%***	***ca.***	***0,6%***	***ca.***	***2,2%***
jährliche Kapitalkosten (real)			DM/a		404		270		103		2362
jährliche Einsparung Nutzwärme			kWh/a		4679		3747		2127		20806
Kosten der eingesparten kWh Nutzwärme			**Pf/kWh**		**8,6**		**7,2**		**4,9**		**11,4**
reale Kosten: Betrachtungszeitraum 30 a; Kapitalzins 7,6% (nominal); Inflationsrate 3,2%											

am niedrigsten. Für das Reihenendhaus ergeben sich 35 DM/m², für das Einfamilienhaus 48 DM/m². Aufgrund der Nicht-Berücksichtigung der steuerlichen Förderung liegt die Mehrinvestition beim Mehrfamilienhaus mit 52 DM/m² am höchsten. Bezogen auf die Bauwerkskosten ergeben sich damit Mehrkosten zwischen 0,6 und 2,2 %.

Der jährliche Heizwärmebedarf wird pro Wohneinheit um 1700 bis 4700 kWh reduziert. Bei Finanzierung der Mehrinvestition über ein Hypothekendarlehen mit einem (nominalen) Kapitalzins von 7,6% ergeben sich real (d. h. bezogen auf das heutige Preisniveau) je nach Gebäudetyp Kosten für die eingesparte kWh Nutzenergie zwischen 5 und 11 Pfennig.

Nutzwärmepreise von Gas-Zentralheizungen liegen heute schon bei 6 bis 7 Pfennig pro kWh. Durch die überfällige Einführung einer Energiesteuer oder CO_2-Abgabe würde in Zukunft das Energiepreisniveau einen deutlichen Anstieg verzeichnen. In diesem Fall ist über den Betrachtungszeitraum eher mit Werten von (real) über 10 Pfennig pro kWh zu rechnen. Die für die Gebäude exemplarisch dokumentierten Kosten für die eingesparte Wärme liegen damit innerhalb der Spanne des zukünftig zu erwartenden Preises für die Versorgung mit Wärme (vgl. Tab. 13-2). Niedrigenergiehäuser sind damit auch dann als wirtschaftlich vertretbar anzusehen, wenn lediglich versucht wird, durch Aufrüstung des Wärmeschutzes den geforderten Standard zu erreichen. Angesichts der geringen absoluten Höhe der Mehrinvestitionen ist es nicht verwunderlich, daß zunehmend am Markt NE-Häuser angeboten werden, die sich in ihren Gesamtkosten nicht signifikant von konventionellen Gebäuden unterscheiden.

13.3 Die etwas andere Zusammenfassung: Chancen zur Versöhnung von Ökonomie und Ökologie

Deutschland ist sicherlich kein Eldorado des billigen Bauens. Ein Blick über den nationalen Gartenzaun zu unseren europäischen Nachbarn, aber auch die hiesigen Ansätze zum rationellen und kostensparenden Bauen zeigen, daß Baukosteneinsparungen im zweistelligen Prozentbereich ohne Verzicht auf die heute üblichen Wohnansprüche erreichbar sind. Demgegenüber nehmen sich die Mehrkosten des Niedrigenergie-Standards eher bescheiden aus.

Läßt man sich darauf ein, die bekannten kostensparenden Maßnahmen ernsthaft in Erwägung zu ziehen, fällt bei näherer Betrachtung auf, daß einige von ihnen gleichzeitig die späteren Verbrauchskosten senken. Und das ist doch genau das, was wir brauchen: Energiesparmaßnahmen mit negativen Investitionskosten! Deshalb sollen zum Abschluß dieses Kapitels und auch dieses Buchs einige solcher attraktiven Schritte auf dem Weg zum NEH dargestellt werden.

Die **kompakte Bauform** steht in doppelter Hinsicht ganz oben in der Liste von Infobox 13-4. Denn sowohl bei der Höhe der möglichen Baukosteneinsparung als auch bei den erzielbaren Heizenergieeinsparungen ist dies der bedeutendste Faktor. In Kapitel 2 wurde eingehend dargestellt, wie groß die Spielräume für die Verkleinerung der wärmeabgebenden Hüllfäche bei gleichem Wohnflächenangebot sind. Eine detaillierte Kostenanalyse zeigt, daß auch beim vergleichsweise ungünstigen Einfamilienhaus durch einen mehr quadratischen Grundriß und eine günstige Dachform (s. Abb. 2-6) etwa 20 000 DM Baukosten eingespart, und gleichzeitig der jährliche Heizenergieverbrauch um etwa 1000 kWh gesenkt werden kann [Borsch-Laaks/Pohlmann 1994].

Zudem wird der Planer einer thermischen Hülle ohne viel Vor- und Rücksprünge damit belohnt, daß es weniger Probleme und kostenträchtigen Aufwand bei der Abdämmung von Wärmebrücken im Massivbau bzw. mit der Luftdichtung an Bauteilanschlüssen bei Holzbauweisen gibt.

Als A und O des kostensparenden Bauens gelten optimierte **Wohnungsgrundrisse,** die das gewünschte Raumprogramm mit reduziertem Flächenverbrauch realisieren. Gelingt es z. B. durch Verringerung von Verkehrs- und Konstruktionsflächen, den üblichen Wohnflächenbedarf für einen 4 Personen-Haushalt (ca. 140 m²) um 10 % zu senken, so führt das bei einem NE-Einfamilienhaus schon zu Baukosteneinsparungen von 10 000 bis 15 000 DM. Durch die verkleinerte Hüllfläche sinkt der Heizenergieverbrauch auch hierbei um bis zu 1000 kWh pro Jahr.

Große kostensenkende Rationalisierungseffekte können durch die **Entwicklung von Bausystemen** und damit oft einhergehend mit einer verstärkten **Vorfertigung** erzielt werden. Hieraus lassen sich nicht unmittelbar Energieeinsparungen ableiten, aber erfahrungsgemäß ist unter wettergeschützten und besser organisierbaren Werkstattbedingungen die Verarbeitungsqualität insbesondere bei Dämmungen höher. Darüber hinaus bieten Bau*systeme* am ehesten die Chance, systematisch wärmetechnische Details zu optimieren und in der Qualitätssicherung zu überprüfen.

Da Systementwicklung und Vorfertigung derzeit insbesondere im Holzbaubereich stark expandieren, wird auch den mehrfach kostentreibenden Auswirkungen hoher Holzanteile in Leichtbauteilen vermehrt Aufmerksamkeit geschenkt. Wie in Kapitel 4.4. behandelt, kann durch planerische Sorgfalt und intelligente Tragwerksplanung der Wärmedurchgang von Holzbauteilen um 20 % verringert werden, ohne daß ein zusätzlicher Dämmaufwand entsteht. Im Gegenteil: Die Senkung von Holzanteilen führt zu verbessertem Wärmeschutz bei geringeren Baukosten.

Die **Eindämmung von Wärmebrückenwirkungen** in Massivbauteilen führt bei der NEH-Planung oft zu gewissen Mehrkosten, z. B. durch Einbau spezieller Dämmelemente (vgl. Kap. 4.2./4.3). Eine der gravierendsten Wärmebrücken – aufgehendes Mauerwerk, das die Dachdämmung durchstößt – läßt sich jedoch kostensparend beseitigen. Wird der Einbau einer Kopfdämmung bei der Massenermitlung für die Leistungsverzeichnisse korrekt berücksichtigt, so wird diese Energiesparmaßnahme in der Herstellung um so billiger, je dicker die Dämmschicht wird! Fertig verarbeitet kostet die Dämmlage weniger als ein Drittel des ersetzten Mauerwerks.

Infobox 13-4: Beispiele zum Kostensparen beim Bauen mit gleichzeitiger Senkung der Energieverbrauchs

Kostensparende Maßnahmen	Energetische Auswirkungen
Kompakte Bauform Optimierung von Grundrissen	• Veringerung der wärmeabgebenden Außenhüllfläche • Reduzierung von Problemstellen in Punkto Wärmebrücken und Dichtheit
Entwicklung von Bau*systemen* und verstärkte Vorfertigung	• Höhere Ausführungssicherheit • Optimierungen für Wärmeschutz und Luftdichtung
Reduzierung der Holzanteile in Leichtbauteilen	• Verbesserung des mittleren Wärmeschutzes
Ersatz von Mauerwerk durch Kopfdämmung	• Beseitigung von gravierenden Wärmebrücken
Fenster: mehr Festverglasung; kleinteilige Scheiben vermeiden	• Weniger Wärmebrücken • Mehr Solargewinne
Kompakte Anordnung von „installationsträchtigen" Bereichen (Küche, Bad, WC)	• Verringerung der Leitungs- und Zirkulationsverluste • Weniger Stromverbrauch für Pumpen und Lüfter
Verkleinerung der Heizanlage und Plazierung von Heizkörpern an Innenwänden	• Senkung von Leitungsverlusten und unkontrollierter Wärmeabgabe • Weniger Pumpstromverbrauch • Verringerung der Transmissions- und Lüftungsverluste
Bauen ohne Tauwasserschäden (innen konvektionsdicht – außen diffusionoffen)	• Reduzierung der Lüftungverluste • Verhinderung von interner Konvektion durch Volldämmung

Wie in Kapitel 6 erläutert, bildet der **Fensterrahmen** angesichts der heutigen Qualität der Verglasungen einen wärmetechnischen Schwachpunkt. Eine Senkung des Rahmenanteils z. B. durch mehr Festverglasung und großflächigere Teilung führt gleichzeitig zu einer Reduzierung der Fensterbaukosten. Überdies wird die hieraus folgende kostensparende Gestaltungsstrategie durch erhöhte solare Gewinne belohnt.

Im haustechnischen Bereich schlummern erhebliche Energiesparpotentiale, wie in Kap.8 gezeigt wurde. Dazu gehören nicht zuletzt die „heimlichen Verlustquellen", die oft unterschätzten **Leitungsverluste** im Wohnbereich. Die innen verlegten Verteilungsleitungen der Heizung führen zu unkontrollierter Wärmeabgabe, die im NEH des öfteren den aktuellen Gesamtbedarf übersteigen und damit ungewollt überhöhte Raumtemperaturen erzeugen können (Vgl. [Lange 1985]). Warmwasserleitungen haben den gleichen Effekt und führen überdies außerhalb der Heizzeit zu nicht nutzbarer Abwärme. Dies alles läßt sich reduzieren durch zusätzlichen Aufwand, z. B. überdurchschnitliche Rohrdämmung, Zeitsteuerung für WW-Zirkulation und Heizungspumpe. Beherzigt man allerdings von vorneherein die Grundprinzipien kostensparender Haustechnikplanung, wird die gänzliche Beseitigung von unnötigen Verlusten gleich mitgeliefert.

Dazu zählt in erster Linie eine **Grundrißplanung,** die Räume mit hohem Installationsbedarf (Bäder / WCs / Küche/ Hauswirtschaftsraum) nah beieinander hält – im horizontalen wie im vertikalen Schnitt. Kurze Warmwassernetze haben weniger Verluste und können u. U. eine Zirkulationsleitung überflüssig machen. Die kompakte Anordnung von Feuchträumen reduziert gleichzeitig die Baukosten für eine Lüftungsanlage und den Strombedarf des Ventilators.

Die **Verkleinerung der Heizanlage** und die Anordnung von **Heizflächen an Innenwänden** beinhalten Sparpotentiale bei den Baukosten, die durch den NE-Wärmeschutz überhaupt erst möglich werden (vgl. Kap. 8.1). Wird diese Chance durch qualifizierte Fachplanung genutzt, so ergeben sich auch neue, günstige energetische Auswirkungen: Weniger Verteilungsverluste und unkontrollierte Wärmeabgabe sowie geringerer Stromverbrauch für die Umwälzpumpe. Heizkörper, die nicht an Außenwänden oder unter Fenstern montiert werden, führen zu geringeren Transmissions- und Lüftungsverlusten.

Daß **Bauen ohne Feuchterisiken** letzten Endes billiger kommt, weiß jeder, der einmal Tauwasserschäden sanieren mußte. Die Beachtung der bauphysikalischen Grundregeln in den Kapiteln 3.5., 3.8, 4.1, 4.3 und 5.1 bietet Sicherheit vor Folgekosten und geht einher mit wärmetechnischen Verbesserungen: In Häusern mit einem problembewußt geplanten und qualitätsbewußt ausgeführten Schutz vor Wasserdampfkonvektion sinken auch die Lüftungswärmeverluste; damit wird die entscheidende Voraussetzung für den energiesparenden Betrieb einer kontrollierten Wohnungslüftung geschaffen (vgl. Kap. 7.4).

Folgt man der Empfehlung, Dämmschichten außenseitig mit einer soliden Schutzschicht abzudecken, die diffusionsoffenen ist, so wird eine Belüftung im Tragwerksbereich überflüssig. Dies bringt Wohnflächen- oder Raumgewinn und senkt den Holzverbrauch in der Außenhülle um etwa 15 %. Gleichzeitig bietet eine Volldämmung der Hohlräume, wie in Kapitel 5.5. angesprochen, Schutz vor Wärmeverlusten durch interne Rotationsströmungen und durch Hinterlüftungen, die an ungeschützte Dämmschichten grenzen.

Die Aufzählung in Infobox 13-4 erhebt keinen Anspruch auf Vollständigkeit. Wer konsequent rationell *und* energiebewußt baut, wird sicher diese Liste um eine Reihe eigener Vorschläge ergänzen können.

Niedrigenergie-Häuser der zweiten Generation: 2 Beispiele

Bis zum Zeitpunkt der Erstveröffentlichung dieses Buches [Feist/Klien 1989] gab es in Deutschland kaum Erfahrungen mit dem Niedrigenergie-Standard. Die damals im Anhang dokumentierten Projekte stammten größtenteils aus den Skandinavischen Ländern, die uns mindestens 10 Jahre in der Entwicklung voraus waren. Einige erfolgversprechende deutsche Pionierprojekte zeigten jedoch schon damals, daß die Umsetzung der NE-Anforderungen auf die hiesigen Bauweisen weniger schwierig war als viel-

Abb 13-5: Das Musterhaus zum LBS-Ökohaus in Bonn-Villich. Architekten: Pohlmann und Partner, Waddeweitz, Foto: LBS NRW

Abb. 13-6: Projekt „Kostengünstige Energie-Spar-Häuser" in Geisenheim. Architekten und Foto: Rasch und Partner, Darmstadt

fach heute noch von Planern und Bauherren befürchtet wird. In der Zwischenzeit ist zunächst über die Förderprogramme von Bundesländern, Kommunen und Energieversorgern und in letzter Zeit durch die Nachfrage am Markt eine unüberschaubare Vielzahl von Projekten realisiert worden. Größtenteils handelt es sich dabei noch um Einzel- und Doppelhäuser. Aber auch eine rasch steigende Zahl von Bauträgern, Wohnungsbaugesellschaften und anderen Investoren engagiert sich mit Siedlungs- und Mehrfamilienhausobjekten. Kein Wunder – denn der Niedrigenergie-Standard ist längst kein unkalkulierbares Wagnis mehr.

Niedrigenergie-Projekten *der zweiten* Generation ist in der Regel gemeinsam, daß zunächst aus dem oben dargestellten Katalog von Maßnahmen zur gleichzeitigen Bau- und Verbrauchskostensenkung möglichst vieles umgesetzt wird. Dies gilt auch für die beiden Beispiele, die im folgenden kurz vorgestellt werden sollen: Das „LBS-Ökohaus" und die Niedrigenergie-Reihenhäuser in Geisenheim (vgl. Abb. 13-5 und 13-6). Obwohl es sich um zwei unterschiedliche Haustypen (Einzel-EFH und Reihenhauszeilen) mit ebenfalls unterschiedlicher Architektur handelt, gibt es jedoch auffällige Gemeinsamkeiten in der Planung:

- Dazu gehören vor allem die kompakten Baukörper und flächensparenden Grundrisse. Gestaltung und Gliederung der Fassade erfolgt nicht über Versprünge in der thermischen Hülle, sondern über vorgestellte Elemente (Rankgerüste, Balkone, Vordächer etc).
- Beide Haustypen haben im Obergeschoß wenig Hüllflächenaufwand wegen der flachen Dachneigung und bieten dennoch im Dachspitz Raum für Emporen und Hochbetten in den Kinderzimmern.
- Die Entwicklung der Haustypen erfolgte schon von der Entwurfsphase an als Teamarbeit von Architekten und Fachplanern. Auch Handwerker wurden an der Werkplanung beteiligt.
- Durch Vorfertigung und Elementierung von Bauteilen konnten eine straffe Zeitplanung und sehr kurze Bauzeiten realisiert werden.

Die hierdurch entstehenden finanziellen Spielräume werden genutzt für den stark verbesserten passiven Wärmeschutz, die Brennwerttechnik bei der Heizung und eine Abluftanlage. Da deren Zusatzkosten das Kostensenkungspotential bei weitem nicht aufzehren, weisen die Beispiele spezifische Extras auf:

Das „LBS-Ökohaus" richtet sich an die eher etwas anspruchsvollere Einzelhaus-Kundschaft und bietet „Öko-Extras" wie Warmwasser-Solaranlage (incl. Warmwasseranschluß für Waschmaschine und Geschirrspüler), Regenwasser-Sammelanlage und Kochgasanschluß als Teil des Gesamtkonzepts.

Besonderer Aufwand steckt auch im verwendeten Holzbausystem: diffusionsoffene Beplankung der Außenseite des Tragwerks, gedämmte Installationsebene und doppelte Innenbeplankung im Wandbereich (vgl. Abb. 5-18). Tragwerk und aussteifende Holzwerkstoffplatten sind verschraubt (statt wie sonst üblich vernagelt). Dies garantiert nach Angabe der herstellenden Holzbaubetriebe ein besonders hohes Maß an Verarbeitungsqualität und die Möglichkeit zum zerstörungsfreien Umbauen und späteren Verändern unter Wiederverwendung der Baustoffe. Die besonders sorgfältige Auswahl von umweltverträglichen Baustoffen reicht von A wie Abwasser- und anderen Installationen aus PVC-freien Kunststoffen bis Z wie Zellulosedämmstoff für Wärme- und Schallschutz. (weitere Informationen: [Borsch-Laaks/Pohlmann 1995], [bmh 1994]).

Von diesem und ähnlichen Haustypen mit gleichem Konzept wurden zwischenzeitlich etwa 100 Projekte realisiert (Stand: Ende 1996). Die durchschnittlichen, reinen Baukosten liegen bei 2600 DM pro m^2 Wohn- und Nutzfläche. Ein Raumprogramm mit 5 Zimmern, Küche, Bad, WC, Hauswirtschaftsraum und Haustechnikanbau mit Naturkeller kann bei 10 % Eigenleistung unter 300 000 DM verwirklicht werden. Die Bauzeiten liegen bei etwa 3–4 Monaten. Bei Ausbauhäusern mit hohem Eigenleistungsanteil wird nach Fertigstellung der Fundamente etwa eine Woche benötigt, um durch den Holzbaubetrieb Rohbau incl. Dach und Fenster zu erstellen. Über den Rest der Zeitplanung entscheidet der Bauherr selber.

Ziel des Geisenheimer Projekts war es vor allem, besonders kostengünstigen, familiengerechten Wohnraum zu bieten, ohne Eigenleistungen in größerem Maß in Anspruch zu nehmen. Diese 15 Reihenhäuser mit je 4 Zimmern, Küche, Bad, WC und Abstellraum sollten auch in einer Hochpreisregion wie dem Rhein-Main-Gebiet zu je etwa 250 000 DM erstellbar sein. Und sie waren es auch – und zwar inkl. Außenanlagen und aller Nebenkosten. Nur die grundstücksgebundenen Kosten kamen für die Baufamilien noch hinzu.

Solch günstige Baukosten bei gleichzeitiger deutlicher Unterschreitung des NE-Grenzwerts für den Heizwärmebedarf (Planungswert: 45 kWh/m^2) wurden vor allem durch einen besonders rationellen Bauprozeß erzielt. Der Kern der Gebäude besteht aus einer Betonfertigteilkonstruktion für Giebel- und Gebäudetrennwände sowie Decken. Die thermische Hülle gegen Außenluft bildet im wesentlichen eine hochgedämmte, weitgehend vorgefertigte Holzrahmenkonstruktion mit 24 bis 30 cm Dämmstärke. In das Elementierungskonzept wurde auch die Haustechnik bis hin zur kompletten Vorfertigung der Bäder inkl. aller Sanitärobjekte einbezogen.

Hierdurch konnte die Bauzeit vom Ausheben der Fundamente bis zur Fertigstellung des letzten Gebäudes auf 52 Arbeitstage (ca. 3 Monate) begrenzt werden. Dies entspricht etwa 3,5 Arbeitstagen pro Haus. Dieser intensive Zeitplan ermöglichte eine „präventive Bauleitung" (täglich zwei Bauleiter vor Ort) und eine Baustellenüberwachung rund um die Uhr zur Vermeidung von Diebstahl und Sabotage. Weitere Projekte dieser Art stehen kurz vor der Realisierung. Auch Passivhäuser sollen in dieser Bau(organisations)technik errichtet werden. (Nähere Informationen: [Rasch u. a. 1996 a/b]).

Diesen Beispielen sind noch drei weitere wichtige Punkte gemeinsam, auch wenn die Wege dorthin unterschiedlich sind:

- Gebäudeentwurf und Tragwerksplanung sind so gestaltet, daß *sämtliche* Innenwände *nicht*tragend ausgebildet sind. Dies ermöglicht flexible Grundrisse und spätere Änderungen ohne Rücksicht auf die Gebäudestatik.
- Beide Bauweisen weisen detailliert geplante Luftdichtungskonzepte auf (vgl. Kap. 5.9), die sich durch Blower-Door-Testergebnisse unter 1,0 h^{-1} bewährt haben. Das Problem der Installationsdurchdringungen wurde beim „Hauskonzept 81^FÜNF^", das dem LBS-Ökohaus zugrundeliegt, durch die innenseitige Installationsebene gelöst. Bei den Geisenheimer Häusern setzten Rasch und Partner ebenso erfolgreich auf eine konsequente Vermeidungsstrategie (Elektroverteilung in Fußleistensystem).
- Beide Objekte sind nicht unterkellert. Nicht daß dies bei den vorliegenden Entwürfen bautechnisch unmöglich wäre, gegen die entsprechenden Mehrkosten ist ein Kellergeschoß jederzeit machbar. Ob dieser Aufwand allerdings heute noch zeitgemäß ist, fragen sich mittlerweile auch viele Baufamilien. Das Für und Wider verschiedener Antworten zu erörtern, ist nicht Gegenstand dieses Buches. Aber ein meist unbeachtetes energetisches Argument sei hier noch angefügt. Bei Wärmeschutznachweisen wird üblicherweise die Bodenfläche unter der Wohnungstreppe übermessen. Dies ist aber nur bei nicht unterkellerten Gebäuden korrekt. Bei Häusern mit Kellerabgang ergibt sich hingegen im günstigsten Fall (Tür zum Keller im EG) schon eine etwa fünfmal größere Trennfläche. Wenn – wie leider meist üblich – keine wärmegedämmte Kellertür eingebaut wird und die Grenzflächen zum beheizten Bereich nur unzureichend gedämmt werden, so kann sich ein Heizwärmebedarf ergeben, der etwa 1000 kWh (!) pro Jahr über einer nichtunterkellerten Lösung liegt (vgl. [Borsch-Laaks 1995b]). Weiterhin sollte bedacht werden, daß ohne Keller-Treppe der Platz unter der Treppe ins OG als Abstellraum (Geisenheim) oder für das Gäste-WC (LBS-Ökohaus) genutzt werden kann. Somit ist der Ersatz von Kellern durch innenliegende Abstellräume und/oder Anbauten ein weiteres Beispiel dafür, daß Maßnahmen zur Baukosteneinsparung sich durchaus wärmetechnisch positiv auswirken können.

Die beiden dargestellten Beispiele belegen wie viele andere Niedrigenergie-Projekte der zweiten Generation, daß die Forderung nach Niedrigenergiestandard für alle Neubauten keineswegs der Forderung nach Senkung der überhöhten Baukosten in Deutschland entgegenstehen muß. Für innovative Planer kann es beim gegenwärtigen Stand von Forschung und Praxis selbstverständlich werden, beides miteinander zu vereinen.

Nachwort

Sollten Sie, liebe LeserInnen, sich wirklich bis zu dieser Stelle durch 13 Kapitel über 200 Seiten und etwa 180 Abbildungen und Tabellen gearbeitet haben? Aber auch dann, wenn Sie nur selektiv oder quer gelesen haben sollten, werden einigen von Ihnen sicher unser umfangreiches Zahlenmaterial und die vielen Formeln schwer im Magen liegen. Dies ließ sich nicht vermeiden, denn das Problem, das allen Bemühungen um energiesparendes Bauen zugrunde liegt, ist ein quantitatives: Die mengenmäßige Begrenztheit unserer Energiereserven und die Menge an Geld, von der jeder der möglichen Wege in die Zukunft bezahlt werden muß.

An dieser Stelle möchten wir Sie allerdings bitten, einmal den frisch gespitzten Rechenstift wegzulegen und den laufenden Rechner auszuschalten und davon zu träumen, was das Niedrigenergiehaus sonst noch alles zu bieten hat:

- Behaglichkeit durch Zugfreiheit und ein angenehmes Strahlungsklima
- gute, frische Raumluft und zwar ständig
- eine sichere Daseinsvorsorge für die zukünftigen Turbulenzen auf dem Energiemarkt
- ein ruhiges Umweltgewissen und mehr solares Lebensgefühl.

Sollten Sie, liebe LeserInnen, zu jenen gehören, die nach dem Vorwort immer zuerst das Nachwort lesen, empfehlen wir Ihnen die obigen vier Punkte als unseren „Aperitif“.

Anhang A: Berechnung von Energiekennwerten

Im folgenden wird beispielhaft die Ermittlung von Energiekennwerten zum Heiz- und Warmwasserenergiebedarf auf Grundlage der neuesten Fassung des „Leitfaden Energiebewußte Gebäudeplanung“ [LEG 1995], [EPHW 1997] dokumentiert. Nähere Erläuterungen zum Verfahren finden sich in Kap. 11. Ein leeres Formblatt, das als Handrechenblatt oder zur Erstellung eines Worksheets für die Tabellenkalkulation am PC benutzt werden kann, findet sich in Anhang A2.

Der **Abschnitt A1** enthält eine Auswahl von Tabellen mit Rahmendaten und Kenngrößen, mit denen die meisten Anwendungsfälle im Wohnungsbau erfaßt werden. Für weitergehende Problemstellungen sei auf die vollständige Wiedergabe des Verfahrens in den obigen Literaturquellen verwiesen.

Im **Abschnitt A2** folgt eine Beispielrechnung für den Energiekennwert Heizwärme bei einem Niedrigenergie-Reihenhaus.

Abschnitt A3 enthält die Formblätter „Energiekennwert Heizwärme“, „Primärenergie-Heizzahl“ (2 Seiten) und „Pflichtblatt für Wohnungslüftungsanlagen“ (mit Legende) zur Auslegung einer Lüftungsanlage (siehe auch Infobox 7-7).

A1: Tabellen zum Energiebilanzverfahren nach [LEG 1995] und [EPHW 1997]

Tab. A1-1

Temperaturdaten*		
Gradstunden Θ	[kKh/a]	84
Länge Heizzeit t_H	[d/a]	225

*) für eine Heizgrenze von 12°C und eine mittlere Raumtemperatur von 20°C

Tab. A1-2

Globalstrahlung an Heiztagen* in kWh/(m²a)			
horizontal	G_H	360	
		vertikal	**45° geneigt**
Nord-Ost	G_{NO}	175	253
Ost	G_O	220	320
Süd-Ost	G_{SO}	285	384
Süd	G_S	370	460
Süd-West	G_{SW}	292	390
West	G_W	230	330
Nord-West	G_{NW}	179	257
Nord	G_N	140	200

*) für eine Heizgrenze von 12°C

Tab. A1-3

Zeitliches Mittel für Luftwechsel in der Heizzeit in 1/h		
natürlicher Luftwechsel (Fenster + Fugen)	n	0,6
mechanischer Luftwechsel	n_{Anlage}	0,4
Restluftwechsel durch Undichtigkeiten		
ohne Drucktest	n_{Rest}	0,2
mit bestandenem Drucktest*	n_{Rest}	0,1
Anforderung Drucktest bei 50 Pa Differenzdruck		$n_{50} \leq 1$

*) oder Gewährleistung durch Qualitätssicherung

Tab. A1-4

Spezifische Leistung innerer Wärmequellen q_i in W/m²		
	EFH	**MFH**
Standardwert	2,5	3,2
(ohne Abwärme Warmwasserbereitung)	(1,8)	(2,3)

Tab. A1-5

Reduktionsfaktor Wärmeverluste bei Nachtabsenkung*					
	spezif. Heizlast [W/m²]	spezif. Wärme-leitwert [W/(m²K)]	spezif. Wärmespeicherfähigkeit [Wh/(m²K)] 50 / Bauweise** leicht	100 mittel	150 schwer
Altbau	100	**3,3**	0,90	0,92	0,93
Neubau nach WSchV95	60	**2,0**	0,92	0,94	0,95
Niedrigenergie-Standard	40	**1,3**	0,93	0,95	0,96
Passivhaus-Standard	15	**0,5**	0,95	0,96	0,97

*) Nachtabsenkung 8 h, Nacht-Solltemperatur 15°C / Zwischenwerte können interpoliert werden

**) Bauweise (betr. Bauelemente Außen-, Innenwände, Geschoßdecken, Dach):
"leicht": ausschließlich Leichtbauteile; "schwer": ausschließlich massive Bauteile

Tab. A1-6

Jährlicher Wärmeverlust Heizwärmeverteilung pro m Rohrlänge q_{HL} in kWh/(m·a)								
Netz-auslegungs-temperaturen	Durchmesser DN 10-15				Durchmesser DN 20-32			
	Art der Dämmung				Art der Dämmung			
	ungedämmt	mäßig	HeizAnlV	"doppelte" HeizAnlV	ungedämmt	mäßig	HeizAnlV	"doppelte" HeizAnlV
55/45 °C	78	40	20	15	129	55	25	16
75/55 °C	99	48	24	18	163	66	30	20
90/70 °C	167	74	37	28	276	102	47	31
Netz-auslegungs-temperaturen	Durchmesser DN 40-65				Durchmesser DN 80-100			
	Art der Dämmung				Art der Dämmung			
	ungedämmt	mäßig	HeizAnlV	"doppelte" HeizAnlV	ungedämmt	mäßig	HeizAnlV	"doppelte" HeizAnlV
55/45 °C	212	77	24	16	324	104	24	16
75/55 °C	269	93	29	19	410	127	29	19
90/70 °C	454	143	45	29	692	195	45	29

Tab. A1-7

Nutzungsgrad Niedertemperatur- und Brennwertkessel		**Kesselnutzungsgrad*** η_{HE}, η_{WE} Baujahr ab 1979		
Kesselbauart	Leistung in kW	Gas	Öl	Fest
NT-Kessel mit Brenner ohne Gebläse	≤ 50	0,91	-	-
NT-Kessel mit Gebläse		0,92	0,90	-
Brennwertkessel**		0,97	0,91	-
NT-Kessel mit Brenner ohne Gebläse	> 50 bis 120	0,91	-	-
NT-Kessel mit Gebläse		0,92	0,90	-
Brennwertkessel**		0,98	0,92	-
NT-Kessel mit Brenner ohne Gebläse	> 120 bis 350	0,92	-	-
NT-Kessel mit Gebläse		0,92	0,90	-
Brennwertkessel**		0,99	0,93	-
NT-Kessel mit Brenner ohne Gebläse	> 350 bis 1200	0,92	-	-
NT-Kessel mit Gebläse		0,92	0,90	-
Brennwertkessel**		0,99	0,93	-

*) unter Berücksichtigung der Kessel-Verschmutzung

**) bei Niedertemperaturbetrieb (Vorlauftemperatur ≤ 60°C) kann der Nutzungsgrad von Brennwertkesseln um 0,03 erhöht angesetzt werden.

Tab. A1-8

Mittlere Wärmeverlustleistung von WW-Zapfleitungen pro m Rohrlänge $\dot{q}_U$ in W/m					
Rohrdurchmesser	**mm**	**12 - 18**	**22 - 28**	**35 - 42**	**54 - 64**
Nennweite		**< DN 10**	**DN 15 - 20**	**DN 25 - 32**	**DN 40 - 50**
Einfamilienhaus		1,7	4,6	11	26
Mehrfamilienhaus		2,2	6,1	14	34

Tab. A1-9

Mittlere Wärmeverlustleistung von Zirkulationsleitungen pro m Rohrlänge $\dot{q}_Z$ in W/m								
Zirkulations-dauer in h/d	Durchmesser DN 10-15				Durchmesser DN 20-32			
	Art der Dämmung				Art der Dämmung			
	ungedämmt	mäßig	HeizAnlV	"doppelte" HeizAnlV	ungedämmt	mäßig	HeizAnlV	"doppelte" HeizAnlV
6	12	2,8	1,9	1,5	16	4,2	2,2	1,6
12	24	5,5	3,7	2,9	32	8,4	4,6	3,2
18	36	8,3	5,6	4,4	48	13	6,6	4,9
24	48	11	7,9	5,8	64	17	8,8	6,5
Zirkulations-dauer in h/d	Durchmesser DN 40-65				Durchmesser DN 80-100			
	Art der Dämmung				Art der Dämmung			
	ungedämmt	mäßig	HeizAnlV	"doppelte" HeizAnlV	ungedämmt	mäßig	HeizAnlV	"doppelte" HeizAnlV
6	23	6,6	2,2	1,5	33	10	2,2	1,6
12	46	13	4,4	3,1	66	20	4,4	3,1
18	69	20	6,6	4,6	99	30	6,6	4,7
24	92	26	8,8	6,2	132	40	8,8	6,2

Tab. A1-10

Wärmeverlustleistung von Warmwasserspeichern $\dot{Q}_S$ in W							
Speicher-volumen in Liter	Art der Dämmung			Speicher-volumen in Liter	Art der Dämmung		
	schlecht bis zu 2 cm	mäßig bis zu 5 cm	gut bis zu 10 cm		schlecht bis zu 2 cm	mäßig bis zu 5 cm	gut bis zu 10 cm
25	54	30	20	300	257	131	80
50	83	45	29	500	357	180	108
75	107	57	37	750	464	231	137
100	128	68	43	1000	559	276	162
150	165	86	54	1500	727	356	207
200	199	103	64	2000	877	427	247

Tab. A1-11

Nutzungsgrade dezentraler Geräte zur Warmwasserbereitung η_{a,WE^*}

zu deckender Wärmebedarf pro Gerät in kWh/a			250	500	750	1000	1500	2000	3000	5000	8000
Elektrogeräte	Kochendwassergeräte		0,96	0,96	0,96	0,96	0,96				
	Speicher	5 bis 10 l	0,56	0,72	0,80	0,84	0,89				
		>10 bis 30 l	0,50	0,67	0,75	0,80	0,86	0,89	0,92		
		> 30 bis 80 l	0,42	0,59	0,68	0,74	0,81	0,85	0,90	0,93	0,96
		> 80 bis 200 l	0,30	0,46	0,56	0,63	0,72	0,78	0,84	0,90	0,93
		> 200 bis 400 l	0,20	0,34	0,43	0,50	0,60	0,67	0,75	0,84	0,89
	Durchlauferhitzer		0,99	0,99	0,99	0,99	0,99	0,99	0,99	0,99	0,99
Gasgeräte	Durchlauferhitzer mit Zündflamme	ohne Abgasklappe	0,16	0,27	0,35	0,41	0,49	0,55	0,62	0,69	0,74
		mit Abgasklappe	0,16	0,27	0,35	0,41	0,49	0,55	0,62	0,69	0,74
	Durchlauferhitzer mit Piezozündung		0,84	0,84	0,84	0,84	0,84	0,84	0,84	0,84	0,84

*) ohne Anrechnung der Abwärme als innere Wärmequelle

Tab. A1-12

Solarer Deckungsgrad der Warmwasserbereitung s_W

Kollektorfläche pro m² EBF* [m²/m²]	Kollektorfläche pro Person* [m²/P]	Flachkollektor			Vakuumröhrenkollektor		
		Sommer	Heizzeit	Jahr	Sommer	Heizzeit	Jahr
0,009	0,30	-	-	-	0,40	0,15	0,25
0,011	0,40	0,52	0,16	0,31	0,56	0,22	0,36
0,014	0,50	0,62	0,19	0,37	0,67	0,26	0,43
0,017	0,60	0,71	0,22	0,44	0,78	0,31	0,51
0,021	0,75	0,83	0,26	0,50	0,90	0,37	0,59
0,029	1,00	0,96	0,33	0,60	0,99	0,47	0,69
0,036	1,25	0,99	0,39	0,64	1,00	0,55	0,73
0,043	1,50	1,00	0,43	0,67	1,00	0,59	0,77

*) Randbedingungen: Speichervolumen ca. 70 Liter pro Person, jährlicher WW-Bedarf 700 kWh pro Person
Flächenbedarf 35 m² Wohnfläche pro Person

Tab. A1-13

Betriebszeiten und mittlere Leistungsaufnahme für Elektro-Hilfsgeräte*						
	jährliche Betriebszeiten in h/a Dauer Nachtabschaltung				mittl. elektr. Leistung in W pro m² EBF	
	0 h/d	4 h/d	6 h/d	12 h/d	Standard**	effizient
Umwälzpumpe Heizung	6000	5000	4500	3000	0,4	0,2
Umwälzpumpe Zirkulation	8760	7300	6570	4380	0,2	0,1
Regelung Heizung/Warmwasser	8760				0,1	0,0 (< 0,01)
Regelung Heizung (ohne WW)	6000				0,1	0,0 (< 0,01)
Umwälzpumpe Solarkreis	1000				0,4	0,2
Abluftanlage	6000				0,3	0,1
Zu-/Abluftanlage mit Wärmerückgewinnung	6000				0,6	0,2

*) Zwischenwerte können interpoliert werden

**) wenn Projektdaten nicht bekannt

Tab. A1-14

Primärenergie- und CO_2-Emissionsfaktoren			
		Primär-energie-Faktor	CO2-Äquivalent-Emissionsfaktor[1)]
Endenergieträger		kWh_{Prim} / kWh_{End}	g / kWh_{End}
Brennstoffe [2)]	Heizöl EL	1,14	310
	Erdgas	1,08	242
	Steinkohle	1,11	476
	Braunkohle	1,27	491
	Brennholz	1,07	64
Strom	Strom-Mix	3,20	666
	Heizstrom	3,04	918
"Fernwärme" [3)]	70 % KWK	0,73	218
	35 % KWK	1,13	309
	0 % KWK	1,52	400
"Nahwärme" [4)]	70 % KWK	0,72	-95
	35 % KWK	1,07	102
	0 % KWK	1,41	298

berechnet mit GEMIS 2.0
alle Angaben für Energieträger BRD-West

1) klimawirksame Emissionen (CO_2, CH_4, CO, NMVOC, NO_x, N_2O) ausgedrückt in CO2-Äquivalenten

2) Bezugsgröße: unterer Heizwert Hu

3) Steinkohle-Kondensationskraftwerk (= Anteil KWK) + Heizöl-Spitzenkessel

4) Erdgas-BHKW (=Anteil KWK) + Erdgas-Spitzenkessel
(Zwischenwerte können interpoliert werden)

Anhang A2: Beispielrechnung NE-Reihenhaus

Blatt RW-K

ENERGIEKENNWERT HEIZWÄRME

Objekt:	Beispielgebäude Niedrigenergiestandard	Gebäudetyp/Nutzung:	Reihenmittelhaus
Standort:		Energiebezugsfläche A_{EB}:	156,0 m²

	Bauteile	Fläche m²		k- Wert W/(m²K)		Reduktionsfaktor f_T		Θ kKh/a		kWh/a
1.	Außenwand Süd	39,4	*	0,227	*	1,0	*	84	=	751
2.	Außenwand Nord	39,4	*	0,227	*	1,0	*	84	=	751
3.	Dach	79,1	*	0,152	*	1,0	*	84	=	1010
4.	Kellerdecke	76,7	*	0,242	*	0,5	*	84	=	779
5.	Fenster Süd	30,4	*	1,340	*	1,0	*	84	=	3422
6.	Fenster Nord	11,3	*	1,340	*	1,0	*	84	=	1267
7.			*		*		*	84	=	
8.			*		*		*	84	=	

Transmissionswärmeverluste Q_T Summe 7980

	A_{EB} m²		lichte Raumhöhe m		m³
Luftvolumen V_L	156,0	*	2,50	=	390

ankreuzen:

[ ] freie Lüftung (Fenster+Fugen): energetisch wirksamer Luftwechsel n_L = natürl. Luftwechsel [ ] 1/h

[x] mechan. Lüftung:

	$n_{L,Anlage}$ 1/h		η_{WRG}		$n_{L,Rest}$ 1/h		1/h
energetisch wirksamer Luftwechsel n_L	0,40	* (1 -		) +	0,10	=	0,50

	V_L m³		n_L 1/h		c_{Luft} Wh/(m³K)		G_t kKh/a		kWh/a
Lüftungswärmeverluste Q_L	390	*	0,50	*	0,34	*	84	=	5569

		Q_T kWh/a		Q_L kWh/a			Reduktionsfaktor Nacht-/Wochenend-absenkung		kWh/a
Summe Wärmeverluste Q_V	(	7980	+	5569	)	*	0,96	=	13007

Ausrichtung der Fläche	Reduktionsfaktor		g-Wert (senkr. Einstr.)		Fläche m²		Globalstr. Heizzeit kWh/(m²a)		kWh/a
1. Süd	0,36	*	0,63	*	30,4	*	370	=	2551
2. Nord	0,36	*	0,63	*	11,3	*	140	=	358
3.	0,36	*		*		*		=	
4.	0,36	*		*		*		=	
5.	0,36	*		*		*		=	
6.	0,36	*		*		*		=	

Wärmeangebot Solarstrahlung Q_S — Summe: 2909

	kh/d		Länge Heizzeit d/a		spezif. Leistung q_I W/m²		A_{EB} m²		kWh/a
Innere Wärmequellen Q_I	0,024	*	225	*	2,5	*	156,0	=	2106

Freie Wärme Q_F	$Q_S + Q_I$	=	5015 kWh/a
Nutzungsgrad Wärmegewinne η_G	$1 - (0{,}3 * Q_F / Q_V)$	=	0,884
Wärmegewinne Q_G	$\eta_G * Q_F$	=	4435 kWh/a
Heizwärmebedarf Q_H	$Q_V - Q_G$	=	8572 kWh/a
Energiekennwert Heizwärme q_H	Q_H / A_{EB}	=	55,0 kWh/(m²a)

Anforderung Bauwerksart (ankreuzen)			kWh/(m²*a)		(ja/nein)
	x	Grenzwert			
		Zielwert	max. 65,0	**Anforderung erfüllt?**	ja

Institut Wohnen und Umwelt, Juli 1996

Anhang A3: Formblätter

Blatt RW-K

ENERGIEKENNWERT HEIZWÄRME

Objekt:		Gebäudetyp/Nutzung:	
Standort:		Energiebezugsfläche A_{EB}:	m²

Bauteile	Fläche m²		k- Wert W/(m²K)		Reduktionsfaktor f_T		Θ kKh/a		kWh/a
1.		*		*		*	84	=	
2.		*		*		*	84	=	
3.		*		*		*	84	=	
4.		*		*		*	84	=	
5.		*		*		*	84	=	
6.		*		*		*	84	=	
7.		*		*		*	84	=	
8.		*		*		*	84	=	

Transmissionswärmeverluste Q_T Summe

	A_{EB} m²		lichte Raumhöhe m		m³
Luftvolumen V_L		*		=	

ankreuzen:

		1/h
☐ freie Lüftung (Fenster+Fugen):	energetisch wirksamer Luftwechsel n = natürl. Luftwechsel	
☐ mechan. Lüftung:		

	n_{Anlage} 1/h		η_{WRG}		n_{Rest} 1/h		1/h
energetisch wirksamer Luftwechsel n_L		* (1 -		) +		=	

	V_L m³		n 1/h		c_{Luft} Wh/(m³K)		G_t kKh/a		kWh/a
Lüftungswärmeverluste Q_L		*		*	0,34	*	84	=	

		Q_T kWh/a		Q_L kWh/a		Reduktionsfaktor Nacht-/Wochenend-absenkung		kWh/a
Summe Wärmeverluste Q_V	(		+		) *		=	

	Ausrichtung der Fläche	Reduktionsfaktor		g-Wert (senkr. Einstr.)		Fläche m²		Globalstr. Heizzeit kWh/(m²a)		kWh/a
1.		0,36	*		*		*		=	
2.		0,36	*		*		*		=	
3.		0,36	*		*		*		=	
4.		0,36	*		*		*		=	
5.		0,36	*		*		*		=	
6.		0,36	*		*		*		=	

Wärmeangebot Solarstrahlung Q_S — Summe [ ]

	kh/d		Länge Heizzeit d/a		spezif. Leistung q'_I W/m²		A_{EB} m²		kWh/a
Innere Wärmequellen Q_I	0,024	*	225	*		*		=	

			kWh/a
Freie Wärme Q_F	$Q_S + Q_I$	=	
Nutzungsgrad Wärmegewinne η_G	$1 - (0{,}3 * Q_F / Q_V)$	=	
Wärmegewinne Q_G	$\eta_G * Q_F$	=	
Heizwärmebedarf Q_H	$Q_V - Q_G$	=	
Energiekennwert Heizwärme q_H	Q_H / A_{EB}	=	kWh/(m²a):

Anforderung Bauwerksart (ankreuzen)			kWh/(m²*a)	(ja/nein)
	[ ]	Grenzwert		
	[ ]	Zielwert	max.	**Anforderung erfüllt?**

Institut Wohnen und Umwelt, Juli 1996

PRIMÄRENERGIE - HEIZZAHL

Objekt:		Gebäudetyp:	
Standort:		Energiebezugsfläche A_{EB}:	m²

Bilanz Heizungssystem / Warmwasserbereitung

		Teilsysteme 1	2	3	4	
Energieträger		Strom-Mix				
Primärenergie-Faktor	p *(Tab. A14)*					-
CO2-Emissionsfaktor (CO2-Äquivalent)	x_{CO2} *(Tab. A14)*					g/kWh
Raumwärme						
Heizwärmebedarf*	q_H	*(Blatt RW-K)*				kWh/(m²a)
Bauart Wärmeerzeuger	*(Projekt)*					-
Anteil Deckung Heizwärmebedarf	f_H *(Projekt)*					-
Nutzungsgrad Wärmeerzeuger	$\eta_{a,HE}$ *(Proj./Tab. A7)*					-
Nutzungsgrad Wärmeverteilung	$\eta_{a,HL}$ *(Blatt HZ-K S.2)*					-
solarer Deckungsanteil	s *(Projekt)*					-
Systemnutzungsgrad	$\eta_{a,H} = \eta_{a,HE} \cdot \eta_{a,HE} / (1-s)$					-
Endenergie-Bedarf Raumwärme*	$e_H = q_H \cdot f_H / \eta_{a,H}$					kWh/(m²a)
Warmwasser						
Nutzenergiebedarf Warmwasser*	q_W	*(Wohnhäuser: 17 kWh/(m²a))*				kWh/(m²a)
Bauart Wärmeerzeuger	*(Projekt)*					-
Anteil Deckung Wärmebedarf Warmwasser	f_W *(Projekt)*					-
Nutzungsgrad Wärmeerzeuger	$\eta_{a,WE}$ *(Proj./Tab. A7)*					-
Nutzungsgrad Wärmeverteilung/-speicherung	$\eta_{a,WL}$ *(Blatt HZ-K S.2)*					-
solarer Deckungsanteil	s *(Tab. A12)*					-
Systemnutzungsgrad	$\eta_{a,W} = \eta_{a,WE} \cdot \eta_{a,WE} / (1-s)$					-
Endenergie-Bedarf Warmwasser*	$e_W = q_W \cdot f_W / \eta_{a,W}$					kWh/(m²a)
Gesamt						
Endenergie-Bedarf Elektro-Hilfsgeräte*	$e = E_S / A_{EB}$		*(Blatt HZ-K S.2)*			kWh/(m²a)
Endenergie-Bedarf Heizung + Warmwasser*	$e = e_H + e_W$					kWh/(m²a)
Emissionen CO2-Äquivalent*	$m_p = e \cdot x_{CO2}$					kg/(m²a)
Gesamt*	Σm_p					kg/(m²a)
Primärenergie-Bedarf*	$q_p = e \cdot p$					kWh/(m²a)
Gesamt*	Σq_p					kWh/(m²a)

Primärenergie-Heizzahl $\eta_{a,P} = (q_W + q_H) / \Sigma q_P$ [ ]

Mindestanforderung Primärenergie-Heizzahl [ ] **Anforderung erfüllt?** (ja/nein) [ ]

*) pro m² Energiebezugsfläche

PRIMÄRENERGIE - HEIZZAHL

Bilanz Teilsysteme

Heizwärmeverteilung		Teilsysteme 1	Teilsysteme 2	Teilsysteme 3	Gesamt	
Länge Verteilleitungen	L_H *(Projekt)*					m
jährliche Verluste pro m Leitung	q^*_{HL} *(Tab. A6)*				*Summe 1,2,3*	kWh/(m·a)
jährliche Verluste	$Q_{HL} = L_H \cdot q^*_{HL}$					kWh/a
spezif. Verluste	$q_{HL} = \Sigma Q_{HL} / A_{EB}$					kWh/(m²a)
Nutzungsgrad Heizwärmeverteilung	$\eta_{a,HL} = q_H / (q_H + q_{HL})$					-

Warmwasserverteilung und -speicherung		Teilsysteme 1	Teilsysteme 2	Teilsysteme 3	Gesamt	
Länge Zirkulationsleitungen (Vor- + Rücklauf)	L_Z *(Projekt)*					m
mittl. Wärmeverlustleistung pro m Rohrlänge	$q^{\cdot *}_Z$ *(Tab. A9)*				*Summe 1,2,3*	W/m
mittl. Wärmeverlustleistung Zirkulationsleitungen	$Q^{\cdot}_Z = L_Z \cdot q^{\cdot *}_Z$					W
Länge Einzelleitungen	L_U *(Projekt)*					m
mittl. Wärmeverlustleistung pro m Rohrlänge	$q^{\cdot *}_U$ *(Tab. A8)*				*Summe 1,2,3*	W/m
mittl. Wärmeverlustleistung Einzelleitungen	$Q^{\cdot}_U = L_U \cdot q^{\cdot *}_U$					W
mittl. Wärmeverlustleistung Speicher	$Q^{\cdot}_S$ *(Tab. A10)*					W
mittl. Wärmeverlustleistung gesamt	$Q^{\cdot}_W = \Sigma Q^{\cdot}_U + \Sigma Q^{\cdot}_Z + Q^{\cdot}_S$					W
jährl. Betriebszeit zentrale WW-Bereitung	t_W *(Projekt)*					d/a
jährl. Wärmeverl. WW-Verteilung u. -Speicherung	$Q_{WV} = Q^{\cdot}_{WV} \cdot t_W \cdot 0{,}024$					kWh/a
spezif. Verluste	$q_{WV} = Q_{WV} / A_{EB}$					kWh/(m²a)
Nutzungsgrad WW-Verteil. u. -Speich.	$\eta_{a,WL} = q_W / (q_W + q_{WV})$					-

Elektro-Hilfsgeräte (Heizung + Warmwasser)		Teilsysteme 1	Teilsysteme 2	Teilsysteme 3	Gesamt	
Hilfsgerät (Heizungs-, Zirk.-Pumpe, Lüftung, gekopp. Stromerzeugung)						
mittlere elektr. Leistung (Stromerzeugung negativ)	P_{el} *(Projekt)*					W
jährliche Betriebszeit	t_{el} *(Projekt)*				*Summe 1,2,3*	h/a
Strombedarf	$E_S = P_{el} \cdot t_{el} / 1000$					kWh/a

PFLICHTBLATT FÜR WOHNUNGLÜFTUNGSANLAGEN
Abluftanlage mit Dimensionierung der Außenluftdurchlässe

Planungsbüro:
Projekt: Bearbeiter:
Anlage: Datum:

1. Standardnutzung und besondere Anforderungen:
Auslegung der Anlage gemäß Standardnutzungsbedingungen

2. Auslegungskriterien für Luftvolumenströme

		Richtwerte		Anzahl			resultierende Startwerte
Zuluftvolumenstrom:							
	je Person:	30	m³/h *		=	m³/h	m³/h
Abluftvolumenstrom:							
	Küchen:	60	m³/h *		=	m³/h	
	Bäder, HWR u.ä.:	40	m³/h *		=	m³/h +	
	WC, Vorrat u.ä.:	20	m³/h *		=	m³/h +	
				Summe:		m³/h	m³/h
Startwert Nennvolumenstrom:							m³/h
Zustände mit erhöhtem Volumenstrom:							m³/h

3. Luftmengenverteilung

Auslegedruck für ALD: Pa

Raum	Fläche	Luftvolumen			Volumenstrom und Luftwechsel				Auslegung der ALD		
	A	B	C	D	E	F	G	H	I	J	K
		Zone			Nennbetrieb		Auslegung Raum		V'_{ALD}	V' bei Auslegedruck	
		ZU	AB	ÜBER	V'_{AB}	LW_{AB}	V'_{ZU}	LW_{ZU}	m³/h		
	m²	m³	m³	m³	m³/h	1/h	m³/h	1/h		Anzahl der ALD	
gesamt:											

4. Abgestimmte Volumenströme

Nennvolumenstrom: m³/h
Auslegungsvolumenstrom: m³/h
belüftete Fläche: m²
belüftetes Volumen: m³
Nennluftwechsel gesamt: 1/h

5. Regelbereich

Regelbereich mindestens: bis m³/h

6. Stromeffizienz

Maximale Leistungsaufnahme bei Nennbetrieb: W

7. Anforderungen an den Schallschutz

A-bewerteter Schalldruckpegel der Anlage im Aufenthaltsbereich maximal: 30 dB(A)

Legende zum Pflichtblatt Lüftungsanlage

Hinweise zur Bearbeitung des Pflichtblatts für Abluftanlagen:

1. Standardnutzung und besondere Anforderungen:

Standardnutzung:	Betrieb der Lüftungsanlage während der Heizperiode. Alle Richtwerte für Außen- und Abluftvolumenströme, die im Pflichtblatt aufgeführt sind, beziehen sich auf die Standardnutzung.

Besondere Anforderungen können sein:

- außergewöhnlich hohe innere Feuchtequellen oder Wärmebrücken, die eine geringere Luftfeuchte als 60%r.F. erfordern.
- Überdurchschnittlicher interner Schadstoffeintrag (Raucher, Photolabor, ...),
- außergewöhnliche externe Schadstoffquellen (Schornsteine, ...),
- hohe Schallbelastung von außen,
- besondere Anforderungen an die Frischluftqualität (Allergiker),
- Sommerlüftung,
- Betrieb einer raumluftabhängigen Feuerstätte (z.B. offener Kamin, Kaminofen, Gastherme,..) im belüfteten Volumen.

2. Auslegungskriterien für Luftvolumenströme:

Zuluftvolumenstrom:	Personenbezogener Luftvolumenstrom. Maßgebend ist die Anzahl der Personen, für die die Wohnung (das Haus) ausgelegt ist.
Abluftvolumenstrom:	An Anzahl und Typ der Ablufträume orientierter Luftvolumenstrom. Standardwerte laut Tabelle im Pflichtblatt.
Startwert:	Der höhere Wert von Außenluft- und Abluftvolumenstrom bestimmt den Startwert für den Nennvolumenstrom. Der Nennvolumenstrom ist der in belegten Wohnungen aus hygienischen Gründen notwendige Luftvolumenstrom.
Zustände mit erhöhtem Volumenstrom:	Zeitlich begrenzte Betriebszustände der Lüftungsanlage, bei denen die geförderte Luftmenge über dem Nennvolumenstrom liegt.

3. Luftmengenverteilung:

Raum:	Alle Räume innerhalb des belüfteten Volumens.
Fläche (Spalte A):	Grundfläche der Räume
ZU (Spalte B):	Raumvolumen der Räume der Zuluftzone
AB (Spalte C):	Raumvolumen der Räume der Abluftzone
ÜBER (Spalte D):	Raumvolumen der Räume der Überströmzone
V'_{AB} (Spalte E):	Planmäßiger Abluftvolumenstrom, die Summe der hier eingetragenen Werte, sollte den Nennvolumenstrom ergeben.
LW_{AB} (Spalte F):	Lokaler Luftwechsel im Abluftraum; i.A. sollte in Ablufträumen ein Luftwechsel von 2 h^{-1} nicht unterschritten werden. Liegt der Luftwechsel deutlich über 2 h^{-1}, kann der Standardwert des Abluftvolumenstroms (siehe 2.) für diesen Raum gegebenenfalls reduziert werden.
V'_{ZU} (Spalte G):	Raumweise planmäßiger Außenluftvolumenstrom. Standardwert nach ebök: 40 m³/h für Räume, die dauerhaft von 2 Personen genutzt werden können. Die Summe der hier eingetragenen Werte sollte mindestens den Nennvolumenstrom ergeben. Die Summe der Werte dieser Spalte kann über dem Nennvolumenstrom liegen. (Die Lüftungsanlage wird i.A. nicht auf die gleichzeitige Nutzung aller Zulufträume durch 2 Personen ausgelegt.)
LW_{ZU} (Spalte H):	Lokaler Luftwechsel im Zuluftraum bei V'_{ZU}
Auslegedruck für ALD:	Raumseitiger Unterdruck, bei dem der planmäßige Außenluftvolumenstrom V'_{ALD} durch die Außenluftdurchlässe nachströmt.
V'_{ALD} (Spalte I):	Planmäßiger Außenluftvolumenstrom durch die Außenluftdurchlässe (ALD) eines Raumes; die Differenz zu V'_{ZU} wird näherungsweise infiltriert. Unter der Voraussetzung, daß die Luftdurchlässigkeit der Gebäude- bzw. Wohnungshüllfläche einen Wert n_{50} <= 1 h^{-1} aufweist, werden die Außenluftdurchlässe wie folgt ausgelegt: ca. 75% des raumweise planmäßigen Außenluftvolumenstroms beim vorgegebenen Auslegedruck soll durch die Außenluftdurchlässe nachströmen. ($V'_{ALD} = 0{,}75 * V'_{ZU}$)
V' bei Auslegedruck: (Spalte J + K)	Luftvolumenstrom, der bei Auslegedruck durch einen Außenluftdurchlaß (ALD) des ausgewählten Typs nachströmt. (Platz für 2 verschiedene Typen von ALD).

4. Abgestimmte Volumenströme:

Nennvolumenstrom:	Ergibt der unter 1. festgelegte Startwert für den Nennvolumenstrom einen Gesamtluftwechsel kleiner als 0,3 h^{-1}, muß ein höherer Nennvolumenstrom gewählt werden und die Luftmengenverteilung unter 3. korrigiert werden.
Auslegevolumenstrom:	i.A. gleich dem Nennvolumenstrom. Kann über dem Nennvolumenstrom liegen, wenn Betriebszustände mit erhöhtem Volumenstrom vorgesehen sind. Bei Betriebszuständen mit erhöhtem Volumenstrom muß die Anlage auf den erhöhten Volumenstrom ausgelegt werden.
Nennluftwechsel gesamt:	Verhältnis von Nennvolumenstrom zum Volumen aller belüfteten Räume.

5. Regelbereich

Mindestregelbereich:	Die Anlage sollte neben der Nennstellung mindestens eine Betriebsstellung für reduzierten Betrieb aufweisen: Der Volumenstrom soll auf mindestens die Hälfte des Nennvolumenstroms, jedoch höchstens Luftwechsel 0,3 h^{-1} abgesenkt werden können. Sind die Stellungen Nennbetrieb und reduzierter Betrieb möglich, sind weitere Betriebsstellungen der Anlage erlaubt

6. Stromeffizienz

Maximale elektrische Leistungsaufnahme bei Nennbetrieb:

Um einen rationellen Stromeinsatz zu gewährleisten, sollte die Anlage bei Nennbetrieb einschließlich aller Hilfsaggregate weniger als 0,25 W je m^3/h Luftdurchsatz benötigen.

Anhang B: Literaturverzeichnis

[Achtziger 1985]
Joachim Achtziger: Praktische Untersuchung der Tauwasserbildung im Innern von Bauteilen mit Innendämmung. In: wksb, Sonderausgabe 1985.

[Ackermann 1996]
Th. Ackermann: Stand der Normung bei Niedrigenergiehäusern. Vortrag bei der Fachtagung Niedrigenergiehäuser: Luftqualität – Lüftungstechnik – Luftdichte Konstruktion. Umweltforum BAU e. V., Karlsruhe 1996.

[Adamson 1977]
Bo Adamson: New Swedish Building Regulations. Lund Institute of Technology, Report BKL. S–Lund 1977.

[Adamson/Eftring 1979]
Bo Adamson und B. Eftring: Design of Low-Energy Houses (Stockholm climate). Lund Institute of Technology, Report BKL 1979:4 (E).

[Adamson u. a. 1986]
Bo Adamson: Energy conservation, climatic control and moisture in buildings. Research at the Department of Building science, Lund Institute of Technology, Stockholm D2:1986.

[AIBau 1996]
Aachener Institut für Bauschadensforschung und angewandte Bauphysik. Instandsetzung und Modernisierung/Rechtsfragen für Baupraktiker. Referate und Diskussionen der Aachener Bausachverständigentage 1996. Bauverlag GmbH, Wiesbaden und Berlin 1996.

[AIVC 1986]
Air Infiltration and Ventilation Center (AIVC): Air Infiltration Rewiew – quaterly newsletter from the IEA Air Infiltration Center. Bracknell UK, 1986.

[Arend/Pfannstiel 1993]
H.-O. Arend u. D. Pfannstiel: Neue Heizungsregelungen durch den Einsatz von Fuzzy-Logik. In: HI H Bd. 44 (1993) Nr. 11 – November.

[ARENHA 1986]
Arbeitsgemeinschaft Energieberatung Hannover, Energiekonzept Nienburg/Weser. Band 9 der Reihe: „Örtliche und regionale Energieversorgungskonzepte"; PBE, Jülich 1986.

[ASHRAE 1981]
American Society of Heating, Refrigerating, and Air-Conditioning Engineers (Hrsg.): 1981 Fundamentals Handbook. Zit. nach [Trethowen 1988].

[ASUE 1994]
Arbeitsgemeinschaft für sparsamen und umweltfreundlichen Energieverbrauch e.V. (Hrsg.): Blockheizkraftwerke – Grundlagen der Technik/Anwendungsmöglichkeiten; Hamburg 1994.

[Bach u. a. 1992]
Heinz Bach; Gisela Eisenmann; Klaus Neuscheler: CO_2-Reduzierung durch Pumpensanierung; Forschungsgesellschaft Heizung, Lüftung, Klimatechnik GmbH; Stuttgart 1992.

[BAK 1996]
Bundesarchitektenkammer (Hrsg.): Energiegerechtes Bauen und Modernisieren. Grundlagen und Beispiele für Architekten, Ingenieure und Bewohner. Birkhäuser-Verlag, Basel, Berlin u. Boston 1996.

[Bankvall 1992]
Claes Bankvall: Thermal Insulation and Research in Heat Transfer. In: „Research and Development in Building Physics during the last 25 years". Swedish Council for Building Research, (Byggforskningsrådet). Stockholm D15:1992.

[Baumgartner 1993]
T. Baumgartner u. a.: Wärmepumpen – Planung, Bau und Betrieb von Wärmepumpenanlagen. Bundesamt für Konjunkturfragen, CH–Bern 1993.

[BDZ 1992]
Bund Deutscher Zimmermeister (Hrsg.): Holzrahmenbau Teil I. 2. überarbeitete Auflage 1992. Bruderverlag, Karlsruhe 1992.

[BEW 1996]
Bundesamt für Energiewirtschaft (Hrsg.): Elektrizitätsverbrauch drehzahlgeregelter Umwälzpumpen. BEW-Schriftenreihe Nr. 57, Ch-Bern 1996.

[BFK 88]
Bundesamt für Konjunkturfragen (Hrsg.): Impulsprogramm Haustechnik – Spezialveranstaltung Luftaustausch in Gebäuden. CH-Bern 1988.

[Bierling 1982]
H.-J. Bierling: Kontrollierte Wohnungslüftung oine Notwendigkeit zur Energieeinsparung und zur Vermeidung von Feuchteschäden. In: Bauphysik (1982), Heft 1.

[Blomsterberg 1990]
Åke Blomsterberg: Ventilation and airtightness in lowrise residential buildings. Byggforskningsrådet, Stockholm D10:1990.

[BMBau 1980]
Bundesministerium für Raumordnung, Bauwesen und Städte-

bau: Energiesparbuch für das Eigenheim. Verschiedene Auflagen ab 1979. Bonn 1980.

[bmh 1993]
Ökologie mit Vernunft. Ein Niedrig-Energiegebäude. In: bauen mit holz (bmh), Heft 7/93.

[bmh 1994]
Systematisch entwickelt: LBS-ÖKO-HAUS. In: bauen mit holz (bmh), 9/1994.

[BMU 1992]
Bundesministerium für Umwelt, Naturschutz und Reaktorsicherheit (Hrsg.): Interministerielle Konzeption der Bundesregierung zur Verbesserung der Luftqualität in Innenräumen, Bonn 1992.

[Boisits 1991]
R. Boisits: Dämmstoffe auf dem ökologischen Prüfstand. Eine vergleichende Darstellung der ökologischen Eigenschaften der Dämmstoffe. Österreichisches Institut für Baubiologie, A–Wien 1991.

[Born/ Eicke-Hennig 1993]
Rolf Born, Werner Eicke-Hennig: Spezifische Dämmstoffkosten von ca. 250 Dämmstoff-Produkten (interne Auswertung); Institut Wohnen und Umwelt (IWU), Darmstadt 1993.

[Borsch-Laaks 1990a]
R. Borsch-Laaks: Lüftung im Wohngebäude. Energiesparinformationen Nr. 8. HMUEB u. IWU (Hrsg.), Darmstadt, Wiesbaden 1990.

[Borsch-Laaks 1990b]
R. Borsch-Laaks: Wind- und Luftdichtigkeit der Gebäudehülle – ein Stolperstein auf dem Weg zum Niedrig-Energie-Haus. Sonderdruck aus: Reader zum AGÖF-Fachkongreß „Ökologischer Stadtumbau", 12./13.Sept. 1990 in Recklinghausen.

[Borsch-Laaks 1990c]
R. Borsch-Laaks: Ökologie der Dämmstoffe. Energie- und Umweltzentrum am Deister e. V. (EUZ), Springe/Eldagsen 1990. Auch abgedruckt in: VfA-Profil, H. 5/6 (1990).

[Borsch-Laaks 1991]
R. Borsch-Laaks: Moderne Holzbauweisen sind anders. Ein bauphysikalischer Beitrag zu einer ökologischen Holzbauphilosophie. In: Beiträge zur EUZ-Baufachtagung '91. EUZ, Springe/Eldagsen 1991.

[Borsch-Laaks 1993]
R. Borsch-Laaks: Sorption, Diffusion, Kapillarleitung. Feuchtespeicherung und Feuchtetransport in der Gebäudehülle. Reihe Technische Information Nr. 2(T-I-S02) Hirschhagen (Isofloc Ökologische Bautechnik GmbH) 1993.

[Borsch-Laaks 1993a]
R. Borsch-Laaks: Luftdichtigkeit der Gebäudehülle im Niedrig-Energie-Haus. Anforderungen – Messungen – Baupraxis. In: AG Solar u. IC-Consult (Hrsg.): Grundlagenkurs für Architekten: Niedrigenergiebauweise, Solararchitektur, Landesprogramm NEH-Förderung. Aachen 1993.

[Borsch-Laaks 1993b]
R. Borsch-Laaks: Gesamtbilanz von Dämmstoffen und Dämmethoden. In: Schriftenreihe der FH Lippe. Veranstaltungsreihe „Energie- und Ressourcensparendes Bauen. Dokumentation des 2. Seminars:„Wärmedämmen: Wie? – Womit?" Heft 9, Detmold 1993.

[Borsch-Laaks 1993c]
R. Borsch-Laaks: Wege zur Niedrigenergie-Holzbauwand. In: mikado – Magazin für Holzbau u. Ausbau, Heft 9 (1993). Auszugsweise auch in: db 128 (1994) 4.

[Borsch-Laaks 1994]
R. Borsch-Laaks: Die Auswirkungen der neuen Wärmeschutz-Verordnung auf den Holzbau. In: deutsche Bauzeitung (db) 128 (1994) 4.

[Borsch-Laaks 1995a]
R. Borsch-Laaks: Zum Stand von Verordnungen und Normen zur Luftdichtheit der Gebäudehülle. In: [EUZ 1995].

[Borsch-Laaks 1995b]
R. Borsch-Laaks: Anmerkungen zur energetischen Optimierung einer 45°-Version des Hauskonzepts 81FÜNF. Supportsystem der Gruppe 81FÜNF, Kröte 1995. Unveröffentlicht.

[Borsch-Laaks 1996a]
R. Borsch-Laaks: Bauschadensverhütung bei Dämmaßnahmen. Innendämmung und Luftdichtheit. In: Tagungsband zur Fachtagung des BDZ „Denkmalpflege und Bauwerkserhaltung" am 1./2. März 1996 in Chemnitz.

[Borsch-Laaks 1996b]
R. Borsch-Laaks: Blower Door Prüfung/Wärmeverluste durch Leckagen. In: Klaus J. Galiläa (Hrsg.): Normgerechte Bauausführung im Zimmererhandwerk. WEKA Verlage. 3. Ergänzungslieferung. Augsburg, 9/1996.

[Borsch-Laaks 1997]
Robert Borsch-Laaks: Bauphysikalische Aspekte der wärmetechnischen Gebäudesanierung. Wuppertal (Energieagentur) 1997.

[Borsch-Laaks/Pohlmann 1994]
R. Borsch-Laaks u. R. Pohlmann: The Triple-E House – Energy Efficient, Economical, and Ecological. ACEEE Summer Study 1994. Proceedings, Panel 9. American Council for an Energy-Efficient Economy, Berkeley, USA 1994.

[Borsch-Laaks/Pohlmann 1995]
R. Borsch-Laaks u. R. Pohlmann: Das LBS-ÖKO-HAUS. Bauherrenhandbuch. LBS Westdeutsche Landesbausparkasse (Hrsg.). Münster/Düsseldorf. 7. Auflage 1995.

[Borsch-Laaks/ Zurheide 1996]
Robert Borsch-Laaks u. Eckard Zurheide: Wärmetechnische Sanierung schützenswerter Gebäude. Teilnehmerunterlagen für den gleichnamigen REN Impuls-Kurs. Wuppertal (Energieagentur) 1996.

[Breustedt u. a.1990]
Walter Breustedt u. a.: Deutsch-schwedisches Gemeinschaftsprojekt Energiesparhäuser Ingolstadt-Halmstad. Itp Frankfurt und LWS, München 1990.

[Brown u. a. 1993]
W. C. Brown, M. T. Bomberg, J. M. Ullett und J. Rasmussen: Measuerd Thermal Resistance of Frame Walls with Defects in the Installation of Mineral Fibre Insulation. In: Journal for Thermal Insulation and Building Envelops, Ottawa, April 1993

[Brucker 1995]
Johannes Brucker: Holzsysteme im Wohnungsbau. Wirtschaftsministerium Baden- Württemberg (Hrsg.), Stuttgart 1995.

[Bund 1982]
Schweizer Bundesamt für Konjunkturfragen: Energiegerechter Betrieb haustechnischer Anlagen. Eidgen. Drucksachenzentrale; CH–3000 Bern, 1982.

[Carlson/Blomsterberg 1989]
P.-O. Carlson and Åke Blomsterberg: Lättbygg 85 – Energi-& resurssnåla småhus med låg boendekostnad. Swedish Council for Building Research, Stockholm R 41:1989.

[Carlsson u. a. 1980]
Björn Carlsson, Arne Elmroth u. Per-Åke Engvall: Airtightness and thermal insolation. Byggforsknigsrådet. Stockholm D 37: 198.0

[Charlsworth 1988]
Peter S. Charlsworth: Air Exchange Rate and Airtightness Measurement Techniques – An Application Guide. AIVC. Coventry, Great Britain 1988.

[Cirsium 1991]
Büro Cirsium: Energie- und Schadstoffbilanz Isofloc. CH–Mittelhausern 1991.

[Colthorpe 1990]
Ken Colthorpe: A Review of Building Airtightness and Ventilation Standards. Technical Note AIVC 30. GB–Coventry 1990.

[Cziesielski 1995]
E. Cziesielski: Luftdichte Fugen. Stand des Wissens. Probleme bei komprimierten Fugen-Dichtungsbändern. In: [EUZ 95].

[Daler 1983]
R. Daler: Freie Lüftung, Bundesbaublatt, Mai 1983, Heft 5.

[Diel 1993]
Friedhelm Diel (Hrsg.): Innenraum-Belastungen. Erkennen, Bewerten, Sanieren. Beiträge der Arbeitsgemeinschaft Ökologischer Forschungsinstitute (AGÖF). Bauverlag, Wiesbaden u. Berlin 1993.

[Ebel 1987]
W. Ebel: Die Entwicklung des zukünftigen Strombedarfs der privaten Haushalte in der Bundesrepublik Deutschland. Institut Wohnen und Umwelt, Darmstadt 1987.

[Ebel 1989]
W. Ebel: Stromverbrauch im Haushalt. Institut Wohnen und Umwelt, Darmstadt 1989.

[Ebel 1991]
Witta Ebel: Rechenverfahren für den Wärmeschutznachweis auf der Basis von Energiekennwerten; IWU, Darmstadt 1991.

[Ebel/Feist 1996]
W. Ebel, W .Feist: Low electricity houses – a real case, Krakau-Tagung 1996. IWU, Darmstadt 1996.

[Ebel u. a. 1990]
W. Ebel, W. Eicke, W. Feist u.a.: Energiesparpotentiale im Gebäudebestand. Hrsg.: Hessisches Ministerium für Wirtschaft und Technik, Wiesbaden 1990.

[Ebel u. a. 1995]
Witta Ebel; Werner Eicke-Hennig u. Wolfgang Feist: Einsparungen beim Heizwärmebedarf – ein Schlüssel zum Klimaproblem; Institut Wohnen und Umwelt, Darmstadt 1995.

[Ebel u. a. 1996]
W. Ebel, W. Eicke-Hennig, W. Feist u. H.-M. Groscurth: Der zukünftige Heizwärmebedarf der Haushalte. IWU, Darmstadt 1996.

[EDU 1985]
NN: Degration of R-Value by internal Convection. In: Energy Design Update, New York, Feb. 1985.

[EDU 1991]
NN: Measured R-Value Loss of Cubed Loose-fill Fiberglass Attic Insulation, In: Energy Design Update, New York, July 1991.

[Eicke-Hennig 1990]
Eicke-Hennig, Werner: Gemessene Ölverbräuche der Belgiersiedlung in Kassel; interne Mitteilung, Institut Wohnen und Umwelt, Darmstadt 1990.

[Eicke-Hennig 1993a]
Werner Eicke-Hennig: Investive Mehrkosten der Niedrigenergiebauweise. IWU, Darmstadt 1993.

[Eicke-Hennig1993b]
Werner Eicke-Hennig: Das hessische Niedrigenergiehausprogramm 1990–1991; IWU, Darmstadt 1993.

[Eicke-Hennig u. a. 1994]
Werner Eicke-Hennig u. a.: Empirische Überprüfung der Möglichkeiten und Kosten, im Gebäudebestand und bei Neubauten Energie einzusparen und die Energieeffizienz zu steigern. Endbericht für die „Deutsche Bundesstiftung Umwelt" in Kooperation mit der Enquete-Kommission „Schutz der Erdatmosphäre" des Deutschen Bundestages. IWU, Darmstadt 1994.

[Elmroth/Levin 1983]
Arne Elmroth u. Per Levin: Air Infiltration Control in Housing – A Guide to International Practice. Schwedischer Bauforschungsrat (Hrsg.). Stockholm D2:1983.

[EMPA 1995]
Eidgenössische Material- und Prüfungsanstalt (EMPA), Abt. Holz (Hrsg.): Energie- und Stoffbilanzen bei der Herstellung von Wärmedämmstoffen. Forschungsbericht im Auftrag des Bundesamtes für Energiewirtschaft, CH–Dübendorf 1995.

[Engen 1984]
T. Engen: Odors and Air Quality: Odor Semantics. In: „Indoor Air" (1), Swedish Council for Building Research, Stockholm 1984.

[EPHW 1997]
Tobias Loga; Ulrich Imkeller-Benjes: Energie-Paß Heizung / Warmwasser. Energetische Qualität von Baukörper und Heizungssystem; IWU, Darmstadt 1997.

[Erhorn/Reiß 1994]
Hans Erhorn u. Johann Reiß: Niedrigenergiehäuser Heidenheim. Hauskonzepte und erste Meßergebnisse. in: gi (115. Jg), 1/1994

[Esdorn & Rheinländer 1978]
H. Esdorn und J. Rheinländer: Zur rechnerischen Ermittlung von Fugendurchlaßkoeffizienten und Druckexponenten für Bauteilfugen; HLH 29 Nr. 3 März 1978.

[EUZ 1991]
Energie- und Umweltzentrum (EUZ) am Deister e. V. (Hrsg.): Niedrig-Energie-Häuser – Erfahrungen aus der Baupraxis. Tagungsband zur EUZ-Baufachtagung Juni 1991. Springe/Eldagsen 1991.

[EUZ 1992]
EUZ am Deister e. V. (Hrsg.): Ergänzungsband zu [EUZ 1991].

[EUZ 1995]
EUZ am Deister e. V. (Hrsg.): Gute Luft . . . wenig Energie. Luftdichtheit und Lüftung in Wohngebäuden. Tagungsband zur 7. EUZ-Baufachtagung '95. Springe-Eldagsen 1995.

[EUZ 1996]
Ingenieurgemeinschaft Bau, Energie und Umwelt im EUZ (Hrsg.): Kontrollmessungen zur Luftdichtigkeit des Niedrig-Energie-Gästehauses, Springe/Eldagsen 1996 (unveröffentl.).

[Fanger 1970]
P. O. Fanger: Thermal Comfort. McGraw-Hill Book Company. New York, Düsseldorf, Toronto 1970.

[Fehlmann 1993]
J. Fehlmann u. U.- H. Wanner: Indoor Climate and Indoor Air Quality in Residential Buildings. Indoor Air, Volume 3, No. 1, March 1993.

[Feist 1985a]
Wolfgang Feist: Ist Wärmespeichern wichtiger als Wärmedämmen? Institut Wohnen und Umwelt (IWU), Darmstadt 1985.

[Feist 1985b]
Wolfgang Feist: Warum Niedrigenergiehäuser in Deutschland? IWU (Hrsg.). Bericht über den Workshop „Niedrigenergiehäuser" der Energierunde am 12.12.1985, Darmstadt 1986.

[Feist 1986a]
Wolfgang Feist: Primärenergie- und Emissionsbilanzen von Dämmstoffen. IWU, Darmstadt 1986.

[Feist 1986b]
Wolfgang Feist: Niedrigenergiehäuser in Dänemark und Schweden. (IWU), Darmstadt 1986.

[Feist 1987]
W. Feist: Stromsparpotentiale bei den privaten Haushalten in der Bundesrepublik Deutschland. in: D. Sievert (Hrsg.): Zukünftiger Strombedarf – Bedeutung von Einsparmöglichkeiten. TÜV Rheinland, Köln 1987.

[Feist 1989]
Wolfgang Feist: Das vereinfachte Heizenergiebilanzprogramm STATBIL/ENBIL. Vergleich der Ergebnisse des Programms mit Ergebnissen nach dem Netzwerkmodell von JULOTTA; IWU, Darmstadt 1989.

[Feist 1992]
W. Feist: Passivhaus Darmstadt-Kranichstein. Bundesbaublatt, Februar 1992.

[Feist 1993a]
Wolfgang Feist: Passivhäuser in Mitteleuropa. Dissertation an der Gesamthochschule Kassel. 1993. IWU, Darmstadt 1993.

[Feist 1993b]
Wolfgang Feist und Johannes Werner: Erste Meßergebnisse aus dem Passivhaus Darmstadt-Kranichstein. In: gi 1993, Heft 3.

[Feist 1993c]
Wolfgang Feist: Unzulänglichkeiten des Rechenverfahrens

nach dem Entwurf der neuen Wärmeschutz-Verordnung. In: Sonnenenergie & Wärmetechnik Jg. 16 (1993) Heft 6.

[Feist 1994]
W. Feist u. J. Werner: Energiekennwerte im Passivhaus (Passivhausbericht Nr. 4). IWU, Darmstadt 1995.

[Feist 1994a]
Wolfgang Feist: Thermische Gebäudesimulation; C. F. Müller Verlag, Heidelberg 1994.

[Feist 1994b]
Wolfgang Feist: Innere Wärmegewinne werden überschätzt. In: Sonnenenergie und Wärmetechnik 1/94.

[Feist 1994c]
Wolfgang Feist (Hrsg.): Luftqualitätsuntersuchungen im Passivhaus Kranichstein. IWU, Darmstadt 1994.

[Feist 1996]
Wolfgang Feist: Lebenszyklus-Bilanzen im Vergleich: Niedrigenergiehaus, Passivhaus, Energieautarkes Haus. Beitrag zum Kongreß „Lebenszyklusbilanzen". CIB, A-Wien 1996.

[Feist 1996a]
Wolfgang Feist: Wärmedämmung, Wärmebrücken, Luftdichtheit; Fachdokumentation Nr. 2. Passiv Haus Institut (PHI), Darmstadt 1996.

[Feist 1996b]
Wolfgang Feist: Niedrig emittierende Wandbeschichtungen. IWU, Darmstadt 1996.

[Feist/Adamson 1987]
Wolfgang Feist, Bo Adamson: Kooperationsprojekt. Parameterstudie für ein vereinfachtes zweigeschossiges Wohngebäude unter deutschen Klimaverhältnissen (Hamburg). IWU, Darmstadt und Technologisches Institut der Universität Lund, 1987.

[Feist/Adamson 1988]
Wolfgang Feist und Bo Adamson: Konstruktionsmerkmale von Niedrigenergiehäusern in der Bundesrepublik Deutschland. IWU, Darmstadt 1988.

[Feist/ Klien 1989]
Wolfgang Feist und Jobst Klien: Das Niedrigenergiehaus. 1.–3. Auflage (C.F.Müller-Verlag), Karlsruhe 1989.

[Feist u.a. 1994a]
W. Feist; M. Bially; W. Eicke-Hennig; T. Loga; M. Lüneburg; J. Militzer: Wirtschaftlichkeit von Niedrienergiehäusern. In: Sonnenenergie und Wärmetechnik 4/94.

[Feist u.a. 1994b]
W.Feist, E.Hinz, M. Jäkel: Fenster und Rahmendämmung im Passivhaus DA-Kranichstein, Passivhausbericht 7. IWU, Darmstadt 1994

[Feist u. a. 1996]
W. Feist; H. Eek; K.-H. Fingerling; R. Mundt; F. Rasch; R. Rudolf; J. Werner: Passivhäuser Hannover Kronsberg. IWU, Darmstadt 1996.

[Feist u. a. 1997]
Wolfgang Feist, Witta Ebel; Tobias Loga u. Johannes Werner: Vergleich von Messung und Simulation für das Passivhaus (Passivhausbericht Nr. 15). IWU und Passiv Haus Institut (PHI), Darmstadt, in Vorbereitung (1997).

[Fisch u. a. 1994]
N. Fisch; R. Kübler; A. Lutz; Erich Hahne: Solare Nahwärme – Stand der Projekte. In: Sonnenenergie & Wärmetechnik 1/94.

[FIZ 1992]
Fachinformationszentrum Karlsruhe (Hrsg.): Deutsch-Schwedisches Gemeinschaftsprojekt Energiesparhäuser Ingolstadt-Halmstadt. BINE Projekt Info-Service, Nr. 17, Oktober 1992.

[FIZ 1996]
Fachinformationszentrum Karlsruhe (Hrsg.): Hochwärmegedämmte Fenstersysteme. BINE Projekt Info-Service, Nr. 5, August 1996.

[Fraanje 1992]
P. Fraanje: Eco-factsheet for building materials and products. Towards a reliable adequate presentation of ecological aspects. Interfaculty Department of Environmental Science, Universiteit van Amsterdam 1992.

[G + H 1994]
G+H ISOVER: Das Warmdach von G + H. Mit Isophen und Difunorm zur normgerechten Sparrenvolldämmung im geneigten Dach. Grünzweig und Hartmann AG, Ludwigshafen 1994.

[Geißler 1994]
A. Geißler: Dichtigkeitsprüfung von Holzverschalungen. AIF-Forschungsvorhaben Nr. 8795. GH Kassel 1994.

[Geißler/Hauser 1996]
Achim Geißler u. Gerd Hauser: Luftdichtheit von Holzhäusern. In: bauen mit holz Juli/1996, Heft 7, S. 562 ff.

[GEMIS 1992]
U. Fritsche.; J. Leuchtner; F. C. Matthes; L. Rausch; K.-H. Simon: Gesamt-Emissions-Modell Integrierter Systeme (GEMIS) Version 2.0; (Öko-Institut), Darmstadt 1992.

[Gertis 1979]
K. A. Gertis u. G. Hauser: Energieeinsparung durch Stoßlüftung? HLH 30 (1979) Nr. 3.

[Gertis 1984]
K. A. Gertis und H. Erhorn: Vereiteln Wärmebrücken den Wärmeschutz hochgedämmter Mauerwerkskonstruktionen? In: Allg. Bauzeitung 54 (1984), S. 9–10.

[Gertis 1988]
K. A. Gertis: k-Wert falsch oder richtig? Zur angeblichen Diskrepanz zwischen Berechnungen und Messungen des Heizenergieverbrauches. In: wksb 33 (1988), Heft 25.

[Gösele/Schüle 1989]
Karl Gösele u. Walter Schüle: Schall – Wärme – Feuchte. Band 75, 9. Auflage. Bauverlag, Wiesbaden und Berlin 1989.

[Halama 1994]
G. Halama: Marktübersicht Aufsparren-Dämmsysteme/Dämmung mit Wasserführung. In: mikado, September 9/94, S. 37ff.

[Handbuch 1989]
Arbeitskreis der Dozenten für Klimatechnik (Hrsg.): Handbuch der Klimatechnik. Verlag C. F. Müller, Karlsruhe 1989.

[Hauser 1979]
G. Hauser: Einfluß der Lüftungsform auf die Lüftungswärmeverluste von Gebäuden. HLH 30 (1979) Nr. 7.

[Hauser 1983]
G. Hauser: Berücksichtigung der Wärmespeicherfähigkeit in DIN 4701. HLH 34 (1983), H. 9.

[Hauser 1987]
G. Hauser: Feuchteschutztechnische Probleme. In DBZ 1987, Heft 4, S. 433–437.

[Hauser/Stiegel 1990]
Gerd Hauser, Horst Stiegel (Hg.): Wärmebrücken-Atlas für den Mauerwerksbau. Wiesbaden und Berlin (Bauverlag) 1990.

[Hauser/ Stiegel 1992]
Gerd Hauser u. Horst Stiegel: Wärmebrücken-Atlas für den Holzbau. Wiesbaden und Berlin (Bauverlag) 1992.

[Hens 1992]
Hugo Hens: Luft-/Winddichtigkeit von geneigten Dächern. Wie sie sich wirklich verhalten. In: Bauphysik 6/1992.

[Hens 1995]
H. Hens: Das Steildach, bisher eine luftige Konstruktion. In: [EUZ 95].

[Hinz 1992]
Eberhard Hinz und Wolfgang Feist: Forschungs- und Demonstrationsgebäude Niedrigenergiehaus Schrecksbach – Abschlußbericht. Institut Wohnen und Umwelt (IWU), Darmstadt 1992.

[Hinz 1993]
E. Hinz: Simulation der Lüftungsverhältnisse in Einfamilienhäusern mit dem Programm DYNVENT; Institut Wohnen und Umwelt, Darmstadt 1993.

[Hinz/Werner 1994]
E. Hinz u. J. Werner: Meßdatenerfassung und Auswertung beim ökologischen Nullenergiehaus Dörpe. IWU, Darmstadt 1994.

[HMU]
HMU (Hessisches Umweltministerium): Reihe Energiesparinformation, Nr. 16 (Besonders sparsame Haushaltsgeräte). Wiesbaden, jährlich aktualisiert bis 1995.

[HMUEB 1991]
Hessisches Ministerium für Umwelt, Energie und Bundesangelegenheiten und IWU Darmstadt (Hrsg.): Passivhaus Kranichstein. Wiesbaden 1991.

[Hörster 1980]
H. Hörster: Wege zum energiesparenden Wohnhaus. Hamburg 1980.

[Huber u. a. 1996]
Judith Huber, Gerhard Müller u. Stephan Oberländer: Das Niedrigenergiehaus. Verlag W. Kohlhammer, Stuttgart, Berlin, Köln 1996.

[Imkeller/Loga 1996]
Ulrich Imkeller-Benjes; Tobias Loga: Stationäre Wärmebilanzverfahren im Vergleich; IWU, Darmstadt 1996.

[IRB 1993]
Der Primärenergieinhalt der Baukonstruktionen unter gleichzeitiger Berücksichtigung der wesentlichen Baustoffeigenschaften und der Herstellungskosten – Bauteilkatalog; Bundesministerium für Raumordnung, Bauwesen und Städtebau und Institut für Bauforschung e.V.; IRB-Verlag, Stuttgart 1993.

[isofloc]
isofloc (Hrsg.): Planungshandbuch. isofloc ökologische Bautechnik GmbH. Hirschhagen, versch. Auflagen seit 1993.

[IWU 1996]
Institut Wohnen und Umwelt (Hrsg.): Planungshilfe Niedrigenergiehaus. Wärmeschutzmaßnahmen, Luftdichtigkeit. Darmstadt 1996.

[Janssen 1984]
Janssen, J. E.: The ASHRAE Ventilation Standard 62-1981 – A Status Report. In: Indoor Air, 5. Swedish Council for Building Research, S–Stockholm 1984.

[Källblad 1986]
Källblad, K.: Shadowing of Direkt Solar Radiation, Report BKL 27(E), Uni Lund, S–Lund 1986.

[Kießl 1992]
Kurt Kießl: Wärmeschutzmaßnahmen durch Innendämmung. Beurteilung und Anwendungsgrenzen aus feuchtetechnischer Sicht. In: wksb 31/1992.

[Kistenmacher 1995]
K. Kistenmacher: Haustechnik in Niedrigenergiehäusern in NRW. Diplomarbeit an der Fachhochschule Aachen, Abt. Jülich. Aachen 1995.

[Klien 1991]
Jobst Klien: Planungshilfe Blockheizkraftwerke. Verlag C. F. Müller, Karlsruhe 1991.

[Klopfer 1974]
H. Klopfer: Wassertransport durch Diffusion in Feststoffen. Bauverlag, Wiesbaden und Berlin 1974.

[Knissel/Loga 1996]
Jens, Knissel u. Tobias Loga: Mehrkosten des Niedrigenergiestandards gegenüber der Wärmeschutzverordnung 1995. Investitionskosten, Energieeinsparung und Wirtschaftlichkeit für vier Beispielgebäude. IWU, Darmstadt 1996.

[Knublauch 1987a]
E. Knublauch: Winddichtigkeit der Steildachkonstruktion „ISOFLOC-Dach". Untersuchungsbericht, Hagen, Nov.1987.

[Knublauch 1987b]
E. Knublauch: Winddichtigkeit der Steildachkonstruktion „Styropor-Dachmantel-System", Untersuchungsbericht. Hagen, Dez. 1987.

[Knublauch u. a. 1987]
E. Knublauch, H. Schäfer u. S. Sidon: Über die Luftdurchlässigkeit geneigter Dächer. Sonderdruck aus Gesundheits-Ingenieur – gi, 108 (1987), Heft 1.

[Kocher 1994]
Peter Kocher: Ein Verfahren zur lastgeführten Regelung der Heizungs-Vorlauftemperatur. In: HLH Bd. 45 (1994) Nr. 1 – Jan.

[Kohler u. a. 1992]
N. Kohler, T. Lützkendorf u. M. Holliger: Methodische Grundlagen für Energie- und Stofffflußanalysen (Handbuch). Sowie: Regeln zur Datenerfassung für Energie- und Stofffflußanalysen (Leitfaden). CH–Lausanne, Bundesamt für Energiewirtschaft 1992.

[Korsgaard 1977]
Vagn Korsgaard: DTH -Nulenergihus, Kopenhagen 1977.

[Kraft 1986]
H. Kraft: Energieberatung für Städte und Gemeinden sowie Privatpersonen durch den Energiebeauftragten des Landkreises. Im Tagungsband: „Erfahrungen mit der Energieberatung". IWU, Darmstadt 1986.

[Kronvall 1980]
Jonny Kronvall: Airtightness – measurements and measurement methods. Byggforskningsrådet. Stockholm, D8:1980.

[Kronvall 1988]
J. Kronvall: Conference „Highlights in Building Physics for Healthy Buildings". In Healthy Buildings '88, Vol. 4: Conclusions and Recommodations for Healthier Buildings. Swedish Council for Building Reserach, Stockholm D15: 1991.

[Krüger 1979]
W. Krüger u. G. Hausladen: Zum Problem der Wohnungslüftung. Heizung, Lüftung, Haustechnik 30 (1979) Nr. 11 November, S. 425 ff.

[Künzel 1991]
Helmut Künzel: Wärme- und Feuchteschutz von zweischaligem Mauerwerk mit Kerndämmung. In: Bauphysik 1/1991.

[Künzel 1992]
Helmut Künzel: Wärmedämmverbundsysteme mit Mineralfaserdämmplatten. Sonderdruck aus: wksb 37 (1992) Heft 30.

[Künzel 1994]
Helmut Künzel: Schäden an Fassadenputzen. Beilage: Schadenfreies Bauen, Band 9. Stuttgart (IRB-Verlag) 1994.

[Künzel, Großkinsky 1989]
Helmut Künzel, Theo Großkinsky: Nicht belüftet und voll gedämmt: Die beste Lösung für das Steildach! In: wksb 27/1989 und DDH 12/89.

[Künzel/Großkinsky 1992]
Helmut Künzel und Theo Großkinsky: Neue Erkenntnisse – Vorteile diffusionsoffener, unbelüfteter Satteldachkonstruktionen. In: Das Dachdecker-Handwerk (DDH) 14/1992.

[Künzel H. M. 1990]
Hartwig M. Künzel u. K. Kießl: Berechnung des Einflusses der Wasserdampfsorption von Oberflächenmaterialien auf das Feuchteverhalten von Wohnräumen. In: gi 5/90.

[Künzel H. M. 1995]
Hartwig M. Künzel: Vorsicht bei nachträglicher Steildachdämmung. iBP-Mitteilung 269, 22 (1995).

[Künzel H. M. 1996]
Hartwig M. Künzel: Feuchtesichere Altbausanierung mit neuartiger Dampfbremse. In: BBauBl., Heft 10/96.

[Lange 1990]
Egon Lange: Radhus i Valdemarsro, Malmö – En energi- och innklimatanalys. Byggforskningsrådet. Stockholm R1:1990.

[LEG]
Institut Wohnen und Umwelt: Leitfaden Energiebewußte Gebäudeplanung. Hrsg.: Hessisches Ministerium für Umwelt, Energie und Bundesangelegenheiten. Verschiedenene Auflagen seit 1990. 5. Aufl., Wiesbaden 1995.

[Liddament 86]
Martin Liddament: Air Infiltration Calculation Techniques – An Application Guide. AIVC, Bracknell, Great Britain 1986. Deutsche Fassung: Luftaustausch in Gebäuden. Handbuch für die praktische Anwendung von Berechnungsmethoden. Fachinstitut Gebäude-Klima e. V., Bietigheim-Bissingen 1989.

[Liese 1980]
W. Liese: Nachdenkliches zur „Pettenkoferzahl". In: gi 101 (1980) H. 11.

[Limb 94]
Mark J. Limb: Ventilation and Building Airtightness: an International Comparison of Standards, Codes of Practice and Regulations. Technical Note AIVC 43. GB–Coventry 1994.

[Loga 1996]
Tobias Loga: BHKW für Niedrigenergiehäuser – das Beispiel Niedernhausen. In: VDI-Berichte 1237 „Technik im Niedrig-Energie-Gebäude", VDI-Verlag, 1996.

[Loga u. a.1995]
Tobias Loga, Rainer Greif u. Peter Werner: Ökologische Wohnanlage Wiesbaden, Holzstraße. Forschungsbericht T 2638 des IRB-Verlags, Stuttgart 1995.

[Lovins 1977]
Soft energy path, USA 1977, Deutsch: Sanfte Energie, Fischer-Verlag Hamburg, 1978.

[Lovins u. a.1995]
Amory B. Lovins, L. Hunter Lovins u. Ernst Ulrich von Weizsäcker: Faktor Vier. Verlag Droemer Knaur 1995.

[Lueder 1985]
Lueder, H. G.: Hygienemedizinische Begründung der Innen- und Strahlungsklimatisierung. In: ki – Klima–Kälte–Heizung, 7/1985.

[Lundström 1986]
Erik Lundström: Occupant Influence on energy consumption in single-family dwellings. Byggforskningsrådet, Stockholm D5:1986.

[Mack 1989]
G. Mack u. a.: Schlußbericht zum Forschungsvorhaben: Energieeinsparung, biologische Aspekte und Akzeptanz im Wohnungsbau nach dem Prinzip der Grünen Solararchitektur zur passiven Energiegewinnung. Physikalisches Institut der Universität Tübingen, 1989.

[Mansson 1993]
L.-G. Mansson (Hrsg.): Demand Controlled Ventilating Systems Case Studies. Swedish Council for Building Research, Stockholm D1:1993.

[Marmé/ Seeberger 1985]
Wolfgang Marmé u. Jürgen Seeberger: Energieinhalt von Baustoffen. Aus: Beckert/Mechel/Lamprecht (Hrsg.): Gesundes Wohnen. Beton-Verlag, Düsseldorf 1986.

[Mayer/Künzel 1984]
E. Mayer u. H. Künzel: Bewährung von Wärmedämmverbundsystemen mit Kunstharzputzen in der Praxis. In: Der Architekt, 1984, Heft 6, S. 293–295.

[Meier 1991]
Claus Maier: Der Flop mit der Superdämmung, Berlin 1991.

[Menje/Loga 1992]
Horst Menje u.Tobias Loga: Die Niedrigenergiesiedlung Distelweg in Niedernhausen. IWU, Darmstadt 1992.

[Mürmann 1994]
Herbert Mürmann: Wohnungslüftung. Verlag C. F. Müller, Karlsruhe 1994.

[NEI]
Niedrig-Energie-Institut: Marktanalyse „Besonders sparsame Haushaltsgeräte". Detmold, jährlich aktualisiert ab 1995.

[Norgard 1979a]
J. Norgard: Husholdninger og Energi. Polyteknisk Forlag, Lyngby 1979.

[Norgard 1979b]
J. Norgard: Improved efficiency in domestic energy use. in: Energy Policy, März 1979.

[Norgard u. a. 1985]
J. Norgard et al.: Development of Energy Efficient Appliances. Phy-sics--LAB III TH Denmark, Lyngby 1985.

[Öko-Institut 1992]
Jürgen Leuchtner; Oliver Reitebuch; Rainer Schüle; Martin Ufheil: Thermische Solaranlagen – Marktübersicht 1992. Öko-Institut, Freiburg i. Br. 1992.

[Oswald 1995]
Rainer Oswald: Vernachlässigte Details – Luftdichtheit von Anschlüssen. In: db 9/95.

[Panzhauser]
E. Panzhauser u. a.: Die Luftwechselzahlen in Österreichischen Wohnungen. Technische Universität Wien im Auftrag des Österreichischen Bundesministeriums für Bauten und Technik (undatiert).

[Pettenkofer 1858]
Max von Pettenkofer: Über den Luftwechsel in Wohngebäuden. Literarisch-artistische Anstalt der J. G. Cottaschen Buchhandlung, München 1858.

[Pohl 1994]
W.-H. Pohl: Veränderte Einstellung im Umgang mit Energie-Grundlagen, Wärmeschutzverordnung, Niedrigenergiehaus-Standard, Konstruktionsdetails. In: Kalksandstein. KS-Bauseminar 1994. KS-Service, Kerpen 1994.

[Pohl 1996]
W.-H. Pohl: Die Chance liegt im Detail – wärmeschutztechnisch optimierte Außenbauteile, eine große Herausforderung für alle Bauschaffenden. In: Tagungshandbuch zur Vortragsreihe 1996. Verein Süddeutscher Kalksandsteinwerke, Karlsruhe 1996.

[Pohl/Horschler 1995]
W.-H. Pohl u. S. Horschler: Der Aspekt der Luftdichtheit von Fensteranschlüssen in hochwärmegedämmten Mauerwerksbauten. In: [EUZ 95].

[Pohl u. a. 1993]
W.-H. Pohl, H. A. Dettmer u. W. D. Stannat: Planungshilfe Niedrigenergiehaus. Stadtwerke Hannover (Hrsg.), Hannover 1993.

[Pohl u. a. 1996a]
W.-H. Pohl, St. Horschler, R. Pohl: Wärmeschutz – Optimierte Details. Kalksandstein-Information GmbH & Co. KG., Hannover 1996.

[Pohl u. a. 1996b]
W.-H. Pohl, St. Horschler u. Renate Pohl: Niedrigenergiehäuser unter Verwendung des Dämmstoffes Styropor. AiF-Forschungsvorhaben Nr. 9289, Teil B. (Kalksandstein-Information), Hannover 1996.

[pro clima1996]
B. I. Moll GmbH & Co. KG: Das pro clima Planungshandbuch, Schwetzingen 1996.

[Rasch u. a. 1996a]
Folkmer Rasch u.a.: Das Wohnhausprojekt „Kostengünstige Energie-Spar-Häuser in Geisenheim". Rasch & Partner, Darmstadt 1996. Unveröffentlicht.

[Rasch u. a. 1996b]
Folkmer Rasch u. a.: Wohnen mit Weitblick. Niedrigenergie- und Passivhäuser. Rasch & Partner, Darmstadt 1996.

[Recknagel 1990]
Recknagel; Sprenger; Hönmann: Taschenbuch für Heizung und Klimatechnik. Oldenbourg Verlag, München, Wien 1990.

[Rentz 1996]
Michael Rentz: Saisonale Wärmespeicher und solare Nahwärmeversorgung in Siedlungsgebieten. IWU, Darmstadt 1996.

[Rohde 1984]
H. Rohde: Das Energiesparbuch. rororo-Taschenbuch, Reinbek 1984.

[Rohrmann 1994]
Bernd Rohrmann: Sozialwissenschaftliche Evaluation des Passivhauses (Passivhausbericht Nr. 11). Institut Wohnen und Umwelt, Darmstadt 1994.

[Roulet/Vandaele 91]
Claude-Alain Roulet u. Luk Vandaele: Raumluftströmung in Gebäuden. Meßtechniken. Teil II: Leckage.Technischer Bericht AIVC 34. Dt. Ausgabe: Fachinstitut Gebäude – Klima. Bietigheim-Bissingen 1991.

[Rouvel 1984]
Lothar Rouvel: Wärmegewinne in Wohnungen aufgrund innerer Wärmequellen. In: gi 105 (1984).

[Ruby 1981]
Daniel Ruby: Super-insulated houses. Airtight double walls mean near zero heat loads. In: Popular Science, May 1981.

[Sabeder 1996]
Jürgen Sabeder: Ergebnisse und Beurteilung der Dichtheit der Gebäude NEH-Siedlung Geisenheim. Heidenrod 1996 (unveröffentlicht).

[Sagelsdorff 1982]
Sagelsdorff: Langzeit-Untersuchungen über Luftdurchlässigkeit und Luftwechsel eines Einfamilienhauses. Bauphysik 1982, Heft 2.

[Schulze 1991]
Horst Schulze: Baulicher Holzschutz. Informationsdienst Holz. In: Holzbauhandbuch, Reihe 3, Bauphysik, Düsseldorf (AG Holz) 1991.

[Seiffert 1982]
K. Seiffert: Wasserdampfdiffusion im Bauwesen. Wiesbaden 1982.

[Senkpiel 1994]
K. Senkpiel u. H. Ohgke: Beurteilung der „Schimmelpilz"-Sporenkonzentration in der Innenraumluft und ihre gesundheitlichen Auswirkungen. Festlegung eines Erfahrungsrichtwertes. In: Ges. Ing. 113 (1992), 42–45.

[Shurcliff 1981]
W. Shurcliff: Super Insulated Houses. Andover/Mass. USA 1981.

[Shurcliff 1982]
W. Shurcliff: Air-To-Air Heat Exchanger for Houses. Andover, Mass. USA 1982.

[SIA 1995]
Schweizerischer Ingenieur- und Architektenverein (SIA) (Hrsg.): Hochbaukonstruktionen nach ökologischen Gesichtspunkten. SIA-Dokumentation D 0123, CH-8039 Zürich 1995.

[Solar Vision 1982]
Solar Vision: Heat saving Home Insulation. Church Hill, USA 1982.

[Sperber/Schettler-Köhler 1994]
Ch. Sperber; H.-P. Schettler-Köhler: Wärmeschutzverordnung '95. Handbuch für die planerische und baupraktische Umsetzung. Kommentar, Anwendung, Beispiele. Verlag für Wirtschaft und Verwaltung Hubert Wingen, Essen 1994.

[Stohrer u. a. 1993]
M. Stohrer u. a.: Die neue Wärmeschutzverordnung. Seminarbericht der Architektenkammer Hessen 1994.

[Tanner 1992]
Ch. Tanner: Hinterlüftete Fassaden. EMPA F+E-Schlußbericht 127 378. CH-Dübendorf 1992.

[Test]
test: Zeitschrift der Stiftung Warentest. Berlin (monatlich)

[TID 1988]
Technological Institute Denmark: Low Energy Houses Skive 84. Final Report. DK-Taastrup, 1988.

[TNAIVC 26]
F. Haberda u. L.Trepte: Annex IX: Minimum ventilation rates. Air Infiltration and Ventilation Centre, Technical Note No. 26. GB-Warwick 1989.

[Trethowen 1988]
Harry A. Trethowen: Feuchtigkeit in Wohnräumen. Luft, Erde, Wasser – die Quellen der Feuchte. In: ki – Klima–Kälte–Heizung, 6/1988.

[Trümper 1979]
H. Trümper: Schallschutzfenster und Wohnungslüftung. In: Bauphysik 2/1979.

[Trümper 1989]
Heinrich Trümper u. a.: Alternativlösung Dortmunder Lüftung. Bauforschungsbericht F 2149 im Auftrag des Bundesministers für Raumordnung, Bauwesen und Städtebau, IRB Verlag, Stuttgart 1989.

[VDEW 1992]
VDEW (Vereinigung Deutscher Elektrizitätswerke): Ergebnisse der Haushaltskundenbefragung 1991. Frankfurt 1992.

[VEW 1995]
VEW-Energie AG (Hrsg.): Wohnungslüftung mit Wärmerückgewinnung. Endbericht. Felduntersuchung an 60 Wohnungslüftungsanlagen. VEW Energie AG, Dortmund 1995.

[VEW 1995a]
VEW-Energie AG (Hrsg.): Wohnungslüftung mit Wärmerückgewinnung. System- und Anbieterübersicht. 3. Auflage, VEW-Energie AG, Dortmund 1995.

[Wagner 1984]
Helmut Wagner: Gibt es feuchtigkeitstechnische Probleme bei fehlender Hinterlüftung zwischen Wärmedämmung und Dacheindeckung? In: wksb 18/1984.

[Wagner 1989]
Helmut Wagner: Luftdichtigkeit und Feuchteschutz beim Steildach mit Dämmung zwischen den Sparren. In: DBZ 12/89.

[Walther 1992]
Wilfried Walther: Innendämmung ohne Dampfbremse? In: Rundbrief des Energie- und Umweltzentrums am Deister (EUZ), Springe/Eldagsen, 23/1992.

[Wanner 1982]
H. U. Wanner: Belastung der Raumluft durch den Menschen. In „Luftqualität in Innenräumen", Stuttgart 1982.

[Werner H. 1983]
Werner, H.; Untersuchungen über den effektiven Wärmeschutz verschiedener Ziegelwandkonstruktionen. Bericht des Fraunhofer-Instituts für Bauphysik, B Ho8/83-II, Stuttgart 1983.

[Werner H. 1984]
Werner, H. und Künzel, H.: Wärmebrücken und Wärmeschutz. DAB 6/84.

[Werner H. 1994]
Werner, H.: Anwendungsgrenzen der neuen Wärmeschutzverordnung im Vergleich zu EN 832; in: wksb Sonderausgabe „3. Wärmeschutzverordnung"; Ludwigshafen/Rh. 1994

[Werner J. 1995]
J. Werner: Haustechnik im Passivhaus – voller Komfort bei minimiertem Energieeinsatz. Tagungsband zur 200. Baufachtagung des IBK, Darmstadt 1995.

[Werner/ Ladig 1996]
J. Werner u. M. Laidig: Bauen am Kronsberg, Hinweise zur Realisierung des Niedrigenergie-Standards – Lüftungskonzept. Landeshauptstadt Hannover, Amt für Umweltschutz, AG Umweltplanung Weltausstellung, Hannover 1996.

[Werner J. u. a. 1995]
J. Werner; U. Rochard; J. Zeller u. M. Laidig: Meßtechnische Überprüfung und Dokumentation von Wohnungslüftungsanlagen in hessischen Niedrigenergiehäusern – Endbericht. Institut Wohnen und Umwelt, Darmstadt 1995.

[Wick 1981]
B. Wick: Sparobjekt Einfamilienhaus. Zürich 1981.

[Winter 1991]
Stefan Winter: „Belüftete oder unbelüftete Steildächer?" Institut des Zimmerer- und Holzbaugewerbes (Hrsg.). Technische Hinweise, Kassel 1/91.

[Witt 1995]
Johannes Witt: Nahwärme in Neubaugebieten. Neue Wege zu kostengünstigen Lösungen. Öko-Institut, Freiburg 1995.

[Witthauer 1993]
J. Witthauer; H. Horn u. W. Bischof: Raumluftqualität – Belastung, Bewertung, Beeinflussung. Verlag C. F. Müller, Karlsruhe 1993.

[Wohn 1985]
Merkblatt des Gesamtverbandes Gemeinnütziger Wohnungsunternehmen e. V.: Richtig heizen und lüften; 1985.

[Zeller/Biasin 1996]
Joachim Zeller u. Karl Biasin: Luftdichtigkeit von Wohngebäu-

den – Messung, Bewertung, Ausführungsdetails. 2. erweiterte Auflage, Essen (RWE Energie AG) 11/1996.

[Zeller u. a. 1995]
Joachim Zeller, Sigrid Dorschky, Robert Borsch-Laaks u. Wolfgang Feist: Luftdichtigkeit von Gebäuden. Luftdurchlässigkeitsmessungen mit der Blower Door in Niedrigenergiehäusern und anderen Gebäuden. Darmstadt (Institut Wohnen und Umwelt) 1995.

[Zumoberhaus 1990]
Markus Zumoberhaus: Konzepte für eine luftdichte Gebäudehülle im Holzhausbau. EMPA, Bericht Nr. 115/20. CH-Dübendorf 1990.

[ZVDH 1991]
Zentralverband des Deutschen Dachdeckerhandwerks (Hrsg.): Neues ZVDH-Merkblatt: „Wärmedämmung bei Dachdeckungen". In: DDH 24/1991.

Deutsche und internationale Verordnungen, Normen und Normenentwürfe:

[DIN 1052]
DIN 1052:Holzbauwerke, Teil 1: Berechnung und Ausführung. Beuth-Verlag, Berlin1988.

[DIN 1053]
DIN 1053: Mauerwerk, Teil 1: Berechnung und Ausführung. Beuth-Verlag, Berlin 1991.

[DIN 1946-2]
Normenausschuß Heiz- und Raumlufttechnik im DIN: DIN 1946, Teil 2 (Januar 1994): Raumlufttechnik – Gesundheitliche Anforderungen (VDI-Lüftungsregeln). Beuth-Verlag, Berlin 1994.

[DIN 1946-6]
Normenausschuß Heiz- und Raumlufttechnik im DIN: DIN 1946, Teil 6 (September 1994): Raumlufttechnik – Lüftung von Wohnungen. Beuth-Verlag, Berlin 1994.

[DIN 4108]
Normenausschuß Bauwesen im DIN: Wärmeschutz im Hochbau. Teil 1–5. Beuth-Verlag, Berlin 1981.

[DIN 68 800]
Normenausschuß Holzwirtschaft und Möbel (NMH) im DIN. Normenausschuß Bauwesen (NABau) (Hrsg.): Holzschutz. Teil 2: Vorbeugende bauliche Maßnahmen im Hochbau. Beuth-Verlag, Berlin 1996. Teil 3: Holzschutz. Vorbeugender chemischer Holzschutz. Beuth-Verlag, Berlin 1990.

[DIN V 4108 - 6]
NABau: DIN V 4108, Teil 6: Berechnung des Jahresheizwärmebedarfs von Gebäuden. Beuth-Verlag, Berlin 1995.

[DIN V 4108 - 7]
NABau: DIN V 4108 , Teil 7: Luftdichtheit von Bauteilen und Anschlüssen. Beuth-Verlag, Berlin 1996.

[DIN 4109]
Normenausschuß Bauwesen im DIN: DIN 4109 Teil ••: Schallschutz im Hochbau. Beuth-Verlag, Berlin 1989.

[DIN 4701]
Normenausschuß Heiz- und Raumlufttechnik (NHR) im DIN Deutsches Institut für Normung e. V. Regeln für die Berechnung des Wärmebedarfs von Gebäuden.Teil 1 u. 2: Beuth-Verlag 1983 , Teil 3: Beuth-Verlag 1989.

[DIN 4710]
Normenausschuß Heiz- und Raumlufttechnik und Normenausschuß Maschinenbau im DIN: DIN 4710: Meteorologische Daten zur Berechnung des Energieverbrauches von raumlufttechnischen Anlagen. Beuth-Verlag, Berlin 1981.

[DIN 18017-3]
Normenausschuß Bauwesen und Normenausschuß Heiz- und Raumlufttechnik im DIN: DIN 18017 Teil 3: Lüftung von Bädern und Toilettenräumen ohne Außenfenster mit Ventilatoren. Beuth-Verlag, Berlin 1990.

[DIN EN 779]
Normenausschuß Heiz- und Raumlufttechnik und Normenausschuß Maschinenbau im DIN: Partikel-Luftfilter für die allgemeine Raumlufttechnik – Anforderungen, Prüfung, Kennzeichnung. Beuth-Verlag, Berlin 1994.

[DIN V 24194-2]
Dichtheit – Dichtheitsklassen von Luftkanalsystemen. Beuth-Verlag, Berlin 1985.

[E DIN 4108-X]
Normausschuß Bauwesen (NABau) im DIN u. Normausschuß Heiz- u. Raumlufttechnik (NHRS) im DIN.: Wärmeschutz im Hochbau. Wärmebrücken-Anhang. Entwurf, Juli 1995.

[E DIN EN 832]
CEN/TC 89: Europäische Norm EN 832: Thermal Performance of Buildings – Calculation of Energy Use for Heating – Residential. Brüssel, Dezember 1995. Titel der deutschen Fassung: Deutsches Institut für Normung: Entwurf DIN EN 832: Wärmetechnisches Verhalten von Gebäuden. Berlin, Stand Mai 1995.

[HeizAnlV 94]
Verordnung über energiesparende Anforderungen an heizungstechnische Anlagen und Brauchwasseranlagen, v. 22. März 1994. BMBau, Bonn 1994.

[ISO 9972]
International Organization for Standardization: ISO 9972: Thermal Insulation – Determination of Building Airtightness – Fan Pressurization Method. Genf 1996. Deutsche Fassung: Bestimmung der Luftdichtheit von Gebäuden – Differenzdruckverfahren. Entwurf DIN EN ISO 9972. Berlin, Januar 1997.

[SIA 180]
Schweizerischer Ingenieur- und Architektenverein (SIA) Norm 180: Wärmeschutz im Hochbau. Zürich 1988.

[SIA 380/1]
Schweizerischer Ingenieur- u. Architektenverein (SIA): SIA-Empfehlung 380/1: „Energie im Hochbau". Zürich 1988.

[SS 02 15 51]
SIS Standardisoringskommissionen i Sverige: SVENSK STANDARD SS 02 15 51: Buildings – Determination of airtightness, Stockholm 1987.

[VDI 2071]
VDI (Hrsg.): VDI 2071 Blatt 1: Wärmerückgewinnung in raumlufttechnischen Anlagen, Begriffe und technische Beschreibungen. VDI-Verlag, Düsseldorf 1981.

[WSVO 1984]
Verordnung über einen energiesparenden Wärmeschutz bei Gebäuden. Bundesgesetzblatt, Bonn 1982.

[WSVO 1995]
Verordnung über einen energiesparenden Wärmeschutz bei Gebäuden. Bundesgesetzblatt, Bonn 1994.

Anhang C: Bildquellenverzeichnis

Die Autoren danken folgenden Kollegen, Institutionen und Herstellern für die Überlassung von Fotos und Grafiken:

Johannes Brucker + Partner; Freie Architekten, Stuttgart
Ingenieurbüro ebök GbR, Tübingen
Energie- und Umweltzentrum am Deister e. V. (EUZ), Springe-Eldagsen
Exhausto GmbH, Bingen/Rhein
ABB Fläkt GmbH, Butzbach
Fresh Ventilation GmbH, Eisdorf
Grünzweig + Hartmann AG, Ludwigshafen
Gruppe 81Fünf AG, Hamburg
Ingenieurbüro inco, Aachen
Institut Wohnen und Umwelt (IWU), Darmstadt
isofloc Ökologische Bautechnik, Hirschhagen
Werner Jäger; Dachdeckermeister u. Sachverständiger, Köln
LBS Westdeutsche Bausparkasse, Münster/Düsseldorf
Lindab GmbH, Bargteheide
Ralf Pohlmann und Partner; Freie Architekten, Waddeweitz
Rasch und Partner; Bauen und Wohnen GmbH, Darmstadt

Alle Fotos ohne Quellenangabe von den Autoren

Anhang D: Die Autoren

Diese Neubearbeitung des Buchs „Das Niedrigenergiehaus" wurde von einem Team von fünf AutorInnen verfaßt. Allen gemeinsam ist, daß sie sich seit vielen Jahren mit dem Thema wissenschaftlich und praktisch beschäftigen. Entsprechend ihren jeweiligen Arbeitsschwerpunkten verteilen sich die Verantwortlichkeiten für die einzelnen Kapitel und Abschnitte. Eine Reihe von Redaktionssitzungen, gemeinsamen Korrekturläufen zu den verschiedenen Textentwürfen und die Endredaktion von Robert Borsch-Laaks hat am Ende zum vorliegenden Buch geführt. So trägt jeder Abschnitt einerseits bezüglich Inhalt und Darstellungsform die Handschrift der jeweiligen VerfasserIn und ist andererseits Ausdruck des Grundkonsenses des gesamten Teams.

Wolfgang Feist

Jahrgang 1954, studierte Physik an der Universität Tübingen. Von 1981 bis 1985 war er als wissenschaftlicher Mitarbeiter im „Weiterbildenden Studiengang Energietechnik" an der Gesamthochschule Kassel tätig, ab 1985 Aufbau der Energieabteilung am Institut Wohnen und Umwelt (IWU). Gastforschungsaufenthalt an der Universität Lund (Schweden). Entwicklung und Umsetzung des Passivhaus-Konzepts. 1993 Dissertation „Passivhäuser in Mitteleuropa". 1996 Gründung des Passiv Haus Instituts in Darmstadt.

Wolfgang Feist wohnt mit Witta Ebel und zwei Söhnen im ersten Passivhaus in Darmstadt- Kranichstein.

Er ist verantwortlich für die Kapitel: 1., 3.1 bis 3.7., 3.9, 4.3, 6., 9. und 12.

Robert Borsch-Laaks

Jahrgang 1948, studierte Physik, Sozialwissenschaften und Pädagogik an der RWTH Aachen und absolvierte 1979 das 2. Staatsexamen als Berufsschullehrer in Wiesbaden. Er war 1981 Mitbegründer des „Energie- und Umweltzentrums am Deister e.V. (EUZ)" in Springe/Eldagsen. Er arbeitete dort 12 Jahre in der angewandten Bauforschung und Energieberatung. Seit 1993 ist er in Aachen freiberuflich tätig als Sachverständiger für Bauphysik, Dozent in der Aus- und Weiterbildung und Fachautor.

Er wohnt mit vierköpfiger Familie in einem Zweifamilien-Reihenhaus aus den 60er Jahren, dessen stufenweise energetische Sanierung im Winter 95/96 bei einem Heizwärmeverbrauch von 65 kWh/m^{2}a angelangt ist. Weitere Schritte sollen folgen.

Er ist verantwortlich für die Kapitel 2., 3.5, 3.7 bis 3.9, 4.1., 4.2., 4.4., 5. und 13.3 und die Endredaktion des Buches.

Johannes Werner

Jahrgang 1951, studierte Physik in Tübingen und Freiburg. 1981 Mitbegründer des Ingenieurbüros ebök GbR in Tübingen. Von 1982 bis 1989 war er als wissenschaftlicher Mitarbeiter am Physikalischen Institut der Universität Tübingen tätig. Seit 1989 Bereichsleiter bei ebök mit Arbeitsschwerpunkten in der meßtechnischen Untersuchung der Energiebilanz von Niedrigenergie- und Passivhäusern, mechanischer Wohnungslüftungsanlagen sowie von thermischem Raumklima und der Luftdichtheit von Gebäuden. Er berät Planer und entwickelt effizienzoptimierte Geräte und Komponenten.

Johannes Werner lebt mit vierköpfiger Familie in einem Niedrigenergie-Zweifamilienhaus; Baujahr 1989 – mittlerer Heizwärmeverbrauch 65 kWh/m^{2}a.

Er ist verantwortlich für das Kapitel 7 und Anhang A 3.

Tobias Loga

Jahrgang 1961, studierte Physik an der TU Berlin und an der Uni Mainz. Ab 1989 arbeitete er 2$^1/_2$ Jahre im Darmstädter Ingenieurbüro Solarplan im Bereich Energieberatung/Energiekonzepte. Anfang 1992 kam er an das Institut Wohnen und Umwelt, Darmstadt. Als wissenschaftlicher Mitarbeiter beschäftigt er sich dort vor allem mit der energetischen Optimierung von Niedrigenergie- und Passivhäusern.

Er wohnt mit seiner Familie im Gesindehaus eines ehemaligen Bauernhofes, dessen wärme-, heizungstechnischer und sonstiger Sanierung er sich in seiner Freizeit widmet. Der Energieverbrauch konnte bereits um zwei Drittel gesenkt, die Wohnbehaglichkeit spürbar verbessert werden.

Er ist verantwortlich für die Kapitel: 8.,11., 13.2, und Anhang A 1-2.

Witta Ebel

Jahrgang 1954, Studium der Mathematik in Hamburg und Tübingen. 1983 Promotion in Tübingen. Von 1981 bis 1987 war sie als wissenschaftliche Angestellte/Hochschulassistentin am Lehrstuhl für Biomathematik in Tübingen tätig. Daneben arbeitete sie in ihrer Freizeit im „Arbeitskreis Alternativenergien" mit. Seit 1987 ist sie wissenschaftliche Mitarbeiterin im Energiebereich des Instituts Wohnen und Umwelt (IWU), Darmstadt.

Sie ist verantwortlich für die Kapitel: 10. und 13.1.

Das besondere Angebot der Autoren an die Leser: DAS SEMINAR ZUM BUCH

Sie können dieses Buch durchblättern oder an- und querlesen – und für den Bedarfsfall in Ihr Bücherregal stellen. Sie können es ganz oder kapitelweise durcharbeiten, Textstellen markieren usw. Sie können sich hier und dort fragen oder mit Kollegen debattieren, „was will uns der Autor damit sagen?". Sie können sich auch die Mühe machen und Leserbriefe an den Verlag zur Weiterleitung an uns schicken. Vielleicht gelingt es Ihnen auch, den einen oder anderen von uns bei einem öffentlichen Auftritt auf irgendeiner Veranstaltung anzusprechen.

Die Arbeit am vorliegenden Handbuch hat uns auf eine neue Idee zur Kommunikation zwischen AutorIn und Leser gebracht.
Wir bieten Ihnen an:

Alle AutorInnen sind seit Jahren in der Aus-, Fort- und Weiterbildung von Beratern, Planern und Handwerkern zum Thema „Niedrigenergiehaus" tätig. Gerne möchten wir Ihnen in einem etwa zweitägigen Kompaktseminar die Inhalte dieses Buchs „life" näherbringen, für Rück- und Nachfragen zur Verfügung stehen und mit Ihnen über vernünftige Lösungen bei der baupraktischen Umsetzung des NE-Standards diskutieren.

Wenn Sie Näheres hierüber wissen wollen, schreiben Sie unter dem Stichwort: „Seminare zum NEH-Buch" an das:

**Energie- und Umweltzentrum am Deister e.V. – Bildungsabteilung – Elmscher Bruch,
31832 Springe/Eldagsen, Fax: 0 50 44 / 9 75-66**